冶金工业出版社

普通高等教育"十四五"规划教材

粉末冶金工艺及材料

（第 2 版）

陈文革　　王发展　　编著

扫一扫看微课

北　京

冶金工业出版社

2022

内 容 提 要

　　本书从粉体性能、粉末制备、粉末成型、钢压模具设计、烧结和各种粉末冶金材料六方面详细介绍了从粉体到粉末冶金产品生产的全流程,其内容涵盖面广,既注重对成熟理论及生产技术的介绍,也注重对本领域新技术发展动向的归纳。为了提高作为教学用书的使用效果,每章后附有习题与思考题,书后还提供了相应的试卷。

　　本书可作为材料、冶金、物理及应用科学等专业的本科生教学用书,也可供材料与冶金专业的研究人员、工程技术人员及高校教师阅读和参考。

图书在版编目(CIP)数据

　　粉末冶金工艺及材料/陈文革,王发展编著. —2版. —北京:冶金工业出版社,2022.8

　　普通高等教育“十四五”规划教材

　　ISBN 978-7-5024-9181-9

　　Ⅰ.①粉… Ⅱ.①陈… ②王… Ⅲ.①粉末冶金—高等学校—教材 Ⅳ.①TF12

　　中国版本图书馆 CIP 数据核字(2022)第 102611 号

粉末冶金工艺及材料（第 2 版）

出版发行	冶金工业出版社	**电　话**	(010)64027926
地　址	北京市东城区嵩祝院北巷 39 号	**邮　编**	100009
网　址	www.mip1953.com	**电子信箱**	service@ mip1953.com

责任编辑　郭冬艳　美术编辑　彭子赫　版式设计　郑小利
责任校对　郑　娟　责任印制　禹　蕊
三河市双峰印刷装订有限公司印刷
2011 年 7 月第 1 版,2022 年 8 月第 2 版,2022 年 8 月第 1 次印刷
787mm×1092mm　1/16;20.5 印张;496 千字;315 页
定价 55.00 元

投稿电话　(010)64027932　投稿信箱　tougao@cnmip.com.cn
营销中心电话　(010)64044283
冶金工业出版社天猫旗舰店　yjgycbs.tmall.com
(本书如有印装质量问题,本社营销中心负责退换)

第2版前言

粉末冶金学是研究金属、非金属粉体材料的制备，以及如何利用粉体材料通过成型、烧结和必要的后续处理获得具有一定力学性能和物理化学特性的新型材料的学科，是材料科学与冶金工程的交叉学科，属于现代新工科的范畴。

粉末冶金作为材料的制备技术之一，成为制取各种高性能结构材料、特种功能材料和极限条件下工作材料的有效途径，也是当代材料科学与工程发展最为迅猛的领域之一，其在西方发达国家呈加速发展态势，一系列新技术、新工艺大量涌现。

本书内容取材于粉末冶金技术研究最新进展以及作者和同事们长期在该领域的部分研究成果，系统地阐述了从粉体到粉末冶金产品生产的全流程，较全面地反映了现代粉末冶金材料的研究现状、发展趋势以及生产实践。当前的教材专业性质过于浓厚，而本书概括性强，内容系统完整，可满足学生在有限时间内对粉末冶金相关知识进行系统学习的需求，能够使学生在材料使用过程中发现问题、分析数据，积极创新，培养和提高解决材料专业复杂工程问题的能力。

编者在粉末冶金方面具有二十多年的教学经验，了解该行业对学生知识结构和能力的需求。本书在内容上力求由浅入深、循序渐进；在编写形式上力求简单明了；在讲述方式上，力求明晰思路、把握关键；在应用技术上，力求理论联系实际、学以致用。本次修订具体增加和删减的内容包括：第1、2章粉体材料部分对粉体性能的描述更加全面，增加近几年来一些新的测试技术和粉体的新应用，超细或纳米粉体的制备也做了适当删减。第3章成型部分则对粉体的受力过程做了更为详尽的解释。第4章烧结部分增加了金捷里烧结方程和烧结后续的再结晶。第5章模具设计，既强化了设计理论，又举出实际中很多复杂形状零件的成型模。第6章粉末冶金材料，细化了各类材料的制备过程和相应的影响因素，同时增加了3D打印制备新材料。在每章开始增加了需要掌握的知识点和重点难点，删除了原来粉末冶金车间设计内容。

本书由西安理工大学的陈文革教授编写第2至第5章，西安建筑科技大学的王发展教授和西安理工大学的杨鑫副教授编写第 6 章，第 1 章由西北民族大学的沈宏芳博士、台州学院的付亚波博士、西安理工大学的张辉博士共同编写。全书得到西安交通大学的张辉教授、王亚平教授，西北工业大学的张程煜教授，西安工程大学的王俊勃教授、福建工程学院黄友庭教授的审阅，并提出了修改意见。在编写过程中得到了研究生赖光清、李荣、孙博等的帮助，在此表示一并感谢。

由于编者水平有限，书中不妥之处，敬请读者批评指正。

编 者

2022 年 2 月

第1版前言

粉末冶金是材料科学与工程专业重要的研究方向之一，在粉末冶金应用日益广泛的今天，对于本课的学习，不仅为毕业生提供更多的就业渠道，也为日后提供了选择一个新材料制备的发展方向打下了良好基础。当前的教材由于专业性质过于浓厚，内容比较单一，很难适用于"重宽度轻深度"的办学理念，非常需要有一本概括性强、内容系统完整的教材来满足在有限时间内对粉末冶金这一科目体系的阐述的相关教材或书籍。

本书系统、全面地阐述了粉体材料的制备、检测、成形、烧结直至最终的处理模具设计、车间与设备、工艺步骤以及可能出现问题的原因及解决办法等，并就粉末冶金涉及的众多材料进行了系统阐述。

本书是根据编者在粉末冶金十多年教学经验且充分了解该行业对学生要求的基础上编写而成的。如通过对模具设计一章的教学，能让学生既单独从事该工作，也为未来的粉末冶金从业者掌握必要的内容打下基础。又如学习粉末冶金材料一章，使学生能够了解粉末冶金能制备什么样的材料、做什么用，也能够知道这些材料怎么制备等。

本书由西安理工大学的陈文革教授编写第1至第6章，西安建筑科技大学的王发展教授编写第7章，并对全书进行了校核，全书由西安交通大学的丁秉钧教授审核，并提出修改意见。在编写过程中还得到了谷臣清教授、赵敬忠教授、王俊勃教授以及研究生陶文俊、何超、邵菲、温亚辉、雷哲锋等的帮助，在此表示感谢。

本书是大学材料类或冶金类粉末冶金专业的教学用书，也可以供相关专业研究人员、工程技术人员参考。

由于编者水平有限，在编著过程中难免存在一些纰漏和不足，敬请读者批评指正。

编　者

目　　录

绪　　论

一、粉末冶金

粉末冶金是一门研究制造各种金属粉末和以粉末为原料通过压制成型、烧结和必要的后续处理来制取金属材料和制品的科学技术。

二、粉末冶金的历史

粉末冶金技术可追溯到远古。早在纪元前，人们在原始的炉子里用碳还原铁矿，得到海绵铁块，再进行锤打，制成各种器件。19 世纪初叶，用粉末冶金法制得海绵铂粉，经冷压，再在铂熔点温度的三分之二左右进行加热处理，然后进一步锻打成各种铂制品。此后，随着冶金炉技术的发展，经典的粉末冶金工艺逐渐被熔铸法取代。直到 1909 年库力奇的电灯钨丝问世后，粉末冶金技术才得到迅速发展。现代粉末技术的发展有三个重要标志。

第一个标志是：20 世纪初，由于电气技术的迅速发展，迫切地寻找各种新的电光源材料。1880 年爱迪生发明电灯采用的碳丝光源有严重缺陷，直至用粉末冶金工艺解决了钨丝的制造技术，使电灯真正给人类带来了光明，从而使粉末冶金的传统工艺重获新生。随后，许多难熔金属材料如钨、钼、钽、铌的生产，粉末冶金工艺成为唯一的方法。20 世纪 20 年代，又用这一工艺技术成功地制造了硬质合金，而且硬质合金刀具比工具钢制作的切削刀具，无论其切削速度，还是刀具寿命，都提高了几倍至几十倍，并使一些难加工的材料有可能进行加工。因此，现代粉末冶金工艺正是由于难熔金属和硬质金属的生产，奠定了它在材料领域中的地位。

第二个标志是：20 世纪 30 年代采用粉末冶金工艺制造多孔含油轴承获得成功，接着采用廉价的铁粉制成铁基含油轴承，并迅速在汽车工业、纺织工业等方面得到广泛应用。而且随着生产方法的改进，铁粉质量和产量的幅度提高，使得铁基制品又进一步向高密度、高强度和形状复杂的结构零件方向发展，从而使粉末冶金发挥了高效益的无切削、少切削的特点。

第三个标志是：粉末冶金新工艺，新材料在近二三十年来，不断向高水平新领域方面开拓，热等静压、粉末锻压等新工艺出现，金属陶瓷、弥散强化材料、粉末高速钢等新型材料相继问世。所有这些，都更加展示出粉末冶金的广阔美好前景。

三、粉末冶金工艺的基本工序

粉末冶金工艺的基本工序可以被概括为以下三步：第一步为原料粉末的制取和准备，粉末可以是纯金属或它的合金、非金属、金属与非金属的化合物以及其他各种化合物。第二步是将第一步所制得的粉末根据实际条件的需要，使用特定的成型方法制成所需形状的坯块。成型方式有简单的压制、等静压制、轧制、挤压、爆炸成型等。最后一步是坯块的烧结。烧结在物料主组元熔点以下的温度进行，以使材料和制品具有最终的物理、化学和力学性能。以上三步即为粉末冶金的基本工艺工序。

四、粉末冶金工艺的特点

针对粉末冶金工艺，可以将其特点归结如下：

首先其具有针对性，即绝大多数难溶金属及其化合物、假合金、多孔材料只能用粉末冶金方法来制造。其次，材料的利用率高、生产效率高。因为往往将压坯压制成零件的最终尺寸，不需要或很少需要随后的机械加工。通常用粉末冶金方法生产制品时，金属的损耗只有 1%~5%，而用一般熔铸方法生产时，损耗可能达到 80%。最后，制取的材料纯度较高。因为粉末冶金工艺与熔铸法不同，在材料生产过程中，不会带给材料任何污垢。同时，粉末冶金工艺具有简单、易操作的优势。

然而，粉末冶金工艺也拥有一些自身的局限性：例如，粉末冶金制品的大小和形状受到一定限制，烧结零件的韧性较差。这主要是因为粉末成型时所用模具的加工比较困难，而且也受到压制力的限制。对某些产品小批量生产时，由于粉末成本高，使得最终产品的制备成本较高，但为了得到某些独特性能的产品，而采用小批量生产也是合算的。

五、粉末冶金材料和制品的分类

粉末冶金材料和制品可按其不同用途分为机械零件和结构材料、多孔材料、电工材料、工具材料、粉末磁性材料、耐热材料、原子能工程材料。

（1）机械零件和结构材料

減摩材料：多孔含油轴承、金属塑料等
摩擦材料：以铁铜为基，用作制动器或离合器元件
机械零件：代替熔铸和机械加工的各种承力零件

（2）多孔材料

过滤器：由青铜、镍、不锈钢、钛及合金等粉末制成
热交换材料：也称发散或发汗材料
泡沫金属：用于吸音、减震、密封和隔音

（3）电工材料

电触头材料：难熔金属与铜、银、石墨等制成的假合金
电热材料：金属和难熔金属化合物电热材料
集电材料：烧结的金属石墨电刷

（4）工具材料

硬质合金：以难熔金属碳化物为基加钴、镍等金属烧结
超硬材料：立方氮化硼和金刚石工具材料
陶瓷工具材料：以氧化锆、氧化铝和黏结相构成的工具材料
粉末高速钢：以预合金化高速钢粉末为原料

（5）粉末磁性材料

烧结软磁体：纯铁、铁合金、坡莫合金

烧结硬磁体：烧结磁钢、稀土-钴烧结磁体

铁氧体材料：铁氧体硬磁、软磁、矩磁及旋磁

高温磁性材料：沉淀硬化型、弥散纤维强化型

（6）耐热材料

难熔金属及其合金：钨、钼、钽、铌、锆及其合金

粉末高温（或超）合金：以镍铁钴为基添加 W、Mo、Ti、Cr、V

弥散强化材料：以氧化物、碳化物、硼化物、氮化物弥散

难熔化合物基金属陶瓷：以氧化物、碳化物、硼化物、硅化物为基

纤维强化材料：金属或化合物纤维增强复合材料

（7）原子能工程材料

核燃料元件：铀、钍、钚的复合材料

其他原子能工程材料：反应堆、反射、控制、屏蔽材料等

六、粉末冶金的发展现状和趋势

粉末冶金属于材料科学与工程和冶金工程的交叉学科或范畴。在技术和经济上具有一系列特点。从制取材料方面来看，粉末冶金法能生产具有特殊性能的结构材料、功能材料和复合材料，从制造机械零件方面来看，粉末冶金是一种节能、节材、高效省时的新技术，在国民经济的发展中，正日益显示其重要地位。

随着粉末冶金技术不断提高，粉末冶金制品应用领域在不断扩大，我国基础产业快速发展，特别汽车产业发展，在过去两年中，粉末冶金行业使用原料铜、镍、钼、铬及钢等价格大幅波动，给粉末冶金原料及零件生产带来了很大市场冲击，但从单个汽车中粉末冶金零件采用量还在逐步增加。与此同时，汽车零部件占比 70%以上美国粉末冶金行业受到严重影响，随着中国"家电下乡"政策实施，国内市场对制冷压缩机零件和摩托车离合器零件需求将会逐渐恢复直至增加。另外，国家鼓励发展小排量轿车政策对粉末冶金汽车零件销售市场影响也开始显现。

通过对材料研究、成形技术等提升，适应粉末冶金市场发展需要，实现高强度、高复杂形状、多性能要求；为应对价格激烈竞争，开发高稳定性、高精度制品；为实现全球对环境、资源要求，采用更优化粉末冶金生产工艺、材料优化技术等。

最近日本粉末冶金工业会提出了"革新下一代粉末冶金技术——新性能、超高性能零件先进粉末冶金技术"关于粉末冶金技术发展路线图，从粉末复合化、成形高精度化、烧结高热效率化和后加工其他技术融合等四个方面，分别提出了粉末冶金技术革新项目。

今后粉末冶金将从以下几方面进行发展：（1）发展粉末制取新技术、新工艺及其过程理论。总的趋势是向超细、超纯、粉末特性可控方向发展。（2）建立以"净近形成形"技术为中心的各种新型固结技术及其过程模拟理论，如粉末注射成形、挤压成形、喷射成形、温压成形、粉末锻造等。（3）建立以"全致密化"为主要目标的新型固结技术及其过程模拟技术。如热等静压、拟热等静压、烧结-热等静压、微波烧结、高能成形等。（4）粉末冶金材料设计、表征和评价新技术。粉末冶金材料的孔隙特性、界面问题及强韧化机理的研究。

　　粉末冶金技术在工业发达国家得到高度的重视，发展速度均明显超过传统的机械工业和冶金工业。许多粉末冶金新技术的出现和实用化（如快速冷凝技术、等离子旋转电极雾化，机械合金化，粉末热等静压、温压，粉末锻造、挤压、轧制，粉末注射成型、喷射成型，自蔓延高温合成，梯度材料复合技术，电火花烧结、瞬时液相烧结、激光烧结、微波烧结、超固相线烧结、反应烧结等），已开发出不少优异材料（如高性能粉末冶金铁基复合和组合零件，粉末高温合金、高速钢，钢结硬质合金，快速冷凝粉末铝合金，高性能难溶金属及合金，快速冷凝非晶、准晶材料，氧化物弥散强化合金，高性能永磁材料、摩擦材料，颗粒强化复合材料，固体自润滑材料，复合核燃料，特种分离膜，中子可燃毒物，隐身材料等），这些材料已经或正在促使相关应用领域发生重大变革。可以预言，21 世纪粉末冶金的发展前景是非常美好的。

习题与思考题

1　粉末冶金的定义是什么？
2　粉末冶金的工程含义是什么？
3　粉末冶金一度称为金属陶瓷（Metal ceramics），是什么工序类似于陶瓷产品制备，粉末冶金与陶瓷的主要差别是什么，这些差别是如何影响过程的？

1 粉体的性能及其检测

本章要点

粉体的性能对粉末冶金材料的最终性能有着决定性的影响。本章从粉体的化学成分、物理性能和工艺性能三方面重点讨论粉末体的概念、杂质含量、粉体形状和粒径分布、粉体的比表面积、粉体密度、硬度、流动性和成型性等各个基本性质。同时也要求掌握各个性能的检测手段。

1.1 粉末体与粉末性能

1.1.1 粉末体（或粉末）的概念

粉末冶金的原材料是粉末，粉末与粉末制品或材料同属固态物质，而且化学成分和基本的物理性质（熔点、密度和显微硬度）基本保持不变。但是，就分散性和内部颗粒的连结性质而言是不一样的，通常把固态物质按分散程度不同分为致密体、粉末体和胶体三类，大小在 1mm 以上的称为致密体，$0.1\mu m$ 以下的称为胶体颗粒，介于两者之间的称为粉末体。

（1）什么是粉末体。粉末体，简称粉末，是由大量的颗粒及颗粒之间的间隙所构成的集合体，其中的颗粒可以彼此分离，而且连接面很小，面上的分子间不能形成强的键力。因此，粉末不像致密体那样具有固定的形状，而表现为与液体相似的流动性；然而由于颗粒间相对移动时存在摩擦，粉末的流动性是有限的。

（2）粉末颗粒。对于粉末颗粒的研究主要是从其聚集状态、结晶构造、表面状态三个方面进行研究。颗粒的聚集状态有单颗粒、二次颗粒。粉末中能分开并独立存在的最小实体称为单颗粒（一次颗粒），多数场合下，单颗粒与相邻近的颗粒黏附，单颗粒如果以某种方式聚集，就构成了所谓的二次颗粒（团粒），粉末颗粒的聚集状态如图 1-1 所示。

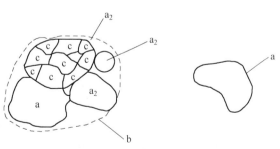

图 1-1　粉末颗粒聚集状态示意图
a—单颗粒；b—二次颗粒；c—晶粒；
a_1——一次颗粒；a_2——二次颗粒

一般来说粉体颗粒具有多晶结构，而颗粒大小取决于制粉工艺特点和条件。将粉末制成金相样品进行观察，发现颗粒的晶粒内可能存在晶体及亚晶结构。另外，粉末颗粒还表现为严重的晶体不完整性，即存在许多晶体缺陷，如空位、畸变、夹杂等。从微观角度看，粉末晶体由于严重的点阵畸变，有较高的空位浓度和位错密度，因此，粉末总是储存了较高的晶格畸变能，具有较高的活性。

（3）表面状态。粉末颗粒细，有发达的外表面，同时，粉末颗粒的缺陷多，内表面也相当大。颗粒的外表面是可以看到的明显表面，包括颗粒表面所有宏观的凸起和凹进的部分，以及宽度大于深度的裂隙。颗粒内表面包括深度超过宽度的裂隙、微缝以及与颗粒外表面连通的孔隙、空腔等的壁面，但不包括封闭在颗粒内的潜孔（也叫闭孔），见图1-2。

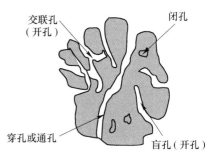

图1-2　粉体的各种表面状态示意图

粉末发达的表面积贮藏着很高的表面能，对于气体、液体或微粒表现出极强的吸附能力，而且超细粉末容易自发聚集成二次颗粒，在空气中极易氧化或自燃。

1.1.2　粉末的性能概述

粉末是颗粒与颗粒间的空隙所构成的分散体系，因此研究粉末体时，应分别研究属于单颗粒、粉末体以及粉末体的孔隙等的一切性质。

（1）单颗粒的性质。由粉末材料所决定的性质，如点阵构造、理论密度、熔点、塑性、弹性、电磁性质、化学成分。

由粉末生产方法所决定的性质，如粒度、颗粒形状、密度、表面状态、晶粒结构、点阵缺陷、颗粒内气体含量、表面吸附的气体与氧化物、活性等。

（2）粉末体的性质。除单颗粒的性质外，还有平均粒度、粒度组成、比表面、松装密度、摇实密度、流动性、颗粒间的摩擦状态。

（3）粉末的孔隙性质。总孔隙体积、颗粒间的孔隙体积、颗粒内的孔隙体积、颗粒间的孔隙数量、平均孔隙大小、孔隙大小的分布、孔隙形状。

实际中，不可能对上述性能逐一进行测定，通常按粉末的化学成分、物理性能和工艺性能进行划分和测定。

1.2　粉末的化学性能

粉末化学性能的测定主要包括主要组分的含量和杂质的含量。粉末中杂质的来源主要有以下三种渠道：第一是与主要金属结合，形成固溶体或化合物的金属或非金属成分；第二是从原料和从粉末生产过程中带入的机械夹杂；第三种是粉末表面吸附的氧、水汽和其他气体。

粉末中主要组分含量的化学分析与常规金属的分析方法相同。根据反应类型、操作方法的不同，可分为：

（1）滴定分析法。根据滴定所消耗标准溶液的浓度和体积以及被测物质与标准溶液所进行的化学反应计量关系，求出被测物质的含量，这种方法称为滴定分析法。

（2）重量分析法。根据物质的化学性质，选择合适的化学反应，将被测组分转化为一种组成固定的沉淀或气体形式，通过钝化、干燥、灼烧或吸收剂的吸收等一系列的处理后，精确称量，求出被测组分的含量，这种方法称为重量分析法。

根据分析的原理和使用仪器的不同，可分为化学分析和仪器分析。化学分析法通常用于待测组分含量在1%以上的样品，分析准确度较高，所用设备简单，在生产实践及科学研究工作中起着一定的作用。

粉末中的杂质含量，主要是指氧含量和酸中不溶物。其测定除常规的库仑法全氧分析外，常用氢损法和酸不溶物法。

氢损法是将金属粉末试样在纯氢气流中煅烧足够长时间，粉末中的氧被还原生成水蒸气，某些元素（C、S）与氢生成挥发性化合物，与挥发性金属（Zn、Cd、Pb）一同排出，测得试样粉末重量的损失，称为氢损。氢损法测定可被氢还原的金属氧化物的那部分氧含量，适用于Fe、Cu、W、Mo、Co等粉末。

测定时称取试样5g，装入经称量的瓷舟中（精确至0.0001g），将试样铺平，厚度不大于3mm，一般采用管式还原炉，还原温度和还原时间，视不同金属粉末而定（见表1-1）。当还原管加热到规定的还原温度时，先通入氮气1min以上。然后把盛有试样的舟皿推至还原管加热区的中心，推舟时应缓慢，以防止高速气体把粉末吹走（见图1-3）。继续通氮1min，断氮气，开始通入氢气，氢气流量（若还原管直径为25mm时）约50L/h，在到达规定还原时间时，保持这个流量。还原结束时，切断氢气，通入氮气，2~3min后，把舟皿拉到炉管冷却区，在氮气气氛中冷却到35℃以下，将舟皿从管内取出，置于干燥器内冷却到室温后称量，精确至0.0001g。

$$氢损值=挥发物的重量（试样重量-残留物重量）/试样重量×100\%$$

可见，氢损值越大，粉末中的氧含量越高。

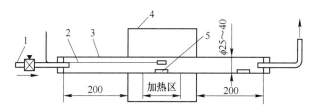

图1-3 氢损测定装置

1—氢气入口；2—热电偶；3—气密管；4—炉体；5—舟皿

表1-1 还原温度和时间

金属粉末	还原温度/℃	还原时间/min	金属粉末	还原温度/℃	还原时间/min
青铜	775±15	30	铅	550±10	30
钴	1050±20	60	钼	1100±20	60
铜	875±15	30	镍	1050±20	60
铅铜、铅青铜	600±10	10	锡	550±10	30
铁	1150±20	60	钨	1150±20	60
合金钢	1150±20	60			

杂质含量的测定常采用酸不溶物法。即粉末试样用某种无机酸（铜用硝酸、铁用盐酸）溶解，将不溶物沉淀和过滤出来，在980℃下煅烧1h后称重，再按下式计算酸不溶物的含量。

铁粉盐酸不溶物＝盐酸不溶物的克数/粉末试样的克数×100%

1.3　粉末的物理性能

粉末的物理性能主要通过颗粒的形状与结构、显微硬度、颗粒的大小和粒度组成、比表面积、颗粒的密度以及熔点、蒸汽压、比热、电学、磁学、光学等几个方面来体现。后者一般与粉末冶金关系不大，故本书只讨论前面几个性质。

1.3.1　颗粒的形状与结构

颗粒的形状与结构主要由粉末生产方法决定，同时也与物质的分子或原子排列的结晶几何学因素有关。常见的形状为球形、近球形、片状、多角形、树枝状、多孔海绵状、碟状、不规则形。颗粒形状如图 1-4 所示。颗粒形状与粉末生产方法的关系见表 1-2。

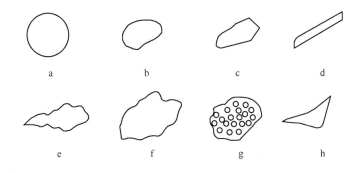

图 1-4　粉末颗粒形状示意图

表 1-2　颗粒形状与粉末生产方法的关系

颗粒形状	粉末生产方法	颗粒形状	粉末生产方法
球形	气相沉积，液相沉积	树枝状	水溶液电解
近球形	气体雾化，置换（溶液）	不规则形状	金属氧化物还原
多角形	塑性金属机械研磨	多孔海绵状	金属漩涡研磨
片状	机械粉碎	碟状	水雾化，机械粉碎，化学沉淀

颗粒的形状和结构会影响粉末的流动性、松装密度、气体透过性、压制性和烧结体强度等性质。对粉末颗粒形状和结构的研究方法目前主要是使用光学显微镜、透射电镜和扫描电镜。

1.3.2　颗粒密度

粉末材料的理论密度，通常不能代表粉末颗粒的实际密度，因为颗粒几乎总是有孔的。有的与颗粒外表面相通的孔叫开孔，有的不与颗粒外表面相通的孔叫潜孔（也叫闭孔）。所以，一般对颗粒密度的描述有三种，即真密度、似密度与表观密度。

真密度（理论密度）是指颗粒质量与除去开孔和闭孔颗粒体积所得的商值；似密度是指颗粒质量与包括闭孔在内的颗粒体积之商；表观密度（有效密度）是指颗粒质量用包括开孔和闭孔在内的颗粒体积去除所得商。

颗粒似密度的测定常用比重瓶法，如图 1-5 所示。它是一个带细颈的磨口玻璃小瓶，瓶塞中心开有 0.5mm 的毛细管以排出瓶内多余的液体。当液面平齐塞子毛细管出口时，瓶内液体具有确定的容积，一般有 5mL、10mL、15mL、以至 25mL、30mL 等不同的规格。

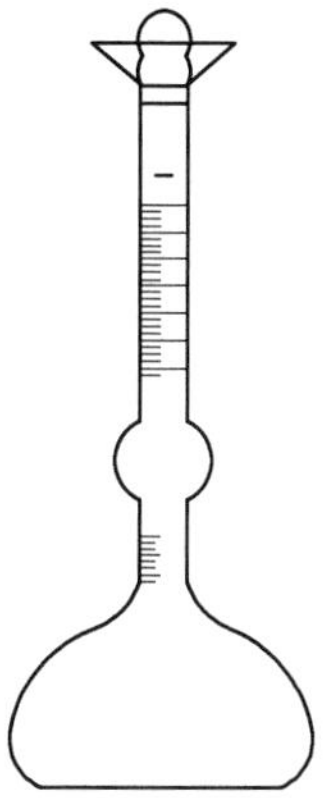

粉末试样预先干燥后再装入比重瓶，占瓶内容积的 1/3～1/2，连同瓶一道称重后再装满液体，塞紧瓶塞，将溢出的液体拭干后又称一次重量，然后按下式计算密度：

$$\rho_{似} = \frac{F_2 - F_1}{V - \dfrac{F_3 - F_2}{\rho_{液}}} \qquad (1-1)$$

式中，F_1 为比重瓶质量；F_2 为比重瓶加粉末的质量；F_3 为比重瓶加粉末和充满液体后的质量；$\rho_{液}$ 为液体的密度；V 为比重瓶的规定容积。

图 1-5　比重瓶

液体要选择黏度和表面张力小，密度稳定，对粉末润湿性好，与粉末不起化学反应的有机介质，如乙醇、甲苯、二甲苯等。

1.3.3　显微硬度

粉末颗粒的显微硬度测定方法与致密材料类似。不过首先必须将粉末试样与电木粉或有机树脂粉混匀制成小压坯，固化后才能测量。

颗粒的显微硬度值，在很大程度上取决于粉末中各种杂质与合金组元的含量，以及晶格缺陷的多少，它代表粉末的塑性。一般粉末纯度越高，硬度越低。

1.3.4　粉末粒度和粒度组成

1.3.4.1　粉末粒度

粉末粒度也称为颗粒粒度或粉末粒径，指颗粒占据空间的尺度。粉末粒度与测量技术、特殊的测量参数以及颗粒形状有关。粉末粒度分布可以通过几种方法进行测量，由于所选择测量参数不同，测量的数据也不尽相同。大多数粉末粒度分析仪只使用一个几何参数并设定为球形颗粒。分析的基础可能是任何一个几何值，例如表面积、投影面积、最大尺寸、最小横截面积或体积。

部分粉末的粒度参数如图 1-6 所示。对于一个球形颗粒（图 1-6a），粒度是单一的参数：直径 D。然而，随着颗粒形状变复杂，仅使用一个粒度参数不能准确表示粉末颗粒的尺寸，例如一个圆盘状或薄片状颗粒（图 1-6b）至少需要两个参数来表示：直径 D 和厚度 W。随着粉末形状不规则程度的增加，需要的粒度参数也相应增加。对于图 1-6c 所示的圆角不规则形颗粒，粉末尺寸可用投影高度 H（任意）、最大长度 M、水平宽度 W、相等体积球的直径或具有相等表面积的球的直径 D 来表达。对于图 1-6d 所示的不规则形状颗粒，确定粉末粒度就相当困难。因为尺寸依赖于测量所用的参数。通常，假定粉末颗粒为球形颗粒，粒度依据单一参数——直径给定。

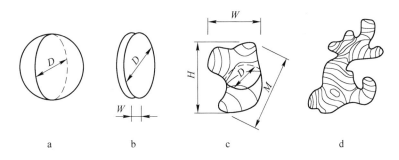

图 1-6　部分粉末的粒度参数

a—球形；b—片状；c—圆角不规则形；d—不规则形

　　有时使用粉末颗粒维度特性来表示，如图 1-7 所示，尺寸以几种形式例如投影横截面积或颗粒体积给出的当量球形直径表达。对于非球形粉末，这些测量与颗粒的取向有关。当量球形直径可根据表面积、体积、投影面积或沉降速率来计算。例如，图 1-7 的颗粒投影面积 A，可通过假定投影面积与圈的投影面积相等来计算球形投影直径 D_A，即

$$A = \pi D_A^2 / 4 \tag{1-2}$$

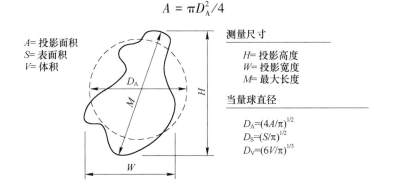

图 1-7　不规则粉末投影，含三个投影尺寸和三个计算的当量直径

1.3.4.2　粒度和粒度组成

　　以 mm 或 μm 表示的颗粒大小称为颗粒直径，简称粒径或粒度。由于组成粉末的无数颗粒一般粒径不同，故又用具有不同粒径的颗粒占全部粉末的百分含量表示粉末的粒度组成，又称粒度分布。因此严格来讲，粒度仅对单颗粒而言，而粒度组成则指整个粉末体，但是通常说的粉末粒度包含粉末平均粒度的意义，也就是粉末的某种统计性平均粒径。粉末冶金用金属粉末的粒度范围很广，大致为 $500 \sim 0.1 \mu m$，可以按平均粒度划分为若干级别，见表 1-3。

表 1-3　粉末粒度级别的划分

级别	平均粒径范围/μm	级别	平均粒径范围/μm
粗粉	150~500	极细粉	0.5~10
中粉	40~150	超细粉	<0.1
细粉	10~40		

粉末的粒度和粒度组成主要与粉末的制取方法和工艺条件有关。机械粉碎粉一般较粗，气相沉积粉极细，而还原粉和电解粉则可通过调节还原温度或电流密度，在较宽的范围内改变粒度组成。

粉末的粒度和粒度组成直接影响其工艺性能，从而对粉末的压制与烧结过程以及最终产品的性能产生很大影响。

1.3.4.3 粒径基准

用直径表示颗粒的大小称为粒径。规则球形颗粒用球的直径或投影圆的直径表示是一样的，也是最简单和最精确的一种情况。对于近球形、等轴状颗粒，用最大长度方向的尺寸代表粒径，其误差也不大。但是，多数粉末颗粒，由于形状不对称，仅用一维几何尺寸不能精确地表示颗粒真实的大小，所以最好用长（l）、宽（b）、高（t）三维尺寸的某种平均值来度量，称为几何学粒径。由于测量颗粒的几何尺寸非常麻烦，计算几何学平均径也较繁琐，因此又有通过测定粉末的沉降速度、比表面积、光波衍射或散射等性质，用当量或名义直径表示粒度的方法。可以采用下面四种粒径基准。

A 几何学粒径 d_g

用显微镜按投影几何学原理测得的粒径称为投影径。球的投影像是圆，故投影径与球直径一致；但是正四面体和正六面体的投影像则因投影的方向而异（见图1-8），这时很难由投影像决定投影径。一般要根据与颗粒最稳定平面垂直的方向投影所得的投影像来测量，然后取各种几何学的平均径。

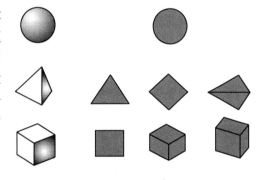

图1-8 各种形体的投影像

(1) 二轴平均径：$\frac{1}{2}(l+b)$。 (1-3)

(2) 三轴平均径：$\frac{1}{3}(l+b+t)$。 (1-4)

(3) 几何平均径：$\frac{1}{6}(2lb+2bt+2tl)^{1/2}$。 (1-5)

(4) 体积平均径：$3lbt/(lb+bt+tl)$。 (1-6)

还可根据与颗粒最大投影面积（f）或颗粒体积（V）相同的矩形、正方体或圆、球的边长或直径来确定颗粒的平均粒径，称为名义粒径。

B 当量粒径 d_c

利用沉降法、离心法或水力学方法（风筛法、水簸法）测得的粉末粒度，称为当量粒径。当量粒径中有一种斯托克斯径，其物理意义是与被测粉末具有相同沉降速度且服从斯托克斯定律的同质球形粒子的直径。由于粉末的实际沉降速度还受颗粒形状和表面状态的影响，故形状复杂、表面粗糙的粉末，其斯托克斯径总是比按体积计算的几何学名义径小。

C 比表面积粒径 d_{sP}

利用吸附法、透过法和润湿热法测定粉末的比表面积，再换算成具有相同比表面积值的均匀球形颗粒的直径，称为比表面积粒径。

因为球的表面积 $S=\pi d^2$，体积 $V=(\pi/6)d^3$，故体积比表面积 $S_v=S/V=6/d$。因此，由

具有相同比表面积的大小相等的均匀小球的直径可以求得粉末的比表面积粒径 $d_{sP}=6/S_v$ 或 $d_{sP}=6/S_w\rho$，S_w 为克比表面积，ρ 为颗粒密度（一般可取似密度）。

　　D　衍射粒径 d_{sc}

对于粒度接近电磁波波长的粉末，基于光与电磁波（如 X 光等）的衍射现象所测得的粒径称为衍射粒径。X 光小角度衍射法测定极细粉末的粒度就属于这一类。

　　1.3.4.4　粒度分布基准

粉末粒度组成是指不同粒径的颗粒在粉末总量中所占的百分数，可以用某种统计分布曲线或统计分布函数描述。粒度的统计分布可以选择四种不同的基准：

（1）个数基准分布，又称频度分布。以每一粒径间隔内的颗粒数占全部颗粒总数 $\sum n$ 的百分数表示。

（2）长度基准分布。以每一粒径间隔内的颗粒总长度占全部颗粒的长度总和 $\sum nD$ 的百分数来表示。

（3）面积基准分布。以每一粒径间隔内的颗粒总表面积占全部颗粒的表面积总和 $\sum nD^2$ 的百分数来表示。

（4）质量基准分布。以每一粒径间隔内的颗粒总质量占全部颗粒的质量总和 $\sum nD^3$ 中百分数表示。

四种基准之间虽存在一定的换算关系，但实际应用的是频度分布和质量基准分布。下面以频度分布为例讨论粒度分布曲线的具体做法，而粒径和颗粒数是用显微镜方法测量和统计的。

先根据所测粉末试样的粒径分布的最大范围和显微镜的测量精度，将粒径范围划分成若干个区间，统计各粒径区间的颗粒数量，再以各区间的颗粒数占所统计的颗粒总数的百分比（称颗粒频度）作纵坐标，以粒径（μm）为横坐标作成频度分布曲线。粒径范围划分越细，统计的颗粒频度越多，则作出的分布曲线越光滑、连续。实际上，一般取粒径区间 10~20 个，颗粒总数为 500~1000 个就足够了。

参看表 1-4，以 1μm 为粒径间隔，将粉末分为 10 个粒级，统计各级的颗粒数为 n_i（$n_i=1$，2，3，…，1000），颗粒总数 $N=1000$。各粒级粉末的个数百分率 $f_i=(n_i/N)\times 100\%$ 称为频度。图 1-9 是按颗粒数与颗粒频度对平均粒径所作的粒度分布曲线，称为频度分布曲线。曲线峰值所对应的粒径称为多数径。

如果用各粒级的间隔 $\Delta\mu$（表 1-4 中为 1μm）除以该粒级的频度 f_i（%），则得到所谓相对频度 $f_i/\Delta\mu$，单位是 %/μm。以相对频度对平均粒径做图又可得到相对频度分布曲线（图 1-9）。在本例中，因粒级间隔取 1μm，故相对频度在数值上与频度相等，两种分布曲线重合，但是纵坐标的单位与意义仍是不同的。

如果将颗粒数换成粉末质量进行统计，也能绘得质量基准的频度分布或相对频度分布曲线。

表 1-4　频度分布统计计算表

级别	粒级间隔 /μm	平均粒径 d_i /μm	颗粒数 n_i	个数分数（频度）f_i/%	累积分数 /%
1	1.0~2.0	1.5	39	3.9	3.9
2	2.0~3.0	2.5	71	7.1	11.0

续表1-4

级别	粒级间隔 /μm	平均粒径 d_i /μm	颗粒数 n_i	个数分数（频度）f_i/%	累积分数 /%
3	3.0~4.0	3.5	88	8.8	19.8
4	4.0~5.0	4.5	142	14.2	34.0
5	5.0~6.0	5.5	173	17.3	51.3
6	6.0~7.0	6.5	218	21.8	73.1
7	7.0~8.0	7.5	151	15.1	88.2
8	8.0~9.0	8.5	78	7.8	96.0
9	9.0~10.0	9.5	32	3.2	99.2
10	10.0~11.0	10.5	8	0.8	100
总计			$N=1000$		

　　使用相对频度分布曲线比较直观和方便，可采用面积比较法求得任意粒径范围的颗粒数的百分含量。因为相对频度的含义是在任一粒级内，粒径值每变化一个单位（μm）时，百分含量的平均变化率，如果粒级取得足够多，则光滑曲线上每一点的纵坐标就代表该粒径下百分含量的瞬时变化率，即曲线函数对粒径变量的微分，所以相对频度分布曲线又称为微分分布曲线。该曲线与粒径坐标之间所围成的面积就是微分曲线对整个粒度范围的积分，应等于1，也就是全部颗粒的总百分含量为100%。

　　粒度分布曲线的另一种形式是直方分布图，如图1-10所示。以各粒级间隔的横坐标长为底边，相应的频度（%）或相对频度（%/$\Delta\mu$）为高的小矩形群所组成的图形。显然，以相对频度做成的直方图的总面积也应等于1。

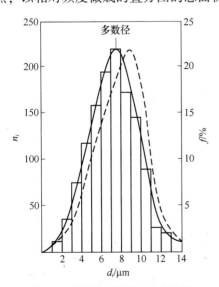

图1-9　频度（微分）分布曲线

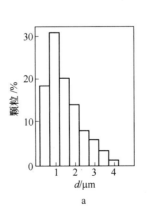

a

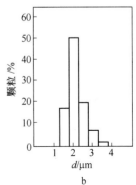

b

图1-10　直方分布图

严格来讲，无论是按平均粒度作成的相对频度分布曲线还是按粒级间隔作成的直方分布图，均不是真正的微分分布曲线，只有当粒级取得无限多、间隔无限小和颗粒总数极大时，才可接近理想的微分分布曲线。这时，可严格地用面积法求任意粒径范围的百分含量，即以曲线、横轴和任意两个粒径下横坐标的垂直线之间所围成的面积代表该粒径区间的粉末百分含量。如果要知道在某一粒径以上或以下的那部分粉末所占的百分含量，同样可按上述面积法求出。但是，为方便起见，可用表1-4的最后一列数据直接绘制累积分布曲线，这是粒度分布的另一种表达形式，应用也很普遍。

表中累积分数表示包括某一级在内的小于该级的颗粒数占全部粉末数 N（1000）的百分含量，以它对平均粒径作图就得到图1-11中实线所代表的"负"累积分布曲线；如果按大于某粒级（包括该粒级）的颗粒数百分含量进行累积和做图，则得到与之对称的另一条曲线（未画出），称为"正"累积分布曲线。

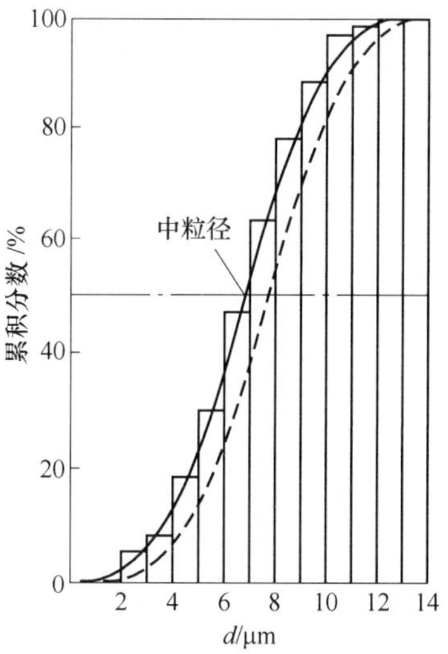

累积分布曲线在数学意义上是相对于微分分布曲线的积分曲线。因为在累积曲线上各点的斜率，即累积曲线函数对粒径变量的微分正好是微分曲线上对应点的纵坐标值。而且，微分分布曲线上的多数径正对应于积分分布曲线拐点的粒径，表示在该粒径附近，粒径变化一个单位（μm）时，颗粒数百分含量的变化率最大。累积分布曲线上对应50%的粒径称中位径，记作 D_{50}。

图1-11　累积分布曲线

1.3.4.5　平均粒度

粉末粒度组成的表示比较麻烦，应用也不太方便，许多情况下只需要知道粉末的平均粒度就可以了。由符合统计规律的粒度组成计算的平均粒径称为统计平均粒径，是表征整个粉末体的一种粒度参数。计算平均粒径的公式，见表1-5。公式中的粒径可以按前述四种基准中的任意一种统计。

表1-5　粉末统计平均粒径的计算公式

算术平均径	$d_a = \sum nd / \sum n$	n——粉末中具有某种粒径的颗粒数
长度平均径	$d_1 = \sum nd^2 / \sum nd$	d——个数为 n 的颗粒径
体积平均径	$d_v = \sqrt[3]{\sum nd^3 / \sum n}$	ρ——颗粒密度
面积平均径	$d_s = \sqrt{\sum nd^2 / \sum n}$	S_w——粉末克比表面积
体面积平均径	$d_{vs} = \sum nd^3 / \sum nd^2$	K——粉末颗粒的比形状因子
重量平均径	$d_w = \sum nd^4 / \sum nd^3$	
比表面积平均径	$d_{sp} = K / \rho S_w$	

1.3.5 粒度的测定

1.3.5.1 粒度测定分类

根据粉末粒径的四种基准，可将粒度测定方法分成四大类，见表1-6。这些方法中，除筛分析和显微镜法之外，都是间接测定法，即通过测定与粒度有关的颗粒的物理与力学性质参数，然后换算成平均粒度或粒度组成。

表1-6 粒度测定主要方法一览表

粒径基准	方法名称	测量范围/μm	粒度分布基准
几何学粒径	筛分析	>40	质量分布
	光学显微镜	500~0.2	个数分布
	电子显微镜	10~0.01	个数分布
	电阻（库尔特计数器）	500~0.5	个数分布
当量粒径	重力沉降	50~1.0	质量分布
	离心沉降	10~0.05	质量分布
	比浊沉降	50~0.05	质量分布
	气体沉降	50~1.0	质量分布
	风筛	40~15	质量分布
	水簸	40~5	质量分布
	扩散	0.5~0.001	质量分布
比表面粒径	吸附（气体）	20~0.001	比表面积平均径
	透过（气体）	50~0.2	比表面积平均径
	润湿热	10~0.001	比表面积平均径
光衍射粒径	光衍射	10~0.001	体积分布
	X光衍射	0.05~0.0001	体积分布

1.3.5.2 粒度测量技术

对于测量颗粒尺寸，一个广泛应用的技术就是使用肉眼在显微镜下观察分散的颗粒粒度。虽然显微镜测量可以获得相当精确的数据，但统计大量颗粒粒度的工作量是相当大的。因此，使用自动图谱分析仪要快捷得多。可通过光学显微镜（反射光或透射光）、扫描电子显微镜、透射电子显微镜来分析图像。通过显微镜对直径、长度、高度或面积的计数，记录被选颗粒的频度和颗粒粒度。

A 筛分析法

对于快速分析颗粒粒度，筛分析法是一种常用的技术。筛分析的原理、装置和操作都很简单，应用也很广泛。筛分析适于40μm以上的中等和粗粉末的分级和粒度测定。筛分装置由一组筛孔尺寸由大至小的筛网组成，如图1-12所示，筛孔尺寸最小的筛网在下面。粉末装载在最上面的筛上。筛网通过15min的振动，将使颗粒尺寸的分布更准确。当使用20cm直径的筛网时，100g样品就足够了。在振动完后，对每个尺寸间的粉末称重，计算出每个尺寸的比例。粉末通过筛网用"-"号标记，在筛网上部用"+"标记。例如，

-100/+200表示粉末通过100目的筛网而没有通过200目的筛网，颗粒尺寸在150μm和75μm之间。并规定在45μm下的粉末（-325目）定义为亚筛粉。

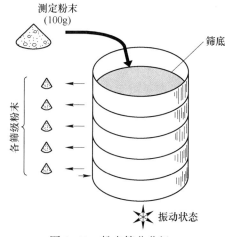

图1-12　粉末筛分分级

筛分析法所用的筛网是由平均分布的线所组成的平方格子。筛网的目数是由每单位长度的线的数目决定的。孔的尺寸与筛网的目数成反比。目数大的筛网表明孔的尺寸小。一般规定每英寸距离内，筛网丝线的数目就是筛网的目数。例如，200目筛网表明每英寸距离上有200根筛网丝线，或相邻筛网丝线中心距离为127μm，对于这种筛网，丝线的直径为52μm，剩下的孔的直径为75μm。

虽然筛分法是应用最广泛的粒度分析技术，其操作简便、快速，但也存在着一些问题。在制造精度方面，筛孔的平均尺寸有3%~7%的可允许误差。一个在筛分析中经常产生的问题是过载，特别对于更小的筛孔，过载阻止了粉末有效通过筛孔而使得粒数据偏大。该问题随着每单位筛网面积的粉末数量、细小颗粒的含量的增加以及筛孔尺寸的减小而增加。另一问题是筛分技术的差异性。不同的操作方法会使筛分产生8%的误差。如果严格控制筛分过程，差异性可缩小到1%。在筛分中的缺陷将允许大尺寸的颗粒通过；而且筛分时间过长将导致大颗粒碎粉为小颗粒，筛分时间太短，由于筛网上的堆积，细小的颗粒没有足够的时间通过。因为这些原因，使用标准的测试方法是必要的。筛盘由金属丝编织的筛网加边框制成，直径为200mm，高为50mm。各国制定的筛网标准不同，网丝直径和筛孔大小也不一样。目前，国际标准采用泰勒（Taylor）筛制，而许多国家（包括我国，但不包括德国）的标准也同泰勒制大同小异。下面介绍泰勒筛的分度原理和表示方法。

习惯上以网目数（简称目）表示筛网的孔径和粉末粒度。所谓目数是筛网1英寸长度上的网孔数，因目数都已注明在筛框上，故有时称筛号。目数越大，网孔越细。因网孔是网面上丝间的开孔，每英寸（1in）上的网孔数与丝的根数应相等，所以两孔的实际尺寸还与丝的直径有关。若以m代表目数，a代表网孔尺寸，d代表网丝直径，则有下列关系式：

$$m = \frac{25.4}{a+d} \qquad (1-7)$$

因为$1in = 25.4mm$，故a与d的单位为mm。

制定筛网标准时，应先规定丝径和网孔径，再按式（1-7）算出目数，列成表格就得到标准筛系列，简称筛制。泰勒筛制的分度是以200目的筛孔尺寸0.074mm为标准，乘以主模数$\sqrt{2} = 1.414$得到150目筛孔尺寸0.104mm。所以，比200目粗的150目、100目、65目、48目、35目等的筛孔尺寸可由0.074mm乘$(\sqrt{2})^n$（$n = 1,2,3\cdots$）分别算出；如果0.074mm被$(\sqrt{2})^n$相除，则得到比200目更细的270目、400目的筛孔尺寸。泰勒筛制还采用副模数为$\sqrt[4]{2} = 1.1892$，用它乘以或除以0.074mm，得到分度更细的一系列目数的筛孔尺寸。表1-7为泰勒标准筛制的目数与筛孔尺寸、网丝直径的对照表。显而易见，各相邻目数的筛孔尺寸之比均等于副模数$\sqrt[4]{2}$，而相隔一个目数的筛孔尺寸之比均等于主模数$\sqrt{2}$。

表1-7 泰勒标准筛制

筛网目数 m	筛孔尺寸 a/mm	网丝直径 d/mm	筛网目数 m	筛孔尺寸 a/mm	网丝直径 d/mm
32	0.495	0.300	115	0.124	0.097
35	0.417	0.310	150	0.104	0.066
42	0.351	0.254	170	0.089	0.061
48	0.295	0.234	200	0.074	0.053
60	0.246	0.178	250	0.061	0.041
65	0.208	0.183	270	0.053	0.041
80	0.175	0.142	325	0.043	0.036
100	0.147	0.107	400	0.038	0.025

标准筛中最细的为38μm（400目），因此，筛分析的粒度适用范围的下限为38μm。

筛分析粒度组成：当用筛分析法测定粒度组成时，通常以表格形式记录和表示，并不绘制粒度分析曲线。工业粉末的筛分析常选用187.5μm（80目）、150μm（100目）、106μm（150目）、75μm（200目）、58μm（250目）、45μm（325目）的筛组成一套标准筛。各级粉末的粒度间隔是以相邻两筛网的目数或筛孔尺寸表示的，例如−100目+150目表示通过100目和留在150目筛网上的那一粒度级的粉末。某还原铁粉的筛分析粒度组成的实例见表1-8。

表1-8 某还原铁粉的筛分析粒度组成的实例

标准筛		质量/g	百分率/%
筛网目数	筛孔尺寸/mm		
+80	≥0.175	0.5	0.5
−80+100	0.175~0.147	5.0	5.0
−100+150	0.147~0.104	17.5	17.5
−150+200	0.104~0.074	19.0	19.0
−200+250	0.074~0.061	8.0	8.0
−250+325	0.061~0.043	20.0	20.0
−325	≤0.043	30.0	30.0

B 显微镜法

显微镜除用于观察颗粒的形状、表面状态和内部结构以外，还广泛用于粉末粒度的测定。显微镜法具有直观、测量范围宽的特点。

光学显微镜借助带测微尺的目镜能在放大 200~1500 倍的状态下直接观测视场内颗粒的投影像尺寸，或在投影装置的荧光屏上测量，如图 1-13 所示；金相显微镜和电子显微镜也可在显微照片上观测。对总数量不少于 500 的颗粒逐一测量后，按粒径间隔计数，再以个数基准计算粒度组成和绘制粒度分布曲线。对粒度范围特别宽的粉末，可预先分级再分别测定，以减少误差。

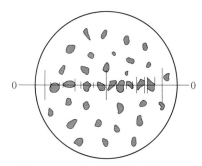

图 1-13　光学显微镜观察粉末颗粒定向定轴径

显微镜法测量粉末粒度对粉末取样和制样要求较高。因粉末样一般不超过 1mg，故对较粗的粉末可直接用酒精、二甲苯等分散剂在玻璃片上制样；而粒径小于 5μm 的粉末，则需用较多的粉样先用分散剂调成悬浊液，必要时还要用超声波进行分散，然后将均匀的悬浊液滴在玻璃片上并烘干。

使用光学显微镜时，由于细微粉末的光散射效应，使分辨能力降低；而电子显微镜分辨率高，且透视深度大，可以区别单颗粒和聚集颗粒，所以，1μm 以下粉末特别适于采用电子显微镜测量。

显微镜法的最大缺点是操作繁琐和费力，一个操作熟练的人员，每小时仅可计数 500~1000，而对于粒度分布范围特别宽的粉末，要求统计的颗粒总数量常在一万以上，粒度窄的一般也有 1000 左右。此时采用光电计数器自动读数，可以大大缩短测试时间，如图像分析计数仪和 Quantimet 粒度计。

C　沉降法

对于细小粒度的粉末颗粒来说，采用沉降法分析颗粒粒度是最可靠的。分散在流体（液体或气体）中的颗粒达到的最终沉降速度依赖于流体的黏度和颗粒的粒度。在这个基础上，从速度可估计颗粒的粒度。根据颗粒的密度和形状，沉降技术适合于颗粒粒度在 0.02~100μm 范围内的颗粒。由于离心力的应用，沉降法的分析范围可扩展到细颗粒，对于较大粒度的颗粒的分析则需要高的流体黏度。

使用沉降法进行颗粒粒度分析，需要一个预先设定好的高度，将分散的粉末放置在测试管的顶部。测试通常在水中进行，空气也可作为流体用来测试极细的颗粒。通过在设定时间内测量在管底的粉末数量然后计算颗粒粒度分布。显然，下落速度最快的颗粒是粒度最大的颗粒，而最小的颗粒下落的时间最长。用于沉降分析的自动设备可用光遮法、X 射线、重量或沉降粉块高度来决定粒度分布，对于极细颗粒的测试则可用离心力法。

假定一个球形颗粒在黏性介质中的最终速度代表力的平衡，见图 1-14，浮力和黏滞阻力阻止颗粒下沉，由于颗粒密度较大，地球引力引起颗粒下沉。在最终的速度下，力是平衡的，地球引力等于质量乘以加速度，即

$$F_g = \frac{\pi}{6} D^3 \rho_m g \qquad (1-8)$$

式中，g 为重力加速度；D 为颗粒直径；ρ_m 为颗粒的密度。

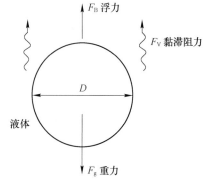

图 1-14　在黏性流体中的球形颗粒

　　浮力由颗粒排开的液体的体积决定：

$$F_\mathrm{B} = \frac{\pi}{6}D^3\rho_\mathrm{f}g \tag{1-9}$$

式中，ρ_f 为流体的密度。

　　最后，黏滞阻力按以下式子给出：

$$F_\mathrm{V} = 3\pi Dv\eta \tag{1-10}$$

式中，v 为最终速度；η 为流体黏度。

　　对于沉降实验，速度可根据高度和时间来进行计算，组合方程式得到：

$$v = gD^2(\rho_\mathrm{m} - \rho_\mathrm{f})/(18\eta) \tag{1-11}$$

　　式（1-11）即为描述颗粒粒径与沉降速度关系的斯托克斯定律，如果知道速度 v，对于一定的高度 H，可测定沉降时间 t，在这种情况下，颗粒粒度沉降时间按以下公式计算

$$D = \{18H\eta/[gt(\rho_\mathrm{m} - \rho_\mathrm{f})]\}^{1/2} \tag{1-12}$$

　　对于斯托克斯定理有一些数学上的限制：首先认为黏度限制沉降，但当雷诺系数增加超过 0.2 时，沉降出现紊流，颗粒沉降受到紊流干扰，沉降的路线为非直线，走过的路线增加，沉降的时间增加，颗粒粒径加大后，沉降速度加快，也可能造成紊流在沉降参数中，雷诺系数按下式给出：

$$Re = \frac{vD\rho_\mathrm{f}}{\eta} \tag{1-13}$$

　　发生沉降后，颗粒被认为很快达到最终速度，并进入层流状态，但是粒径、黏度等影响雷诺系数的因素导致这个技术通常适用于约 60μm 以下的颗粒。例如，在空气中沉降的铝（密度为 2.7g/cm³）最大颗粒粒度为 35μm，对于钨（19.3g/cm³），在空气中大约17μm。在沉降过程中，容器壁应不与颗粒发生反应，颗粒与颗粒之间也不能反应。通常情况下，浓度保持在 1%（体积分数）以下且没有团聚。最后，流体与粉末不能发生化学反应。因此，在水中沉降铁是不可行的。尽管存在这些缺点，但沉降技术在几种粉末系统中得到了应用，例如难熔金属粉末。

　　对于粒度分布范围大的粉末粒度的测量，采用沉降法分析可能产生较大的误差。首先，虽然通过调节加速度和流体的黏度有一定的灵活性，但测量的粒度基本限制在狭窄的范围内。对粒度小于 1μm 的颗粒，过慢沉降或速流过小，也会使所获得的数据不可靠。在热隔离室中离心在一些实验室中得到成功运用，使得沉降技术的范围扩大到0.01μm 大小的颗粒。此外，一些颗粒的特性是难以确定的，例如粉末中的孔隙减少了质量，引起较慢的沉降；对于不规则颗粒，因为沉降依赖于水的浮力作用面积，而且，不规则颗粒可能没有直垂下沉轨道。因此，不恒定的速度和不确定的路径长度使得难以准确地测量其尺寸。另外，在一些未知成分和结构的粉末中，要准确测量不同密度的混合粉末（例如铜和钨）或新合成的粉末的粒度参数是很困难的。因此，在进行沉降测试前，对待测粉末大致的粒度分布、颗粒密度、颗粒形状及混合粉末的大致组成都需要有一个初步的判断。

　　沉降技术的另一种变化是空气分级。空气分级使用旋风或旋转圆盘（转速达到12000r/min）和一个呈十字的空气流，如图 1-15 所示，将粉末分级成具有选择性的尺寸

范围，离心力提供一个恒定的颗粒速度，由于斯托克斯定律的作用，空气流动使颗粒分级。

D   光散射

当用光扫射含有粉末颗粒的流体时，光被干扰而不连续，不连续的时间或尺寸与颗粒尺寸相关。这类粒径测量设备多数是高度自动化的，因此通过流体流动来分析颗粒粒度是广泛和准确的。在测量最大粒径与最小粒径的范围方面，流动方法提供了一个很高的动态比例；最大和最小颗粒的比例能同时测量，如在具备多个探测头的现代化设备中，动态比例高达 8000，这样，最小的颗粒尺寸也能被探测到。

可应用于颗粒粒度分析的全能的流动技术是在光散射的基础上产生的。低角度的夫琅和费（Frounhofcr）光散射使用激光，自动粒度分析广泛应用于分散的颗粒。

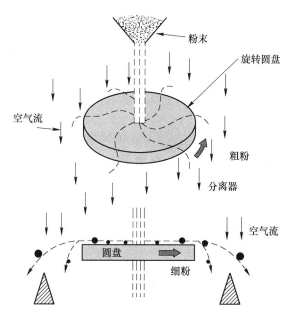

图 1-15   在重力和空气流的作用下小颗粒从大颗粒中分离出来

颗粒粒度影响散射的强度和角度，含有分散颗粒的流体有分散的颗粒在探测系统前通过，如图 1-16 所示，当散射发生时，粉末被分散并被嵌入样品池中，测量系统测量角密度，随后利用计算机计算颗粒粒度分布。与颗粒粒度相连的数据使用光电二极探测头接收。激光散射的角度与颗粒粒度成反比，小颗粒比大颗粒有更大的散射角，如图 1-17 所示。散射信号的强度随颗粒直径平方的变化而变化。计算机分析强度和角度数据将决定颗粒的粒度分布，依赖于仪器的设计，动态比例能在 30~50 的范围内变化，远超过其他一些自动设

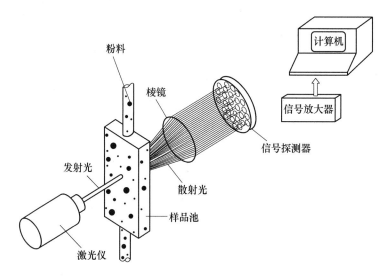

图 1-16   使用激光散射进行颗粒粒度分析的原理

备。夫琅和费提出的散射适应于颗粒粒度在 1~20μm 范围内的颗粒。最小颗粒的粒度应该至少是探测光波长的 2 倍。至于其他颗粒粒度分析的方法，颗粒形状设定为球形。探测团粒是困难的，但能通过正确的分散和超声波分散使团聚的程度降到最小。因为数据收集很容易，这种技术得到了广泛应用。

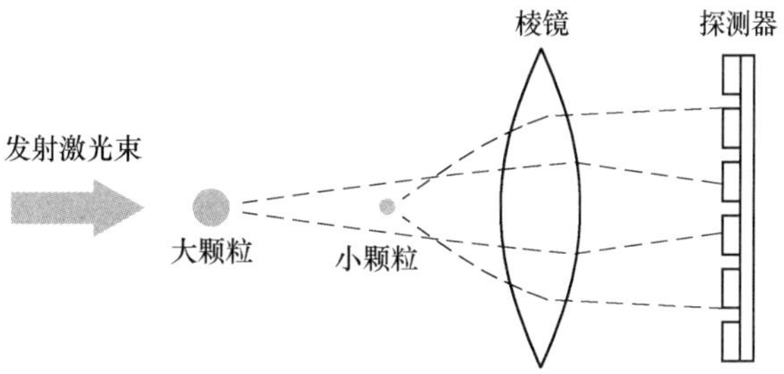

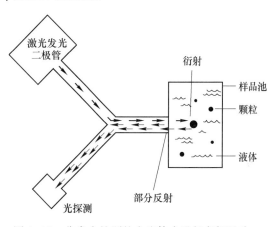

图 1-17　用激光法测量颗粒粒度分布

另一个光散射技术是使用多普勒频率移动仪。对于大颗粒，样品分散在空气中，通过喷嘴加速到半真空中，首先在接近声速时推进颗粒，随着颗粒速度减慢，两个多普勒移动仪阅读记录飞行时间和计算颗粒尺寸。这个方法能测量的颗粒粒度为 0.5~200μm，计数率达到 10^5 个/s。

对于更小的颗粒，热引起的随机运动称为布朗运动，这为测量颗粒粒度提供了足够的速度。斯托克斯-爱因斯坦方程给出的颗粒直径 D 和穿透散射率 D_T 的关系为：

$$D = kT/(3\pi\eta D_T) \tag{1-15}$$

式中，k 为玻耳兹曼常数；T 为热力学温度；η 为流体的黏度。

在粒度分析技术中，定义为摄影光谱法，如图 1-18 所示。这个技术使用内部光束分离器进行校正；颗粒粒度的范围为 0.005~5μm；由颗粒的反射得出了频率为 1000~1Hz 的移动，与颗粒粒度成反比；强度和频率信息在数分钟的范围内收集。这个输出的分析简化了从信号到颗粒粒度分布。为使用这个技术，首先必须知道流体和颗粒的光学性质、流体的黏度和温度。它的优点在于不需要对内在颗粒粒度分布进行假设就可测定非常小的颗粒。

图 1-18　非常小的颗粒在流体中进行布朗运动

目前使用的激光散射设备将各种不同的光源和探测技术结合得到的动态比例为 7000（0.1~700μm）或更大。依据颗粒的数量考虑这个范围，一个直径为 700μm 的球形颗粒的质量等于 3.4×10^8 个直径为 0.1μm 的颗粒的质量。根据熟悉的尺寸范围，比例为 7000:1 在长度上就相当于 14mm 比 1000m。一般的设备具有准确的动态比例为 300:1，即 1mm 在总尺寸上相当于 300mm。

E　光遮法

利用光遮法测量颗粒粒度的基本原理是悬浮液中流动的粉末经过光波前，阻断光的衍射，使光信号发生变体，然后根据变化的效果，分析粒径的大小。如图 1-19 所示，一束光被分散的颗粒打断，光的信息会产生变化。当一个颗粒在窗口前通过时，会阻断一部分光到达信息识别装置。假如颗粒为球形，阻断的光的效果相当于圆形横截面积。这个技术的动态比例是 45，光能分辨较小的颗粒粒度是 1μm，在流体中分散好颗粒以避免碰撞是必要的。

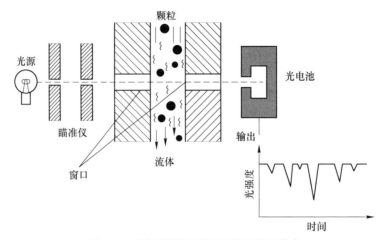

图 1-19   利用光遮法测量颗粒粒度及分布

F   X 射线技术

X 射线技术适用于非常小的颗粒的粒度分析。结晶材料衍射线的宽化有几个原因，包括应力和晶粒尺寸细化。

$$\lambda = 2d_{hkl}\sin\theta \tag{1-16}$$

式中，λ 为 X 射线的波长；d_{hkl} 为晶面间距；θ 为衍射角。

随着衍射晶体厚度减小，衍射峰的宽度增加。利用 X 射线来测定颗粒粒度最有效的方法是利用如图 1-20 所示的最大强度峰的半高宽 B。在一定强度下衍射峰的宽化部分是由晶体中衍射的晶面数引起的。Scherrer 公式给出了晶面尺寸 D、衍射峰半高宽 B、衍射角 θ 和 X 射线波长的关系，即

$$D = 0.9\lambda/(B\cos\theta) \tag{1-17}$$

在高的衍射角（高指数晶面）和大的入射波长下测定晶粒粒度很容易。衍射峰越宽化，晶粒粒度越小。

在通过峰的宽化准确测定粉末粒度时，可通过分析宽化的程度与衍射角来完成，但应力引起的加工硬化影响必须剔除。此外，由于机械振动、光束散射和

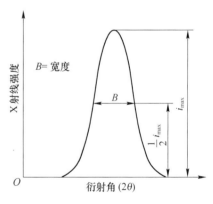

图 1-20   最强峰的半高宽 B

样品尺寸等因素引起的宽化必须剔除。在 X 射线宽化分析前粉末最好通过退火以消除应力或加工硬化。研磨后的金属粉末一般存在加工硬化而不能通过 X 射线宽化分析得到准确的结果。为了准确判断因颗粒粒度引起的峰的宽化，必须有与测试粉末相关的不同衍射标准。通过使用大晶粒尺寸（大于 $1\mu m$）的标准，相似衍射角的宽化效应能予以测量。如果 B_T 是总的衍射宽度，颗粒粒度宽化 B 则可通过平方差进行计算：

$$B^2 = B_T^2 - B_S^2 \tag{1-18}$$

式中，B_S 为标样的峰宽化。

这个技术适合于颗粒粒度为 50nm 左右的分析。在很好的实验条件下，X 射线峰的宽化能测定的粒度为 $0.2\mu m$（200nm）。然而，这个方法给出的是平均晶粒度，没有粒度分

布和颗粒形状的信息。

表1-9列出了几种颗粒粒度分析方法的比较，并给出了从大到小的粒度尺寸范围、动态比例、样品质量、相对分析速度以及分析技术依据（数量和重量）。

表 1-9　颗粒粒度分析方法的比较

分析方法		粒度尺寸范围/μm	动态比例	样品质量/g	相对分析速度	分析技术依据
显微镜	光学	>0.8	30	<1	S	P
	电子	0.01~400	30	<1	S	P
筛分	线筛	>38	20	100	I	W
	电刻筛	5~120	20	>5	S	W
沉降	重力	0.2~100	50	5	I	W
	离心力	0.02~10	50	1	S	W
光散射	夫琅和费	1~800	<200	<5	F	P
	布朗运动	0.005~5	1000	<1	I	P
	光遮法	1~600	45	3	I	P
X射线	宽化	0.01~0.2	–	1	S	P
	小角度	0.001~0.05	–	1	S	P

注：S—慢（1h或更多）；I—中间（1/2h）；F—快（1/4h或更少）；P—数量基础；W—质量基础。

1.3.6　颗粒的比表面积

1.3.6.1　粉末的比表面积

比表面积指单位质量粉末所具有的表面积（m^2/g）。分析粉末体表面积主要有气相吸附法和气相渗透法两种。

粉末比表面积属于粉末体的一种综合性质，是由单颗粒性质和粉末体性质共同决定的。同时，比表面积还代表粉末体粒度的参数，同平均粒度一样，能给人以直观、明确的概念。所以用比表面积法测定粉末的平均粒度称为单值法，以区别上述分布法。比表面积与粉末的许多物理、化学性质（如吸附、溶解速度、烧结活性等）有直接的关系。

粉末克表面 S_w 定义为质量为1g的粉末所具有的总表面积，用 m^2/g 或 cm^2/g 表示；致密体的比表面积，也用前述单位，称体积比表面积 S_v。粉末比表面积是粉末的平均粒度、颗粒形状和颗粒密度的函数。测定粉末比表面积通常采用吸附法和透过法。1969年比表面积测定国际会议推荐的方法有气体容量吸附法、气体质量吸附法、气体或液体透过法、液体或液相吸附法、润湿热法及尺寸效应法等。

1.3.6.2　空气透过法

空气透过法原理是由卡门（Carman）于1938年提出的。他推导了关于常压气体通过粉末床的流速、压力降与粉末床的孔隙率、几何尺寸及粉末的表面积等参数之间的关系式，以后经过修正又推广到低压气体。气体透过法已成为当前测定粉末及多孔固体的比表面积，特别是测定亚筛级粉末平均粒度的重要工业方法。空气透过法测定的粒度是一种当量粒径，即比表面平均径。这里主要介绍常压气体透过法和低压气体扩散法的原理和费歇尔微粉粒度分析仪。

A　基本原理

在假定气流为黏性的条件下，气体通过多孔体结构的气相渗透性取决于表面积。Darcy 方程表明，多孔材料中，气体流量 Q（m^3/s）与气压降 $\Delta p = p_U - p_L$ 和气体黏度 η 仍存在如下关系：

$$Q = \Delta p \kappa A / L\eta \tag{1-19}$$

式中，试样长度 L、横截面积 A 如图 1-21 所示；参数 κ 为渗透系数。

从低压区渗透出的气体速率为

$$v = \Delta p \kappa / L\eta \tag{1-20}$$

式中，v 等于单位面积上的流速（Q/A）。在 Kozeng 和 Carman 的分析中，粉末体表面积与孔隙率 θ 有关，即

$$\theta = \frac{1}{\rho_m} \tag{1-21}$$

式中，ρ_m 为材料的理论密度；θ 为总孔隙率。

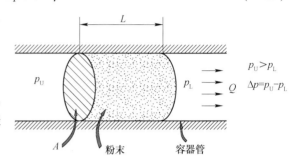

图 1-21　气体渗透法测定粉末表面积

Kozeng-Carman（柯青-卡门）方程是由泊肃叶黏性流动理论导出的，适用于常压液体或气体透过粗颗粒粉末床。目前测定粉末比表面的主要工业方法——空气透过法就建立在该方程的基础上。常压空气透过法分为两种基本形式：

（1）稳流式：在空气流速和压力不变的条件下，测定比表面积和平均粒度，如费歇尔微粉粒度分析仪和 Permaran 空气透过仪。

（2）变流式：在空气流速和压力随时间变化的条件下，测定比表面积或平均粒度，如 Blaine 粒度仪和 Rigden 仪。

柯青（Kozeng）假设，粉末床由球形颗粒组成，球形颗粒呈相互并联的毛细管通道，流体沿着这些毛细管流过颗粒床。毛细孔的平均半径 r_m 与颗粒间的孔隙体对孔隙的总表面积之比成正比。如进一步设孔隙度为 θ，可导出气体透过粉末床时，测量粉末表面积 S_0 的柯青-卡门公式如下：

$$S_0 = \sqrt{\frac{\Delta p g A \theta^3}{K_c Q_0 L\eta (1-\theta)^2}} \tag{1-22}$$

式中，K_c 为柯青常数；Δp 为粉末床两端气体压差；g 为重力加速度；A 为粉末床截面积；Q_0 为流经粉末床的气体流量；L 为粉末床的几何长度；η 为气体黏度；θ 为孔隙度。

式（1-22）称为柯青-卡门公式，将比表面积与平均粉径关系 $d_m = 6/S_0$ 代入得到

$$d_m = 6 \times 10^4 \times \sqrt{\frac{K_c Q_0 L\eta (1-\theta)^2}{\Delta p g A \theta^3}} \tag{1-23}$$

B　费歇尔微粉粒度分析仪

费歇尔微粉粒度分析仪，又称费氏仪，全名是 Fisher Sub - Sive Siver，简写成 F.S.S.S.，已被许多国家列入标准。其计算粒度的原理是基于古登（Gooden）和史密斯

变换柯青-卡门方程建立的公式。

（1）用粉末床几何尺寸表示孔隙度：

$$\theta = 1 - \frac{W}{\rho_c AL} \tag{1-24a}$$

（2）取粉末床的质量 W 在数值上等于粉末颗粒的有效密度 ρ_c，$W = \rho_c$，故式（1-24a）变成

$$\theta = 1 - \frac{1}{AL}(\text{规定 } A = 1.267\text{cm}^2) \tag{1-24b}$$

（3）Q_0 和 η 作常数处理。

（4）对大多数粉末，柯青常数 K_c 取5。

（5）Δp 用通过粉末床前后的压力差（$p-p'$）表示。根据式（1-24b）去变化式（1-24）中包括孔隙度 θ 的项，即：

$$\frac{(1-\theta)^2}{\theta^3} = \frac{\left(\frac{1}{AL}\right)^2}{\left(\frac{AL-1}{AL}\right)^3} = \frac{AL}{(AL-1)^3} \tag{1-25}$$

$$\sqrt{\frac{K_c}{g}} = \sqrt{\frac{5}{980}} = \frac{1}{14} \tag{1-26}$$

根据透过率与颗粒表面积以及颗粒直径的关系，将上式代入式（1-23）经换算和整理得

$$d_m = \frac{6 \times 10^4 L}{14(AL-1)^{3/2}}\sqrt{\frac{Q_0\eta}{\Delta p}} \tag{1-27}$$

设式（1-27）中 $Q_0 = kp'$（k 为流量系数），再用 $p'/(p-p')$ 代替 $p'/\Delta p$，当 η 和 k 为常数可提到根号外与其他常数合并为一个新系数 $C = 6\times10^4/14\ (k\eta)^{1/2}$ 时，则式（1-27）比表面积换算成粉末平均粒径：

$$d_m = \frac{CL}{(AL-1)^{3/2}}\sqrt{\frac{p'}{p-p'}} \tag{1-28}$$

式中，p 为流过粉末床之前的空气压力；p' 为流过粉末床之后的空气压力。

式（1-28）中 A 和 p 在实验中均为可维持不变的参数，可变参数只剩下 L 和 p'。根据式（1-24a），L 由粉末床孔隙度 θ 决定，因此当 θ 固定不变时，仅有 p' 或空气通过粉末床的压力降 $p-p'$ 是唯一需要由实验测量的参数，基于以上原理设计的费氏空气透过仪如图1-22所示。

从微型空气泵1打出的空气通过压力调节管3获得稳定的压力，经 $CuSO_4$ 干燥管5除去水分，粉末试样管6中粉末的质量在数值上等于粉末材料的理论密度，借助专门的手动机构将它压紧至所需要的孔隙度 θ，空气流速反映为U形管压力计12的液面差，因而由粒度曲线板13与管12中液面重合的曲线可读出粉末的平均密度。

1.3.6.3 气体吸附法（BET）

A 基本原理

利用气体在固体表面的物理吸附测定物质的比表面积，其原理为：测量吸附在固体表

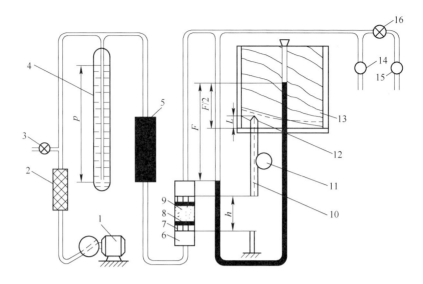

图 1-22   费氏仪简图

1—空气泵；2—过滤器；3—调压阀；4—稳压管；5—干燥剂；6—试样管；

7—多孔塞；8—滤纸垫；9—试样；10—齿杆；11—手轮；12—U 形管压力计；

13—粒度读数板；14，15—针形阀；16—换挡阀

面上气体单分子层的质量或体积，再由气体分子的横截面积计算 1g 物质的总表面积，即
得克比表面。

气体被吸附是由于固体表面存在剩余力场，根据这种力的性质和大小不同，分为物理
吸附和化学吸附。前者是范德华力起作用，气体以分子状态被吸附；后者是化学键力起作
用，相当于化学反应，气体以原子状态被吸附。物理吸附常常在低温下发生，而且吸附量
受气体压力的影响较显著，建立在多分子层吸附理论上的 BET 法是低温氮气吸附，属于物
理吸附，这种方法已广泛用于比表面积的测定。

描述吸附量与气体压力关系的有等温吸附曲线（图 1-23，横坐标 p_0 为吸附气体的饱
和蒸气压力）。图左起第一类适用朗格谬尔（Lamgmuir）等温式，描述了化学吸附或单分
子层物理吸附；其余四类描述了多分子层吸附，也就是适用于 BET 法的一般物理吸附。

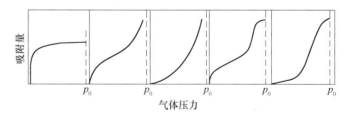

图 1-23   等温吸附曲线的几种类型

朗格谬尔吸附等温式 $V=V_{\mathrm{m}}bp/(1+bp)$ 可写成如下形式：

$$\frac{p}{V} = \frac{1}{V_{\mathrm{m}}b} + \frac{p}{V_{\mathrm{m}}}$$

$$(1-29)$$

式中，V 为当压力为 p 时被吸附气体的容积；V_m 为全部表面被单分子层覆盖时的气体容积，称饱和吸附量；b 为常数。

式（1-29）表明 p/V 与 p 呈直线关系。由实验求得 $V-p$ 的对应数据，做出直线，根据直线的斜率和纵截距求得式（1-29）中的 V_m，再由气体分子的截面积计算被吸附的总表面积和克比表面值。

一般情况下，气体不是单分子层吸附，而是多分子层吸附，这时式（1-29）就不能应用，应该用多分子层吸附 BET 公式

$$V = \frac{V_m C p}{(p_0 - p)\left[1 + (C+1)\dfrac{p}{p_0}\right]} \tag{1-30}$$

改写成 BET 二常数式

$$\frac{p}{V(p_0 - p)} = \frac{1}{V_m C} + \frac{C-1}{V_m C}\frac{p}{p_0} \tag{1-31}$$

式中，p 为吸附平衡时的气体压力；p_0 为吸附气体的饱和蒸气压；V 为被吸附气体的体积；V_m 为固体表面被单分子层气体覆盖所需气体的体积；C 为常数。

即在一定的 p/p_0 值范围内，用实验测得不同 p 值下的 V，并换算成标准状态下的体积。以 $p/[V(p_0-p)]$ 对 p/p_0 做图得到的应为一条直线，$1/(V_m C)$ 为直线的纵截距值，$(C-1)/(V_m C)$ 为直线的斜率，于是 $V_m = 1/($ 斜率 $+$ 截距 $)$。因为 1mol 气体的体积为 22400mL，分子数为阿伏伽德罗常数 N_A，故 $V_m/22400W$ 为 1g 粉末试样（取样重取 g）所吸附的单分子层气体的摩尔数，$V_m N_A/22400W$ 就是 1g 粉末吸附的单分子层气体的分子数。因为低温吸附是在气体液化温度下进行的，被吸附的气体分子与液体分子类似，以球形最密集方式排列，那么，用一个气体分子的横截面积 A_m 乘以 $V_m N_A/22400W$ 就得到粉末的克比表面，即

$$S = V_m N_A A_m / 22400W \tag{1-32}$$

表 1-10 为常用吸附气体的分子截面积。由直线的斜率和截距还可求得式（1-31）中的常数 C：

$$C = （斜率 / 截距） + 1 \tag{1-33}$$

其物理意义为

$$C = \exp\left(\frac{E_1 - E_L}{RT}\right)$$

式中，E_1 为第一层分子的摩尔吸附热；E_L 为第二层分子的吸附热，等于气体的液化热。

表 1-10　吸附气体的分子截面积

气体名称	液化气体密度/$g \cdot cm^{-3}$	液化温度/℃	分子截面积（0.01nm²）
N_2	0.808	−195.8	16.2
O_2	1.14	−183	14.1
Ar	1.374	−183	14.4
CO	0.763	−183	16.8
CO_2	1.179	−56.6	17.0

气体名称	液化气体密度/g·cm⁻³	液化温度/℃	分子截面积（0.01nm²）
CH_4	0.3916	−140	18.1
NH_3	0.688	−36	12.9
NO	1.269	−150	12.5
NO_2	1.199	−80	16.8

如果 $E_1 > E_L$，即第一层分子的吸附热大于气体的液化热，则为图1-23中第二类吸附等温线；如果 $E_1 < E_L$，则是第三类正常的吸附等温线。在上述两种情况下，BET氮吸附的直线关系仅在 p/p_0 值为0.05~0.35的范围内成立。在更低压力或 p/p_0 值下，实验值按公式计算的结果偏高，而在较高压力下则偏低。在第四、五类的情况下，除仅在多分子层吸附外，还出现毛细管凝结现象，这时BET公式要经过修正后才能使用。

B　测试方法

气体吸附法测定比表面的灵敏度和精确度最高。主要有容量法、单点吸附法。下面分别作简要介绍。

（1）容量法。根据吸附平衡前后吸附气体容积的变化来确定吸附量。实际上就是测定在已知容积内气体压力的变化。BET比表面装置就是采用容量法测定的。图1-24为BET装置原理图。连续测定吸附气体的压力 p 和被吸附气体的容积 V，并记下实验温度下气体的蒸气压 p_0，再按BET方程式（1-31）计算，以 $p/V(p_0-p)$ 对 p/p_0 作等温吸附线。

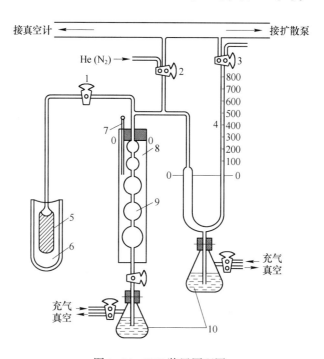

图1-24　BET装置原理图

1~3—玻璃阀；4—水银压力计；5—试样管；6—低温瓶（液氮）；

7—温度计；8—恒温水套；9—量气球；10—汞瓶

（2）单点吸附法。BET 法至少要测量三组 p-V 数据才能得到准确的直线。

由 BET 二常数式 $\dfrac{p}{V(p_0-p)}=\dfrac{1}{V_m}+\dfrac{C-1}{V_mC}\dfrac{p}{p_0}$ 所作直线的斜率 $S=\dfrac{C-1}{V_mC}$ 和截距 $I=1/(V_mC)$ 可以求得 $V_m=1/(S+I)$ 和 $C=S/I+1$。用氮吸附时，一般 C 值很大，I 值很小，即二常数式中的 $1/(V_mC)$ 项可忽略不计，而第二项中 $C-1\approx C$。最后，BET 公式可简化成

$$\frac{p}{V(p_0-p)}=\frac{1}{V_m}\frac{p}{p_0} \tag{1-34}$$

式（1-34）说明：如以 $p/[V(p_0/p)]$ 对 p/p_0 做图，直线将通过坐标原点，其斜率的倒数代表所要测定的 V_m。因此，一般就利用式（1-34），在 $p/p_0\approx 0.3$ 的附近测一点，将它与 $p/[V(p_0-p)]$-p/p_0 图中的原点连接，就得到图 1-25 的直线 2。单点法与多点法相比，当比表面在 $10^{-2}\sim 10^2\,\mathrm{m^2/g}$ 范围时，误差为 $\pm5\%$。根据式（1-32），将原子横截面积 $A_m=1.62\mathrm{nm}$，$N_A=0.023\times10^{23}$ 代入克比表面积公式 $S=W_mN_AA_m/(2240W)$，可得到单点吸附法的比表面计算式

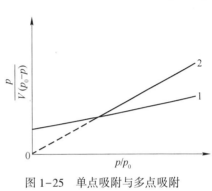

图 1-25　单点吸附与多点吸附
1—多点法；2—单点法

$$S=4.36V_m/W \tag{1-35}$$

式中，W 为粉末试样的质量，g。

实验证明，单点吸附法的重复性较好，但在不同的 p/p_0 值下测量的结果会有偏差。如 p/p_0 偏大，所得比表面值偏高，故应控制 p/p_0 约为 0.1 最好。

1.4　粉末的工艺性能

粉末的工艺性能包括松装密度、摇实密度、流动性、压缩性和成型性。工艺性能主要取决于粉末的生产方法和粉末的处理工艺（球磨、退火、加润滑剂、制粒等）。

1.4.1　松装密度和摇实密度

松装密度是指粉末试样自然地充填规定的容器时，单位容积内粉末的质量（$\mathrm{g/cm^3}$）。摇实密度是指在振动或敲击之下，粉末紧密充填规定的容器后所得的密度（$\mathrm{g/cm^3}$），比松装密度一般高 20%~50%。

影响松装密度的因素主要是粉末颗粒的粒度组成、粉末颗粒的形状和粉末空隙度。主要规律是粉末颗粒愈粗，松装密度愈大，愈细则减小；颗粒形状愈不规则，松装密度愈小；粉末空隙度愈小，松装密度愈大。

孔隙度（θ）：孔隙体积与粉末的表观体积之比。它包括了颗粒之间孔隙的体积和颗粒内更小的孔隙体积。粉末体的密度 d 与孔隙度 θ 的关系为：$\theta=1-d/d_{理}$（$d_{理}$ 为粉末材料的理论密度）。

粉末松装密度的测量方法有 3 种：

（1）漏斗法。粉末从漏斗孔按一定高度自由落下充满杯子。

（2）斯柯特容量计法。把粉末放入上部组合漏斗的筛网上，自由或靠外力流入布料箱，交替经过布料箱中4块倾斜角为25°的玻璃板和方形漏斗，最后从漏斗孔按一定高度自由落下充满杯子。

（3）振动漏斗法。是将粉末装入带有振动装置的漏斗中，在一定条件下进行振动，粉末借助于振动，从漏斗孔按一定高度自由落下充满杯子。

对于在特定条件下能自由流动的粉末，采用漏斗法；对于非自由流动的粉末，采用后两种方法。松装密度的测定装置见图1-26。具体的装置、流速漏斗和量杯的结构见图1-27。

图1-26　松装密度的测定装置

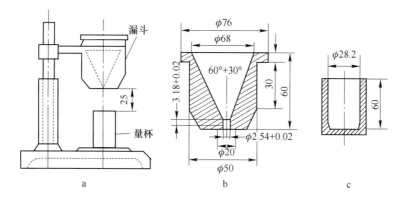

图1-27　松装密度装置结构图
a—装配图；b—流速漏斗；c—量杯

1.4.2　流动性

流动性的定义为50g粉末从标准的流速漏斗流出所需的时间。单位为s/50g。其倒数是单位时间内流出粉末的重量，俗称流速。

影响流动性的因素主要包括颗粒形状、粒度组成、相对密度（$d/d_{理}$）和颗粒间的黏附作用。规律为等轴状（对称性好）或粗颗粒粉末流动性好，极细粉末占的比例愈大，流动性愈差；若粉末的相对密度不变，颗粒密度愈高，则流动性愈好；若颗粒密度不变，相对密度增大会使流动性提高；颗粒表面如果吸附水分、气体或加入成型剂会降低粉末的流动性。

测定流动性一是用测定松装密度的漏斗来测定，标准漏斗（又称流速计）是用 150 目金刚砂粉，在 40s 内流完 50g 来标定和校准的；一是采用粉末自燃堆积角（或称安息角）来测定，即让粉末通过一组筛网自然流下并堆积在直径为 1 英寸的圆盘上，当粉末堆满圆盘后，以粉末锥的高度衡量流动性，锥度逾高则表示粉末的流动性差，把粉末锥的底角称为安息角。

1.4.3 压制性

压制性是压缩性和成型性的总称。粉末的化学成分和物理性能，最终都反映在压制性和烧结性能上，因此研究粉末的压制性能比较重要。

压缩性指粉末在压制过程中被压紧的能力，用规定单位压力下粉末所达到的压坯密度表示。成型性指粉末压制后压坯保持既定形状的能力，用粉末得以成型的最小单位压制压力表示或用压坯强度来表示。

颗粒松软，形状不规则的粉末，成型性好；塑性金属粉末比硬脆材料粉末的压缩性好；松装密度高，压缩性好。一般压缩性和成型性是矛盾的统一体。

测定压缩性我国标准规定用直径 25mm 的圆压模，以硬脂酸锌的三氯甲烷溶液润滑模壁，在 400MPa（$4tf/cm^2$）压力下压制 75g 粉末试料，测定压坯密度表示压缩性。

测定成型性首先制成至少三个 30mm×12mm×6mm 的矩形压坯试样，然后在抗压试验机上测定其断裂力，最后计算压坯强度来表示成型性。

压坯强度 $S = 3PL/2t^2W$，其中 P 为试样断裂所需的力，L 为夹具支点间的跨距，t 为试样厚度，W 为试样宽度。

1.5 粉末的应用

粉末可直接应用于许多场合，例如用作颜料、油墨、添加剂、催化剂、引火物、炸药、涂料、焊剂等。

1.5.1 食品添加剂

人们早就知道铁元素在食品中的重要性，现在它仍然是营养学家很关心的一种元素。当血液丧失其输送氧和二氧化碳的能力时，就呈现缺铁性贫血症。起初，人们试图通过服用维生素、矿物添加剂和全粒谷物来治疗这种贫血症，但效果都不明显。在美国，从 1941 年开始用铁粉和其他营养素来强化面粉，以后又将添加铁粉推广到了各种食品中，其中有随时可吃的和煮熟的谷物、面条、面包、饼干、腊肠、糖果以及液体食物，作为社会性的保健措施。在美国用于食品的元素铁粉每年达 450t。用作食品的添加元素铁粉可以采用还原铁粉、电解铁粉和羰基铁粉。

1.5.2 颜料、油墨和复印用粉末

片状金属颜料的生产起源于生产金箔的方法。将黄金手工捶打成极薄的片状颗粒，然

后擦筛过一细的筛网，制成金粉，用作涂料。现今，金属颜料都用机械法生产。

片状铝粉可用作屋面涂料，因为铝能提供防潮层和具有高的反射率。从而可在夏天降低建筑物内部的温度，还可以延长屋面寿命。汽车涂料要求具有抗酸蚀性、闪光、覆盖率和光泽，片状铝粉则具有这些特点。为了能在低得多的价格下仿制银色，印刷油墨加入铝粉颜料可以用于胶印、油版印刷、曲面凹版印刷以及转轮凹版印刷。

金色青铜颜料是片状黄铜粉末。其颜色色调决定于采用的合金成分和后续热处理。锌含量高时，色调发绿；锌含量低时，色调发红。金色青铜粉主要用于装饰，例如烟盒、包装纸、贺卡等，也可用作涂料以及作为曲面凹版印刷、转轮凹版印刷、胶版印刷和活版印刷用的油墨颜料。

片状不锈钢粉末颜料可用于受强腐蚀气氛作用的涂层，以改善外观。片状锌粉颜料一直被应用于耐腐蚀的条件下。当前，片状锌粉和铝粉制成的达克罗涂料广泛应用于汽车工业。

在复印机中使用的粉末都是金属粉末，将这些金属粉末与称为"着色剂"的较细的黑色或彩色热塑性塑料粉末相结合，就形成许多静电成像系统中所用的显色剂混合物。在这种混合物中的金属粉末起"载体"的作用，输送和使干油墨颗粒带电，最终形成显色图像。在20世纪60年代，不规则形状铁粉首先用于早期的复印机来承载着色剂；1969年，使用了球形铜粉的显色剂；现今，磁刷装置采用了各种不同形状的金属粉末，其中包括海绵状、碎片状和片状粉末。应该指出，复印机采用球形铁氧体粉末是载体颗粒工艺领域中的一项重要进展，球形铁氧体和球化的磁性氧化铁粉与铁粉载体材料相比，具有一定的优点，从而也得到了大量的使用。

1.5.3　燃料、烟火和炸药用粉末

金属粉末可用作固体推进器的燃料、烟火以及炸药等。应用最广的是铝粉，在烟火中还使用镁、锆、钛、钨、锰、铍和铈等粉末。

用于火箭推进系统的固体推进剂都具有复合结构，它们由固体氧化剂、固体燃料和聚合燃料黏合剂所组成。用铝粉作固体推进剂的燃料有两个优点，即燃烧能高和燃烧时能将水和二氧化碳还原成相对分子质量较小的气体。相对分子质量小的气体是所希望的，因为推进剂产生的能量与生成的气体的平均相对分子质量的平方根成反比。也可以利用镁粉作燃料，但镁粉与铝粉相比，其比推力较小，而且处理细的镁粉时危险性较大。

烟火材料指的是着火时可以控制化学反应速度的物质或材料的混合物。这些材料可在规定的时间内产生所要求数量的热、烟、响声、光或红外辐射。对于大多数的应用，它们都必须燃烧，但不得爆燃。用做照明弹时，应提供强烈的光照；而作信号弹时，要求光源与背景有明显的区别。信号弹比照明弹燃烧较弱且较快。根据产生的热量、价格和对可见光的透光度，由镁和铝粉组成的产品最令人满意。烟雾弹是烟火掩蔽和发信号的另一种应用，可采用铝或镁之类的金属粉末与六氯乙烷和锌盐组成，如果将挥发性有机染料加入到这类混合物中，便可制成彩色烟幕弹。许多粉末状金属都具有自燃性，而且摩擦时有一些会产生火花，将这些能自燃的物质用于武器便成为燃烧弹。烟火的应用还有延迟组合物，作照相闪光灯以及引爆装置等等。

炸药是一种高能物质，当经受快速化学变化时，会产生大量能量，将铝粉加入炸药中

可增大炸药的热量输出，使爆炸的热量增大。

1.5.4 磁性探伤用粉末

磁性粉末探伤是一种无损检测方法，用以检测铁磁性零件中的各种缺陷，这些缺陷都可能使零件在使用中失效。磁性粉末探伤法能显示位于金属表面或表面附近的缺陷。对某些零件来说，磁性粉末探伤法是一种方便、可靠和经济的生产检测方法。材料或零件被磁化时，通常在横过磁场方向的方向，磁场的不连续性会使零件表面与其上部形成一漏磁场，用撒在表面的细的铁磁性粉末便可显示出这种漏磁场，从而可显示出缺陷。磁性粉末探伤中，磁力线在用磁化方法感应的方向通过零件。若零件是连续的，则磁力线可以很容易不间断地通过零件；若零件因有缺陷而不连续时，则将迫使某些磁力线在缺陷上方进入大气层中。因此，缺陷上方的外磁场就比零件的其他部位要强。

1.5.5 焊药、表面涂层用粉末

金属粉末在焊接技术中得到了广泛的应用，它可以用作为焊条、焊剂中的合金材料成分，用作表面硬化的涂层材料，还可以在钎焊中作为填充金属。

焊条药皮中常常要添加各种铁合金和金属粉末。锰铁和硅铁之类的粉末，除了可提供必须的合金成分之外，还可作为脱氧剂。选择焊条药皮用的金属粉末时，应注意到粒度的要求，而且不得与液体的碱性硅酸盐发生反应。金属铁粉就能很好地满足这种要求，因而被广泛采用。在焊接中几乎都采用还原铁粉和水雾化铁粉。在埋弧焊技术中，铁粉可以作为填缝材料，这种铁粉应该粒度均匀和化学成分均一，因此采用雾化铁粉。

表面硬化是用堆焊、热喷涂或类似方法，将硬质耐磨材料涂覆在零件表面，其主要目的是减少磨损。用作表面硬化的粉末要有一定的粒度要求。

表面硬化粉末的化学组成对沉积金属的性能影响很大。选用这些材料的成分时，主要应考虑它们对基底金属的适应性及材料费用，以及影响性能的冲击强度、腐蚀性能、氧化及热性能。

通常，碳化物含量增加时，表面硬化合金的冲击强度降低。在应用中，当冲击强度为主时，可用奥氏体锰钢来堆焊磨损的零件；如果在磨损的同时，伴有酸、碱水溶液腐蚀时，一般来说，铁基合金的抗氧化性和耐磨性都不好，可选用镍基或钴基耐磨合金，例如，食品加工厂中切马铃薯用的刀具，用钴基合金可比工具钢寿命延长好几倍。可用作表面硬化的粉末有钴基合金（如钴-铬-钨-碳系合金）、镍基合金（如镍-铬-硼-硅系合金）、碳化物、铁基合金（珠光体钢、奥氏体钢、马氏体钢和高合金铁）以及高温材料、陶瓷等。

在钎焊技术中，广泛采用金属粉末作为填充金属。钎焊中，在适当的熔剂和保护气氛下加热到适当温度，因毛细管作用，填充金属可以散布在精密配合的接合表面间。作为填充金属的雾化粉末有镍合金、钴合金、银合金、金合金、铜-磷合金、铜、铝-硅合金等。

1.5.6 3D打印用粉末

3D打印技术是一种以数字模型文件为基础，运用金属粉末或塑料等可粘合材料，通过逐层打印的方式来构造物体的快速成型技术，近年来已经成为全球最关注的新兴技术之

一，尤其在航空航天、汽车等高技术领域及国防装备建设中具有重要的应用和发展前景。用于 3D 打印粉末的相关性能，如成分、夹杂、物理性能等，对最终产品的影响较大。有研究指出，如果使用的是低质量的金属粉末，即使使用最好的 3D 打印工艺，最好的工艺控制技术，仍然不能获得高质量的产品。

3D 打印对于粉体的要求主要在于化学成分、颗粒形状、粒度及粒度分布、流动性、循环使用性等这几个方面。

原料的化学主要成分包括金属元素和杂质成分，主要金属元素常用的有 Fe、Ti、Ni、Al、Cu、Co、Cr 以及贵金属 Ag、Au 等。杂质成分有还原铁中的 Si、Mn、C、S、P、O 等，从原料和粉末生产中混入的其他杂质，粉体表面吸附的水及其他气体等。在成型过程中，杂质可能会与基体发生反应，改变基体性质，给制件品质带来负面的影响。夹杂物的存在也会使粉体熔化不均，易造成制件的内部缺陷。粉体含氧量较高时，金属粉体不仅易氧化，形成氧化膜，还会导致球化现象，影响制件的致密度及品质。

常见的颗粒的形状有球形、近球形、片状、针状及其他不规则形状等。不规则的颗粒具有更大的表面积，有利于增加烧结驱动。但球形度高的粉体颗粒流动性好，送粉铺粉均匀，有利于提升制件的致密度及均匀度。研究表明，粉体是通过直接吸收激光或电子束扫描时的能量而熔化烧结，粒子小则表面积大，直接吸收能量多，更易升温，越有利于烧结。此外，粉体粒度小，粒子之间间隙小，松装密度高，成型后零件致密度高，因此有利于提高产品的强度和表面质量。但粉体粒度过小时，粉体易发生黏附团聚，导致粉体流动性下降，影响粉料运输及铺粉均匀。所以细粉、粗粉应该以一定配比混合，选择恰当的粒度与粒度分布以达到预期的成型效果。

球形度好、粒度分布宽的粉末松装密度高，孔隙率低，成型后的零件致密度高成型质量好。粉体的流动性直接影响铺粉的均匀性或送粉的稳定性。粉末流动性太差，易造成粉层厚度不均，扫描区域内的金属熔化量不均，导致制件内部结构不均，影响成型质量；而高流动性的粉末易于流化，沉积均匀，粉末利用率高，有利于提高 3D 打印成型件的尺寸精度和表面均匀致密化。3D 打印过程结束后，留在粉床中未熔化的粉末通过筛分回收仍然可以继续使用。但在长时间的高温环境下，粉床中的粉末会有一定的性能变化。需要搭配具体工艺选用回收率。

虽然目前市面上可用于 3D 打印的金属粉末已有十多种，按基体的主要元素可为铁基材料、镍基合金、钛与钛合金、钴铬合金、铝合金、铜合金以及贵金属等。多用于各种工程机械、零件及模具，航空航天、船舶以及石油化工，生物骨骼，牙齿种植及个性化饰品等方面。但单一组分的金属粉末在成型过程中出现明显的球化和集聚现象，易造成烧结变形和密度疏松，因此，多组元金属粉末或者预合金粉需要开发出来。

1.5.7　其他方面用粉末

物质由于其聚集状态不同而具有不同的特性。例如，从 3nm 以上到 1μm 以下的粉末，在常规条件下呈不稳定状态，当采取保护措施后就呈现常规的稳定状态。由粒度变化引起的最明显的特性变化之一是材料的活性。例如镍，虽然它是抗氧化和防腐蚀的基本元素，但当其粒度在 0.1μm 以下时，则基本上不具备抗氧化和防腐蚀的作用，在空气中，即使在室温下亦发生氧化，在高温下具有优良的烧结性能。因此它是烧结活化剂和火箭燃料催化燃烧的理想材料。

此外，金属粉末在农业上还可作为动物喂养的食物添加剂，如铁粉、钴粉可应用于兽药中。铁粉还可以作肥料添加物、种子净化剂，铜粉作杀菌剂等。在日用品中，铝粉、铜粉可用于指甲油，锌粉、铝粉作棒状发膏，超细金属颗粒用作波能吸收材料等。

习题与思考题

1-1 何谓一次颗粒和二次颗粒，粉末的工艺性能包括哪些？

1-2 粉末颗粒有哪几种聚集形式，它们之间的区别在哪里？

1-3 粉末粒度的测定方法？

1-4 粉末的松装密度、振实密度，它们的影响因素是什么？

1-5 粉末的流动性、成型性、压缩性好坏的衡量方法是什么？

1-6 何谓粉末颗粒的频度分布曲线，它对粉末的质量的考核有何意义？

1-7 氢损法测定金属粉末的氧含量的原理是什么，该方法适用于怎样的金属？为什么说它测定的一般不是全部氧含量？

1-8 什么叫当量球直径，今假定一边长为 $1\mu m$ 的立方体颗粒，试计算它的当量球体积直径和当量球表面直径各是多少？

1-9 假定某一不规则形状颗粒的投影面积为 A，表面积为 S，体积为 V，请分别导出与该颗粒具有相等 A、S 和 V 的当量球投影面直径 D_A，当量球表面直径 D_S 和当量球体积直径的具体表达式。

1-10 请解释为什么粉末的振实密度对松装密度的比值愈大时，粉末的流动性愈好？

1-11 将铁粉过筛分成-100+200 目和-325 目两种粒度级别，测得粗粉末的松装密度为 $2.6g/cm^3$。再将 20% 的细粉与粗粉合批后测得松装密度为 $2.8g/cm^3$，这是什么原因？请说明。

1-12 沉降分析的计算粒度公式中的密度 ρ 应该用什么颗粒密度表示，为什么说悬浊液中粉末分散不好是造成分析误差的最大原因？

1-13 单点吸附法是怎样将 BET 吸附二常数式简化成通过坐标原点的直线方程？吸附法测定的粉末粒度是用一种什么当量球直径表示，为什么它比透过法测定的粒度偏小，原则上它应该反映聚集颗粒的什么颗粒的大小？

1-14 气体通过粉末床的阻力同粉末粒度有什么关系，为什么费氏仪（常压空气透法）测定的粉末比表面值不是全比表面值？

1-15 用沉降分析方法测得铝粉（密度为 $2.7g/cm^3$）的粒度组成如下：

粒度范围/μm	质量/g
0~1	0.0
1~2	0.4
2~4	5.5
4~8	23.4
8~12	19.0
12~20	17.6
20~32	5.9
32~44	1.1
44~88	0.3
>88	0.0

（1）绘制粒度分布图，以表示累积质量分数与粒度的 lg 值的变化关系；

（2）以质量基准表示的平均粒度值是多少？

（3）估计以个数基准表示的平均粒度值是多少？

（4）说明哪几种粒度测定方法适合于这种粉末？

2 粉末的制备

本章要点

粉体制备是粉末冶金的第一个重要步骤。粉体的制备主要有物理化学法和机械法。从经济和工业化生产的角度讲，需要重点掌握还原法、雾化法、电解法和机械粉碎法制粉技术的基本原理、工艺过程和所得粉体的性能特点，并了解一些纳米粉体的制备技术。

2.1 粉末制取方法概述

粉末冶金制品的生产工艺流程是从制取原料——粉末开始，这些粉末可以是纯金属，也可以是化合物。

生产上制取粉末的方法很多，采用哪种方法制粉末不仅是由于技术上有可能使用这些方法（如还原、研磨、电解），而且还由于粉末及其制品质量在很大程度上取决于制粉的方法。由前面的学习我们知道，粉末的颗粒大小、形状、松装密度、化学成分、压制性、烧结性等都取决于制粉方法。

所以我们在生产中选择制粉方法主要考虑以下两个因素。第一是较低的成本；第二是能在此基础上制备出性能良好的粉末。总的来说，粉末的制取可以分为两大类：第一类是物理化学法，它是借助化学的或物理的作用，改变原材料的化学成分或聚集状态而获得粉末的工艺过程；第二类是机械粉碎法：是将原材料机械的粉碎，而化学成分基本上不发生变化的工艺过程。具体的分类如表 2-1 所示。

比较而言，物理化学法比机械法更为通用。因为物理化学法有可能利用便宜的原料（氧化物，盐类及各种生产废料）。另外，许多难熔金属为基的合金和化合物粉末，也只能用物理化学法获得。但在粉末冶金实际生产中，两种制粉方法并没有明显的界限，常常是既用物理化学法，又用机械法。例如：用机械法研磨还原氧化物时可以得到的呈块状海绵铁。另外，采用退火消除蜗旋研磨法及雾化法所得粉末的残余应力，还有脱碳及还原氧化物的目的等。

2.2 还原法

还原金属氧化物以生产金属粉末是一种应用广泛的制粉方法。采用固体炭还原，不仅可以制取铁粉，而且可以制取钨、钼、铜、钴、镍等粉末；用钠、钙、镁等金属作还原剂，可以制取钽、铌、钛、锆、铀等稀有金属粉末。用还原-化合法还可以制取碳化物、硼化物、硅化物、氮化物等难熔化合物粉末。

表2-1 粉末生产方法的基本分类

生产方法		原材料	粉末产品举例			
			金属粉末	合金粉末	金属化合物粉末	包覆粉末
物理化学法	液相沉淀 置换	金属盐溶液	Cu, Sn, Ag	Ni-Co		Ni/Al, Co/WC
	溶液氢还原	金属盐溶液	Cu, Ni, Co			
	从熔盐中沉淀	金属熔盐	Zr, Be			
	从辅助金属浴中析出	金属和金属熔体			碳化物 硼化物 硅化物 氮化物	
	电解 水溶液电解	金属盐溶液	Fe, Cu, Ni, Ag	Fe-Ni	碳化物 硼化物 硅化物	
	熔盐电解	金属熔盐	Ta, Nb, Ti, Zr, Th, Be	Ta-Nb		
	电化腐蚀 晶间腐蚀	不锈钢		不锈钢		
	电腐蚀	任何金属和合金	任何金属	任何合金	Fe-Al	
机械法	机械破碎 机械研磨	脆性金属和合金	Sb, Cr, Mn, 高碳铁	Fe-Si, Fe-Cr等铁合金		
	旋涡研磨	人工增加脆性的金属和合金	Sn, Pb, Ti	Fe-Ni, 钢		
	冷气流粉碎	金属和合金	Fe, Al	不锈钢, 超合金		
	雾化 气体雾化	液态金属和合金	Sn, Pb, Al, Cu, Fe	黄铜, 青铜, 合金铜, 不锈钢		
	水雾化	液态金属和合金	Cu, Fe	黄铜, 青铜, 合金铜		
	旋转圆盘雾化	液态金属和合金	难熔金属, 无氧铜	黄铜, 青铜, 钛合金, 不锈钢, 合金铜		
	旋转电极雾化	液态金属和合金	Fe	钼合金, 钛合金, 不锈钢, 超合金		

续表2-1

生产方法		原材料	粉末产品举例			
			金属粉末	合金粉末	金属化合物粉末	包覆粉末
还原	碳还原	金属氧化物	Fe, W	Fe-Mo, W-Re Cr-Ni		Ni/Al, Co/WC
	气体还原	金属氧化物及盐类	W, Mo, Fe, Ni, Co, Cu Ta, Nb, Ti, Zr, Th, U			
	金属热还原	金属氧化物				
还原-化合	碳化或碳与金属氧化物作用	金属粉末或金属氧化物			碳化物	
	硼化或碳化物硼法	金属粉末或金属氧化物			硼化物	
	硅化或碳化硅与金属氧化物作用	金属粉末或金属氧化物			硅化物	
	氮化或氮与金属氧化物作用	金属粉末或金属氧化物			氮化物	
化学气相沉积	气相还原 气相氢还原	气态金属卤化物	W, Mo	Co-W, W-Mo 或 Co-W 涂层石膏	W/UO₂	
	气相金属热还原		Ta, Nb, Ti, Zr			
		气态金属卤化物			碳化物或 碳化物涂层或 硼化物或 硼化物涂层或 硅化物或 硅化钼丝 氮化物或 氮化物涂层	
气相冷凝或离解	金属蒸汽冷凝	气态金属	Zn, Cd			
	羰基物热离解	气态金属羰基物	Fe, Ni, Co	Fe-Ni		Ni-Al, Ni/SiC

物理化学法

2.2.1 还原过程的基本原理

2.2.1.1 金属氧化物还原的热力学

为什么钨、铁、钴、铜等金属氧化物用氢还原即可制得金属粉末，而稀有金属如钛、钍等粉末则要用金属热还原才能制得呢？对不同的金属氧化物应该选择什么样的物质作还原剂呢？在什么样的条件下还原过程才能进行呢？下面从金属氧化物还原的热力学角度来讨论这些问题。还原反应可用下面的化学方程式表示：

$$MeO+X \longrightarrow Me+XO \qquad (2-1)$$

式中，Me、MeO 为金属、金属氧化物；X、XO 为还原剂、还原剂氧化物。

上述还原反应可通过 MeO 及 XO 的生成-离解反应得出：

$$2Me+O_2 \longrightarrow 2MeO \qquad (2-2)$$

$$2X+O_2 \longrightarrow 2XO \qquad (2-3)$$

按照化学热力学理论，还原反应的标准生成自由能 $\Delta G^\ominus$ 为

$$\Delta G^\ominus = -RT\ln K_P \qquad (2-4)$$

式中，K_P 为反应平衡常数；R 为气体常数；T 为绝对温度。

热力学指出，化学反应在等温等压条件下，只有系统自由能减小的过程才能自动进行，也就是说 $\Delta G^\ominus<0$ 时，还原反应才能发生。对式（2-2）和式（2-3），如果参加反应的物质彼此间不能形成溶液或化合物，则式（2-2）的标准生成自由能 $\Delta G^\ominus$ 为

$$\Delta G^\ominus_{(1)} = -RT\ln K_{P(1)} = -RT\ln \frac{1}{p_{O_2(MeO)}} = RT\ln p_{O_2(MeO)} \qquad (2-4a)$$

式中，$p_{O_2(MeO)}$ 为氧化物 MeO 的离解压力。

式（2-3）的标准生成自由能 $\Delta G^\ominus$ 为

$$\Delta G^\ominus_{(2)} = -RT\ln K_{P(2)} = -RT\ln \frac{1}{p_{O_2(XO)}} = RT\ln p_{O_2(XO)} \qquad (2-4b)$$

式中，$p_{O_2(XO)}$ 为氧化物 XO 的离解压力。

式（2-4）中的反应平衡常数用相应的氧化物的离解压来表示。因此，还原反应向生成金属的方向进行的条件是

$$\Delta G^\ominus = \frac{1}{2}(\Delta G^\ominus_{(2)} - \Delta G^\ominus_{(1)}) < 0 \qquad (2-4c)$$

即 $\Delta G^\ominus_{(2)}<\Delta G^\ominus_{(1)}$，或者 $p_{O_2(XO)}<p_{O_2(MeO)}$。

由此可知，还原反应向生成金属方向进行的热力学条件是，还原剂的氧化反应的标准生成自由能 $\Delta G^\ominus$ 变化小于金属的氧化反应的标准生成自由能 $\Delta G^\ominus$ 变化。或者说，只有金属氧化物的离解压 $p_{O_2(MeO)}$ 大于还原剂氧化物的离解压 $p_{O_2(XO)}$ 时，还原剂才能从金属氧化物中还原出金属来。即还原剂与氧生成的氧化物应该比被还原的金属氧化物稳定，即 $p_{O_2(XO)}$ 比 $p_{O_2(MeO)}$ 小得越多，XO 越稳定，金属氧化物也就越易被还原剂还原。因此，凡是对氧的亲和力比被还原的金属对氧的亲和力大的物质，都能作为该金属氧化物的还原剂。这种关系可以从氧化物的 $\Delta G^\ominus$-T 图得到说明（见图 2-1）。金属氧化物的 $\Delta G^\ominus$-T 图是以含 1mol 氧的金属氧化物的生成反应的 $\Delta G^\ominus$ 对 T 作直线而绘制成的。由于各种金属对

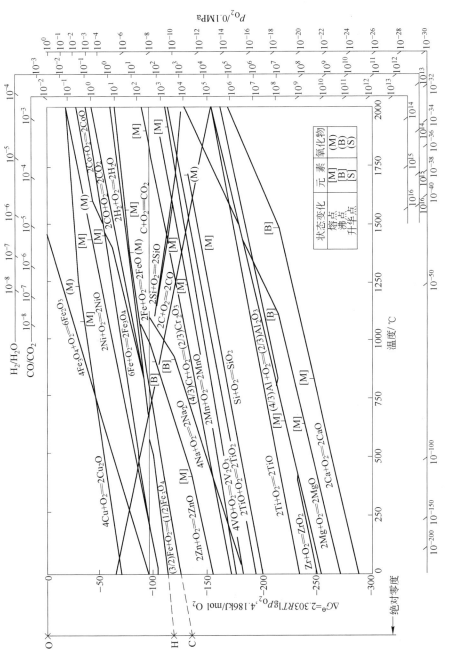

图 2-1 金属氧化物的 $\Delta G^{\ominus}-T$ 图

氧的亲和力大小不同，所以各氧化物生成反应的直线在图中的位置高低不一样。下面先对图做一些必要的说明。

（1）随着温度的升高，$\Delta G^{\ominus}$ 增大，则各种金属的氧化还原反应越难进行。因为 $\Delta G^{\ominus} = RT\ln p_{O_2(MeO)}$，即温度升高，金属氧化物的离解压 $p_{O_2(XO)}$ 将增大，金属对氧的亲和力将减小，因此还原金属氧化物通常要在高温下进行。

（2）$\Delta G^{\ominus}$-T 关系线在相变温度，特别是在沸点处发生明显的转折。这是由于系统的熵在相变时发生了变化。

（3）CO 生成的 $\Delta G^{\ominus}$-T 关系的走向是向下的，即 CO 的 $\Delta G^{\ominus}$ 随温度的升高而减小。

（4）在同一温度下，图中位置越低的氧化物，其稳定度越大，即该元素对氧的亲和力也越大。

根据上述热力学原理，分析氧化物的 $\Delta G^{\ominus}$-T 图可得出以下结论：

（1）$2C+O_2 = 2CO$ 的 $\Delta G^{\ominus}$-T 关系线与很多金属氧化物的关系线相交。这说明在一定条件下碳能跟很多金属氧化物（如铁、钨等氧化物）发生反应，在理论上 Al_2O_3 甚至也可以在高于 2000℃ 时被碳还原。

（2）$2H_2+O_2 = 2H_2O$ 的 $\Delta G^{\ominus}$-T 关系线在铜、铁、镍、钴、钨等氧化物的关系线以下。这说明在一定条件下氢可以还原铜、铁、镍、钴、钨等氧化物。

（3）位于图中最下面的几条关系线所代表的金属如钙、镁等与氧的亲和力最大，所以，钛、锆、钍、铀等氧化物可以用钙、镁作还原剂，即所谓的金属热还原。但是，必须指出：$\Delta G^{\ominus}$-T 图只表明了反应在热力学上是否可能，并未涉及过程的速度问题。同时，这种图线都是标准状态线，对于任意状态则要另加换算。例如，在任意指定温度下各金属氧化物的离解压究竟是多少？用碳或氢去还原这些金属氧化物的热力学条件是什么？这些是无法从 $\Delta G^{\ominus}$-T 图上直接看出的。虽然 $\Delta G^{\ominus}$-T 图告诉我们：碳的不完全氧化（生成 CO）反应线与其他金属氧化物相反，能与很多金属氧化物相交，用碳作还原剂，原则上可以把各种金属氧化物还原成金属，但是，正如下面两个还原反应所表示的那样，它们究竟如何实现，不仅取决于温度，而且还取决于 p_{CO}/p_{CO_2} 或 p_{H_2}/p_{H_2O} 的比值，如用 CO 还原 FeO、H_2 还原 WO_2，有：

$$FeO+CO = Fe+CO_2 \tag{2-5}$$

$$\Delta G = \Delta G^{\ominus} - 4.576\lg \frac{p_{CO}}{p_{CO_2}} \tag{2-6}$$

$$WO_2+2H_2 = W+2H_2O \tag{2-7}$$

$$\Delta G = \Delta G^{\ominus} - 4.576T \times 2\lg \frac{p_{H_2}}{p_{H_2O}} \tag{2-8}$$

式（2-6）和式（2-8）说明，p_{CO_2}/p_{O_2} 或 p_{H_2}/p_{H_2O} 越大，相应还原反应的 $\Delta G^{\ominus}$ 就越小，即在指定温度下的还原趋势越大，或开始时还原温度可能越低。

2.2.1.2 金属氧化物还原反应的动力学

研究化学反应有两个重要的方面：一是反应能否正常进行，进行的趋势大小及进行的限度如何，这是热力学讨论的问题；另一个是化学反应动力学相关的速度问题。化学反应动力学一般分为均相反应动力学和多相反应动力学。所谓均相反应就是指在同一相中进行的反应，即反应物和生成物为气相的，或者是均匀液相的；所谓多相反应就是指在几个相中进行的反应，虽然在反应体系中可能有多数相，实际上参加多相反应的一般是两个相。多相反应包括的范围很广，在冶金、化工中的实例极多，见表2-2。多相反应一个突出的特点就是反应中反应物质间具有界面。

通常，化学反应速度用单位时间内反应物浓度的减小或生成物浓度的增加表示。浓度的单位为 mol/L，时间根据反应速度快慢，用 s、min 或 h 表示。反应速度的数值在各个瞬间是不同的。用在 t_2-t_1 的一段时间内浓度变化 c_2-c_1 为这段时间内反应的平均速度，即：

$$v_{平} = \left| \frac{c_2 - c_1}{t_2 - t_1} \right| \qquad (2-9)$$

表 2-2 多相反应的例子

界面	反应类型	例　子
固-气	固$_1$+气→固$_2$	金属的氧化：$n\text{Me}+\frac{1}{2}m\text{O}_2 \rightarrow \text{Me}_n\text{O}_m$
	固+气$_1$→气$_2$	C+$\frac{1}{2}$O$_2$→CO；羰化：Ni+4CO→Ni(CO)$_4$
		氯化：W+3Cl$_2$→WCl$_6$；氟化：W+3F$_2$→WF$_6$
	气$_1$+固→气$_2$	羰基物的分解：Ni(CO)$_4$→Ni+4CO
	固$_1$+气$_1$→固$_2$+气$_2$	氧化物的还原：FeO+CO→Fe+CO$_2$
固-液	固→液	金属熔化
	固+液$_1$→液$_2$	溶解-结晶
	固$_1$+液$_1$→固$_2$+液$_2$	置换沉淀
固-固	固$_1$→固$_2$	烧结
	固$_1$+固$_2$→固$_3$+固$_4$	金属还原氧化物
液-气	液→气	蒸发-冷凝
	液$_1$+气→液$_2$	气体溶于金属熔体中
	液$_1$+气→固+液$_2$	溶液氢还原
液-液	液$_1$→液$_2$	熔渣-金属熔体间反应；溶剂萃取

另一方面，也可以用在无限小的时间内浓度的变化来表示反应速度，即：

$$v = \left| \frac{dc}{dt} \right| \qquad (2-10)$$

反应速度总认为是正的，而 $(c_2-c_1)/(t_2-t_1)$ 和 dc/dt 既可以为正数，又可以为负数，这要看浓度 c 是表示反应物的浓度还是表示生成物的浓度。前者的浓度随时间而减小，即 $c_2<c_1$ 和 $dc/dt<0$，所以，为了使反应速度有正值，在公式前取负号，反之取正号，在公式里用绝对值表示。

A　均相反应的特点

下面从均相反应的速度方程式和活化能方面进行介绍。

a　均相反应的速度方程式

反应物的浓度与反应速度有下列规律：当温度一定时，化学反应速度与反应物浓度的乘积成正比，这个定律称为质量作用定律，例如，反应 A+B→C+D，按质量作用定律则有：

$$v \propto c_A c_B \qquad (2-11)$$

$$v = k c_A c_B \qquad (2-12)$$

式中，k 为反应速度常数。

对于同一反应，在一定温度下，k 是一个常数。当 $c_A = c_B = 1$ 时，$k = v$，即当各反应物的浓度都等于 1 时，速度常数 k 就等于反应速度 v。k 值越大，反应速度也越大，因此，反应速度常数常用来表示反应速度的大小。一级反应的反应速度常数与浓度的关系式为

$$-\frac{dc}{dt} = kc \qquad (2-13)$$

将式（2-13）移项积分，最后可得

$$\ln c = -kt + B \qquad (2-14)$$

对于一级反应，反应物浓度的对数与反应经历的时间呈直线关系。若反应开始时（$t=0$）的浓度为 c_0，则 $c = c_0$，代入上式，则 $\ln c_0 = B$（积分常数），由此可得：

$$\ln c_0 - \ln c = kt \qquad (2-15)$$

则

$$k = \frac{1}{t} \ln \frac{c_0}{c} \qquad (2-16)$$

所以，如果知道反应开始时反应物的浓度 c_0 及 t 时间后反应物的浓度 c，就可以计算出反应速度常数 k。若时间的单位用秒，则一级反应 k 的单位为 s^{-1}，而与浓度的单位无关。

b　活化能

有些反应，如煤燃烧时可放出热量，要使煤燃烧还必须加热，这说明温度对反应速度有影响。例如反应 A+B→C+D，正反应 $v = k c_A c_B$，逆反应 $v' = k' c_C c_D$，平衡时 $k c_A c_B = k' c_C c_D$，$\frac{c_C c_D}{c_A c_B} = \frac{k}{k'} = K$，$K$ 为平衡常数，根据平衡常数与温度的关系 $\frac{d \ln K}{dT} = \frac{\Delta H}{RT^2}$，有

$$\frac{d \ln \frac{k}{k'}}{dT} = \frac{\Delta H}{RT^2} \qquad (2-17)$$

$$\frac{d \ln k}{dT} - \frac{d \ln k'}{dT} = \frac{\Delta H}{RT^2} \qquad (2-18)$$

如 $\Delta H = E - E'$，那么

$$\frac{d \ln k}{dT} = \frac{E}{RT^2} \qquad (2-19a)$$

$$\frac{d \ln k'}{dT} = \frac{E'}{RT^2} \qquad (2-19b)$$

将上面两式积分可得

$$\ln k = -\frac{E}{RT} + B \tag{2-20a}$$

$$\ln k' = -\frac{E'}{RT} + B_1 \tag{2-20b}$$

式中，B，B_1 为积分常数。

这说明反应速度常数的对象（$\ln k$ 或 $\lg k$）与温度的倒数（$1/T$）呈直线关系。$-E/R$ 为直线斜率，常数 B 为直线在纵轴上的截距。实践证明，此式可较准确地反映出反应速度随温度的变化，此式称为阿累尼乌斯方程式。若以 $\ln A$ 代替 B，则阿累尼乌斯方程式可改写为

$$k = Ae^{-E/RT} \tag{2-21}$$

式中，A 为常数；R 为频率因子；E 为活化能。

B 多相反应的特点

前已指出，反应物之间有界面存在是多相反应的特点。此时影响反应速度的因素更复杂，除了反应物的浓度、温度外，还有很多重要的因素。例如，界面的特性（如晶格缺陷）、界面的面积、界面的几何形状、流体的速度、反应程度、核心的形成（如从液体中沉淀固体、从气相中沉淀固体）、扩散层等。更值得注意的是固-液反应和固-气反应中固体反应产物的特性。

a 多相反应的速度方程式

先研究固-液反应的简单情况，例如，金属在酸中的溶解，设酸的浓度保持不变，则反应速度为（负号表示固体质量是减少的）

$$-\mathrm{d}W/\mathrm{d}t = kAc \tag{2-22}$$

式中，W 为固体在时间 t 时的质量；A 为固体的表面积；c 为酸的浓度；k 为速度常数。

但是，固体的几何形状在固-气反应中对过程的速度起主要作用。如果固体是平板的，在整个反应中表面积是常数（忽略侧面的影响），则速度将是常数；如果固体近似球状或其他形状，随着反应的进行，表面积不断改变，则反应速度也将改变。假如对这种改变不加考虑，则预计的反应速度与实际相差甚大。

平板状固体溶解时表面积 A 为常数，故反应速度方程式为

$$-\int_{W_0}^{W}\mathrm{d}W = kAc\int_0^t\mathrm{d}t \tag{2-23}$$

$$W_0 - W = kAct$$

式中，W_0-W 与时间的关系为直线关系，其斜率为 kAc，由此可以计算出 k。球状固体溶解时，表面积 A 随时间而减小，得

$$3(W_0^{1/3} - W^{1/3}) = Kt \tag{2-24}$$

$W_0^{1/3}-W^{1/3}$ 与 t 或者 $W^{1/3}$ 与 t 呈直线关系，这已为实践所证实。如用已反应分数来表示速度方程式时，对不同几何形状的动力学方程式可推导出不同的形式。固体的已反应分数表示为 $X = (W_0-W)/W_0$，例如对于球体，则

$$1-(1-X)^{1/3} = \frac{kc}{r_0\rho}t = Kt \tag{2-25}$$

$1-(1-X)^{1/3}$ 与 t 呈直线关系，这也为实验所证实（见图 2-2）。

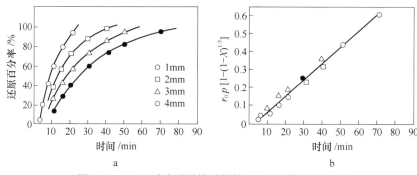

图 2-2 950℃时球形磁铁矿粒被 CO 还原的速度方程

a—还原百分率与时间的关系；b—同 a，但考虑了球体表面积的改变

由于有扩散层存在，多相反应包括扩散环节、化学环节和中间环节，通过分析可知，反应速率由进行最慢的环节所控制。取简单的固-液反应分析，若固体是平板状，其表面积为 A，反应剂的浓度为 c，界面上的反应剂浓度为 c_i，扩散层的厚度为 δ，扩散系数为 D。可能有三种情况：

（1）界面上的化学反应速度比反应剂扩散到界面的速度快得多，于是 $c_i = 0$。这种反应是由扩散环节控制的，其速度= $(D/\delta)A(c-c_i) = k_1Ac_0$。

（2）化学反应比扩散过程的速度要慢得多，这种反应是由化学环节控制的，其速度= $k_2Ac_i^n$，n 是反应级数。

（3）若扩散过程与化学反应的速度相近，这种反应是由中间环节控制的。这种反应较普遍，在扩散层中具有浓度差，但 $c_i \neq 0$。其速度= $k_1A(c-c_i) = k_2Ac_i^n$，设 $n=1$，则 $k_1A(c-c_i) = k_2Ac_i$，所以 $c_i = k_ic/(k_1+k_2)$，将 c_i 值代入 $k_1A(c-c_i)$ 得：速度= $k_1k_2Ac/(k_1+k_2) = kAc$。如果 $k_2 = k_1$，则 $k=k_2$，即化学反应速度常数比扩散系数小得多，扩散进行得快，在浓度差较小的条件下能够有足够的反应剂输送到反应区，整个反应速度取决于化学反应速度，过程受化学环节控制。如果 $k_1 = k_2$，则 $k=k_1 = D/\delta$，即化学反应速度常数比扩散系数大得多，扩散进行得慢，整个反应速度取决于反应剂通过厚度为 δ 的扩散层的扩散速度，过程受扩散环节控制，当过程为扩散环节控制时，化学动力学的结论很难反映化学反应的机理。

化学环节控制的过程强烈地依赖于反应温度，而扩散环节控制的过程受温度的影响不大，这是因为化学反应速度常数与温度呈指数关系：$k = A_0e^{-E/RT}$；而扩散系数与温度呈直线关系：$D = \dfrac{RT}{N}\dfrac{1}{2\pi r}$（斯托克斯方程）。因此，化学环节控制过程的活化能常常大于 41.86kJ/mol，中间环节控制过程的活化能为 20.93~33.488kJ/mol，而扩散环节控制过程的活化能较小，为 4.186~12.558kJ/mol。但是在固-固反应中的情况又不同，其扩散环节系数随温度的指数而变化：$D = D_0e^{-E/RT}$，所以固相扩散过程均具有较高的活化能，达 837.2~1674.4kJ/mol。

进一步讨论固体反应产物的特性对反应动力学的影响。如图 2-3 所示，在多相反应中，如果固体表面形成反应产物层——表面壳层，则反应动力学受此壳层的影响。生成固体反应产物的有固-气反应（如金属氧化物被气体还原成金属），也有固-液反应（如置换沉淀）。反应产物层可以是疏松的，也可以是致密的，反应剂又必须扩散通过此层才能达到反应界面，则反应动力学大为不同。由图 2-3 可知，反应速率由扩散的速率决定，即反应产物向微粒内移动速率和生成物向微粒外扩散速率。

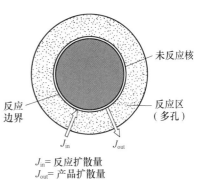

未反应核

反应
边界

反应区
（多孔）

J_{in} = 反应扩散量
J_{out} = 产品扩散量

图 2-3　金属氧化物微粒还原反应
生成金属粉末的示意图

　　如果在平面形成疏松的反应产物层，而过程又为扩散层的扩散环节所控制，遵守方程式：速度 $= DAc/\delta$。当球形颗粒形成疏松反应产物层时，虽然界面面积随时间而减小，但进行扩散的有效面积是常数，速度仍然遵守方程式：速度 $= DAc/\delta = Dc\pi r^2/\delta$。如果反应产物层是致密的，则扩散层的阻力和固体反应产物层的阻力相比可以忽略不计，主要考虑反应产物层的阻力，设反应产物层的厚度为 y，时间 t 时固体反应产物的质量为 W，那么，$y = kW$，k 为常数。经过固体反应产物层的扩散可以用下面的方程式表示：

$$\frac{\mathrm{d}W}{\mathrm{d}t} = a\,\frac{D}{y}Ac = \frac{aDAc}{kW} \tag{2-26}$$

式中，a 为计量因数。

得

$$\frac{W^2}{2} = Kt + 常数 \tag{2-27a}$$

　　W 与 t 的关系是抛物线，而 W 与 $t^{1/2}$ 的关系为直线。上式中的常数当 $t = 0$，$W = W_0$ 时可以求出。故方程式（2-27a）又可以写成

$$\frac{1}{2}(W_0^2 - W^2) = Kt \tag{2-27b}$$

如果用已反应分数 $X = \dfrac{W_0 - W}{W_0}$ 表示，则抛物线方程可变为

$$X = \frac{W_0 - W}{W_0} = 1 - \frac{W}{W_0} \tag{2-28}$$

整理可得

$$1 - (1 - X)^2 = \frac{2K}{W_0^2}t = K't \tag{2-29}$$

　　如果固体是球状，在反应过程中 A 是不断改变的，则上述分析不能适用。设产物厚度的增加速度与球厚度成反比，则

$$\frac{\mathrm{d}y}{\mathrm{d}t} = \frac{k}{y} \tag{2-30a}$$

$$y\mathrm{d}y = k\mathrm{d}t \tag{2-30b}$$

式中，y 为产物层厚度；k 为比例常数。

　　如果 r_0 为颗粒的原始半径，ρ 是固体的密度，则已知反应分数为 $X = 1 - \left(1 - \dfrac{y}{r_0}\right)^3$ 或 $y = r_0[1 - (1 - X)^{1-3}]$，得

$$[1-(1-X)^{1/3}]^2 = \frac{2kt}{r_0^2} = Kt \tag{2-31}$$

$[1-(1-X)^{1/3}]^2$ 与 t 呈直线关系。此式一般只适用于过程的开始阶段，因为方程式 $y^2 = 2kt$ 是从平面情况导出的，只有当球体半径比反应产物的厚度大很多时才适用；另外当未反应的内核体积等于原始物料的体积时，方程式 $y = r_0[1-(1-X)^{\frac{1}{3}}]$ 才适用，只有反应初期适用。对镍被氧化成氧化镍的动力学的研究证实了这一点。

　　b　多相反应的机理

　　"吸附-自动催化"理论认为气体还原剂还原金属氧化物分为以下几个步骤：第一步是气体还原剂分子（如 H_2、CO）被金属氧化物吸附；第二步是被吸附的还原剂分子与固体氧化物中的氧相互作用并产生新相；第三步是反应的气体产物从固体表面上解吸。

　　实践证明，在反应过程中具有自动催化的特点，如图 2-4 所示。此关系曲线划分为三个阶段。第一阶段反应速度很慢，很难测出，因为还原仅在固体氧化物表面的某些活化质点上开始进行，新相（金属）形成又有很大的困难。这一阶段称为诱导期（图 2-4 中 a 段），与晶格的非完整性有很大关系。当新相一旦形成后，由于新旧相界面的差异，这些地方对气体还原剂的吸附以及晶格重新排列都比较容易，因此，反应就沿着新旧相的界面逐渐扩展，随着反应面逐渐扩大，反应速度不断增加，此阶段是第二阶段，称为反应发展期（图 2-4 中 b 段）。第三阶段反应

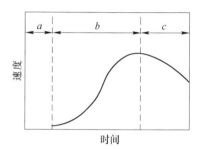

图 2-4　吸附自动催化的
反应速度与时间的关系

以新相晶核为中心而逐渐扩大到相邻反应面，反应面随着过程的进行不断减小，从而引起反应速度的降低，这一阶段称为减速期（图 2-4 中 c 段）。就气体还原金属化合物来说，有以下过程：

　　（1）气体还原剂分子由气流中心扩散到固体化合物外表面，并按吸附机理发生化学还原反应。

　　（2）气体通过金属扩散到化合物-金属界面上发生还原反应，或者气体通过金属内的孔隙转移到化合物-金属界面上发生还原反应。

　　（3）化合物的非金属通过金属扩散到金属-气体界面上可能发生反应，或者化合物本身通过金属内的孔隙转移到金属-气体界面上可能发生反应。

　　（4）气体反应产物从金属外表面扩散到气流中心后除去。

2.2.2　碳还原法

2.2.2.1　碳还原铁氧化物的基本原理

　　铁氧化物的还原是分阶段进行的，即从高价氧化铁到低价氧化铁，最后转变成单质金属：$Fe_2O_3 \rightarrow Fe_3O_4 \rightarrow FeO \rightarrow Fe$。固体碳还原金属氧化物的过程通常称为直接还原。如果反应在 950~1000℃ 的高温范围内进行，则固体碳直接还原反应没有实际意义，因为 CO_2 在此高温下会与固体碳作用生成 CO。先讨论 CO 还原金属氧化物的间接还原规律。

　　当温度高于 570℃ 时，分三个阶段还原：$Fe_2O_3 \rightarrow Fe_3O_4 \rightarrow$ 浮斯体（$FeO \cdot Fe_2O_3$ 固溶

体）→Fe。

$$3Fe_2O_3+CO \Longrightarrow 2Fe_3O_4+CO_2 \quad \Delta H_{298}^{\ominus} = -62.999kJ \quad (2-32a)$$

$$Fe_3O_4+CO \Longrightarrow 3FeO+CO_2 \quad \Delta H_{298}^{\ominus} = 22.395kJ \quad (2-32b)$$

$$FeO+CO \Longrightarrow Fe+CO_2 \quad \Delta H_{298}^{\ominus} = -13.605kJ \quad (2-32c)$$

当温度低于 570℃ 时，由于 FeO 不能稳定存在，因此，Fe_3O_4 直接被还原成金属铁，即

$$Fe_3O_4+4CO \Longrightarrow 3Fe+4CO_2 \quad \Delta H_{298}^{\ominus} = -17.163kJ \quad (2-32d)$$

上述各反应的平衡气相组成，可通过 K_p 求得：

$$K_p = \frac{p_{CO_2}}{p_{CO}} \quad (2-33)$$

在 $p_{CO}+p_{CO_2} = 1atm$（约等于 $10^{-1}MPa$）时，$p_{CO_2} = 1-p_{CO}$，$K_p = \frac{1-p_{CO}}{p_{CO}}$，$\varphi_{CO} = p_{CO} \times 100\%$，因而，可根据各反应在给定温度下的相应 K_p 值求出各反应的平衡气相组成。

反应（2-32a）为 Fe_2O_3 的还原，$lgK_p = 4316/T + 4.37lgT - 0.048 \times 10^{-3}T - 12.8$。由于 Fe_2O_3 具有很大的离解压，此反应达到平衡时，气相中 CO 含量很低，因此，由实验方法研究这一反应虽然温度高达 1500℃，CO 含量仍然低得难以测定。

Fe_3O_4 的还原：当温度高于 570℃ 时，发生反应（2-32b），则

$$lgK_p = -1373/T - 0.41lgT + 0.41 \times 10^{-3}T + 2.69 \quad (2-34)$$

Fe_3O_4 被 CO 还原成 FeO 的反应是吸热反应。该反应的 K_p 值随温度升高而增大，平衡气相中的 CO 的体积分数随温度升高而减小。这说明升高温度对 Fe_3O_4 被还原成 FeO 是有利的。

当温度低于 570℃ 时，由于 FeO 相极不稳定，故 Fe_3O_4 被 CO 还原成金属铁。反应（2-32d）是放热反应，平衡气相组成中的 CO 的体积分数随温度升高而增大。由于此反应在较低温度下进行，反应不易达到平衡。有人测得 500℃ 时平衡气相组成中含有体积分数为 47%~49%的 CO_2。

FeO 的还原即反应（2-32c）：

$$lgK_p = 324/T - 3.62lgT + 1.81 \times 10^{-3}T - 0.0667T^2 + 9.18 \quad (2-35)$$

该反应是放热反应，K_p 随温度升高而减小，而气相组成中的 φ_{CO} 随温度升高而增大，即温度越高，还原所需 φ_{CO} 越大。这说明升高温度对 FeO 的还原是不利的。不过，温度升高，CO 体积分数的变化并不是很大，例如，从 700℃ 升至 1300℃，温度升高 600℃，而 φ_{CO} 只增加 12.8%，所以升高温度的这种不利影响并不大。但是，从另一方面，升高温度对 Fe_3O_4 还原成 FeO 的过程是有利的。不论哪种反应，升高温度都可加快反应速度。

根据以上对式（2-32a）、式（2-32b）、式（2-32c）、式（2-32d）四个反应的分析结果，将其平衡气相组成（以 φ_{CO} 表示）对温度作图，便可得图 2-5

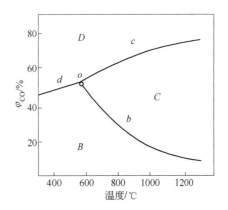

图 2-5 Fe-O-C 系平衡气相组成与温度的关系

所示的 4 条曲线（图上 a 曲线未画出）。

从图 2-5 可看出：该 4 条曲线将 $\varphi_{CO}-T$ 的平面分成 4 个区域。当实际气相组成相当于 C 区域内任何一点时，则所有铁的氧化物和金属全部转化成 FeO 相，即在 C 区域内只有 FeO 相稳定存在。因为在这个区域内，任何一点都表示 CO 含量高于相应温度下 Fe_3O_4 还原反应的平衡气相中 CO 的含量，故 Fe_3O_4 被 CO 还原成 FeO，而金属铁则被 CO_2 氧化成 FeO。例如，要防止铁在 1100℃ 被氧化，则平衡气相组成中的 φ_{CO} 要小于 25%。

同样，在 D 区域内只有金属铁稳定存在；在 B 区域内只有 Fe_3O_4 稳定存在；在 A 区域内（在 a 曲线下面）只有 Fe_2O_3 稳定存在。曲线 b 和曲线 c 相交的 o 点，表示反应式（2-32b）和式（2-32c）相互平衡，相应的平衡气相组成 φ_{CO} 为 52%。

下面进一步讨论 CO 还原铁氧化物的动力学问题。

前已指出，铁氧化物的还原是分阶段进行的。部分被气体还原的 Fe_2O_3 颗粒具有多层结构，由内向外各层为 Fe_2O_3（中心）、Fe_3O_4、FeO 及 Fe。实验证明，反应式（2-32a）和反应式（2-32c）的反应产物层是疏松的，过程为界面上的化学环节所控制。CO 还原铁氧化物的反应速度方程遵循 $-dW/dt = KW^{2/3}$ 关系；如用反应分数表示，则反应速度方程遵循 $1-(1-X)^{1/3}=Kt$ 的关系。

但是实验证明，850℃ 时 Fe_3O_4（矿石）+CO（混合气体）===3FeO+CO_2 反应发生，以及在 800~1050℃ 时，Fe_2O_3（矿石）+转化天然气——Fe^+ 气体反应发生，反应的产物层不是疏松的，并且通过产物层的扩散速度和固-固界面上的化学反应速度基本一样。在这种情况下反应速度方程遵循更复杂的方程式，即

$$\frac{k}{6}\left[3-2X-3(1-X)^{2/3}\right]+\frac{D}{r_0}\left[1-(1-X)^{1/3}\right]=\frac{kDP}{r_0^2 d}t \qquad (2-36a)$$

方程式（2-36a）在此不做推导，不过可以指出，方程由两部分组成。如果第一项与第二项相比可以忽略时，方程化简为

$$1-(1-X)^{1/3}=\frac{kP}{r_0 d}t=Kt \qquad (2-36b)$$

这是一个化学环节控制过程的方程式。若第二项与第一项相比可以忽略，方程化简为

$$1-\frac{2}{3}X-(1-X)^{2/3}=\frac{2DP}{r_0^2 d}t=Kt \qquad (2-36c)$$

这便是一个通过致密反应产物的扩散环节控制过程的方程式。式（2-36c）比前面讨论过的简德尔方程式（2-30b）的适用范围更大。采用木炭还原铁鳞制备铁粉的还原速率如图 2-6 所示。图中三曲线都有一极小值 B 点。自 B 点后还原速率急剧增大，到最高点 C 后又降低。这表明了过程的吸附自动催化特性。

极小值 B 点是在 Fe_2O_3 和 Fe_3O_4 已全部还原成浮斯体后产生的，由于浮斯体与金属铁的比体积相差很大，要在浮斯体表面生成金属铁相，将产生很大的晶格畸变，需要很大的能量，使新相成核困难。但是，当金属铁晶核一经形成后，由于自动催化作用，金属迅速成长，而在金属颗粒表面全部包上一层金属铁时，还原反应速率达到最大值 C 点。自 C 点后，由于金属铁和浮斯体相接面逐渐减小，还原反应速率逐渐下降。实验证明，到达 C 点所需的时间仅为数分钟，可见浮斯体还原成金属铁这一阶段比较缓慢，因而，整个还原反

应速率受此阶段速率所限制。

根据实践经验，在浮斯体还原成金属铁和海绵铁开始渗碳之间存在着一个还原终点。在还原终点，浮斯体消失，反应式（2-32c）平衡被破坏，气相中的 CO 含量急剧上升，开始了海绵铁的渗碳。为控制生产过程和铁粉质量，还原终点需要掌握好，即不要还原不透，也不要使海绵铁大量渗碳。例如，海绵铁的含碳量 w_C 在 0.2%~0.3% 时，在退火后可使 $Fe_总$ 达 98% 以上，$w(C)$ 在 0.1% 以下，低的可达 0.05% 左右；当海绵铁中碳的质量分数 $w(C)$ 接近 0.1% 时，退火后，$Fe_总$ 约为 97%，$w(C)$ 可小于 0.03%，但 $w(O_2)$ 在 1% 以上；当海绵铁中碳的质量分数 $w(C)$ 为 0.3%~0.4% 时，退火后，$Fe_总$ 约为 98%，$w(O_2)$ 小于 1.0%，但 $w(C)$ 在 0.1% 以上。总之，要得到碳和氧的含量适当的铁粉，必须掌握好海绵铁块的含碳量。

温度对铁渗碳的影响如图 2-7 所示。在 1050~1600K 范围内，当气相压力为 0.1MPa（1atm），气相中 CO_2 与 CO 的体积比不论是 1 还是 0.1、0.01，提高温度，铁渗碳的趋势是下降的。例如，在气相压力为 0.1MPa，CO_2 与 CO 的体积比为 0.1 的情况下，1100K 时铁中含碳量 $w(C)$ 为 0.6%，而在 1300K 时铁中含碳量 $w(C)$ 只为 0.1% 左右，到 1500K 以上时，铁中含碳量极低。

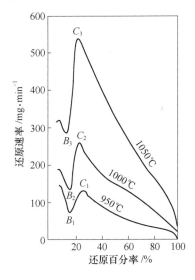

图 2-6　木炭还原铁鳞时
各阶段反应速率

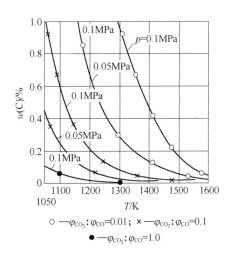

$\circ$—$\varphi_{CO_2}:\varphi_{CO}=0.01$；$\times$—$\varphi_{CO_2}:\varphi_{CO}=0.1$
$\bullet$—$\varphi_{CO_2}:\varphi_{CO}=1.0$

图 2-7　气相组成、气相压力、
温度对铁中含碳量的影响

综上所述，对于气相压力为 0.1MPa(1atm) 的情况，1100K 时 CO_2 与 CO 的体积比为 0.1，1300K 时 CO_2 与 CO 的体积比为 0.01，铁中渗碳的趋势较大，这与碳的气化反应在 0.1MPa 下的平衡组成相接近。CO_2 与 CO 的体积比为 1 时，渗碳的趋势较小。但是，提高气相中 CO_2 的含量会降低其还原能力。为了降低气相中 CO_2 的含量以提高其还原能力，往往会使海绵铁在冷却过程中渗碳。因此，在一定气相组成条件下，掌握好还原温度和还原时间就很重要。在用气体还原剂还原时，调整气相中的 CO_2 与 CO 的体积比，可以得到一定含碳量的海绵铁。

2.2.2.2　固体碳还原铁影响因素

（1）原料。

1）原料中的杂质：如 SiO_2 的含量超过一定限度后，不仅还原时间延长，并且还原不完全，铁粉中含铁量降低。

2）原料粒度：原料粒度愈细，反应界面愈大，可加速还原反应的进行。

（2）固体碳还原剂。

1）还原剂类型：一般为木炭、焦炭、无烟煤。其中木炭的还原能力最强，其次是焦炭，无烟煤最差。这是由于木炭的气孔率最大，活性最大。但是木炭价格较高，产量也有限，工业上常用焦炭或无烟煤作还原剂。但焦炭和无烟煤中含有较高的硫，会使海绵铁中含硫量增高。为此，还原时要加入适量的脱硫剂，如（$CaCO_3$+CaO）。

2）还原剂用量：主要依氧化铁的含氧量而定，当然也受还原温度的影响。具体根据反应 $FeO+C \longrightarrow Fe+CO$ 来计算配碳量，最适宜的木炭加入量为 86%~90%。加多加少都不利。

（3）还原温度和还原时间。在还原过程中，还原温度和还原时间是相互影响的。随着还原温度的提高，还原时间可以缩短。

在一定的范围内，温度升高，对碳的气化反应有显著作用。温度升高至 1000℃ 以上时，碳的气化反应的气相组成几乎全部是 CO。CO 浓度的增高，无论对还原反应速度还是对 CO 向氧化铁内层扩散都是有利的。但是由于温度升高，还原好的海绵铁的高温烧结趋向增大，这将使 CO 难以通过还原产物扩散，又减低了还原速度，并使海绵铁块变硬；另一方面，在更高的温度下，CO_2 与 CO 的比值减小，使海绵铁渗碳的趋势增大，造成粉碎困难，使铁粉加工硬化程度增大。

（4）料层厚度。还原温度一定时，随着料层厚度的增加，还原时间也增加。这是料层厚度增加，加热速度和气体扩散速度变慢的缘故。

（5）还原罐密封程度。装罐后必须密封好，以使还原气氛内有足够的 CO 浓度，否则一方面还原不透，另一方面在冷却过程中会使海绵铁氧化。

（6）添加剂。

1）返回料：在原料中加入一定量的废铁粉，可缩短还原过程的诱导期，加速还原过程。

2）气体还原剂：引入气体还原剂时，由于气相组成中有 CO、H_2 等气体，故能加速还原过程的进行。

根据热力学，H_2 在各种温度下都比 CO 活泼，吸附能力大，扩散能力强，因此，高温下 H_2 的还原能力比 CO 强。$T<810℃$ 时，CO 比 H_2 对氧化铁的还原活性高。

3）催化剂：许多碱和碱金属盐相互作用后，氧化铁内部结构起了变化，当铁离子（Fe^{2+}）被碱金属离子（Me^+）取代时，氧化铁点阵中的空位浓度增加，有利于 CO 吸附，从而加速反应的进行。

（7）海绵铁的处理。将海绵铁块破碎为海绵铁粉，然后将海绵铁粉进行退火处理。将铁块破碎为铁粉时产生加工硬化，且有时海绵铁含量较高或严重渗碳，为此要退火处理。

退火处理的作用：

1）退火软化。提高铁粉的塑性，改善铁粉的压缩性。

2）补充还原作用。可把总铁含量从 95%~97% 提高到 97%~98% 以上。

3）脱碳作用。把含碳量从 0.4%~0.2% 降低为 0.25%~0.05% 以下。

2.2.2.3　工艺流程

隧道窑法制取还原铁粉的工艺流程如图 2-8 所示。

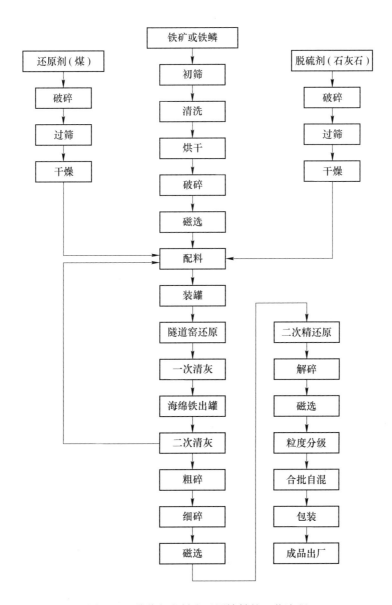

图 2-8　隧道窑法制取还原铁粉的工艺流程

2.2.3　气体还原法

前面已指出，不仅氢，而且分解氨（H_2+N_2）、转化天然气（主要成分为 H_2 和 CO）、各种煤气（主要成分为 CO）等都可作为气体还原剂。气体还原法可以制取铁粉、镍纷、钴粉、铜粉、锡粉、钨粉、钼粉等，而且用共同还原法还可以制取一些合金粉，如铁-钼合金粉、钨-铼合金粉等。气体还原法制取铁粉比固体还原法制取的铁粉更纯，生产成本较低，故得到了很大的发展。钨粉的生产主要用氢还原法。下面以氢还原法制取铁粉和钨粉为例讨论气体还原法。

2.2.3.1 氢还原法制取铁粉

A 氢还原铁氧化物的基本原理

氢还原铁氧化物时有如下的反应：

当温度高于570℃时，分三个阶段还原：

$$3Fe_2O_3 + H_2 \Longrightarrow 2Fe_3O_4 + H_2O \qquad \Delta H^{\ominus}_{298} = -21.8kJ \qquad (2-37a)$$

$$Fe_3O_4 + H_2 \Longrightarrow 3FeO + H_2O \qquad \Delta H^{\ominus}_{298} = 63.588kJ \qquad (2-37b)$$

$$FeO + H_2 \Longrightarrow Fe + H_2O \qquad \Delta H^{\ominus}_{298} = 27.71kJ \qquad (2-37c)$$

当温度低于570℃时，Fe_3O_4 直接还原成金属铁，反应式为

$$Fe_3O_4 + 4H_2 \Longrightarrow 3Fe + 4H_2O \qquad \Delta H^{\ominus}_{298} = 147.598kJ \qquad (2-37d)$$

上述各反应的平衡气相组成，可通过 K_p 求得。$K_p = p_{H_2O}/p_{H_2}$，因而可根据各反应在给定温度下相应的 K_p 值，求出各反应的平衡气相组成。

（1）Fe_2O_3 的还原。反应式（2-37a）的平衡气相组成中几乎没有氢存在，也就是说，Fe_3O_4 在实际条件下不可能被水蒸气氧化。这一反应的直接测定非常困难，只能用间接法计算。反应式（2-37a）是放热反应。

（2）Fe_3O_4 的还原。当温度高于570℃时，反应式（2-37b）的

$$\lg K_p = -3070/T + 3.25 \qquad (2-38a)$$

反应式（2-37b）是吸热反应，该反应的 K_p 值随温度升高而增大，平衡气相组成中 H_2 的体积分数随温度升高而减小，即温度越高，Fe_3O_4 还原成 FeO 所需的 H_2 的量越少。这说明升高温度有利于 Fe_3O_4 还原成 FeO。

（3）FeO 的还原。反应式（2-37c）是吸热反应，与 CO 还原 FeO 不同，平衡气相组成中 H_2 的体积分数随温度升高而减小。整理这一反应从 1095～1498℃ 的实验数据可得出

$$\lg K_p = -997/T + 0.64 \qquad (2-38b)$$

根据以上反应式（2-37a）～反应式（2-37d）4 个反应分析的结果，将其平衡气相组成（φ_{H_2}）对温度做图，可得如图2-9所示的4条曲线（图上 a' 曲线未画出）。该4条曲线将 $w(H_2)$-T 平面分成4个区域。在 C' 内只有 FeO 相稳定存在，例如，在800℃时，H_2O 体积分数为30%的 H_2 气氛还可使 FeO 还原。但是，还原好的铁，如果冷却到200℃以下，为了防止铁再次被氧化，则平衡气相中的 H_2O 的体积分数要小于5%。下面进一步讨论氢还原铁氧化物的动力学问题。

氢还原铁氧化物的反应属于固-气多相反应。实验证明，反应产物层一般是疏松的。$Fe_2O_3 + 3H_2 \rightarrow 2Fe + 3H_2O$ 反应的活化能，在 400～1120℃ 为 49.81kJ/mol。但是在 800℃ 左右 Fe_2O_3（矿石）$+ 3H_2 \rightarrow 2Fe + 3H_2O$ 的反应产物层不是疏松的，通过产物层的扩散速度和界面上的化学反应速度基本相等，反应速度方程式与 CO 还原铁氧化物时一样，遵循较复杂的方程式。图2-10所示为氢还原氧化铁的还原百分率与还原时间的关系。

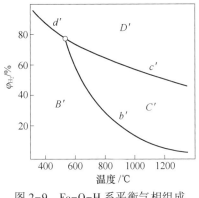

图 2-9 Fe-O-H 系平衡气相组成
与温度的关系

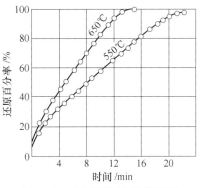

图 2-10 氢还原氧化铁的还原
百分率与还原时间的关系

B 氢还原法制取铁粉的工艺

把 $w(Fe)=72\%$，粒度为 $0.84\sim0.04mm$ 的精矿粉，先在回转干燥炉中干燥，温度为 $480℃$，用氮气送入位置高于还原反应器的矿槽中。关闭进料口，引入大于还原反应器 $0.7MPa$ 左右的高压氢气，打开出料阀，高压氢以浓相输送的形式将料送入反应器，5t 精矿在 15min 内可输送完毕。还原反应器是一个直立的金属圆筒，安两个水平栅的床层，使层内细矿粒流态化并使上床层 Fe_2O_3 还原成 Fe_3O_4，在下床层 Fe_3O_4 还原成金属铁。经还原后粉料排出，上层料转到下一层，在上层加入新料，如此周期地进行，还原后的铁粉借氢的高压从反应器中经卸料闸门送到铁粉接收器内，再从这里用氢气进行纯化处理，因为在低温下所得的铁粉有自燃性，为了防止氧化，要在常压下在保护气氛中加热到 $600\sim800℃$，使铁粉被纯化而失去自燃性。

氢-铁法的特点有：(1) 采用较低的还原温度和较高的压力。还原温度（$540℃$）远低于还原铁粉的烧结温度，可保证物料流态化，使还原高速进行。(2) 可利用粉矿。由于采用了浓相输送和流态化技术，可直接利用细磨精选的细矿粉。(3) 所得铁粉很纯，很适合生产粉末冶金铁基零件。经纯化处理后的铁粉成分为：$w(Fe)=98.5\%$，$w(SiO_2)=0.2\%$，P 和 S 含量很低，氢损为 0.5%，松装密度为 $1.6\sim2.3g/cm^3$。(4) 所用的氢是将转化天然气中的 CO 转化成 CO_2，且除去后的转化氢。转化氢是将天然气按下列反应 $2CH_4+O_2=2CO+4H_2$，$CO+H_2O=H_2+CO_2$ 而得到的。转化天然气中的 CO 是在生产氢的热交换器内与水蒸气反应转化成 CO_2 而除去的。

2.2.3.2 氢还原法制取钨粉

实验研究证明，钨的氧化物中比较稳定的有四种：黄色氧化钨（α 相）—WO_3、蓝色氧化钨（β 相）—$WO_{2.90}$、紫色氧化钨（γ 相）—$WO_{2.72}$ 和褐色氧化钨（δ 相）—WO_2。而 WO_3 又有不同的晶型，第一种晶型从室温到 $720℃$ 是稳定的，为单斜晶型；第二种晶型在 $720\sim1100℃$ 是稳定的，为斜方晶型；还有一种晶型在 $1100℃$ 以上稳定。

钨有 α-W 和 β-W 两种同素异晶体。α-W 为体心立方晶格，点阵常数为 $0.316nm$；β-W 为立方晶格，点阵常数为 $0.5036nm$。β-W 是在低于 $630℃$ 时用氢还原三氧化钨而生成的，其特点是化学活性大，易自燃。β-W 转变为 α-W 的转变点为 $630℃$，但并不发生 α-W→β-W 的逆转变。根据这一点，有的学者认为 β-W 的晶格还是由钨原子组成的，只是由于存在杂质而使晶格发生畸变。钨粉颗粒分为一次颗粒和二次颗粒，一次颗粒即单一颗粒，是最初生成的可互相分离而独立存在的颗粒；二次颗粒是两个或两个以上的一次颗粒结合而不易分离的聚集颗粒。超细颗粒的钨粉呈黑色，细颗粒的钨粉呈深灰色，粗颗粒的钨粉则呈浅灰色。

用氢还原三氧化钨的总过程为

$$WO_3+3H_2 \Longrightarrow W+3H_2O \tag{2-39}$$

由于钨具有四种比较稳定的氧化物，还原反应实际上按以下顺序进行：

$$WO_3+0.1H_2 \Longrightarrow WO_{2.90}+0.1H_2O \tag{2-39a}$$

$$WO_{2.90}+0.18H_2 \Longrightarrow WO_{2.72}+0.18H_2O \tag{2-39b}$$

$$WO_{2.72}+0.72H_2 \Longrightarrow WO_2+0.72H_2O \tag{2-39c}$$

$$WO_2+2H_2 \Longrightarrow W+2H_2O \tag{2-39d}$$

上述反应的平衡常数用水蒸气分压与氢分压的比值表示：$K_p = p_{H_2O}/p_{H_2}$

平衡常数与温度的等压关系式如下：

$$\lg K_{P(a)} = -3266.9/T + 4.0667 \tag{2-40a}$$

$$\lg K_{P(b)} = -4508.5/T + 5.10866 \tag{2-40b}$$

$$\lg K_{P(c)} = -904.83/T + 0.90642 \tag{2-40c}$$

$$\lg K_{P(d)} = -3225/T + 1.650 \tag{2-40d}$$

上述 4 个反应和总反应都是吸热反应。对于吸热反应，温度升高，平衡常数增加，平衡气相中氢的含量随温度升高而减少，这说明升高温度有利于上述反应的进行。

下面就 $WO_2 \rightarrow W$ 的反应讨论水蒸气和氢浓度与温度的关系。

图 2-11 中的曲线代表 WO_2 和 W 共存，即反应达到平衡时水蒸气浓度（φ_{H_2O}）随温度的变化。曲线右边是钨粉稳定存在的区域，左边是二氧化钨稳定存在的区域。可以看出，温度升高，气相中水蒸气的平衡浓度增加，表明反应进行得更彻底。例如，在 400℃以下还原时，还原剂氢就要非常干燥；而在 900℃还原时，气相中水蒸气浓度可超过 40%。那么，在 800℃还原时，如果反应空间的水蒸气浓度（包括反应生成的和氢带来的，如 A 点）超过该温度下的水蒸气的平衡浓度 C 点，则一部分还原好的钨粉将被重新氧化成 WO_2；

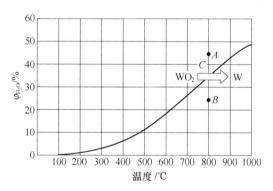

图 2-11　$WO_2 \rightarrow W$ 在 $H_2O \rightarrow H_2$ 系中的平衡随温度的变化

而只有低于曲线上 C 点的水蒸气浓度（如 B 点）时，钨粉才不被氧化，而有更多的 WO_2 被还原成钨粉。

以上讨论是从热力学角度分析还原温度、气相组成对三氧化钨还原过程的影响，而氢还原三氧化钨的反应速度，需从动力学角度去研究。用氢还原三氧化钨的过程是固-气型的多相反应，但不可忽视钨氧化物的挥发性。实践证明，WO_3 在 400℃开始挥发，在 850℃于 H_2 中则显著挥发，每小时损失高达 0.4%～0.6%；WO_2 在 700℃开始挥发，在 1050℃ 于 H_2 中显著挥发。且钨氧化物的挥发性与水蒸气密切相关，当 WO_3 转入气相，或形成易挥发的化合物 WO_xH_y（如 $WO_3 \cdot H_2O$）时，还原过程便具有均相反应的特征。

实验研究证明，反应式（2-39b）反应产物是疏松的，为界面上的化学反应环节所控制，反应速度方程遵循 $1 - (1 - X)^{1/3} = Kt$ 的关系。而反应式（2-39c）的反应产物不是疏松的，过程为贯穿反应产物层的扩散环节所控制，反应速度方程遵循 $[1 - (1 - X)^{1/3}]^2 = Kt$ 的关系。在 642~790℃ 范围内，实验测得：反应式（2-39d）的活化能为 97.53kJ/mol，反应式（2-39c）的活化能为 41.86kJ/mol，氢还原 WO_3 的总反应的均相反应的活化能为 261.63kJ/mol。这说明在多相反应中固相表面起催化作用。氢还原三氧化钨时温度与速度常数的关系如图 2-12 所示。可以看出，只有在低温区，多相过程具有一定的优越性，随着温度的升高，反应速度差减小，当温度高于反应特性所规定的一定温度（800℃）时，还原过程进入均相反应，引起整个还原过程加速。因此，研究氢还原三氧化钨的过程，注意力应放在钨氧化物的蒸发和均相还原反应的基础上。

氢还原三氧化钨时还原程度与时间的关系如图 2-13 所示。这些动力学曲线的特点是每一曲线相当于一种钨的氧化物，500℃ 曲线相当于 $WO_{2.96}$ 或 $WO_{2.90}$；550℃ 曲线相当于 $WO_{2.72}$；600℃ 曲线相当于 WO_2。600℃ 时由 WO_3 还原成 WO_2，因为反应速度较快，动力学曲线上没有表现出明显的阶段性。

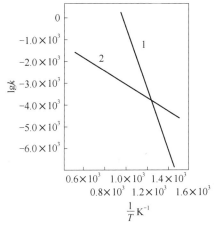

图 2-12　氢还原三氧化钨时
速度常数与温度的关系
1—均相反应；2—多相反应

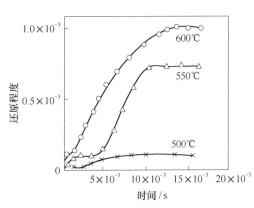

图 2-13　氢还原三氧化钨时
还原程度与时间的关系

还原过程中，粉末粒度通常会变大，钨粉长大的机理，在未经证实前认为是钨粉在高温下发生聚集再结晶的结果。然而实验证明，在干燥氢气或在真空和惰性气体中，即使钨粉煅烧到 1200℃，也未发生颗粒长大。这说明聚集再结晶不是钨粉晶粒长大的主要原因。

目前一般认为：还原过程中钨粉颗粒长大的机理是挥发-沉积。前已指出，钨的氧化物具有挥发性，WO_2 在 700℃ 时开始挥发，一般在 750~800℃ 开始晶粒长大。在还原过程中，随着温度的升高，三氧化钨的挥发性增大。三氧化钨以气相被还原后沉积在已还原的低价氧化钨或金属钨粉的颗粒表面上而使颗粒长大。由于 WO_2 的挥发性比 WO_3 的小，如采用分段还原法，第一阶段还原（$WO_3 \rightarrow WO_2$）时，颗粒长大严重，应在较低温度下进行；而第二阶段还原（$WO_2 \rightarrow W$）时，颗粒长大趋势较第一阶段小，故可在更高温度下进行。因此，采用两阶段还原可得到细、中颗粒钨粉；而由三氧化钨直接还原成钨粉，由于温度较高，所得钨粉一定是粗颗粒的。

2.3　还原–化合法

各种难熔金属的化合物（碳化物、硼化物、硅化物、氮化物等）有广泛的应用，如用于硬质合金、金属陶瓷、各种难熔化合物涂层以及弥散强化材料。生成难熔金属化合物的方法很多，但常用的有：用碳（或含碳气体）、硼、硅、氮与难熔金属直接化合，或用碳、碳化硼、硅、氮与难熔金属氧化物作用而得到碳化物、硼化物、硅化物和氮化物。这两种基本反应通式见表2-3。

表2-3　生产难熔金属化合物的两种基本反应通式

难熔金属化合物	化合反应	还原–化合反应
碳化物	$Me+C \mathop{=\!=} MeC$ 或 $Me+CO \mathop{=\!=} MeC+CO_2$ $nMe+C_nH_m \mathop{=\!=} nMeC+\dfrac{m}{2}H_2$	$MeO+C \mathop{=\!=} MeC+CO$
硼化物	$Me+B \mathop{=\!=} MeB$	$2MeO+B_4C \mathop{=\!=} 2MeB_2+CO_2$
硅化物	$Me+Si \mathop{=\!=} MeSi$	$MeO+Si \rightarrow MeSi+SiO_2$
氮化物	$Me+N_2(NH_3) \mathop{=\!=} MeN+(H_2)$	$MeO+N_2(NH_3)+C \rightarrow MeN+Co+(H_2O+H_2)$

下面以WC的制取为例讨论碳化的基本原理，对其他难熔金属化合物只作一般介绍。

2.3.1　还原–化合法制取碳化钨粉

2.3.1.1　钨粉碳化过程的基本原理

钨–碳系状态图如图2-14所示。由图可见，钨与碳会形成三种碳化钨：W_2C、α-WC 和 β-WC。β-WC 在 2525～2785℃温度范围内存在，低于 2450℃时，钨–碳系只存在两种碳化钨：W_2C 和 α-WC［$w(C)$ 为 6.12%］。研究钨碳相互作用的动力学的大量实验证明，在 H_2 中于 1500～1850℃温度下，钨棒在炭黑中碳化时有两层，外层是细 WC 层，内层是粗 W_2C 层。制取碳化钨粉主要用钨粉与炭黑混合进行碳化，也可以用三氧化钨配炭黑直接碳化，但控制较为困难，因而很少应用。

钨粉碳化过程的总反应为：

$$W+C \mathop{=\!=} WC \tag{2-41}$$

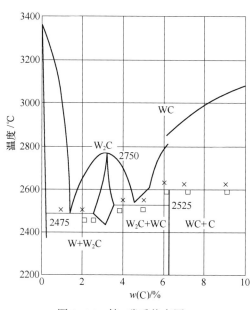

图2-14　钨–碳系状态图

钨粉碳化主要通过与含碳气相发生反应，在不通氢气的情况下，总反应是下述两反应的综合，即

$$\begin{aligned} CO_2+C &=\!=\!=2CO \\ +W+2CO &=\!=\!=WC+CO_2 \\ \hline W+C &=\!=\!=WC \end{aligned}$$ 　　　　(2-42)

通过钨粉与固体炭直接接触，碳原子也可能向钨粉中扩散。

在通氢的情况下，碳化反应为：

$$nC + \frac{1}{2}mH_2 =\!=\!= C_nH_m$$ 　　　　(2-43)

$$nW + C_nH_m =\!=\!= nCW + \frac{1}{2}mH_2$$ 　　　　(2-44)

氢首先与炉料中的碳反应形成碳氢化合物，主要是甲烷（CH_4）。炭黑小颗粒上的碳氢化合物的蒸气压比碳化钨颗粒上的碳氢化合物的蒸气压大得多，C_nH_m 在高温下很不稳定，在1400℃时分解为碳和氢气。此时，离解出的活性炭沉积在钨粉颗粒上，并向钨粉内扩散使整个颗粒逐渐碳化，而分解出来的氢又与炉料中的炭黑反应生成碳氢化合物，如此循环往复。氢气实际上只起着炭的载体的作用。钨粉用炭黑碳化过程的机理也是吸附理论。钨粉颗粒通过含碳氢化合物的气相渗碳过程如图2-15所示。

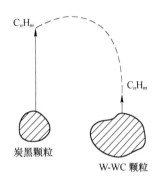

图 2-15　钨粉颗粒通过含碳氢化合物的气相渗碳示意图

2.3.1.2 影响碳化钨粉成分和粒度的因素

A　影响碳化钨成分的因素

可从配炭黑量、碳化温度、碳化时间和碳化气氛等方面加以分析。

（1）配炭黑量的影响。配炭黑量应力求准确，以免所得碳化钨的含碳量不合格。WC中碳的理论质量分数为6.12%，但是，实际配炭黑量低于理论值。同时考虑到碳化过程中石墨管和舟皿会向炉料渗入少量碳，炭黑配量可不按炭黑所含固定碳计算；根据钨粉含氧量适当增加配炭黑量；在空气湿度大的季节和地区，因炭黑含水量高，可适当增加配炭黑量，反之，亦可适当减少配炭黑量。

（2）碳化温度的影响。钨粉碳化过程中的化合碳含量总是随着温度的升高而增加，直到饱和为止。碳化温度对碳化钨的化合碳的影响规律，可引用下列实验结果来分析。

从实验结果可以看出，渗碳大约从 1000℃ 开始，在1400℃以前化合碳量增长迅速，1400~1600℃增长速度降低，在1600℃达到理论值。用显微镜研究碳化后粉末颗粒的断面，在 1400~1450℃碳化时，观察到有 W、W_2C 和 WC 三个相；在1500℃碳化，化合碳的质量分数达5.93%时，只有 W_2C 和 WC二个相。测定知 W_2C 相和 WC 相的生成量大致一样；1400℃以后，W 相消失，WC 相增加，如图2-16所示。

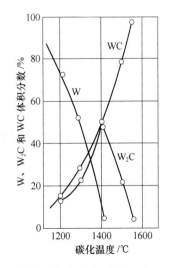

图 2-16　W、W_2C 和 WC 体积分数与碳化温度的关系

（3）碳化时间的影响。在碳化温度下，钨粉的碳化过程一般是 30min 左右。高温时间过长，WC 颗粒将变粗，甚至部分脱碳。

（4）碳化气氛的影响。有氢保护和无氢保护的碳化反应机理是不同的。氢可以使钨粉中少量的氧被还原。另一方面，碳氢化合物分解出来的碳具有很好的活性，有利于钨粉的碳化。

B　碳化钨粒度的控制

碳化钨粉粒度的控制非常重要，因为硬质合金中 WC 的晶粒度受二次颗粒及一次颗粒的影响。影响 WC 粉粒度的因素主要是钨粉的原始颗粒和碳化温度。在讨论影响 WC 粉粒度因素的同时，还要分析 WC 颗粒长大的有关规律，以便更好地控制 WC 粒度。

（1）钨粉粒度的影响。无氢碳化过程中钨粉粒度对 WC 粉粒度的影响见表 2-4。一般来说，碳化工艺相同时，钨粉颗粒越细，所得 WC 颗粒也越细，反之亦然。

表 2-4　无氢碳化过程中钨粉粒度对 WC 粉粒度的影响

钨粉松装密度 /g·cm⁻³		炉料中含碳量 $w(C)$/%	100 批 WC 粉平均松装密度 /g·cm⁻³	碳化后松装密度增长率 /%	100 批 WC 粉含碳量 $w(C)$/%	
范围	平均值				总碳	游离碳
2.5~3.0	2.70	6.10	4.00	48.1	6.06	0.03
3.0~3.5	3.30	6.10	4.20	27.3	6.04	0.04
3.5~4.0	3.80	6.10	4.60	22.2	6.05	0.03
4.0~4.5	4.20	6.10	4.90	16.6	6.05	0.03

（2）碳化温度的影响。碳化温度对 WC 粉粒度的影响见表 2-5。

表 2-5　WC 粉粒度与碳化温度的关系

钨粉类别	钨粉粒度组成/%						碳化温度 /℃	WC 粉粒度组成/%					
	0~1 μm	1~2 μm	3~4 μm	4~8 μm	8~12 μm	12~20 μm		0~1 μm	1~2 μm	2~3 μm	3~4 μm	4~8 μm	8~12 μm
细颗粒	100	—	—	—	—	—	1350	97	3	—	—	—	—
							1450	95	5	—	—	—	—
							1550	87.5	9	3.5	—	—	—
中颗粒	76	16	8	—	—	—	1350	72	23	4	1	—	—
							1450	65	34	1	—	—	—
							1550	68	30	2	—	—	—
粗颗粒	40	25	14	12	9	—	1350	88	10	2	—	—	—
							1450	88	8	2	2	—	—
							1550	77	19	4	—	—	—

在碳化温度过高或碳化时间过长的情况下，碳化钨粉颗粒间的烧结或聚集再结晶会导致某些颗粒的长大。在 $1350 \sim 1550 ℃$ 范围内碳化时，随着温度的升高，细颗粒钨粉长大较为显著；中颗粒钨粉长大不显著；粗颗粒钨粉则基本上不长大。所以制取细颗粒 WC 时，要选择较低的碳化温度。

2.3.1.3　碳化钨的制取工艺

钨粉与炭黑一般在碳管炉中混合进行碳化，也可用高频或中频感应电炉进行碳化，其工艺流程如图 2-17 所示。用还原-化合法制取的其他难熔金属碳化物的工艺条件见表 2-6。

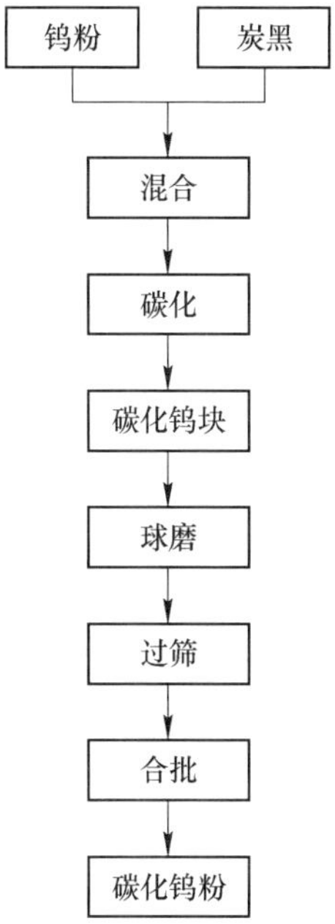

2.3.2　还原-化合法制取硼化物和氮化物

还原-化合法制取硼化物的方案有以下几种。

2.3.2.1　碳化硼法

过渡族金属（或氢化物、碳化物）与碳化硼相互作用，其基本反应通式为

$$Me（MeH，MeC）+B_4C+（B_2O_3）\longrightarrow MeB+CO \quad (2-45)$$

在碳管炉中进行，温度为 $1800 \sim 1900 ℃$。可加 B_2O_3 或不加 B_2O_3，加 B_2O_3 是为了降低产品中的碳化物含量；也可在有碳的情况下使金属氧化物与碳化硼作用，加碳是为了除氧，其基本反应通式为

$$MeO+B_4C+C\longrightarrow MeB+CO \quad (2-46)$$

这两种方案中后者应用较多。

图 2-17　钨粉碳化工艺流程图

钨粉　炭黑
混合
碳化
碳化钨块
球磨
过筛
合批
碳化钨粉

表 2-6　还原-化合法制取难熔金属碳化物的工艺条件

碳化物	组分	炉内气氛	温度范围/℃
TiC	Ti（TiH₂）+炭黑，TiO₂+炭黑	H_2，CO，C_nH_m	$2200 \sim 2300$
	TiO₂+炭黑	真空	$1600 \sim 1800$
ZrC	Zr（ZrH₂）+炭黑，ZrO₂+炭黑	H_2，CO，C_nH_m	$1800 \sim 2300$
	ZrO₂+炭黑	真空	$1700 \sim 1900$
HfC	Hf+炭黑，HfO+炭黑	H_2，CO，C_nH_m	$1900 \sim 2300$
VC	V+炭黑，V₂O₅+炭黑	H_2，CO，C_nH_m	$1100 \sim 1200$
NbC	Nb+炭黑	H_2，CO，C_nH_m	$1400 \sim 1500$
		真空	$1200 \sim 1300$
	Nb₂O₅+炭黑	H_2，CO，C_nH_m	$1900 \sim 2000$
		真空	$1600 \sim 1700$
TaC	Ta+炭黑	H_2，CO，C_nH_m	$1400 \sim 1600$
		真空	$1200 \sim 1300$
	Ta₂O₅+炭黑	H_2，CO，C_nH_m	$2000 \sim 2100$
		真空	$1600 \sim 1700$

碳化物	组分	炉内气氛	温度范围/℃
Cr$_3$C$_2$	Cr+炭黑，Cr$_2$O$_3$+炭黑	H$_2$，CO，C$_n$H$_m$	1400~1600
Mo$_2$C	Mo+炭黑，MoO$_3$炭黑	—	1200~1400
	Mo+炭黑	H$_2$，CO，C$_n$H$_m$	1100~1300
WC	W+炭黑，WO$_3$+炭黑	—	1400~1600
	W+炭黑	H$_2$，CO，C$_n$H$_m$	1200~1400

2.3.2.2　碳还原法

过渡族金属氧化物与 B$_2$O$_3$ 的混合物用碳还原，其基本反应通式为

$$MeO+B_2O_3+C \longrightarrow MeB+CO \tag{2-47}$$

过渡族金属氧化物与 B$_2$O$_3$ 的混合物用金属还原剂如 Al、Mg、Ca、Si 等还原，其基本反应通式是

$$MeO + B_2O_3 + Al(Mg，Ca，Si) \longrightarrow MeB + Al(Mg，Ca，Si)_xO_y \tag{2-48}$$

总之，制取硼化物的还原-化合法中以碳化硼用得较多。例如，制取硼化钛的碳化硼，可分三阶段进行：

$$2TiO_2+B_4C+3C =\!=\!= Ti_2O_3+B_4C+2C+CO \tag{2-49a}$$

$$Ti_2O_3+B_4C+2C =\!=\!= 2TiO+B_4C+C+CO \tag{2-49b}$$

$$2TiO+B_4C+C =\!=\!= 2TiB_2+2CO \tag{2-49c}$$

碳化硼中的碳和硼没有参与 TiO$_2$→Ti$_2$O$_3$→TiO 的还原，而只在 TiO 到 TiB$_2$ 的过程中起作用。实验证明，在真空度为267Pa 时，反应第三阶段从1120℃开始在1400℃反应1h，可得合格的二硼化钛。一般以工业规模真空制取二硼化钛的温度是1650~1750℃。用碳化硼制取几种难熔金属硼化物的工艺条件见表2-7。

表2-7　用碳化硼制取几种难熔金属硼化物的工艺条件

硼化物	组分	炉内气体	温度范围/℃
TiB$_2$	TiO$_2$+B$_4$C+炭黑	H$_2$	1800~1900
		真空	1650~1750
ZrB$_2$	ZrO$_2$+B$_4$C+炭黑	H$_2$	1800
		真空	1700~1800
CrB$_2$	Cr$_2$O$_3$+B$_4$C+炭黑	H$_2$	1700~1750
		真空	1600~1700

2.3.2.3　还原-化合法制取难熔金属氮化物

金属与氮直接氮化制取难熔金属氮化物的反应通式为

$$Me+N_2(NH_3) \longrightarrow MeN+(H_2) \tag{2-50}$$

还原-化合法制取氮化物是金属氧化物在有碳存在时用氮或氨进行氮化，其基本反应通式为：

$$MeO+ N_2(NH_3)+C \longrightarrow MeN+CO+(H_2O+H_2) \tag{2-51}$$

还原-化合法制取难熔金属氮化物的工艺条件见表2-8。

表 2-8 金属与氮直接氮化制取氮化物的工艺条件

氮化物	基本反应	温度范围/℃
TiN	$2Ti+N_2 = 2TiN$ $2TiH_2+N_2 = 2TiN+2H_2$	1200
ZrN	$2Zr+N_2 = 2ZrN$ $2ZrH_2+N_2 = 2ZrN+2H_2$	1200
HfN	$2Hf+N_2 = 2HfN$	1200
VN	$2V+N_2 = 2VN$	1200
TaN	$2Ta+N_2 = 2TaN$	1100~1200
CrN	$2Cr+2NH_3 = 2CrN+3H_2$	800~1000

2.3.2.4 还原-化合法制取难熔非金属化合物

比较有价值的难熔非金属化合物有碳化硼、碳化硅、氮化硼、氮化硅和硅化硼五种。工业生产的碳化硼是将硼酐（B_2O_3）与炭黑混合，在碳管炉中进行碳化，反应温度为2100~2200℃，其基本反应为：

$$2B_2O_3+7C = B_4C+6CO \tag{2-52}$$

工业上的碳化硅是将石英砂与碳（石墨、炭黑等）在1300~1500℃按下式进行反应：

$$SiO_2+3C = SiC+2CO \tag{2-53}$$

该反应分两步进行

$$SiO_2+2C = Si+2CO \tag{2-53a}$$

$$Si+C = SiC \tag{2-53b}$$

$$或 3Si+2CO = 2SiC+SiO_2 \tag{2-53c}$$

生产氮化硼是将硼酐用氨或氯化铵进行氮化，其基本反应为

$$B_2O_3+2NH_3 = 2BN+3H_2O \tag{2-54}$$

$$B_2O_3+2NH_4Cl = 2BN+2HCl+3H_2O \tag{2-55}$$

更完善的方法是在有碳还原剂的情况下将硼酐氮化。第一步将硼酸与炭黑混合进行焙烧，第二步将焙烧后的料在碳管炉中用氮进行氮化，温度为1400~1700℃。

硼粉直接氮化也可以制取氮化硼。制取氮化硅（Si_3N_4）时一般是将树枝状粉在1450~1550℃用氮或氨进行氮化。

2.4 电解法

电解法在粉末生产中占有一定的地位，其生产规模在物理化学制备金属粉末中仅次于还原法。由于电解法消耗电量较多，电解粉的成本通常比还原粉和雾化粉要高。但是电解

法制备的粉末纯度高，形状为树枝状，压制性能好。电解法主要包括水溶液电解法（可制取铜、铁、锡等金属粉末）、熔盐电解法（制取一些稀有金属、难熔金属粉末）、有机电解质电解法和液体金属阴极电解法。

2.4.1　水溶液电解的基本原理

2.4.1.1　电化学原理

用电解法制取粉末过程的基本原理是：当在熔液或熔盐中通入直流电时，金属化合物的水溶液或熔盐发生分解。金属电解的实质是金属离子在阴极上放电。

当电解质溶液中通入直流电后，产生了正负离子的迁移。正离子移向阴极，在阴极上放电，发生还原反应，并在阴极上析出还原产物。负离子移向阳极，在阳极上发生氧化反应，并析出氧化产物，如图2-18所示。

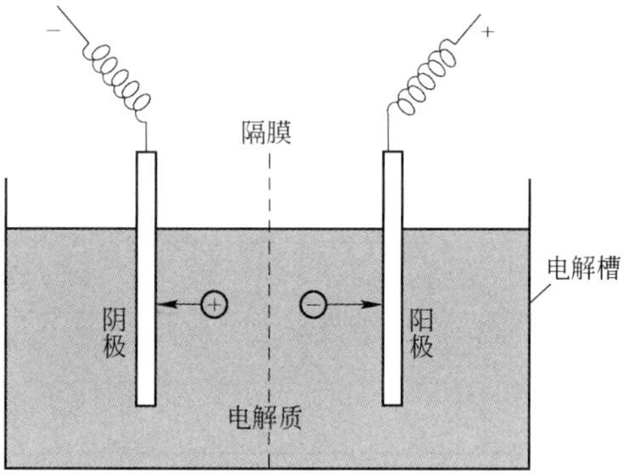

图2-18　水溶液电解过程示意图

例如，在水溶液中电解铜时，电解质在溶液中被电离为：

$$CuSO_4 = Cu^{2+} + SO_4^{2-} \tag{2-56a}$$

$$H_2SO_4 = 2H^+ + SO_4^{2-} \tag{2-56b}$$

$$H_2O = H^+ + OH^- \tag{2-56c}$$

当施加外直流电源后，溶液中的离子便起传导电流的作用，在电极上发生电化学反应。

阳极：主要是铜失去电子变成离子而进入溶液

$$Cu \longrightarrow Cu^{2+} + 2e \tag{2-57a}$$

$$2OH^- - 2e \longrightarrow H_2O + 1/2O_2 \tag{2-57b}$$

阴极：主要是铜离子放电而析出金属

$$Cu^{2+} + 2e \longrightarrow Cu \tag{2-58a}$$

$$2H^+ + 2e \longrightarrow 2H \longrightarrow H_2 \uparrow \tag{2-58b}$$

但应注意，金属杂质的存在会影响电解过程和所得产品的状况。例如电解铜时，当存在标准电位比铜要负的金属杂质时，在阳极，这类杂质优先转入溶液，在阴极，则留在溶液中不还原或比铜后还原。如Fe^{2+}

阳极：被溶于溶液中的氧所氧化，生成三价铁离子

$$2Fe^{2+} + 2H^+ + 1/2O_2 = 2Fe^{3+} + H_2O \tag{2-59}$$

阴极：使Cu溶解或者被还原

$$2Fe^{3+} + Cu = 2Fe^{2+} + Cu^{2+} \tag{2-60a}$$

$$Fe^{3+} + e = Fe^{2+} \tag{2-60b}$$

如此导致电流效率降低（铁在溶液中进行氧化—还原的结果）。若有Ni^+存在，则会

降低溶液的导电能力，还可能在阳极表面生成一层溶性化合物膜（氧化镍）而使阳极溶解不均匀，甚至引起阳极钝化。

当存在标准电位比铜要更正的金属杂质时，在阳极，它不氧化或后氧化；在阴极则优先还原。如 Ag，假若以 Ag_2SO_4 形态转入溶液，则会在阴极比 Cu 优先析出，造成 Ag 损失。

当存在标准电位与铜接近的金属杂质时，这类杂质与铜一块转入溶液中。当电解条件适合时，便会在阴极析出，使生成物中含有这类杂质。

根据法拉第定律，电解过程中所通过的电量与所析出的物质之间的关系：

$$m = gIt \tag{2-61}$$

式中，m 为电解时析出物质数量，g；g 为电化当量，$g = W/96500n$；I 为电流强度，A；t 为电解时间，h；W 为相对原子质量；n 为原子价；$96500(F)$ 为法拉第常数。

由实验根据电解过程的条件，可能得到的阴极产物不是粉末状产物，而是致密沉积物，或者是介于两者之间的过渡产物。因此，电解时要得松散粉末，只有当阳极附近的阳离子浓度由原来的 c 降低到一定值 c_0 时才会析出松散的粉末，则要选择电流密度 $i \geqslant kc$（k 为比例常数 $k = 0.5 \sim 0.9$）；要得到致密沉淀物，则要选择 $i \leqslant kc$（c 为电解液的浓度）。电流密度与电解液的浓度 i-c 关系见图 2-19。

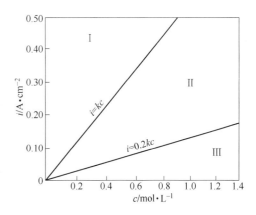

图 2-19　i-c 关系图

2.4.1.2　电极过程动力学

电极上发生的反应也属多相反应。不过有电流通过固液表面，金属沉积的速度与电流成正比。而且在电极界面上也有扩散层（附面层）。这样扩散过程便叠加于电极过程中，因而电极过程也和其他多相反应一样，可能是扩散过程控制，也可能是化学过程或中间过程所控制。

如果以克原子/秒表示金属沉积速度，则：

$$沉积速度 = m/wt \tag{2-62}$$

由于电解产量 m 为电化当量 q 和电量 It 的乘积，所以沉积速度 $= I/nF$（F 为法拉第常数）。这说明金属沉积的速度仅与通过的电流有关，而与温度、浓度无关。

阴极放电的结果使界面上的金属离子浓度降低，这种消耗可以按从溶液中扩散来的金属离子所补偿。

$$扩散速度 = DA(c - c_0)/\delta \tag{2-63}$$

式中，D 为扩散系数；A 为阴极在溶液中的面积；δ 为扩散层的厚度；$c - c_0$ 为溶液中剩余的阳离子浓度。

在平衡时，沉积速度与扩散速度相等

$$I/nF = DA(c - c_0)/\delta \tag{2-64a}$$

$$I/A = nFD(c - c_0)/\delta \qquad (2\text{-}64\text{b})$$

由上式可得，随电流密度（I/A）增大，$c-c_0$ 值也增大，因而界面上的金属离子迅速贫化。同时，在恒定的电流密度下，搅拌电解液使扩散层厚度 δ 减小，$c-c_0$ 值也应减小，即 c_0 值增大。

金属沉积物常为结晶形态。电解沉积时发生形核和晶核长大两个过程。如果形核速度远远大于晶核长大速度，则形成的晶核数越多，产物粉末越细。从动力学方面看，当界面上金属离子浓度 c_0 趋于零，即电极过程为扩散过程所控制时，形核速度远远大于晶核长大速度，因而有利于沉积出粉末状产物；当电极过程处于化学过程控制时，便沉积出粗晶粒。

2.4.1.3   电流效率与电能效率

电解过程是原电池的可逆过程，为了进行电解过程应当在两个电极上加一个电位差，而且不能小于有电解反应的逆反应所生成的原电池的电动势。这种外加最低电位就是理论分解电压（$E_{理}$）。显然，理论分解电压是阳极平衡电位 $\varepsilon_{阳}$ 与阴极平衡电位 $\varepsilon_{阴}$ 之差，即 $E_{理}=\varepsilon_{阳}-\varepsilon_{阴}$。实际上，电解时的分解电压要比理论分解电压大得多，我们把分解电压（$E_{分解}$）比理论电压超出的部分电位叫超电压（$E_{超}$），即 $E_{分解} = E_{理} + E_{超}$。

由于在实际电解过程中，分解电压比理论电压大，而且电解密度越高，超越的数值就越大，偏离平衡电位值也越多。这种偏离平衡电位的现象称为极化。

根据极化产生的原因，极化分为浓度极化，电阻极化和电化学极化，相应的超电压称为浓差超电压，电阻超电压和电化学超电压。所以电解过程中的超电压实际上应为：$E_{超} = E_{浓} + E_{阻} + E_{电化}$。

电解过程中，除了极化现象引起的超电压之外，还有电解质溶液中的电阻所引起的电压降，电解槽各接点和导体的电阻所引起的电压损失。因此，电解槽中的槽电压（$E_{槽}$）应为这些电压的总和，即：

$$\begin{aligned}
E_{槽} &= E_{分解} + E_{液} + E_{接}\\
&= E_{理论} + E_{超} + E_{液} + E_{接}\\
&= E_{理论} + E_{浓} + E_{阻} + E_{电化} + E_{液} + E_{接}
\end{aligned} \qquad (2\text{-}65)$$

式中，$E_{液}$ 为电解液电阻引起的电压降；$E_{接}$ 为电解槽各接点和导体上的电压降。

在整个槽电压中，分解电压只有 2%~4%，$E_{液}$ 为 70%~80%，$E_{接}$ 为 15%~20%。对 $E_{分解}$ 影响较大的是 $E_{浓}$。通过搅拌可减少浓度差。往电解液中加酸就是为了降低 $E_{液}$。对各接触点，可采用导电性好的导体以使 $E_{接}$ 降低。

A   电流效率

反映电解时电量的利用情况。根据法拉第定律计算电解析出量时不受温度、压力、电极和电解槽的材料与形状等因素的影响。但实际电解生产中，电解时析出的物质量往往与计算结果不一致。这是由于在电解过程中存在着副反应和电槽漏电等缘故。因而就有一个电流有效利用的问题，即电流效率。

电流效率指一定电量电解出来的产物实际重量与理论计算重量之比。可表示为：

$$\eta_i = M/qIt \times 100\% \qquad (2\text{-}66)$$

式中，M 为电解产物的实际重量，g；η_i 为电流效率（一般为 90%，工作情况好时为 95%~97%）。

B 电能效率

反映电解时电能的利用情况。电能效率指在电解过程中生产一定重量的物质在理论上所需要的电能量与实际消耗的电能量之比。即：

$$\eta_e = \frac{\text{析出一定重量物质在理论上所需的电能 } W_0}{\text{析出同样重量物质实际消耗的电能 } W_e} \qquad (2\text{-}67\text{a})$$

式中，W_0 = 沉积物所需的电量（$I_o t$）$\times E_{理论}$；W_e = 通过电解槽的全部电量（It）$\times E_{槽}$。

故

$$\eta_e = (I_o t \times E_{理论})/(It \times E_{槽}) \times 100\% = (I_o E_{理论})/(IE_{槽}) \times 100\% \qquad (2\text{-}67\text{b})$$

式中，I_o/I 为相当于电流效率 η_i；$E_{理论}/E_{槽}$ 电压效率 η_v。

可以看出，电能效率（η_e）为电流效率与电压效率的乘积。

因此，为了提高电能效率，除提高电流效率外，还应该提高电压效率，降低槽电压是主要措施之一。

2.4.2 电解法生产铜粉

电解法生产的铜粉，颗粒为树枝状，粉末成型性好，压坯强度高，而且粉末的粒度和松装密度范围广。缺点是这种方法能耗大，成本较高，粉末活性大，易氧化，不易储存。

水溶液电解法生产铜粉的工艺为当直流电通过硫酸铜水溶液时，在电极上发生电化学反应。在阳极，主要是铜失去电子变成铜离子进入溶液 Cu→Cu^{2+}+2e；在阴极，主要是铜离子放电而析出金属铜 Cu^{2+}+2e→Cu。

电解法生产铜粉的工艺流程如图 2-20 所示。可以看出阳极铜板及残留在电解液中的铜浆可以回收利用。

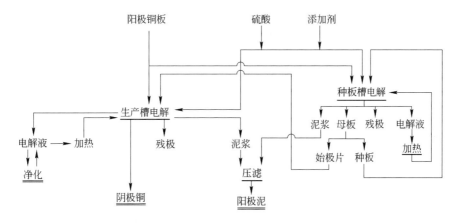

图 2-20 电解法生产铜粉工艺流程

影响铜粉粒度和电流效率的因素主要有以下两方面。

2.4.2.1 电解液组成

（1）金属离子浓度。

1）对铜粉粒度的影响：在能析出粉末的金属离子浓度范围内，Cu^{2+} 浓度越低，粉末颗粒越细。因为在其他条件不变时，Cu^{2+} 浓度越低，扩散速度越慢，过程为扩散所控制，即向阴极扩散的金属离子数量越少，形核速度远大于晶核长大速度。如果提高 Cu^{2+} 浓度，则相应扩大了致密沉积物区域，使粉末变粗。

2）对电流效率的影响：认为随 Cu^{2+} 浓度增加，电流效率也增大。因为 Cu^{2+} 浓度增加，有利于提高阴极的扩散电流，从而有利于铜的沉积，提高电流效率。但是，提高电流效率，则使粉末变粗。欲得到细粉末，必须降低电流效率。因此，应当根据要求综合考虑，适当控制有关条件。

（2）酸度（H^+ 浓度）。

1）对铜粉粒度的影响：一般认为，如果在阴极上氧化与铜同时析出，则利于得到松散粉末。但有的实验证明，形成粉末时并不都有氢析出，或者，析出氢时并不产生粉末沉积物。

2）对电流效率的影响：认为提高酸度有利于氢的析出，电流效率降低。但当金属离子浓度转高时，则随着酸度的提高，电流效率也提高。

（3）添加剂。一般外加的有电解质和非电解质添加剂两大类。电解质添加剂主要是提高电解质溶液的导电性或控制 pH 值在一定范围内。非电解质添加剂（有动物胶、植物胶、尿素、葡萄糖等）可吸附在晶粒表面上阻止晶粒长大，金属离子被迫建立新核，促进得到细的粉末。

2.4.2.2 电解条件

（1）电流密度。

1）对粉末粒度的影响：金属离子浓度一定时，能不能析出金属粉末，电流密度是关键。实践证明，在能够析出粉末的电流密度范围内，电流密度越高粉末越细，电流密度低时，所得粉末较粗。因为在其他条件不变时，电流密度高，在阴极上单位时间内放电的离子数目多，金属离子的沉积速度远大于晶粒长大速度，从而形核数也越多，故粉末细；相反，电流密度低，则离子放电慢，过程由化学过程控制，晶粒长大速度远大于形核速度，因此，沉积的粉末粗。

2）对电流效率的影响：随电流密度增加，电流效率降低。由于电流密度增加，槽电压升高，副反应增多而使电流效率降低。

（2）电解液温度。

1）对粉末粒度的影响：提高电解液温度后，扩散速度增加，晶粒长大速度也增加，所得粉末变粗。

2）对电流效率的影响：随电解液温度的提高，电流效率稍有增加。因为升高电解温度可以提高电解液的导电能力，降低槽电压，减少副反应，从而提高电流效率，同时，提高温度可以降低浓差极化，有利于 Cu^{2+} 的析出，这就相当于增加 Cu^{2+} 浓度，对提高电流效率有利。当然，提高电解液温度是有限的，温度升高会增大一价铜的电化学平衡浓度，有利于一价铜的化学反应，结果将降低阴极的电流效率，如果温度太高，电解液大量蒸发，劳动条件变差。

（3）电解液搅拌。搅拌速度快，粒度组成中的粗颗粒含量增加。因为加快搅拌，扩散层的厚度减小，使得扩散速度增大，故粉末变粗。同时搅拌可循环电解液，减少浓差极化，促进电解液的均匀度，有利于阳极的均匀溶解和阴极的均匀析出。

（4）清刷电极周期。清刷电极周期短有利于生产细粉，因为长时间不刷粉，使阴极表面积增大，相对降低了电流密度。

2.4.2.3　电解铜粉的防氧化处理——钝化处理

铜粉的钝化处理是使成品铜粉在低温、低湿度及洁净的空气中进行自身氧化而形成一层完整致密的原始氧化膜。

实践表明，铜粉在一定的温度、湿度及洁净的空气中，其颗粒表面会形成一层 $10 \sim 40nm$ 的致密氧化亚铜（Cu_2O）膜，即原始氧化膜。它能阻止外来介质（如 O_2、SO_2、H_2O 等）进入铜基体，同时，也能有效地阻止铜离子穿过膜向着膜的表面迁移。

钝化处理的工艺条件：

（1）钝化处理的最大相对湿度不超过 48%；

（2）钝化处理的最高室温不超过 17℃；

（3）钝化处理时间最短不少于 $10 \sim 15$ 天；

（4）铜粉本身必须干燥，含水率在 0.05% 以下；

（5）钝化处理必须在洁净的空气中进行，严防各种活性气体介质进入；

（6）在钝化处理期间内，粉末不宜密封包装，而应让其暴露。

注意，电解铜粉在氢气炉中烘干处理后，应立即置于上述钝化处理环境中，以防水汽及其他气体介质对颗粒表面产生污染。

2.5　雾化法

自从第二次世界大战期间首先开始大规模生产雾化铁粉以来，雾化工艺获得不断的发展，而且日益完善。各种雾化高质量粉末与新的致密化技术相结合，导致粉末冶金产品的许多新的应用，并且产品性能往往取代相对应的铸锻产品。

雾化法是利用高速流体直接击碎液体金属或合金而获得小于 $150\mu m$ 的金属粉末的方法。它属于机械制粉法，生产规模仅次于还原法。

用雾化法可以生产熔点低于 1700℃ 的各种金属及合金粉末。如 Pb、Sn、Al、Zn、Cu、Ni、Fe 等金属粉末，以及各种铁合金、铝合金、镍合金、低合金钢、不锈钢、高速钢和高温合金等合金粉末。制造过滤器用的球形青铜粉、不锈钢粉、镍粉几乎全是采用雾化法生产的。

2.5.1　雾化法的分类

雾化制粉工艺的前身是粉化。几百年前，就已用这种方法制造铅丸，即把熔融铅注入水中，制得直径为 1.0mm 左右的铅丸。以后为了得到更细的粉末，将熔化金属从盛液桶中流入斜槽，再由斜槽流到运动着的运输带上，液流被运输带击碎成液滴而落入水中。

根据液体金属被击碎的方式，雾化法分为：

（1）二流雾化法。分气体雾化和水雾化；

（2）离心雾化法。分旋转圆盘雾化、旋转电极雾化、旋转坩埚雾化；

（3）其他雾化法。如转辊雾化、真空雾化、油雾化。

图 2-21 所示为水平气体雾化技术与设备示意图，这种技术最适合于制备低熔点金属粉末。从喷嘴高速喷出的气体产生虹吸引力，引导熔融的金属流进入喷射区，高速喷出的气体使金属流柱破碎，形成细小的金属颗粒，冷却凝固后进入集粉器。对于高温的金属或合金，更多的是使用惰性气体在密闭环境中进行，以避免氧化。图 2-22 是使用惰性气体垂直雾化示意图。在这种设备中，金属在真空感应炉中熔化后，被气体雾化成粉末。通过改进设计，可使气体从具有多个环绕金属流的喷嘴喷出。因为在雾化过程中使用了大量的气体，要回收循环使用。在水平雾化设备中，采用只让气体通过的滤网来回收气体。在垂直设计的设备中，通过安装一个旋风分离器，可使气体从容器中抽出循环使用，抽出的气体可能带出部分极其细化的金属粉末颗粒，这会妨碍气体的重复使用。雾化设备中的冷却容器必须足够大，使喷出的金属在碰到容器壁之前固化。

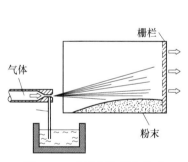

图 2-21　水平气体雾化技术
与设备示意图

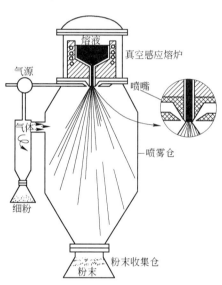

图 2-22　惰性气体垂直
雾化示意图

根据介质（气体、水）对金属液流作用方式的不同，雾化具有多种形式：

（1）平行喷射。气流与金属流液平行，如图 2-23 所示。

（2）垂直喷射。气流或水流与金属液流呈垂直方向，如图 2-24 所示。这样喷制的粉末较粗，常用来喷制锌、铝粉。

（3）互成角度的喷射。气流或水流与金属液流呈一定角度，这一呈角度的喷射又有以下几种形式：

1）V 形喷射。V 形喷射是在垂直喷射的基础上改进而成的，如图 2-25 所示。瑞典霍格纳斯公司最早使用这种方法以水喷制不锈钢粉。

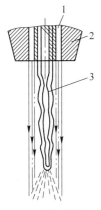

图 2-23　平行喷射示意图
1—气流；2—喷嘴；3—金属液流

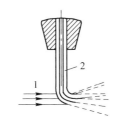

图 2-24　垂直喷射示意图
1—气流；2—金属液流

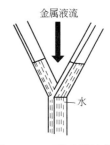

图 2-25　V形喷射示意图

2）锥形喷射。锥形喷射采用如图 2-26 所示的环孔喷嘴，气体或水以极高速度从若干均匀分布在圆周上的小孔喷出，构成一个未封闭的气锥，交汇于锥顶点，将流经该处的金属液流击碎。

3）旋涡环形喷射。旋涡环形喷射采用如图 2-26 所示的环缝喷嘴，压缩气体从切向进入喷嘴内腔，然后以高速喷出造成一旋涡封闭的气锥，金属液流在锥底被击碎。

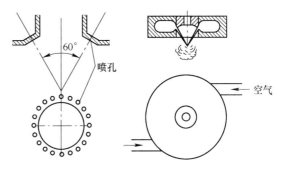

图 2-26　锥形喷射示意图与旋涡环形喷射示意图

2.5.2　雾化法的基本原理

所谓雾化，是熔融金属液流被高速运动的气流或液流介质切断、分散、裂化成为微小液滴的一个过程。

当一种雾化介质（气体、水）以一定的速度与金属液流接触时，形成分解层，另一方面，金属熔液与雾化介质之间还有一个摩擦力，摩擦力的大小受雾化介质黏度的影响。当雾化介质有足够的能量来克服摩擦力时，金属液流则被切断、分散，并按雾化介质运动的方向运动。最后，雾化介质对金属液流急剧冷却而产生的热应力作用使液滴黏化，并凝结成微细粉末。

由于雾化过程只是克服金属液流原子间的键合力而使之分散成粉末，因此所消耗的外力自然比机械粉碎法要小得多。所以，从能量消耗来看，雾化法是一种简便经济的粉末生产过程。

雾化过程是一种复杂的过程，按雾化介质与金属液流相互作用的实质分，既有物理-机械作用，又有物理-化学变化。高速气流或水流，既是使金属液流击碎的动力源，又是一种冷却剂，即在雾化介质同金属液流之间既有能量交换（雾化介质的动能变为金属液滴的表面能），又有热量交换（金属液滴将一部分热量转给雾化介质）。不论是能量交换，还是热量交换，都是一种物理-机械过程；另一方面，液体金属的黏度和表面张力在雾化过程和冷却过程中不断发生变化,这种变化反过来又影响雾化过程。此外,在很多情况下,雾化过程中液体金属与雾化介质发生化学作用使金属液体改变成分(氧化、脱碳)。因此,雾化过程也具有物理-化学过程的特点。

2.5.2.1　气体雾化

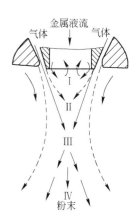

图2-27　金属液流
雾化过程图

在液体金属不断被击碎成细小液滴时,高速流体的动能变为金属液滴可增大总表面积的表面能。这种能量交换过程的效率实际很低,初步估计,雾化过程有效能量转换率不会超过5%,因而雾化过程的效率极低。目前从定量方向研究金属液流雾化机理还很不够,现以气体雾化为例说明其一般规律。如图2-27所示,金属液包漏包底的小孔顺着环形喷嘴中心孔轴线自由落下,压缩气体由环形喷口高速喷出形成一定的喷射顶角,而环形气流构成一封闭的倒置圆锥,于顶点(称雾化交点)交汇,然后又散开。

金属液流在气流作用下可分为四个区域:

(1)负压紊流区(图2-27中Ⅰ)。由于高速气流的抽气作用,在喷嘴中心孔下方形成负压紊流层,金属液流受到气流波的振动,以不稳定的波浪状向下流动,分散成许多细纤维束,并在表面张力的作用下有自动收缩成液滴的趋势。形成纤维束的地方离出口的距离取决于金属液流的速度,金属液流速度越大,离形成纤维束的距离就越短。

(2)原始液滴形成区(图2-27中Ⅱ)。在气流的冲刷下,从金属液流柱或纤维束的表面不断分裂出许多液滴。

(3)有效雾化区(图2-27中Ⅲ)。由于气流能量集中于顶点,对原始液滴产生强烈的击碎作用,使其分散成细的液滴颗粒。

(4)冷却凝固区(图2-27中Ⅳ)。形成的液滴颗粒分散开,并最终凝结成粉末颗粒。

雾化过程是复杂的,影响因素很多,要综合考虑。显然,气流和金属液流的动力交互作用越显著,雾化过程越强烈。金属液流的破碎程度取决于气流的动能,特别是气流对金属液滴的相对速度以及金属液流的表面张力和运动黏度。一般来说,金属液流的表面张力、运动黏度值是很小的,所以气流对金属液滴的相对速度是主要的。当气流对金属液滴的相对速度达第一临界速度$v'_{临}$时,破碎过程开始;当气流对金属液滴的相对速度达第二临界速度$v''_{临}$时,液滴很快形成细小颗粒。基于流体力学原理,金属液流破碎的速度范围取决于液滴破碎准数D,即

$$D = \frac{\rho v^2 d}{\gamma} \tag{2-68}$$

式中,ρ为气体密度,$g \cdot s^2/cm^4$;v为气流对液滴的相对速度,m/s;d为金属液滴的直径,μm;γ为金属表面张力,$\times 10^{-5} N/cm$。

已有研究结果表明,当$D=10$,$v=v'_{临}$,当$D=14$,$v=v''_{临}$。用压缩空气喷制铜粉时,液滴破碎过程的条件从准数D可得:

$$v'_{临} = \sqrt{\frac{10\gamma}{\rho d}} \qquad (2\text{-}69a)$$

$$v''_{临} = \sqrt{\frac{14\gamma}{\rho d}} \qquad (2\text{-}69b)$$

气体流动性又取决于雷诺数 Re，所以要达到多大的气流速度，除了气流压力外，还需要考虑喷嘴喷管的形状。

$$Re = \frac{vd_{当量}}{v_{气}} \qquad (2\text{-}70)$$

式中，v 为气流对液滴的相对速度，m/s；$d_{当量}$ 为喷嘴环缝的当量直径，m；$v_{气}$ 为气体的运动黏度，m^2/s。

喷管的形状有直线型、收缩型和先收缩后扩张型（拉瓦尔型，如图 2-28 所示）。根据空气动力学原理，对直线型喷管，气体进口速度 v_1 和气体出口速度 v_2 是相等的，气流速度虽然随进气压力升高而增大，但是提高是有限度的；对收缩型喷管，在所谓临界断面上的气流速度是以该条件下的声速为限度；拉瓦尔型喷管是先收缩后扩张，在临界断面（$A_{临界}$）处，气流临界速度达声速，压缩气体经临界断面后继续向大气中作绝热膨胀，然后气流出口速度（v_2）可超过声速。

2.5.2.2 水雾化

水雾化法作为一项普通技术一般用于生产熔点低于 1600℃ 的金属及其合金粉末。水雾化法示意图如图 2-29 所示。高压水流直接喷射在金属液流上，使金属流柱碎裂成颗粒并快速凝固，介质与金属流柱间的夹角 α 决定了雾化效率。喷嘴可以是单个、多个或呈环形。雾化过程与气体雾化相似，只是流体介质的物理性能不同，同时带来快速冷却。由于水比气体的黏度大且冷却能力强，水雾化法特别适于熔点较高的金属与合金以及制造压缩性好的不规则形状粉末。

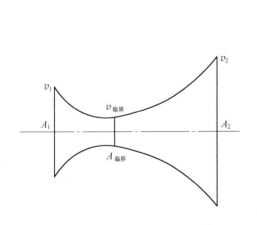

图 2-28　拉瓦尔型喷管

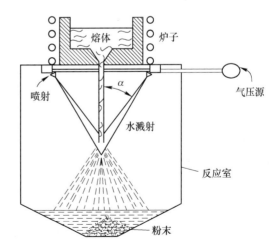

图 2-29　水雾化法示意图

图 2-30 为水雾化法中雾化颗粒的四种可能机制：火山爆发式、溅射式、剥皮式和爆

炸式。典型的金属与水的质量比大约为 1：5（每 1kg 金属粉末需要 5kg 水）。由于冷却较快，粉末形状杂乱不规则，也可能发生氧化。水雾化生产的合金粉末由于快速凝固，化学成分偏析相当有限。采用合成的油或其他非反应的液体代替水可以得到形状更好或氧化更少的粉末。

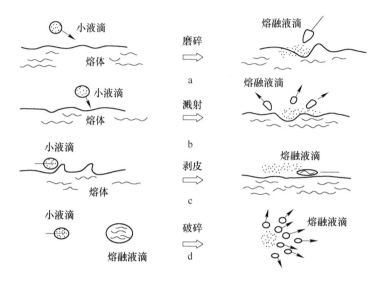

图 2-30　水雾化中雾化颗粒的四种可能的机制
a—火山爆发式；b—溅射式；c—剥皮式；d—爆炸式

在水雾化法中最主要的可控制参数是水的压力。水压越高，水的流速越大，粉末尺寸越小。实验证明，用水压为 1.7MPa 的水雾法生产钢粉时可得到平均粒径为 117μm 的粉末，当水压增至 13.8MPa 时，粉末粒径减小到不到原来的 1/3，为 42μm。水雾化法介质的压力增至 150MPa 时，粉末大小为 5μm 级别。

关于水雾化的机理，目前认为气体雾化时金属液流破碎的机理应用于水雾化也是有效的。粉末颗粒平均直径与水流速度之间存在一个简单的函数关系，即

$$d_{平} = \frac{C}{v_{水}\sin\alpha} \tag{2-71}$$

式中，$d_{平}$ 为粉末颗粒平均直径；C 为常数；$v_{水}$ 为水流速度；α 为金属液流轴与水流轴之间的夹角。

2.5.3　喷嘴结构

喷嘴是雾化装置中使雾化介质获得高能量、高速度的部件，也是对雾化效率和雾化过程稳定性起重要作用的关键性部件。好的喷嘴设计要满足以下要求：（1）能使雾化介质获得尽可能大的出口速度和所需要的能量；（2）能保证雾化介质与金属液流之间形成最合理的喷射角度；（3）使金属液流产生最大的紊流；（4）工作稳定性要好，喷嘴不易堵塞；（5）加工制造简单。喷嘴结构基本上分为自由降落式喷嘴和限制式喷嘴两类，下面主要加以介绍。

（1）自由降落式喷嘴。图 2-31 为自由降落式喷嘴示意图，金属液流在从容器（漏包）出口到与雾化介质相遇点之间无约束地自由降落。所有水雾化的喷嘴和多数气体雾化的喷嘴都采用这种形式。

（2）限制式喷嘴。图 2-32 为限制式喷嘴示意图，金属液流在喷嘴出口处即被破碎。这种形式的喷嘴传递气体到金属的能量最大，主要用于铝、锌等低熔点金属的雾化。

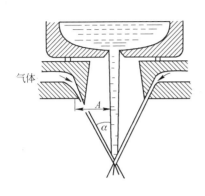

图 2-31　自由降落式喷嘴示意图

α—气流与金属液流间的交角；
A—喷口与金属液流轴线间的距离

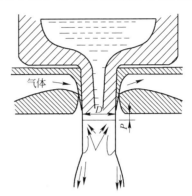

图 2-32　限制式喷嘴示意图

P—漏嘴突出喷嘴部分；D—喷射宽度

用于液流直下式的气体雾化法的喷嘴有环孔喷嘴和环缝喷嘴，如图 2-33 所示。

环孔喷嘴在通过金属液流的中小孔边周围上，等距离分布互成一定角度、数目不等（12~24 个）的小圆孔，气体喷嘴的小孔常做成拉瓦尔型喷口以获得最大的气流出口速度。例如，有一种环孔喷嘴，设 20 个小孔，其最小截面处直径为 1.8mm，气流形成的交角为 55°~60°。这种喷嘴可用来喷制生铁、低碳或高碳铁合金以及铜合金粉末。

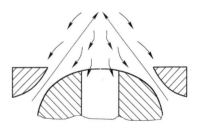

图 2-33　环缝喷嘴喷口旋涡流

由于环孔喷嘴的孔型加工困难，喷口大小不便调节，因此又研制了环缝喷嘴。环缝一般做成拉瓦尔型，可使气流出口速度超过声速，从而有效地将液滴破碎成细小颗粒。从切向进风的环缝喷嘴喷口出来的超声速气流会在风口处造成负压区（图 2-34）。形成的旋涡气流使金属液滴溅到喷口或喷嘴中心通道壁，可能堵塞喷口而破坏雾化工作的正常进行。

为了减少和防止堵塞现象，设计喷嘴时，可考虑采取以下措施：

（1）减小喷射顶角或气流与金属液流间的交角。因减小气流与金属液流间的交角可使雾化焦点下移，降低了液滴溅到喷口的可能性。已有研究指出，气流压力在 0.4MPa 以上时，对于环孔喷嘴，喷射顶角 60° 是适宜的；对于环缝喷嘴，喷射顶角可降低到 20°。但是，喷射顶角太小，会降低雾化效率，故一般为 45° 左右。

（2）增加喷口与金属液流轴线间的距离。同理，增加喷口与金属液流轴线间的距离可提高雾化过程的稳定性。

（3）环缝宽度不能过小。若小于0.5mm往往黏附严重，因此要求环缝宽度适当，环缝间隙均匀。

（4）金属液流漏嘴伸长超出喷口水平面外，此时粉末略粗。

（5）增加辅助风孔和二次风。采用辅助风孔和二次风的环缝喷嘴结构如图2-34所示。4个或8个辅助风孔将一部分气流引向，指着中心的孔壁，向下形成二次风，这样可维持喷口附近的气压平衡，从而尽可能不使金属液滴返回风口。

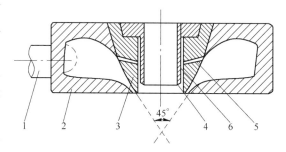

图2-34　带辅助风孔和二次风的环缝喷嘴结构
1—进风管；2—喷嘴体；3—内环；4—导向套；
5—辅助风孔；6—二次风环

为了使雾化介质的能量集中，必须防止金属液流从板状流V形两侧的敞开面溅出，又研制了封闭式串联的板状流V形喷射，如图2-35所示。采用两对互成90°的板状流组成一个四面锥，称为四向塞式喷射（图2-36a）。增加板状流数目并组成圆锥，就成为所谓的环形喷射（图2-36b）。环形喷射很少用于水雾化，多用于气体雾化，常用来喷制球形粉末。

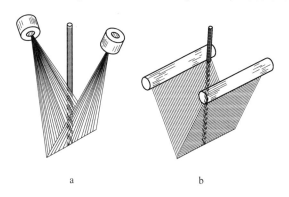

图2-35　两向板状流V形喷射
a—两向塞式喷射；b—两向帘式喷射

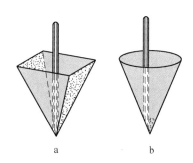

图2-36　封闭式板状流V形喷射
a—四向塞式喷射；b—环形喷射

2.5.4　影响雾化粉末性能的因素

2.5.4.1　雾化过程的主要工艺参数
雾化过程的主要工艺参数见图2-37。

（1）气氛：熔炼时的气氛和雾化筒中的气氛；

（2）熔融金属：熔融金属的化学成分、黏度、表面张力、熔化温度范围、过热温度、熔液注入速度以及滴孔直径；

（3）雾化介质：雾化介质的（气体或液体）压力、流入速度、体积、从喷嘴中喷出的速度及黏度；

（4）喷嘴设计：各喷嘴间的距离、长度、熔融金属流的长度、喷嘴顶角；

（5）雾化筒：粉末颗粒飞行的距离、冷却介质。

2.5.4.2 雾化介质

A 雾化介质的类型

雾化介质分为气体（惰性气体、空气、氮气等）和液体（通常为水）两类。不同的雾化介质对雾化粉末的化学成分、颗粒形状、内部结构有不同的影响。

采用空气做雾化介质，是针对在雾化过程中氧化不严重或雾化后经还原处理可脱氧的金属，如铜、铁以及碳钢等。

采用惰性气体做雾化介质，以防止在雾化过程中金属液滴的氧化和气体的溶解。如雾化铬粉以及含 Cr、Mn、Si、V、Ti、Zn 等活性元素的合金钢粉或镍基、钴基超合金粉末。

采用氮气做雾化介质，可喷制不锈钢粉和合金钢粉。

采用氩气做雾化介质，可喷制含 Ti、Zr 等元素或镍基、钴基的超合金粉末。

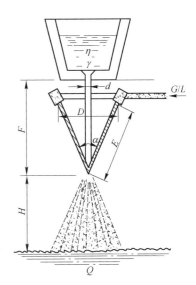

图 2-37 雾化装置示意图
η—熔体黏度；γ—熔体表面张力；
G/L—雾化介质（气体或液体）；
d—喷嘴直径；D—喷流伸展范围；
E—喷流长度；F—金属流长度；
H—喷雾飞行路程；α—喷流顶角；
Q—淬冷介质

采用水做雾化介质，与气体雾化介质比较具有以下优点：

（1）由于水的热容比气体大得多，对金属液滴的冷却能力较强，因此，用水做雾化介质所得的颗粒多为不规则状；同时，随水压不断增加，不规则状粉末越多，颗粒的晶粒结构越细。而气体雾化则容易制得形状规则的球形粉末。

（2）由于水雾化对金属液滴的冷却速度快，粉末表面氧化大大减少，并且粉末颗粒内部化学成分较均匀，所以铁粉、低碳钢粉、合金钢粉多用水雾化制取。虽然在水中添加某些防腐剂可减少粉末的氧化，但目前水雾化法还不适用于活性很大的金属或合金、超合金粉的制取。

B 雾化介质的压力

雾化介质的压力越高，所得的粉末越细，因为雾化介质流体的动能越大，金属液流被破碎的效果越好，因而雾化介质的压力直接影响粉末粒度的组成。另一方面也影响粉末的化学成分，如用高碳生铁制取雾化铁粉时，随着空气压力增加，铁粉含氧量增大，而含碳量由于燃烧作用则下降。用惰性气体雾化合金粉时，随气体压力的增大，粉末的含氧量也增加，但用水雾化时，随水压的增加，粉末的含氧量却是下降的。因为在同样条件下，水雾化比气体雾化对金属液滴的冷却速度快，所以粉末氧化程度会减小。

2.5.4.3 金属液流

A 金属液的表面张力和黏度

金属液的表面张力越大，粉末呈球形越多，并且粉末粒度粗，相反，金属液的表面张力越小，粉末呈不规则状，所得粒度也较细。从热力学观点来看，液滴成球形是最容易的，因为表面自由能最小。所以表面张力越小，颗粒形状远离球形的可能性越大。

液体金属的表面张力受加热温度和化学成分的影响：

（1）所有金属，除铜、镉外，表面张力随温度升高而降低；

（2）氧、氮、碳、硫、锰等元素能大大降低液体金属的表面张力。

液体金属的黏度也受加热温度和化学成分的影响：

（1）金属液流的黏度随温度升高而减小；

（2）金属液强烈氧化时，黏度大大提高，金属中含有硅、铝等元素也使黏度增加；

（3）合金熔融体的黏度随成分变化的规律是：固态和液态都是互熔的二元合金，其黏度介于两种金属之间，液态金属在有稳定化合物存在时黏度最大，共晶成分的液体合金的黏度最小。

B 金属液的过热温度

在雾化压力和喷嘴条件相同时，金属液过热温度越高，细粉末产生率越高，并容易形成球形粉末。液体金属的表面张力和黏度，随温度的升高而降低，因而影响粉末的粒度和形状。黏度越低，则越容易雾化得到细的粉末。但温度高的粉末冷凝过程长，因表面张力的作用，液滴表面收缩的时间也长，故容易得到球形粉末。特别是水雾化时，增加过热温度是生产球形粉末的有效方法。

生产上按金属与合金的熔点选择过热温度：

（1）低熔点金属（如铅、锡、锌等）过热温度一般为 50~100℃；

（2）铜合金为 100~150℃；

（3）铁及合金钢为 150~250℃。

C 金属液流的直径（喷嘴直径）

当雾化压力与其他工艺参数不变时，液流直径越细，所得的粉末也越细。这是由于在单位时间内进入雾化区域的熔体量较小，增加了细粉率。这对大多数金属和合金来说是正确的。但对某些金属，例如铁铝合金，金属液流应该有一适当直径，过小时细粉率反而降低。因为在雾化的氧化介质中，液滴表面形成了高熔点的氧化铝，而且氧化铝的量随着液滴直径减小而增多，液流黏度增大，而使粗粉增加。

生产上根据压缩空气或水的压力和流量选择金属液的直径，此外，要考虑到金属熔点的高低：

（1）金属熔点低于 1000℃，金属液流直径为 5~6mm；

（2）金属熔点低于 1300℃，金属液流直径为 6~8mm；

（3）金属熔点高于 1300℃，金属液流直径为 8~10mm。

若金属液流直径太小则会引起：降低雾化粉末生产率；容易堵塞漏嘴；使金属液流过冷，反而得不到细粉末，或者难以形成球形粉末。

2.5.4.4 其他工艺参数（如喷射系数、聚粉装置等）

金属液流长度（金属液流出口到雾化焦点距离）短，喷射长度（气流从喷口到雾化焦点的距离）短，喷射顶角适当都能充分利用气流对金属液流的动能，从而有利于在雾化过程中得到细颗粒粉末。对于不同的体系，适当的喷射顶角一般都通过实验确定。

液滴飞行路程（从雾化焦点到水面距离）较长，有利于形成球形颗粒，粉末也较粗，因为在缓慢冷却中，表面张力充分作用于液滴使之聚成球形。同时，冷却慢，在冷却过程中，颗粒互相粘连，因而粗粉多。所以冷却介质的选择，不仅影响粉末性能，也涉及雾化工艺是否合理。一般，喷制熔点高的铁粉、钢粉，用水作冷却介质；喷制熔点不高的铜、铜合金与低熔点金属锶、铝、铅、锌等，用空气作为冷却介质或用水冷夹套的聚粉装置。雾化法制取铁粉的过程如图 2-38 所示。

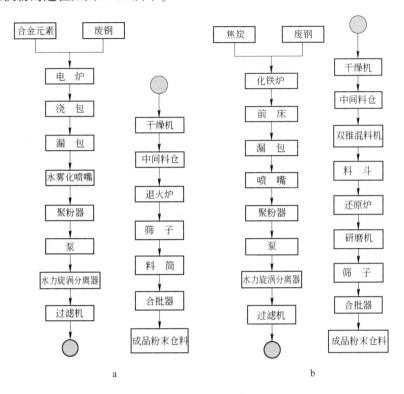

图 2-38　雾化法制取铁粉的工艺流程
a—气体雾化法制取铁粉的工艺流程；b—水雾化法制取铁粉的工艺流程

2.6　机械粉碎法

　　机械粉碎法和机械研磨是制取脆性材料粉末的经典方法。固态金属的机械粉碎既是一种独立的制粉方法，又常作为某些其他制粉方法不可缺少的补充工序。例如，研磨电解制得的脆性阴极沉淀物，研磨还原法制得的海绵状金属颗粒等。因此，机械粉碎法在粉末生产中占有重要的地位。

　　机械粉碎是靠压碎、碰撞、击碎和磨削等作用，将粗颗粒金属或合金机械地粉碎成粉末的过程。根据物料粉碎的最终程度，基本上可以分为粗粉碎和细粉碎；根据粉碎的作用机构，以压碎作用为主的有碾碎、辊轧以及颚式破碎等；以击碎作用为主的有锤磨等；属于击碎和磨削等多方面作用的有球磨、棒磨等。虽然所有的金属和合金都可以被机械地粉碎，但实践证明，机械研磨比较适用于脆性材料。研磨塑性金属和合金制取粉末的方法有旋涡研磨、冷气流粉碎等。在研磨过程中，由于颗粒表面被磨平、氧化层剥落、内孔隙减少等都能促使粉末松装密度增大，因此，球磨常用来调节粉末的松装密度。机械研磨方法原则上不适于制备塑性材料粉末，但是可以研磨经特殊处理后具有脆性的金属和合金，这时，研磨的粉末可以是金属与氧或氢结合后形成的脆性化合物。研磨后的脆性化合物须经加热还原处理或经真空加热进行除氢处理。球磨广泛用于退火后电解粉末、还原粉末、雾化粉末以及其他方法制备粉末的补充处理，尤其适用于脆性粉末，包括碳化物、硼化物、氮化物及金属间化合物的研磨破碎。下面主要以球磨为例讨论机械研磨的规律。

2.6.1　球磨的基本规律

几种研磨机中用得较多的是球磨机。研究球磨规律对了解研磨机构和正确使用球磨机十分重要。球磨粉碎物料的作用（碰撞、压碎、击碎、磨削）主要取决于球和物料的运动状态，而球和物料的运动又取决于球磨筒的转速。研磨时球体（指球磨机运动时）的运动形式主要有滑动制度、滚动制度、自由落体制度和临界转速制度等运动四种形式，如图2-39所示。

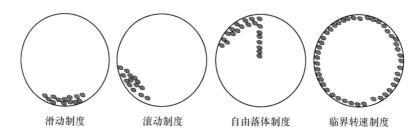

滑动制度　　　　滚动制度　　　　自由落体制度　　　临界转速制度

图 2-39　研磨时球体的运动形式示意图

（1）滑动制度是球磨机的载荷和转速都不大，则当圆筒转动时，只会发生研磨体的滑动，这时物料的研磨只发生在圆筒和球体的表面。

（2）滚动制度是当载荷比较大时，球体随圆筒一起上升并沿着倾斜表面滚下，即发生的是滚动研磨，这时物料不仅靠球与球之间的摩擦作用，主要靠球落下时的冲击作用而被粉碎。

（3）自由落体制度是指随转速的提高，球体与圆筒壁一起上升到一定高度，然后落下，这时物料的研磨是球体冲击作用的结果。

（4）临界转速制度是指在临界转速时球体的运动，指在一定的临界速度下，球体受离心力的作用，一直紧贴在圆筒壁上，以致不能跌落，这时物料就不会被磨碎，而此时的转速就是临界转速 $n_{临界}$。

为了简化起见，先作如下的假设：（1）筒体内只有一个球；（2）球的直径比筒体小得多，可用筒体半径表示球的回转半径；（3）球与筒壁之间不产生相对滑动，也不考虑摩擦力的影响。在这些假定条件下，当筒体回转时，作用在球体上的力就只有离心力 P 和重力 G，推导得

$$n_{临界} = \frac{30}{\sqrt{R}} = \frac{42.4}{\sqrt{D}}(\text{r/min}) \tag{2-72}$$

式中，D 为球磨筒的直径，m。

上述推导中由于作了一些假设，因而不是完全精确的。总之，要粉碎物料，球磨转速即通常所说的工作转速必须小于临界转速。

2.6.2 影响球磨的因素

2.6.2.1 球磨筒的转速

由前述可知，球体的运动状态是随筒体转速而变的。实践证明，$n_工 = (0.70 \sim 0.75)$ $n_{临界}$时，球体发生抛落；$n_工 = 0.60 n_{临界}$时，球体以滚动为主；$n_工 < 0.60 n_{临界}$时，球体以滑动为主。球的不同运动状态对物料的粉碎作用是不同的。因而，在实践中采用 $n_工 = 0.60 n_{临界}$，使球滚动来研磨较细的物料；如果物料较粗、性脆，需要冲击时，可选用 $n_工 = (0.70 \sim 0.75) n_{临界}$的转速。

2.6.2.2 装球量

在一定范围内增加装球量能提高研磨效率。在转速固定时，装球量过少，球在倾斜面上主要是滑动，使研磨效率降低；但是，装球量过多，球层之间干扰大，破坏球的正常碰撞，研磨效率也降低。

装球量的多少是随球磨筒的容积而变化的。装球体积与球磨筒体积之比，称为装填系数。一般球磨机的装填系数以 0.4~0.5 为宜，随着转速的增大，可略有增加。

2.6.2.3 球料比

在研磨中还要注意球与料的比例。料太少，则球与球间碰撞次数增多，磨损太多；料过多，则磨削面积不够，不能很好地磨细粉末，需要延长研磨时间，能量消耗增大。

另外，料与球装得过满，使球磨筒上部空间太小，球的运动发生阻碍后，球磨效率反而降低。一般在球体的装填系数为 0.4~0.5 时，装料量应该以填满球间的空隙，稍微掩盖住球表面为宜。

2.6.2.4 球的大小

球的大小对物料的粉碎有很大的影响。如果球的直径小，质量轻，则对物料的冲击力弱；如果球的直径太大，则装球的个数太少，因而撞击次数减少，磨削面积减少，也会使球磨效率降低。一般是大小不同的球配合使用，球的直径 d 一般按一定的范围选择，即：

$$d \approx (1/18 \sim 1/24)D \tag{2-73}$$

式中，D 为球磨筒直径。

另外，物料的原始粒度越大，材料越硬，则选用的球也应越大。实践中，球磨铁粉一般选用 10~20mm 大小的钢球；球磨硬质合金混合料，则选用 5~10mm 大小的硬质合金球。

2.6.2.5 研磨介质

物料除了在空气介质中进行干磨外，还可在液体介质中进行湿磨，后者在硬质合金、金属陶瓷及特殊材料的研磨中常被采用。根据物料的性质，液体介质可以采用水、酒精、汽油、丙酮等，而水能使粉末氧化，故一般不用。在湿磨中有时加入一些表面活性物质，可使颗粒表面被活性分子层包覆，从而防止细粉末的冷焊团聚；活性物质还可渗入到粉末颗粒的显微裂纹里，产生一种附加应力，形成尖劈作用，促进裂纹的扩张，有利于粉碎过程。湿磨的优点主要有：（1）可减少金属的氧化；（2）可防止金属颗粒的再聚集和长大，因为颗粒间的介电常数增大了，原子间的引力减少了；（3）可减少物料的成分偏析并有利于成型剂的均匀分散；（4）加入表面活性物质时可促进粉碎作用；（5）可减少粉尘飞扬，改善劳动环境。

2.6.2.6　被研磨物料的性质

首先，物料是脆性的还是塑性的对研磨过程有很大的影响。有研究指出物料的粉碎遵循着如下规律：

$$\ln \frac{S_m - S_0}{S_m - S} = kt \tag{2-74}$$

式中，k 为分散速度常数；t 为研磨时间；S_m 为物料极限研磨后的比表面积；S_0 为物料研磨前的比表面积；S 为物料研磨后的比表面积。

其次，要求物料的最终粒度越细时，则所需的研磨时间越长，这从图 2-40 中也可以看出。当然，这并不意味着无限延长研磨时间，粉末就可无限地被粉碎，物料存在着极限研磨大小。在实际研磨过程中，研磨时间一般是几小时到几十小时，很少超过 100h，还远达不到极限研磨状态。

2.6.3　球磨能量与粉末粒径的基本关系

采用机械方法制取粉末时，球体运动的机械能部分转变成粉末新生表面的表面能。如图 2-41 所示，球磨筒转动时，筒中球料互相摩擦。球体的冲击作用将粉末机械破碎，对粉末产生的冲击应力 σ，与粉末粒径及粉末结构缺陷有关，即：

$$\sigma = (2E\gamma/D)^{1/2} \tag{2-75}$$

式中，E 为弹性模量；γ 为缺陷尺寸或裂纹尖端曲率半径；D 为粉末颗粒直径。

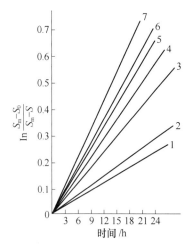

图 2-40　$\ln \dfrac{S_m - S_0}{S_m - S}$ 与研磨时间的关系

1—Ti；2—Ni；3—NbC；4—ZrO$_2$；
5—SiC；6—ZrC；7—Al$_2$O$_3$

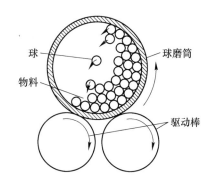

图 2-41　落球的冲击力将材料研磨成粉末

式（2-75）表明，大颗粒只需较少的冲击应力便可破碎。在不断球磨的过程中，粉末颗粒变小，所需破碎应力提高，研磨效率降低。将原始尺寸 D_i 的颗粒减至 D_f 所需能量 W 为

$$W = g(D_f^{-a} - D_i^{-a}) \tag{2-76}$$

式中，g 是与被研磨粉末材料、球体尺寸、球磨方式以及球磨筒设计相关的常数，指数 a 在 1~2 之间。粉末破碎所需能量随颗粒尺寸变化而变化，球磨时间取决于研磨效率、颗粒尺寸变化、球体尺寸和筒体转速。实际上只有少部分机械能转变为粉末表面能，研磨噪声和发热会消耗大量的能量，球磨时金属粉末会发生流动性变差、冷焊团聚、加工硬化、形状不规则化等现象，还会产生来自筒壁和球体的杂质。

2.6.4　强化研磨

球磨粉碎物料是一个相对很慢的过程，特别是当物料要求粉碎得很细时，需要延长研磨时间。普通钢球研磨可使脆性材料粉末粒径减至 1μm 左右，再用硬质合金球体可进一步降低粉末粒径，但研磨效率显著降低。为了提高研磨效率，研发了多种强化研磨的方法，下面简单介绍振动球磨和搅动球磨。

2.6.4.1　振动球磨

振动球磨主要是惯性式，由偏心轴旋转的惯性使筒体发生振动。球体的运动方向和主轴的旋转方向相反，除整体运动外，每个球还有自转运动，而且振动的频率越高，自转越激烈。随着频率增加，各球层间的相对运动增加，外层运动速度大于内层运动速度，频率越高，球层空隙越大，使球体处于悬浮状态。球体在内部也会脱离磨筒发生抛射，因而对物料产生冲击力。其结构如图 2-42 所示。

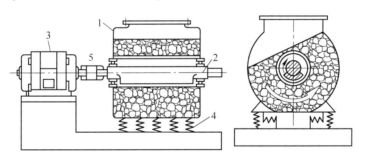

图 2-42　振动球磨机的结构示意图
1—筒体；2—偏心轴；3—电动机；4—弹簧；5—弹性联轴节

2.6.4.2　搅动球磨

搅动球磨使用高能搅动球磨机，搅动球磨与滚动球磨的区别在于使球体产生运动的驱动力不同。搅动球磨机的筒体是用水冷却的固定筒，内装硬质合金球或钢球，球体由钢制的转子搅动，转子表面镶有硬质合金或钴基合金。转子搅动球体使之产生相当大的加速度并传给被研磨的物料，对物料有较强烈的研磨作用。同时，球的旋转运动在转子中心轴的周围产生旋涡作用，对物料产生强烈的环流，使粉末研磨得很均匀。此外，由于采用惰性

气体保护，且使用镶嵌有硬质合金的搅拌杆，搅动球磨的氧含量比一般滚动球磨或振动球磨要低，杂质（如铁）的含量也要低。

搅动球磨除了用于物料粉碎和硬质合金混合料的研磨外，也用于机械合金化生产弥散强化粉末以及金属陶瓷等。例如，20 世纪 70 年代初，国际镍公司用搅动球磨将镍、镍铬铝钛母合金和氧化钍混合料进行机械合金化，制取弥散强化超合金取得了较好的效果，制备了一系列航空发动机用材料。现在，机械合金化得到了广泛的应用。

20 世纪 60 年代以来，氧化物弥散强化材料由于具有优良的抗蠕变行为而逐步应用于电子工业。通过高能球磨合金化技术，粉末在研磨机中经由反复冲击、冷锻、断裂，成功地将高硬度粒子弥散分布在合金中，再经后续热处理加工，获得弥散强化材料。图 2-43 为高能球磨示意图，经机械合金化后，组元之间相互不断扩散分布，材料的均匀化程度得到提高。

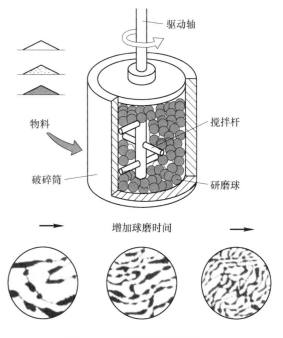

图 2-43　高能球磨示意图

搅拌球磨时间随介质尺寸减小而减少。搅拌球磨可制得亚稳态粉末、纳米尺寸粉末（小于 100nm），甚至非晶态粉末。

和其他机械制粉技术一样，搅动球磨也会掺入杂质。这一问题可通过采用与粉体材料相同的球体、搅拌杆、球磨筒等方法加以解决。

2.7　纳米粉体的制备技术

纳米粉体指的是颗粒尺寸为 1~100nm 的粒子。早在 1861 年，随着胶体化学的建立，科学家就开始对直径为 1~100nm 的粒子的体系进行研究。真正有意识地研究纳米粒子可追溯到 1930 年代的日本，当时为了军事需要而开展了"沉烟试验"，但受到实验水平和条件限制，虽用真空蒸发法制成世界上第一批超微铅粉，但光吸收性能很不稳定。直到 1960 年代人们才开始对分离的纳米粒子进行研究。1963 年，Uyeda 用气体蒸发冷凝法制得金属纳米微粒，对其形貌和晶体结构进行了电镜和电子衍射研究。1984 年，德国的 H. Gleiter 等人将气体蒸发冷凝获得的纳米铁粒子，在真空下原位压制成纳米固体材料，使纳米材料研究成为材料科学中的热点。

国际上发达国家对这一新的纳米材料研究领域极为重视，日本的纳米材料研究经历了两个七年计划，已形成两个纳米材料研究制备中心。德国也在 Ausburg 建立了纳米材料制备中心，发展纳米复合材料和金属氧化物纳米材料。1992 年，美国将纳米材料列入"先进材料与加工总统计划"，将用于此专案的研究经费增加 10%，增加资金 1.63 亿美元。美国伊利诺伊（Illinois）大学和纳米技术公司建立了纳米材料制备基地。

我国近年来在纳米材料的制备、表征、性能及理论研究方面取得了国际水平的创新成果，已形成一些具有特色的研究集体和研究基地，在国际纳米材料研究领域占有一席之地。在纳米制备科学中纳米粉体的制备由于其显著的应用前景发展得较快。

2.7.1 化学制备法

2.7.1.1 化学沉淀法

包含一种或多种离子的可溶性盐溶液，当加入沉淀剂（如 OH^-、$C_2O_4^{2-}$、CO_3^{2-} 等）后，于一定温度下使溶液发生水解，形成不溶性氢氧化物、水合氧化物或盐类从溶液中析出，将溶剂和溶液中原有的阴离子洗去，经热解或脱水即得到所需的氧化物粉料的过程，即为化学沉淀法。化学沉淀法主要包括共沉淀法、均匀沉淀法、多元醇为介质的沉淀法、沉淀转化法、气相沉淀法等。

（1）共沉淀法。在含多种阳离子的溶液中加入沉淀剂后，使所有金属离子完全沉淀的方法称为共沉淀法。共沉淀法可制备 $BaTiO_3$、$PbTiO_3$ 等 PZT 系电子陶瓷及 ZrO_2 等粉体。以 CrO_2 为晶种的草酸沉淀法，制备了 La、Ca、Co、Cr 掺杂氧化物及掺杂 $BaTiO_3$ 等。以 $Ni(NO_3)_2 \cdot 6H_2O$ 为原料、乙二胺为络合剂，NaOH 为沉淀剂，制得 $Ni(OH)_2$ 超微粉，经热处理后得到 NiO 超微粉。

与传统的固相反应法相比，共沉淀法可避免引入对材料性能不利的有害杂质，生成的粉末具有较高的化学均匀性，粒度较细，颗粒尺寸分布较窄且具有一定形貌。

（2）均匀沉淀法。在溶液中加入某种能缓慢生成沉淀剂的物质，使溶液中的沉淀均匀出现，称为均匀沉淀法。本法克服了由外部向溶液中直接加入沉淀剂而造成沉淀剂的局部不均匀性。本法多数在金属盐溶液中采用尿素热分解生成沉淀剂 NH_4OH，促使沉淀均匀生成。制备的粉体有 Al、Zr、Fe、Sn 的氢氧化物及 $Nd_2(CO_3)_3$ 等。

（3）多元醇沉淀法。许多无机化合物可溶于多元醇，由于多元醇具有较高的沸点，可大于 100°C，因此可用高温强制水解反应制备纳米颗粒。例如 $Zn(HAC)_2 \cdot 2H_2O$ 溶于一缩二乙醇（DEG），于 100~220°C 下强制水解可制得单分散球形 ZnO 纳米粒子。又如使酸化的 $FeCl_3$—乙二醇—水体系强制水解，制得均匀的 Fe（Ⅲ）氧化物胶粒。

（4）沉淀转化法。本法依据化合物之间溶解度的不同，通过改变沉淀转化剂的浓度、转化温度以及表面活性剂来控制颗粒生长和防止颗粒团聚。例如：以 $Cu(NO_3)_2 \cdot 3H_2O$、$Ni(NO_3)_2 \cdot 6H_2O$ 为原料，分别以 Na_2CO_3、NaC_2O_4 为沉淀剂，加入一定量表面活性剂，加热搅拌，分别以 NaC_2O_3、NaOH 为沉淀转化剂，可制得 CuO、$Ni(OH)_2$、NiO 超细粉末。该法工艺流程短，操作简便，但制备的化合物仅局限于少数金属氧化物和氢氧化物。

（5）气相沉淀法。气相沉淀法是用挥发性金属化合物经高温化学反应后的沉淀过程制备粉末（部分金属粉末沉淀技术参数见表 2-9）。采用这种方法制备粉末时不需要熔化，不需要接触坩埚，因而避免了一个污染物的主要来源。为了保证高纯度，它依靠气体蒸馏和挥发进入气相，然后在气态中经反应后，生成固体金属粉末沉积。例如，通过三氧化钼和纯氢的反应来制备金属钼粉。

适合气相沉淀法制备的还有氯化物、氟化物和部分金属的氧化物，这些金属有钒、铌、钨、铪、钛、银、钴、镍、锆等。以具有挥发性的氯化物（或其他卤化物）为例，金属卤化物粉末通过与氢在高温下反应制备，如 1000℃时，

$$CuCl + \frac{1}{2}H_2 \longequal Cu + HCl$$

上述反应式中，铜是沉淀颗粒大小为 200nm 的粉末，其他所有成分都是气体。采用电子束、激光、等离子体或其他感应诱导方式，纳米级粉末可从气体物质中同质形核。这些微粒尺寸为 10~1000nm，在气相中容易发生团聚，形成粉末颗粒。复合粉末或难熔金属涂层也是用气相反应法制备的。粉末颗粒尺寸、纯度、形状和团聚程度因气体反应条件的不同而不同，一般产物为海绵状的微粒或团聚成球状的多晶体。

表 2-9　某些金属氯化物氢还原的沉淀条件

	沉淀物	沉淀剂	沉淀条件	
			沉淀温度/℃	气氛
金属	Al	$AlCl_3$	800~1000	H_2
	Ti	$TiCl_4$	800~1200	$H_2 + Ar$
	Zr	$ZrCl_4$	800~1000	$H_2 + Ar$
	V	VCl_4	800~1000	$H_2 + Ar$
	Nb	$NbCl_5$	约 1800	H_2
	Ta	$TaCl_5$	600~1400	$H_2 + Ar$
	Mo	$MoCl_5$	500~1100	H_2
	W	WCl_6	约 1000	H_2
	B	BCl_3	1200~1500	H_2
合金	Ta-Nb	$TaCl_5 + NbCl_5$	1300~1700	H_2
	Mo-W	$MoCl_5 + WCl_6$	1100~1500	H_2

2.7.1.2　化学还原法

（1）水溶液还原法。水溶液还原法就是采用水合肼、葡萄糖、硼氢化钠（钾）等还原剂，在水溶液中制备超细金属粉末或非晶合金粉末，并利用高分子保护剂聚乙烯基吡咯烷酮（PVP）阻止颗粒团聚及减小晶粒尺寸。目前用 KBH_4 作还原剂已经制得 Fe-Co-B（10~100nm）、Fe-B（400nm）超细粉末以及 Ni-P 非晶合金粉末。其优点是获得的粒子分散性好，颗粒形状基本呈球形，过程可控。

（2）多元醇还原法。多元醇还原法可用于合成超细金属粒子如 Cu、Ni、Co、Pd、Ag等。该工艺主要利用金属盐可溶于或悬浮于乙二醇（EG）、一缩二乙二醇（DEG）等醇

中，当加热到醇的沸点时，与多元醇发生还原反应，生成金属沉淀物，通过控制反应温度或引入外界成核剂，制得纳米粒子。

例如以 $HAuCl_4$ 为原料，PVP 为高分子保护剂，制得单分散球形 Au 纳米粉。如将 $Co(CH_3COO)_2 \cdot 4H_2O$、$Cu(CH_3COO)_2 \cdot H_2O$ 溶于或悬浮于定量乙二醇中，于 $180 \sim 190°C$ 下回流 2h，可得 $Co_xCu_{100-x}(x=4\sim49)$ 高矫顽力磁性微粉，在高密度磁性记录上具有潜在的应用前景。

（3）气相还原法。气相还原法包括气相氢还原和气相金属热还原。用 Mg 还原气态 $TiCl_4$、$ZrCl_4$ 等属于气相金属热还原，在此不作讨论。气相氢还原是指用氢气还原气态金属卤化物，主要是还原金属氯化物。气相氢还原法可以制取钨、钼、钽、铌、铬、钴、镍、锡等粉末；如果同时还原几种金属氯化物便可制取合金粉末，如钨-钼合金粉、铌-钽合金粉、钴-钨合金粉等，还可制取包覆粉末，如在 UO_2 等颗粒上沉积 W 则可得 W/UO_2 包覆粉末，也可制取石墨的 Co-W 涂层等。气相氢还原所制取的粉末一般都是很细的或超细的。

（4）碳热还原法。碳热还原法的基本原理是以炭黑、SiO_2 为原料，在高温炉内氮气保护下，进行碳热还原反应获得微粉，通过控制其工艺条件可获得不同产物。目前研究较多的是 Si_3N_4、SiC 粉体及 $SiC- Si_3N_4$ 复合粉体的制备。

2.7.1.3 溶胶-凝胶法

溶胶-凝胶法是指金属有机或无机化合物经过溶液、溶胶、凝胶而固化，再经热处理形成氧化物或其他化合物固体的方法。此法最早可追溯到 1850 年，Ebelman 发现正硅酸乙酯水解形成的 SiO_2 呈玻璃状，之后 Graham 研究发现 SiO_2 凝胶中的水可以被有机溶剂置换，经过化学家们对此现象的长期探索，逐渐形成了胶体化学学科。随着将此法用于透明 PLZT 陶瓷和 Pyrex 耐热玻璃的研究，科学家们认识到该法与传统烧结、熔融等物理方法的不同，引出"通过化学途径制备优良陶瓷"的概念，并称该法为化学合成法或 SSG 法（solution-sol-gel）。该法在制备材料初期就可进行控制，可使均匀性达到亚微米级、纳米级甚至分子级水平。溶胶-凝胶法不仅可以制备微粉，而且还可用于制备薄膜、纤维、块体和复合材料。其特点：（1）高纯度：粉料（特别是多组分粉料）制备过程中无需机械混合，不易引入杂质；（2）化学均匀性好：由于在溶胶-凝胶过程中，溶胶由溶液制得，化合物在分子级水平混合，故胶粒内及胶粒间化学成分完全一致；（3）颗粒细：胶粒尺寸小于 $0.1\mu m$；（4）该法可容纳不溶性组分或不沉淀组分：不溶性颗粒均匀地分散在含不产生沉淀的组分的溶液，经胶凝化，不溶性组分可自然的固定在凝胶体系中，不溶性组分颗粒越细，体系化学均匀性越好；（5）掺杂分布均匀：可溶性微量掺杂组分分布均匀，不会分离、偏析，比醇盐水解法优越；（6）合成温度低，成分容易控制；（7）粉末活性高；（8）工艺、设备简单，但原材料价格昂贵；（9）烘干后的球形凝胶颗粒自身烧结温度低，但凝胶颗粒之间烧结性差，即粉体材料烧结性不好；（10）干燥时收缩大。

溶胶-凝胶法制备纳米粉体的具体技术或工艺过程相当多，按照产生溶胶-凝胶过程的机制不外乎三种类型：传统胶体型、无机聚合物型和络合物型，具体见图 2-44。不同溶胶-凝胶过程的特征见表 2-10。

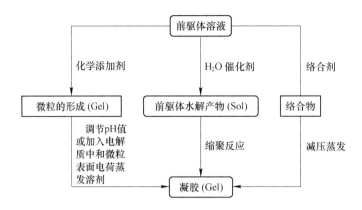

图 2-44   不同溶胶-凝胶过程中凝胶的形成

表 2-10   不同溶胶-凝胶过程的特征

方法	特点	前驱物	凝胶的化学特征	适用
传统胶体法	通过调节 pH 值或加入电解质来中和颗粒表面电荷，通过溶剂蒸发促使颗粒形成凝胶	无机化合物	1. 凝胶网络由浓缩颗粒通过范德华力建立；	粉体
			2. 凝胶中固相成分含量高；	薄膜
			3. 凝胶强度低，通常不透明	
水解聚合法	通过前驱物的水解和聚合形成溶胶和凝胶	金属醇盐	1. 凝胶网络由前驱物产生的无机聚合物建立；	薄膜
			2. 凝胶与溶胶体积相当；	块体
			3. 可由时间参数清楚地反映凝胶的形成过程；	纤维
			4. 凝胶是透明的	粉体
络合物法	由络合反应形成具有较大或复杂配体的络合物	金属醇盐、硝酸盐或乙酸盐	1. 凝胶网络由络合物通过氢键建立；	薄膜
			2. 凝胶在水中能液化；	粉体
			3. 凝胶是透明的	纤维

溶胶-凝胶法广泛应用于金属氧化物纳米粒子的制备，如 SnO_2 纳米粒子（平均粒径 2~3nm）、$BaTiO_3$（粒径小于 15nm）、$PbTiO_3$（粒径小于 100nm）、$AlTiO_5$（粒径 80 ~ 300nm）、以及纳米量级的 $La_{1-x}Sr_xFeO_3$ 系列复合氧化物。另外也用于制备纳米量级 SiC 粉末，如以硅溶胶和炭黑为原料合成了粒径 100~200nm 的高纯 β-SiC 粉末。影响溶胶-凝胶法合成纳米粉体的主要工艺参数有温度、浓度、催化剂、介质和湿度等。

2.7.1.4 水热法

水热法是在高压釜里的高温、高压反应环境中，采用水作为反应介质，使得通常难溶或不溶的物质溶解，反应还可进行重结晶。水热技术具有两个特点：一是其相对低的温度，二是在封闭容器中进行，避免了组分挥发。水热条件下粉体的制备有水热结晶法、水热合成法、水热分解法、水热脱水法、水热氧化法、水热还原法等。

（1）水热结晶，如 $Al(OH)_3 \rightarrow Al_2O_3 \cdot H_2O$；

（2）水热合成，如 $FeTiO_3 + KOH \rightarrow K_2O \cdot nTiO_2$；

（3）水热分解，如 $ZrSiO_4 + 2NaOH \rightarrow ZrO_2 + Na_2SiO_3$；

（4）水热氧化，典型反应可用式 $mH_2 + nH_2O \rightarrow M_mO_n + H_2$ 表示；

（5）水热还原，如 $Me_xO_y + yH_2 \rightarrow xMe + yH_2O$，其中 Me 可为铜、银等；

（6）水热沉淀，如 $KF + MnCl_2 \rightarrow KMnF_2$。

近年来还发展出电化学热法以及微波水热合成法。前者将水热法与电场相结合，而后者用微波加热水热反应体系。与一般湿化学法相比较，水热法可直接得到分散且结晶良好的粉体，不需作高温灼烧处理，避免了可能形成的粉体硬团聚。

目前用水热法制备纳米微粒的实例很多，如以 $ZrOCl_2 \cdot 8H_2O$ 和 YCl_3 作为反应前驱物制备 6nm ZrO_2 粒子；用金属 Sn 粉溶于 HNO_3 形成 $\alpha-H_2SnO_3$ 溶胶，水热处理制得分散均匀的 5nm 四方相 SnO_2；以 $SnCl_4 \cdot 5H_2O$ 前驱物水热合成出 2～6nm SnO_2 粒子；水热过程中通过实验条件的调节控制纳米颗粒的晶体结构、结晶形态与晶粒纯度。利用金属钛粉能溶解于 H_2O_2 的碱性溶液生成钛的过氧化物溶剂（TiO_4^{2-}）的性质，在不同的介质中进行水热处理，制备出不同晶型、不同形貌的 TiO_2 纳米粉；以 $FeCl_3$ 为原料，加入适量金属铁粉，进行水热还原，分别用尿素和氨水作沉淀剂，水热制备出 80nm×160nm 棒状 Fe_3O_4 和 80nm 板状 Fe_3O_4，类似的反应制备出 30nm 球状 $NiFe_2O_4$ 及 30nm $ZnFe_2O_4$ 纳米粉末。另外，在水中稳定的化合物和金属也能用此技术制备，比如用水热法制备 6nm ZnS，水热晶化仅能提高产物的晶化程度，而且可有效防止纳米硫化物的氧化。

例如，取浓度 2mg/mL 的 GO 水溶液 40mL，分别与 40mL 七水氯化铈溶液混合，搅拌 3h，并静置 24h，使 Ce^{3+} 充分吸附在 GO 片层上。随后将混合物转入聚四氟乙烯内衬的高压反应釜中，120℃下加热 12h。待高压釜冷却至室温后将所得产物转移到透析袋中，在去离子水中透析至中性后，冷冻干燥得到表面吸附有 Ce^{3+} 的 rGO 前驱体（$Ce^{3+}@rGO$）。最后将前驱体粉末在 N_2 气氛中 750℃热处理 1h 后随炉冷却，得到 $CeO_2@rGO$ 复合粉体。图 2-45 是 $CeO_2@rGO$ 的 TEM、HR-TEM、SEAD、HADDF-STEM 图像。在图 2-45a 中可以观察到石墨烯半透明的片层上非常均匀的附着一层纳米颗粒，而且石墨烯的片层较为平整，从该区域的 SEAD 图 b 可以看到石墨烯的衍射斑点和一系列多晶衍射斑点，经计算其准确对应了立方氧化铈的晶面间距。$CeO_2@rGO$ 的 HR-TEM 图 c 能观察到石墨烯片层的晶格条纹，估计原子层数为 5～7 层。还能非常清晰观察到石墨烯表面纳米粒子的晶格条纹，其快速傅里叶变换（FFT）结果准确对应为立方氧化铈结构。各元素面分布结果（图 d～g）也证明了纳米粒子的化学成分。

2.7.1.5　溶剂热合成法

在水热条件下，有些反应物易分解、有些反应不能发生，如碳化物、氮化物、磷化物、硅化物等，因此用有机溶剂如乙醇、甲醇、苯等代替水作介质，采用类似水热合成的原理制备前驱体对水敏感的纳米晶微粉。非水溶剂代替水，不仅扩大了水热技术的应用范围，而且能够实现通常条件下无法实现的反应，包括制备具有亚稳态结构的材料。其特点是反应条件非常温和，可以稳定亚稳物相、制备新物质、发展新的制备路线等；过程相对简单而且易于控制，并且在密闭体系中可以有效的防止有毒物质的挥发和制备对空气敏感的前驱体；另外，物相的形成、粒径的大小、形态也能够控制，而且，产物的分散性较好。在溶剂热条件下，溶剂的性质（密度、黏度、分散作用）相互影响，变化很大，且其性质与通常条件下相差很大，相应的，反应物（通常是固体）的溶解、分散过程以及化学

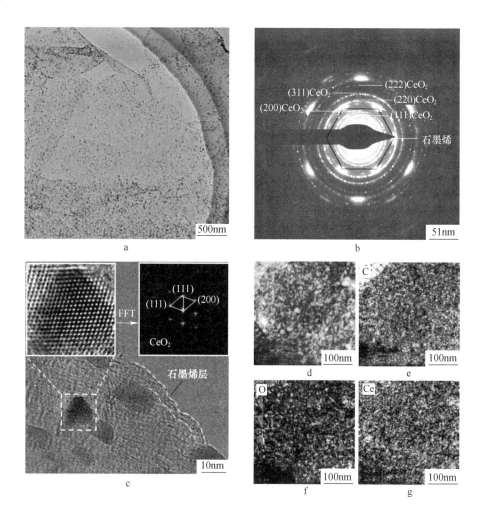

图 2-45　CeO₂@ rGO 微观形貌表征结果

a—TEM 图；b—SEAD 图；c—HRTEM 图；插图为方框标记区域的
局部放大图和该区域的 FFT 图；d—HAADF-STEM 图；e~g—C，O，Ce 的元素映射图像

反应活性大大的提高或增强，溶剂热反应方法分为溶剂热结晶、溶剂热还原、溶剂热液-固反应、溶剂热元素反应、溶剂热分解、溶剂热氧化等。

（1）溶剂热结晶：这是一种以氢氧化物为前驱体的常规脱水过程，首先反应物固体溶解于溶剂中，然后生成物再从溶剂中结晶出来。这种方法可以制备很多单一的或复合氧化物。

（2）溶剂热还原：反应体系中发生氧化还原反应。比如纳米晶 InAs 的制备，以二甲苯为溶剂，150℃，48h，InCl₃ 和 AsCl₃ 被 Zn 同时还原，生成 InAs。其他Ⅲ-Ⅴ族半导体也可通过该方法而得到。

（3）溶剂热液-固反应：典型的例子是苯体系中 GaN 合成 GaCl₃ 的苯溶液中，Li₃N 粉体与 GaCl₃ 溶剂热 280℃反应 6~16h 生成立方相 GaN，同时有少量岩盐相 GaN 生成。其他物质如 InP、InAs、CoS₂ 也可以用这种方法成功的合成出来。

（4）溶剂热元素反应：两种或多种元素在有机溶剂中直接发生反应，如在乙二胺溶剂中，Cd 粉和 S 粉，120~190℃溶剂热反应 3~6h 得到 CdS 纳米棒。许多硫属元素化合物可以通过这种方法直接合成。

（5）溶剂热分解：如以甲醇为溶剂，$SbCl_3$ 和硫脲为原材料通过溶剂热反应生成辉锑矿（Sb_2S_3）纳米棒。溶剂热反应中常用的溶剂有：乙二胺、甲醇、乙醇、二乙胺、三乙胺、吡啶、苯、甲苯、二甲苯、1，2-二甲氧基乙烷、苯酚、氨水、四氯化碳、甲酸等。

（6）溶剂热氧化：金属和高温高压的有机溶剂反应得到配合物、金属有机化合物。超临界有机物种的全氧化反应为：$Me + nL \rightarrow MeL_n$（Me＝金属离子，L＝有机配体）。

在溶剂热反应过程中溶剂作为一种化学组分参与反应，既是溶剂，又是矿化的促进剂，同时还是压力的传递媒介。溶剂热反应路线主要是由钱逸泰先生领导的课题组研究并广泛应用的。其中应用最多的溶剂是乙二胺，在乙二胺体系中，乙二胺除了作溶剂外，还可作为配位剂或螯合剂。溶剂热法的特点有：（1）相对简单而且易于控制；（2）在密闭体系中可以有效地防止有毒物质的挥发和制备对空气敏感的前驱体；（3）物相的形成、粒径的大小、形态也能够控制；（4）产物的分散性较好。

2.7.1.6 热分解法

A 有机物热分解法

热分解反应不仅限于固体，气体和液体也可引起热分解反应。金属有机化合物热解法是用有机金属化合物作为前驱物，通过在高沸点液体中热分解而得到纳米金属材料。金属有机化合物热分解的典型应用就是草酸盐热分解。草酸盐的热分解基本上按照两种机理进行，究竟以哪种进行要根据草酸盐的金属元素在高温下是否存在稳定的碳酸盐而定。

机理Ⅰ：$MC_2O_4 \cdot nH_2O \xrightarrow{-H_2O} MC_2O_4 \xrightarrow{-CO_2, -CO} MO$ 或 M

机理Ⅱ：$MC_2O_4 \cdot nH_2O \xrightarrow{-H_2O} MC_2O_4 \xrightarrow{-CO} MCO_3 \xrightarrow{-CO_2} MO$

因ⅠA族、ⅡA族（除 Be 和 Mg 外）和ⅢA族中的元素存在稳定的碳酸盐可以按照机理Ⅱ进行，ⅠA 元素不能进行到 MO，因为 MCO_3 在之前先熔融了。除此以外的金属草酸盐都以机理Ⅰ进行。从热力学的预判也可知，Cu、Co、Pb 和 Ni 的草酸盐热分解后生成金属，Zn、Cr、Mn、Al 等的草酸盐热分解后生成金属氧化物。表 2-11 所示为金属草酸盐的热分解温度。

热分解草酸盐最有效的是利用由两种以上金属元素组成的复合草酸盐。陶瓷材料大多为复合氧化物的形态，合成时特别重要的是：（1）组成准确可靠；（2）在低温下就可出现反应。

表 2-11 草酸盐的热分解温度

化合物	脱水温度/℃	分解温度/℃
$BeC_2O_4 \cdot 3H_2O$	100~300	380~400
$MgC_2O_4 \cdot 2H_2O$	130~250	300~455
$CaC_2O_4 \cdot H_2O$	135~165	375~470
$SrC_2O_4 \cdot 2H_2O$	135~165	
$BaC_2O_4 \cdot H_2O$		370~535

化合物	脱水温度/℃	分解温度/℃
$Sc_2(C_2O_4)_3 \cdot 5H_2O$	140	
$Y_2(C_2O_4)_3 \cdot 9H_2O$	363	427~601
$La_2(C_2O_4)_3 \cdot 10H_2O$	180	412~695
$TiO(C_2O_4) \cdot 9H_2O$	296	538
$Zr(C_2O_4)_2 \cdot 4H_2O$		
$Cr_2(C_2O_4)_3 \cdot 6H_2O$		160~360
$MnC_2O_4 \cdot 2H_2O$	150	275
$FeC_2O_4 \cdot 2H_2O$		235
$CoC_2O_4 \cdot 2H_2O$	240	306
$NiC_2O_4 \cdot 2H_2O$	260	352
$CuC_2O_4 \cdot 1/2H_2O$	200	310
$ZnC_2O_4 \cdot 2H_2O$	170	390
$CdC_2O_4 \cdot 2H_2O$	130	350
$Al_2(C_2O_4)_3$		220~1000
$Tl_2C_2O_4$		290~370
SnC_2O_4		310
PbC_2O_4		270~350
$(SbO)_2C_2O_4$		270
$Bi_2(C_2O_4)_3 \cdot 4H_2O$	190	240
$UC_2O_4 \cdot 6H_2O$	250	300
$Th(C_2O_4)_2 \cdot 6H_2O$	130	360

注：$CaCO_3 \xrightarrow{700℃} CaO+CO_2$, $SrCO_3 \xrightarrow{1100℃} SrO+CO_2$, $BaCO_3 \xrightarrow{1300℃} BaO+CO_2$。

B 羰基物热离解法

羰基物热离解法（简称羰基法）就是离解金属羰基化合物制取粉末的方法。某些金属特别是过渡族金属能与一氧化碳生成金属羰基化合物 $[Me(CO)_n]$。这些羰基化合物为易挥发的液体或易升华的固体。研究表明，温度为103~139℃，转速300r/min搅拌下真空回流二甲苯、有机磷酸（MP）及五羰基铁（$Fe(CO)_5$）液态前躯体，在氮气保护下，控制合成条件可以得到粒径小于 **20nm** 的 α-Fe 纳米粒子。调节反应性表面活性剂 MP 的用量可以控制 Fe 纳米粒子的粒径。羰基铁粉一般不含 S、P、Si 等杂质，因为这些杂质不生成羰基物。如果不考虑 C 和 O_2，则羰基铁粉在化学成分上是各种铁粉中最纯的，经退火处理后，碳和氧的总质量分数可降到 0.03% 以下。金属有机化合物热解法对设备要求相对不高，工艺相对简单，但有机金属化合物本身的制备成本很高，而且用到大量的有毒试剂，是一种环境不友好的合成方法，因此生产中要采取防毒措施；另外，有机热分解反应还存在反应不完全、可控性较差等缺点。

粉末颗粒还可以通过气体分解法制备。最常见的是羰基铁（$Fe(CO)_5$）或羰基镍（$Ni(CO)_4$）的反应，如金属镍与一氧化碳反应形成羰基镍 $Ni(CO)_4$，其中形成羰基气体分子需要同时加压和升温。羰基气体分子在43℃下冷却为液体，用分馏法提纯。在催化剂的作用下再对液体加热，导致气体分解，从而制得金属粉末。制得的金属镍粉的纯度约为99.5%（质量分数），微粒尺寸很小，呈不规则的圆形或链状，如图2-46所示。由羰基气体分解法制备的镍金属粉末具有较小的尺寸和长而尖的形状。通过控制反应条件可以控制粉末尺寸在0.2～20μm之间，当粉末尺寸较大时，通常呈圆形。

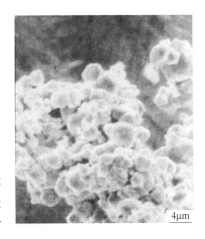

图2-46 气体分解法制备的
镍粉的扫描电镜形貌

其他的金属如铬、铑、金和钴也可以通过羰基气体分解法制备。通过气相同质形核制备金属粉末取得了最新的进展。这种制备金属粉末的方法目前还处于探索阶段，但是它提供了一种制备极小微粒的途径。金属在微压力氩气中加热汽化，由于温度与金属到汽化源的距离呈急剧下降的关系，使汽化的金属产生激冷。从而使气体凝固形核，生成尺寸为50～1000nm的微粒。微粒的最终形状呈面心或立方。由于这种方法制备的粉末纯度高，粒径小，使得这种方法已开始应用于制备大多数金属粉末，包括铜、银、铁、金、铂、钴和锌。

a 羰基物热离解的基本原理

主要从羰基物的生成过程和分解过程两方面进行阐述。

（1）羰基物的生成过程。羰基物生成反应的一般通式为：

$$Me + nCO \longrightarrow Me(CO)_n$$

例如，羰基镍的生成反应式为：

$$Ni + 4CO \longrightarrow Ni(CO)_4, \quad \Delta H^{\ominus}_{298} = -163670J$$

羰基镍的生成反应是放热反应，体积减小。增加压力有利于反应从左向右进行，即有助于羰基镍的生成；提高反应温度可加速生成反应，但超过一定的限度，又会促进羰基镍分解为原来成分的可逆反应进行。

羰基镍生成反应在低温下进行得比较彻底，温度升高到150～200℃时，$\Delta G^{\ominus}$仍为负值，但绝对值已大大减小。为了促进$Ni(CO)_4$的生成，温度升高到150℃时就必须采用高压。

羰基镍的生成反应属于固+气$_1$→气$_2$类型的多相反应，该反应在70～180℃范围内的活化能为103400J/mol。固体是粉末时，该反应遵循速度方程式$1-(1-X)^{1/3}=Kt$的关系。

温度、CO的浓度、金属表面的纯度等因素都影响着羰基物的生成。提高温度或增加系统的压力，从吸附层转入气相的羰基镍分子便增加。同时，羰基镍分子转入气相，暴露出原固体物料的表面，又为继续合成$Ni(CO)_4$创造了条件。所以，羰基镍的合成速度随温度升高而增加。但温度超过250℃时，在金属镍的催化作用下，CO强烈地分解为CO_2和炭黑，污染镍的表面，同时，CO浓度降低使$Ni(CO)_4$的合成减慢，甚至停止。

CO的分压越高，合成进行越快，同时也越可以阻止羰基镍的分解。

实践证明，在镍表面有氧化膜层时会抑制羰基镍合成，有氧化膜的表面及经过空气作用过的镍不易与CO发生反应。

(2) 羰基物的分解过程。羰基物分解反应的一般通式为:

$$Me(CO)_n \longrightarrow Me + nCO$$

例如,羰基镍的分解过程为:

$$Ni(CO)_4 \longrightarrow Ni + 4CO$$

羰基镍的分解是吸热反应,进入分解器的羰基镍蒸气越多,需供给的热量就越大。羰基物的分解产物,从热力学上推测不应是金属和一氧化碳,因为金属碳化物和氧化物是较稳定的生成物。

羰基镍的分解是属于气$_1$→固+气$_2$类型的多相反应,分解反应在230℃左右开始。如果在400~500℃分解,则发生$2CO = CO_2 + C$的反应,会污染金属粉末。羰基物分解反应的动力学证明,随着温度升高,控制环节从化学环节转到扩散环节。如图2-47所示,在低温区,羰基镍和羰基铁的分解速度随温度急剧变化,化学反应控制着分解,在中温区气相扩散控制着分解;温度更高时,羰基物在气相中分解,其速度有所降低。羰基镍的分解,在0.1MPa下150~200℃时很快能达到80%,但以后分解缓慢,甚至48~72h还不能完全分解。同时,羰基镍分解的完全程度和速度还与反应区CO的排出有关。例如,100℃时,在CO气氛中,$Ni(CO)_4$的分解率仅为0.5%,而在氢气中则可达17%。

分解过程除了要求符合热力学和动力学条件外,还需要有一个适当的表面以便于分解产物的成长,即需要有晶核。气态金属的结晶分为生成晶核和晶核长大两阶段。其特点是:1) 由于熔化热和蒸发热同时释放,在晶体表面上会放出相当大的热量;2) 晶体周围的气氛要具有流动性。镍的饱和蒸气压在300℃时极小(约$5 \times 10^{-10}Pa$),因此,大部分镍蒸气会立即冷凝,从而放出大量的热量。羰基镍的分解反应在初期进行得十分剧烈,因而在分解器的最上部生成了大量生成晶核的条件,而在分解器最下部,实际上只有晶核长大和金属镍粉的形成,影响晶核生成和晶核长大的因素有:

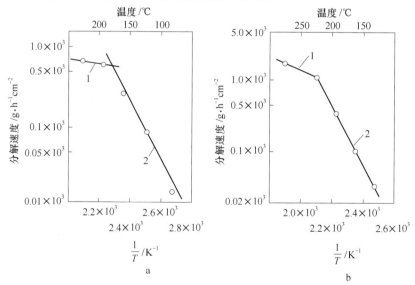

图2-47 羰基镍和羰基铁分解速度和温度的关系

a—羰基镍;b—羰基铁

1—扩散环节控制;2—化学环节控制

1）金属蒸气浓度的影响。金属蒸气浓度越大，晶核越易生成。在分解器的最上部，晶核十分微小，做不规则布朗运动，其平均速度取决于气流在设备中自上而下的总速度。晶核所经过的路程要比气流行程长几十万倍，如此长的行程就为运动中的晶核、金属原子和羰基物的相互碰撞创造了有利条件，促进了快速结晶。在分解器的下部，微粒表面逐渐冷却，其晶体长大速度减慢，当粉末颗粒大小达 $2 \sim 3 \mu m$ 时开始自由下落。此外，当晶核开始长大时，周围应该具有一定的气流速度。

2）温度的影响。分解温度要适当，在可分解的范围内，温度过高时，晶核生成数目少，同时羰基物的分解速度提高，所得粉末颗粒较细。例如，羰基铁在250℃分解时，铁粉颗粒直径 $6 \mu m$ 左右；在300℃时，则为 $2.7 \mu m$；400℃时，则小于 $1.1 \mu m$。粉末颗粒形状主要取决于分解温度，温度低时，粉末颗粒成尖角状；升高温度后，颗粒呈接近规则球形的层状组织；温度更高（如 $400 \sim 500$℃）时，颗粒形成絮状组织。

b　羰基物热离解法制取羰基镍粉工艺技术

国际镍公司于1904年采用中压羰基法生产羰基镍粉和羰基铁粉。原料是氧化镍，用富氢水煤气还原，经还原的金属镍在气封下转入挥发器，在120℃用2.5MPa的CO处理。除了羰基镍外，原料中有少量金属铁生成羰基铁。羰基物在水冷冷凝器中呈液态分离出来。液体羰基镍先加温汽化，然后进入分解器，分解器是一个具有夹套的钢筒，其筒壁由通过的热空气保持在315℃左右，当羰基镍蒸气流经钢筒内部时被加热而分解成镍粉和一氧化碳。一般镍粉含 $w(Ni) = 99.9\%$，$w(Fe) < 0.01\%$，$w(C) < 0.1\%$，$w(S) = 0.001\%$。在分解器内有副反应产生，因此镍粉中含有一定量的碳和氧，可用 N_2 或 CO_2 气氛处理，再在 H_2 气氛中退火，可除去碳和氧，使 $w(C) < 0.002\%$，最终可获得极纯的镍粉，这是用其他方法难以达到的。

2.7.1.7　微乳液法

乳液法是利用两种互不相溶的溶剂在表面活性剂的作用下形成一个均匀的乳液，从乳液中析出固相，使成核、生长、聚结、团聚等过程局限在一个微小的球形液滴内，从而形成球形颗粒，又避免了颗粒之间进一步团聚。该法的关键之处在于使每个含有前驱体的水溶液滴被一连续油相包围，前驱体不溶于该油相中，形成油包水（W/O）型乳液。微乳液通常是由表面活性剂、助表面活性剂（通常为醇类）、油类（通常为碳氢化合物）和水（或电解质水溶液）组成的透明的、各向同性的热力学稳定体系。微乳液中，微小的"水池"为表面活性剂和助表面活性剂所构成的单分子层包围成的微乳颗粒，其大小在几至几十个纳米间，这些微小的"水池"彼此分离，就是"微反应器"。它拥有很大的界面，有利于化学反应。这显然是制备纳米材料的又一有效技术。

与其他化学法相比，微乳法制备的粒子不易聚结，大小可控，分散性好。运用微乳液法制备的纳米微粒主要有以下几类：（1）金属纳米微粒，除 Pt，Pd，Rh，Ir 外，还有 Au、Ag、Cu、Mg 等；（2）半导体硫化物如 CdS，PbS，CuS 等；（3）Ni，Co，Fe 等金属的硼化物；（4）氯化物 AgCl，$AuCl_3$ 等；（5）碱土金属碳酸盐，如 $CaCO_3$，$BaCO_3$，$SrCO_3$；（6）氧化物 Eu_2O_3，Fe_2O_3，Bi_2O_3，SiO_2 及氢氧化物 $Al(OH)_3$ 等；（7）磁性材料 $BaFe_{12}O_{19}$ 等。

乳液法的一般工艺流程为：

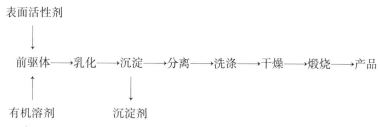

2.7.1.8　高温燃烧合成法

利用外部提供必要的能量诱发高放热化学反应，体系局部发生反应形成化学反应前沿（燃烧波），化学反应在自身放出热量的支持下快速进行，燃烧波蔓延整个体系。反应热使前驱物快速分解，导致大量气体放出，避免了前驱物因熔融而粘连，减小了产物的粒径。体系在瞬间达到几千度的高温，可使挥发性杂质蒸发除去。例如，以硝酸盐和有机燃料经氧化还原反应制备 Y 掺杂的 10nm ZrO_2 粒子，采用柠檬酸盐/醋酸盐/硝酸盐体系，所形成的凝胶在加热过程中经历自点燃过程，得到超微 $La_{0.84}Sr_{0.16}MnO_3$ 粒子。在合成氮化物、氢化物时，反应物为固态金属和气态 N_2、H_2 等，反应气渗透到金属压坯空隙中进行反应。如采用钛粉坯在 N_2 中燃烧，获得的高温来点燃镁粉坯合成出 Mg_3N_2。

2.7.1.9　模板合成法

模板合成法就是将具有纳米结构、形状容易控制、价廉易得的物质作为模板，通过物理或化学的方法将相关材料沉积到模板的孔中或表面而后移去模板，得到具有模板规范形貌与尺寸的纳米材料的过程。模板法是合成纳米复合材料的一种重要方法，也是纳米材料研究中应用最广泛的方法，特别是制备性能特异的纳米材料，模板法可根据合成材料的性能要求以及形貌来设计模板的材料和结构，来满足实际的需要。模板法根据其模板的组成及特性的不同又可分为软模板和硬模板两种。两者的相同之处是都能提供一个有限大小的反应空间，区别在于前者提供的是处于动态平衡的空腔，物质可以透过腔壁扩散进出；而后者提供的是静态的孔道，物质只能从开口处进入孔道内部。

软模板常常是由表面活性剂分子聚集而成的。主要包括两亲分子形成的各种有序聚合物，如液晶、囊泡、胶团、微乳液、自组装膜及生物分子和高分子的自组织结构等分子间或分子内的弱相互作用是维系模板的作用力，从而形成不同空间结构特征的聚集体。这种聚集体具有明显的结构界面，无机物正是通过这种特有的结构界面而呈现特定的趋向分布，进而获得模板所具有的特异结构的纳米材料。软模板在制备纳米材料时的主要特点有：（1）软模板一个显著的特点是在模拟生物矿化方面有绝对的优势；（2）软模板的形态具有多样性；（3）软模板一般都很容易构筑，不需要复杂的设备。但是相比硬模板，软模板结构的稳定性较差，因此通常模板效率不够高。例如，Herron 等将 Na-Y 型沸石与 Cd$(NO_3)_2$ 溶液混合，离子交换后形成 Cd-Y 型沸石，经干燥后与 N_2S 气体反应，在分子筛八面体沸石笼中生成 CdS 超微粒子。南京大学采用气体输运将 C_{60} 引入 13X 分子筛与水滑石分子层间，并将 Ni 置换到 Y 型沸石中去，观察到 $C_{60}Y$ 光致光谱由于 Ni 的掺入而产生蓝移现象。

硬模板主要是通过共价键维系的刚性模板，如具有不同空间结构的高分子聚合物、阳极氧化铝膜、多孔硅、金属模板、天然高分子材料、分子筛、胶态晶体、碳纳米管等。与软模板相比，硬模板具有较高的稳定性和良好的窄间限域作用，能严格地控制纳米材料的大小和形貌。但硬模板结构比较单一，因此用硬模板制备的纳米材料的形貌通常变化也较少。

利用基质材料结构中的空隙作为模板进行合成。结构基质为多孔玻璃、分子筛、大孔离子交换树脂等。例如将纳米微粒置于分子筛的笼中，可以得到尺寸均匀，在空间具有周期性构型的纳米材料。

2.7.1.10 电解法

电解法包括水溶液电解和熔盐电解两种。此法可制得很多用通常方法不能制备或难以制备的金属超微粉，尤其是电负性很大的金属粉末；还可制备氧化物超微粉。采用加有机溶剂于电解液中的滚筒阴极电解法，制备出金属超微粉。滚筒置于两液相交界处，跨于两液相之中。当滚筒在水溶液中时，金属在其上面析出，而转动到有机液中时，金属析出停止，而且已析出之金属被有机溶液涂覆。当再转动到水溶液中时，又有金属析出，但此次析出之金属与上次析出之金属间因有机膜阻隔而不能联结在一起，仅以超微粉体形式析出。用这种方法得到的粉末纯度高，粒径细，而且成本低，适于扩大和工业生产。

2.7.1.11 自蔓燃高温合成技术

自蔓燃高温合成技术是利用反应物的生成热维持燃烧波的传播，不需外界升温自身完成反应过程，并且同时达到成型的目的。图 2-48 为自蔓延高温合成法设备模型示意图。作为一种高温合成技术，该法合成的粉末，合成物比原料组分具有更高的热力学稳定性。例如，Fe_3Al、$NiTi$、Ti_5Si_3 金属间化合物都可采用自蔓燃反应合成制得。具有导电性的金属间化合物，拥有许多陶瓷才具有的特性，包括高温稳定性等。当由单质组分制备化合物时，释放出大量的热。例如等原子的金属间化合物 NiAl 的熔点是 1649℃，而铝的熔点为 660℃，镍的熔点为 1453℃。它的反应合成式为：

$$Ni(s) + Al(s) \longrightarrow NiAl(s) + Q$$

如果不控制反应，释放的热量足以使 NiAl 产物熔化。将镍粉和铝粉混合起来而进行反应制备复合粉末时，一旦反应进行，它将是一个自发的过程，通常称为自蔓燃反应，与氢和氧合成水一样释放出大量热能。

通过自蔓燃反应合成制备金属粉末时，一般先将各单质组分混合再压缩成坯块。坯块点燃时，会产生自蔓燃反应波，这个反应波一般以 10mm/s 的速度扩展而生成产物。反应产物具有多孔结构，经研磨成为粉末。图 2-49 显示了由自蔓延燃烧法制备的 TiAl 粉末的

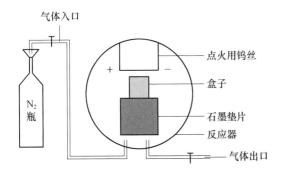

图 2-48 自蔓延高温合成法设备模型示意图

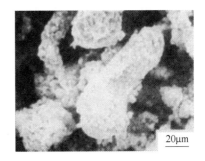

图 2-49 由 Ti 和 Al 粉末合成的 TiAl 粉末扫描电镜形貌

结构。值得注意的是，粉末颗粒呈球形，略不规则。这种方法多用来制备陶瓷粉末和金属间化合物，如铝、硅和钛的化合物，包括 NiTi、Ni_3Al、Ni_3Si、TiAl、Ti_5Si_3、$NbAl_3$、Fe_3Al、$TaAl_3$ 等。采用自蔓燃反应合成的不足之处在于反应不完全导致成分不均匀、产物孔隙率高等。

2.7.2 化学物理合成法

2.7.2.1 喷雾法

喷雾法是将溶液通过各种物理手段雾化，再经物理、化学途径而转变为超细微粒子。

（1）喷雾干燥法。将金属盐溶液送入雾化器，由喷嘴高速喷入干燥室获得金属盐的微粒，收集后焙烧成超微粒子，如铁氧体的超微粒子可采用此种方法制备。

（2）喷雾热解法。金属盐溶液经压缩空气由喷嘴喷出而雾化，喷雾后生成的液滴大小随着喷嘴而改变，液滴受热分解生成超微粒子。例如，将 $Mg(NO_3)_2$-$Al(NO_3)_3$ 水溶液与甲醇混合 800℃喷雾热解合成镁铝尖晶石，产物粒径为几十纳米。

等离子喷雾热解工艺是将相应溶液喷成雾状送入等离子体尾焰中，热解生成超细粉末。等离子体喷雾热解法制得的二氧化锆超细粉末分为两级：平均尺寸为 20~50nm 的颗粒及平均尺寸为 1mm 的球状颗粒。

（3）喷雾水解法。在反应室中醇盐气溶胶化，气溶胶由单分散液滴构成。气溶胶与水蒸气进行水解，以合成单分散性微粉。例如，铝醇盐的蒸气通过分散在载气中的 AgCl 核后冷却，生成以 Al_2O_3 为核的 Al 的丁醇盐气溶胶，水解为单分散 $Al(OH)_3$ 微粒，将其焙烧后得到 Al_2O_3 超微颗粒。

2.7.2.2 化学气相沉积法

化学气相沉积法（Chemical Vapor Deposition，CVD）是从气态金属卤化物（主要是氯化物）中还原化合沉积制取难熔化合物粉末和各种涂层（包括碳化物、硼化物、硅化物和氮化物等）的方法。气相反应法制备纳米微粒具有颗粒均匀、纯度高、粒度小、分散性好、化学反应活性高、工艺可控和过程连续等优点。

例如，化学气相沉淀法制取碳化钛的反应为：

$$TiCl_4 + CH_4 + H_2 \longrightarrow TiC + 4HCl + H_2 \quad (a)$$

$$TiCl_4 + C_3H_8 + H_2 \longrightarrow TiC + 4HCl + C_2H_2$$

同理，此法制取 B_4C 和 SiC 的反应为：

$$4BCl_3 + CH_4 + 4H_2 \longrightarrow B_4C + 12HCl$$

$$SiCl_4 + CH_4 + H_2 \longrightarrow SiC + 4HCl + H_2$$

氢既是还原剂又是载体气体，碳由碳氢化合物供给。如果金属氯化物能被氢还原，则形成碳化物的反应是：在金属氯化物还原成金属的同时，碳氢化合物热解析出碳，碳与金属立即形成碳化物。如果金属氯化物在沉积温度下不能单独被氢还原，则反应机理较复杂，下面通过热力学分析来弄清反应（a）的实质。有关反应有：

$$TiCl_4 + 2H_2 \Longrightarrow Ti + 4HCl \quad (b)$$

$$TiCl_4 + 2H_2 + C \Longrightarrow TiC + 4HCl \quad (c)$$

根据热力学数据，可计算出反应（b）的 $\Delta G_T^{\ominus} = 362.173 + 0.031 \lg T - 0.25T$。此反应在

几个温度下的 $\Delta G_T^{\ominus}$ 计算如下：

温度/K	1000	1800	2000	2300
$\Delta G_T^{\ominus}$//kJ	201.85	87.87	60	-5.65

反应（c）的 $\Delta Z_T^{\ominus}=184.2-0.14T$。此反应在几个温度下的 $\Delta G^{\ominus}$ 计算如下：

温度/K	1200	1400	1600	1800
$\Delta G_T^{\ominus}$//kJ	15.2	-11.8	-40	-68

由计算的数据可知，反应（b）在 2000K 时还不可能进行。叶留金等的研究得出，在反应表面温度低于 1765℃时，气态 $TiCl_4$ 不可能用 H_2 还原成 Ti。对于反应（b）的理论分析和实践是相符的。另外，根据热力学分析，反应（c）在 1100～1200℃时便能进行。由此得出，在 1700℃以下，$TiCl_4$ 只有在碳存在的条件下才有可能用 H_2 还原，即由碳氢化合物热解出的碳是 TiC 沉积的第一步，在热解碳的参与下，还原出来的金属再与热解碳形成碳化物。TiC 沉积的过程称为交替反应机理。

部分碳化物、硼化物、硅化物、氮化物的沉积条件见表 2-12。

表 2-12　部分碳化物、硼化物、硅化物、氮化物的沉积条件

沉积物		沉积剂	沉积温度/℃	气氛
碳化物	TiC	$TiC_4 + CH_4$ 或 $C_6H_5CH_3$	1100～1200	H_2
	B_4C	$BCl_2 + CH_4$	1100～1700	H_2
	SiC	$SiCl_4 + CH_4$	130～1500	H_2
	NbC	$NbCl_5 + CH_4$	约 1000	H_2
	WC	$WCl_6 + C_6H_5CH_3$ 或 CH_4	1000～1300	H_2
硼化物	TiB_2	$TiC_4 + BBr_3$ 或 BCl_3	1100～1300	H_2
	TaB	$TaCl_5 + BBr_3$ 或 BCl_3	1300～1700	H_2
	WB	$WCl_6 + BBr_3$ 或 BCl_3	800～1200	H_2
硅化物	$MoSi_2$	$MoCl_5 + SiCl_4$ 或 $Mo + SiCl_4$	1100～1800	H_2
氮化物	TiN	$TiCl_4$	1100～1200	$N_2 + H_2$
	BN	BCl_3	1200～1500	$N_2 + H_2$
	TaN	$TaCl_5$	约 1200	$N_2 + H_2$

2.7.2.3　爆炸反应法

本法是在高强度密封容器中发生爆炸反应而生成产物纳米微粉。例如，用爆炸反应法制备出 5～10nm 金刚石微粉，方法是密封容器中装入炸药后抽真空，然后充入 CO_2 气体，以避免爆炸过程中被氧化，并注入一定量水作为冷却剂，以增大爆炸产物的降温速率，减少单质碳生成石墨和无定形碳，提高金刚石的产率。

2.7.2.4　冷冻-干燥法

冷冻干燥法将金属盐的溶液雾化成微小液滴，快速冻结为粉体。加入冷却剂使其中的水升华气化，再焙烧合成超微粒。在冻结过程中，为了防止溶解于溶液中的盐发生分离，

最好尽可能把溶液变为细小液滴。常见的冷冻剂有乙烷、液氮。借助于干冰-丙酮的冷却使乙烷维持在-77℃的低温，而液氮能直接冷却到-196℃，但是用乙烷的效果较好。干燥过程中，冻结的液滴受热，使水快速升华，同时采用凝结器捕获升华的水，使装置中的水蒸气降压，提高干燥效果。为了提高冻结干燥效率，盐的浓度很重要，过高或过低均有不利影响。将 Ba 和 Ti 硝酸盐混液进行冷却干燥，所得到的高反应活性前驱物在 600℃ 温度下焙烧 10min 制得 10~15nm 的均匀 $BaTiO_3$ 纳米粒子。

2.7.2.5 反应性球磨法

反应性球磨法克服了气相冷凝法制粉效率低、产量小而成本高的局限。一定粒度的反应粉末（或反应气体）以一定的配比置于球磨机中高能粉磨，同时保持研磨体与粉末的重量比和研磨体球径比并通入氩气保护。例如采用球磨法制备出纳米合金 WSi_2、$MoSi$ 等。

反应性机械球磨法应用于金属氮化物合金的制备。室温下将金属粉在氮气流中球磨，制得 Fe-N、TiN 和 AlTa 纳米粒子。

室温下镍粉在提纯后的氮气流中进行球磨，制备出 FCC 的 NiN 介稳合金粉末。晶粒尺寸为 5nm。作为反应球磨法的另一种应用，在球磨过程中进行还原反应，如用 Ca、Mg 等强还原性物质还原金属氧化物和卤化物以实现提纯，如下式所示：

$$2TaCl_5 + 5Mg \longrightarrow 2Ta + 5MgCl_2$$

经球磨后，反应物紧密混合，在球磨过程中研磨体与反应物间的碰撞产生的热量使温度至反应物的燃烧温度后，瞬间燃烧形成 Ta 颗粒，粒径在 50~200nm。

2.7.2.6 超临界流体干燥法

超临界干燥技术是使被除去的液体处在临界状态，在除去溶剂过程中气液两相不在共存，从而消除表面张力及毛细管作用力防止凝胶的结构塌陷和凝聚，得到具有大孔、高表面积的超细氧化物。制备过程中，达到临界状态可通过两种途径，一般是在高压釜中温度和压力同时增加到临界点以上；也有先把压力升到临界压力以上，然后升温并在升温过程中不断放出溶剂，保持所需的压力。例如，发展了超临界干燥法制备纳米 SiO_2、Al_2O_3 气凝胶。

各种溶剂作超临界流体抽提干燥剂时，极性溶剂比非极性溶剂抽提效果好。在乙醇、甲醇、异丙醇和苯溶剂的比较中，甲醇最好，制得 4~5nm SnO_2 粒子。

2.7.2.7 γ-射线辐照还原法

γ-射线辐照还原法制备纳米金属粒子的基本原理是：高能 γ-射线辐照水或其他溶剂，发生电离和激发等效应，生成具有较强还原性的 H·自由基、水合电子（e_{aq}^-）等物种，同时生成具有氧化性的·OH 自由基以及 H_3O^+、H_2、H_2O_2、HO_2、H_2O^* 等其他物种：

$$H_2O \leadsto \rightarrow e_{aq}^-,\ H\cdot,\ \cdot OH,\ H_3O^+,\ H_2,\ H_2O_2,\ HO_2,\ H_2O^*$$

在以上物种中，H· 和 e_{aq}^- 活性粒子是还原性的，e_{aq}^- 的还原电位为 -2.77eV，具有很强的还原能力，加入异丙醇等清除氧化性自由基·OH。水溶液中的 e_{aq}^- 可逐步把溶液中的金属离子在室温下还原为金属原子或低价金属离子。新生成的金属原子聚集成核，生长成纳米颗粒，从溶液中沉淀出来。如制备贵金属 Ag（8nm），Cu（16nm），Pb（10nm），Pt（5nm），Au（10nm）等及合金 Ag-Cu，AuCu 纳米粉，活泼金属纳米粉末 Ni（10nm），

Co(22nm)，Cd(20nm)，Sn(25nm)，Pb(45nm)，Bi(10nm)，Sb(8nm) 和 In(12nm) 等，还制备出非金属如 Se、As 和 Te 等纳米微粉。用 γ-射线辐照法制备出 14nm 氧化亚铜粉末。$8nmMnO_2$ 和 $12nmMn_2O_3$。纳米非晶 Cr_2O_3 微粉。

将 γ-射线辐照与 sol-gel 过程相结合成功地制备出纳米 Ag-非晶 SiO_2 及纳米 Ag/TiO_2 材料。最近用 γ-射线辐照技术成功地制成一系列金属硫化物，如 CdS，ZnS 等纳米微粉。

2.7.2.8　微波辐照法

利用微波照射含有极性分子（如水分子）的电介质，由于水的偶极子随电场正负方向的变化而振动，转变为热而起到内部加热作用，从而使体系的温度迅速升高。微波加热既快又均匀，有利于匀分散粒子的形成。

将 Si 粉、C 粉在丙酮中混合，采用微波炉加热，产物成核与生长过程均匀进行，使反应以很短的时间（4~5min）、在相对低的温度（<1250K）得到高纯的 β-SiC 相。在 pH = 7.5 的 $CoSO_4$+ NaH_2PO_4+ $CO(NH_2)_2$ 体系中，微波辐照反应均匀进行，各处的 pH 值同步增加，发生"突然成核"，然后粒子均匀成长为均分散胶粒，得到 100 左右的 $Co_3(PO_4)_2$ 粒子。

在 $FeCl_3$+ $CO(NH_2)_2$+ H_2O 体系中，微波加热在极短时间内提供给 Fe^{3+} 水解足够的能量，加速 Fe^{3+} 水解从而在溶液中均匀的突发成核，制备 β-FeO(OH) 超微粒子。在一定的浓度范围内，FeO(OH) 继续水解，得到亚微米 α- Fe_2O_3 粒子。微波加热将 Bi^{3+} 迅速水解产生晶核，得到均分散的 $80nmBiPO_4 \cdot 5H_2O$ 粒子。

微波水热法通过控制体系中 pH 值、温度、压力以及反应物浓度，可以制备出二元及多元氧化物。微波加速了反应过程，并使最终产物出现新相，如在 $Ba(NO_3)_2$+$Sr(NO_3)_2$+ $TiCl_3$+KOH 体系中合成出 100nm 的 $Ba_{0.5}Sr_{0.5}TiO_3$ 粒子。

2.7.2.9　紫外红外光辐照分解法

用紫外光作辐射源辐照适当的前驱体溶液，也可制备纳米微粉。例如，用紫外辐照含有 $Ag_2Pb(C_2O_4)_2$ 和聚乙烯吡咯烷酮（PVP）的水溶液，制备出 Ag-Pd 合金微粉。用紫外光辐照含 $Ag_2Rh(C_2O_4)_2$、PVP、$NaBH_4$ 的水溶液制备出 Ag-Rh 合金微粉。

利用红外光作为热源，照射可吸收红外光的前驱体，如金属羰基络合物溶液，使金属羰基分子团之间的键打破，从而使金属原子缓慢地聚集成核、长大以至形成非晶态纳米颗粒。在热解过程中充入惰性气体，可制备出金属纳米颗粒。如 Fe 粉、Ni 粉（25nm）。

2.7.3　物理方法

物理方法采用光、电技术使材料在真空或惰性气氛中蒸发，然后使原子或分子形成纳米颗粒。它还包括球磨、喷雾等以力学过程为主的制备技术。

2.7.3.1　蒸发冷凝法

蒸发冷凝法是指在高真空的条件下，金属试样经蒸发后冷凝。试样蒸发方式包括电弧放电产生高能电脉冲或高频感应等以产生高温等离子体，使金属蒸发。1980 年代初，H. Gleiter 等人首先将气体冷凝法制得的具有清洁表面的纳米微粒，在超高真空条件下压紧致密得到纳米固体。在高真空室内，导入一定压力 Ar 气，当金属蒸发后，金属粒子被周围气体分子碰撞，凝聚在冷凝管上成 10nm 左右的纳米颗粒，其尺寸可以通过调节蒸发温度场、气体压力进行控制，最小的可以制备出粒径为 2nm 的颗粒。蒸发冷凝法制备的超微颗粒具有如下特征：（1）高纯度；（2）粒径分布窄；（3）良好结晶和清洁表面；（4）粒度易于控制等，在原则上适用于任何被蒸发的元素以及化合物。

A　气体冷凝法

原理：欲蒸发的物质（例如，金属、CaF_2、$NaCl$、FeF_2 等离子化合物、过渡族金属氮化物及氧化物等）置于坩埚内，通过钨电阻加热器或石墨加热器等加热装置逐渐加热蒸发，产生原物质烟雾，由于惰性气体的对流，烟雾向上移动，并接近充液氮的冷却棒（冷阱，77K）。在蒸发过程中，由原物质发出的原子与惰性气体原子碰撞因迅速损失能量而冷却，这种有效的冷却过程在原物质蒸汽中造成很高的局域过饱和，这将导致均匀成核过程（见图 2-50）。

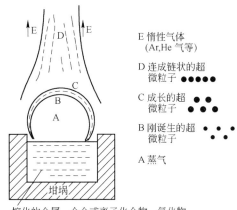

E 惰性气体
　（Ar,He 气等）
D 连成链状的超
　微粒子 ●●●●●
C 成长的超
　微粒子 ●●●
B 刚诞生的超●●●
　微粒子
A 蒸气

熔化的金属、合金或离子化合物、氧化物

图 2-50　气体冷凝法制备纳米微粒原理

因此，在接近冷却棒的过程中，原物质蒸汽首先形成原子簇，然后形成单个纳米微粒，最后在冷却棒表面上积聚起来，用聚四氯乙烯刮刀刮下并收集起来获得纳米粉。

特点：加热方式简单，工作温度受坩埚材料的限制，还可能与坩埚反应。所以一般用来制备 Al、Cu、Au 等低熔点金属的纳米粒子。

B　高频感应法

以高频感应线圈为热源，使坩埚内的导电物质在涡流作用下加热，在低压惰性气体中蒸发，蒸发后的原子与惰性气体原子碰撞冷却凝聚成纳米颗粒。

特点：采用坩埚，一般也只是制备低熔点金属或金属化合物。

C　溅射法

此方法的原理如图 2-51 所示，用两块金属板分别作为阳极/阴极，阴极为蒸发用的材料，在两电极间充入 Ar 气（40～250Pa），两电极间施加的电压范围为 0.3～1.5kV。由于两极间的辉光放电使 Ar 离子形成，在电场的作用下 Ar 离子冲击阴极靶材表面，使靶材原材从其表面蒸发出来形成超微粒子，并在附着面上沉积下来。在附着面上沉积下来。粒子的大小及尺寸分布主要取决于两电极间的电压、电流和气体压力。靶材的表面积愈大，原子的蒸发速度愈高，超微粒的获得量愈多。用溅射法制备纳米微粒具有以下优点：（1）可制备多种纳米金属，包括高熔点和低熔点金属，常规的热蒸发法只能适用于低熔点金属；（2）能制备多组元的化合物纳米微粒，如 $Al_{52}Ti_{48}$、$Cu_{91}Mn_9$ 及 ZrO_2 等；（3）通过加大被溅射的阴极表面可提高纳米微粒的获得量。

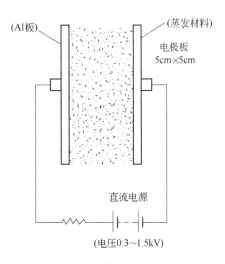

(Al板)　　　　　　　　　　(蒸发材料)

电极板
5cm×5cm

直流电源

（电压0.3～1.5kV）

图 2-51　溅射法制备纳米微粒原理图

D 流动液面真空蒸镀法

该制备法的基本原理是：在高真空中蒸发的金属原子在流动的油面内形成极超微粒子，产品为含有大量超微粒的糊状油，如图2-52所示。

高真空中的蒸发是采用电子束加热，当水冷铜坩埚中的蒸发原料被加热蒸发时，打开快门，使蒸发物镀在旋转的圆盘表面上形成了纳米粒子。含有纳米粒子的油被甩进了真空室沿壁的容器中，然后将这种超微粒含量很低的油在真空下进行蒸馏，使它成为浓缩的含有纳米粒子的糊状物。

E 激光诱导化学气相沉积（LICVD）

（LICVD）法制备超细微粉是近几年兴起的。激光束照在反应气体上形成了反应焰，经反应在火焰中形成微粒，由氩气携带进入上方微粒捕集装置（见图2-53）。该法利用反应气体分子（或光敏剂分子）对特定波长激光束的吸收，引起反应气体分子激光光解（紫外光解或红外光解）、激光热解、激光光敏化和激光诱导化学合成反应，在一定工艺条件下（激光功率密度、反应池压力、反应气体配比和流速、反应温度等），获得纳米粒子空间成核和生长。

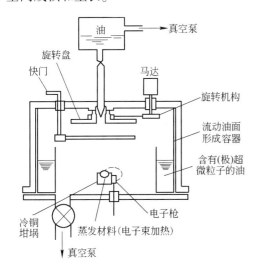

图2-52 真空蒸镀法制备纳米微粒原理图

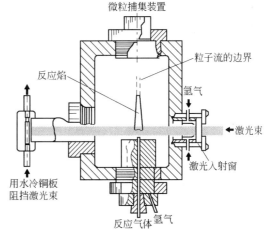

图2-53 激光诱导化学气相沉积（LICVD）

激光辐照硅烷气体分子（SiH_4）时。硅烷分子很容易热解：

$$siH_4 \xrightarrow{hv} Si(g) + 2H$$

热解生成的气构硅 $Si(g)$ 在一定温度和压力条件下开始成核和生长，形成纳米微粒。

$$3SiH_4(g) + 4NH_3(g) \longrightarrow Si_3N_4(s) + 12H_2(g)$$

$$SiH_4(g) + CH_4(g) \longrightarrow SiC(s) + 4H_2(g)$$

特点：该法具有清洁表面、粒子大小可精确控制、无黏结、粒度分布均匀等优点，并容易制备出几纳米至几十纳米的非晶态或晶态纳米微粒。

F 化学蒸发凝聚法（CVC）

这种方法主要是通过有机高分子热解获得纳米陶瓷粉体。其原理是利用高纯惰性气体作为载气，携带有机高分子原料，例如六甲基二硅烷进入钼丝炉，温度为 $1100 \sim 1400$℃、气氛的压力保持在 $(1 \sim 10) \times 10^5 mPa$ 的低气压状态，在此环境下原料热解形成团簇进一步凝聚成纳米级颗粒，最后附着在一个内部充满液氮的转动的衬底上，经刮刀刮下进行纳米粉体收集。这种方法优点足产量大，颗粒尺寸小，分布窄。

2.7.3.2 电爆炸丝法

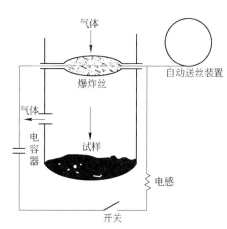

图 2-54 爆炸丝法制备装置示意图

电爆炸是指在一定介质（如惰性气体、水等）环境下，强脉冲电流通过导体丝时，导体材料自身的物理状态急剧变化，并迅速把电能转化为其他形式能量（如热能、等离子体辐射能、冲击波能等）的一种物理现象。利用电爆炸法丝法制备纳米金属、金属化合物以及合金粉体的基本原理是先将金属丝固定在一个充满惰性气体（$50 \times 10^5 Pa$）的反应室中，丝的两端卡头为两个电极，它们与一个大电容相连接形成回路，加 15kV 的高压、金属丝在 $500 \sim 800$kA 下进行加热，熔断后在电流停止的一瞬间，卡头上的高压在熔断处放电，使熔融的金属在放电过程中进一步加热变成蒸汽，与惰性气体碰撞形成纳米粒子沉降在容器的底部，金属丝可以通过一个供丝系统自动进入两卡头之间，从而使上述过程重复进行，如图 2-54 所示。

目前采用电爆炸法制备了直径为 $30 \sim 50$nm 的 Au、Ag、Al、Cu、Fe、W、Mo、Ni、Th、U、Pt、Mg、Pb、Sn、Ta 等 15 种金属纳米粉体，平均粒径 85nm 左右的 Cu-Zn、Cu-Ni、Cu-Al 合金粉末，以及 Al、Mg 的碘化物、硫化物和碳化物。电爆炸丝法制备纳米粉体的优点有：（1）能量转换效率高，依靠放电回路中的金属丝的电阻和容易将电能转化为热能；（2）制备的材料粒度分布更均匀、纯度高。脉冲放电能同时气化整个金属丝，气化效果比脉冲激光和粒子束从金属表面气化得到的更均匀，控制好周围环境介质，可保证纳米粉体的高纯度（金属纳米材料的纯度可达99%）；（3）工艺参数调整方便。通过调节电容量、充电电压及爆炸丝的尺寸等参数，可有效控制粒度大小；（4）方法的通用性强。用电爆炸方法可以制备各种类型的纳米粉体材料；（5）不产生有害的物质，不破坏环境，是一种"绿色"的制备纳米粉体的方法。

2.7.3.3 激光聚集原子沉积法

用激光控制原子束在纳米尺度下移动，使原子平行沉积以实现纳米材料的有目的的构造。激光作用于原子束通过两个途径，即瞬时力和偶合力。在接近共振的条件下，原子束在沉积过程中被激光驻波作用而聚集，逐步沉积在衬底（如硅）上，形成指定形状，如线形。

2.7.3.4 非晶晶化法

采用快速凝固法将液态金属制备成非晶条带，再将非晶条带经过热处理使其晶化获得纳米晶条带的方法（见图 2-55）。用非晶晶化法制备的纳米结构材料的塑性对晶粒的粒径十分敏感、只有晶粒直径很小时，塑性较好，否则材料变得很脆。因此，对于某些成核激活能很小，晶粒长大激活能大的非晶合金采用非晶晶化法，才能获得塑性较好的纳米晶合金。

非晶晶化法的特点：工艺较简单，化学成分准确。例如，将 $Ni_{80}P_{20}$ 非晶合金条带在不同温度下进行等温热处理，使其产生纳米尺寸的合金晶粒。纳米晶粒的长大与其中的晶界类型有关。采用单辊液态法制备出系列纳米微晶合金 FeCuMSiB（M = Nb、Mo、Cr 等），利用非晶晶化方法，在最佳的退火条件下，从非晶体中均匀地长出粒径为 10 ~ 20nm 的 α-Fe（Si）晶粒。由于减少了 Nb 的含量，降低原料成本 40%。在纳米结构的控制中其他元素的加入具有相当重要的作用。研究表明，加入 Cu、Nb、W 元素可以在不同的热处理温度得到不同的纳米结构，如 450°C 晶粒为 2nm；500 ~ 600°C 为 10nm；而当温度高于 650°C，晶粒大于 60nm。

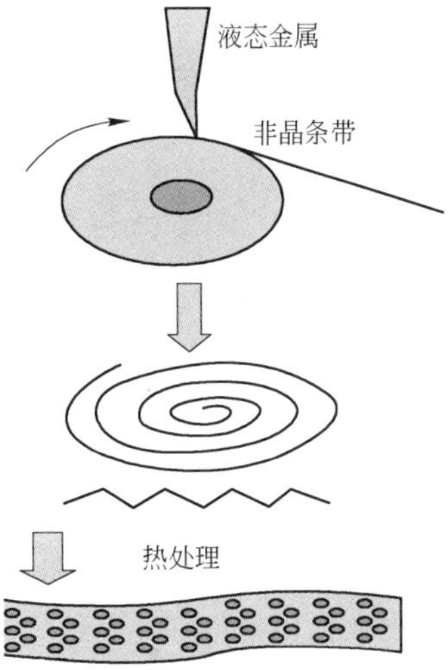

图 2-55 非晶晶化法制备纳米粉体原理示意图

2.7.3.5 机械球磨法

机械球磨法以粉碎与研磨为主体来实现粉末的纳米化，可以制备纳米纯金属及合金。高能球磨法可以制备具有 BCC 结构（如 Cr、Nb、W 等）和 HCP 结构（如 Zr、Hf、Ru 等）的金属纳米晶，但会有相当的非晶成分；而对于 FCC 结构的金属（如 Cu）则不易形成纳米晶。

机械合金化法是 1970 年美国 INCO 公司的 Benjamin 为制备 Ni 基氧化物粒子弥散强化合金而研制成的一种技术。1988 年 Shingu 首先报导了用此法制备晶粒小于 10nm 的 Al-Fe 合金，该法工艺简单，制备效率高，能制备出常规方法难以获得的高熔点金属合金纳米材料。近年来，发展出助磨剂物理粉碎法及超声波粉碎法，可制得粒径小于 100nm 的微粒。

例如，对于 W 和 Cu（La_2O_3）组成的混合粉末而言，它属于脆性/塑性体系，在高能球磨过程中，硬而脆的 W 粒子破裂，并嵌入软的塑性粒子中，研磨球碰撞时，铜颗粒产生剧烈的塑性变形，使其表面与体积之比增大，并破断吸附有杂质的表面膜，估计发生这种碰撞的时间约为 $10^{-4}s$，在此期间，研磨的球进行减速，同时将它们的能量传递给产生塑性变形的金属。在金属颗粒叠置处，将使原子级清洁金属界面紧密接触，形成冷焊和叠合。同时碎化的纳米 W 粒子镶嵌在铜或氧化镧基体中。而随着球磨的进行，塑性粒子之间的焊合作用越来越强，粉末的硬度增加，同时发生断裂和冷焊。在使复合物颗粒平均粒度趋于增大的焊接速率和使复合物颗粒平均粒度趋于减小的断裂速率之间达到平衡后，继续加工时，就将导致复合金属颗粒的稳态粒度分布，焊接与断裂不断地交互发生，这就产生一种揉搓作用，最后得到 W 和 Cu（La_2O_3）细化且均匀混合的组织结构。图 2-56 是这一系列过程的示意图。

2.7.3.6 离子注入法

用同位素分离器使具有一定能量的离子硬嵌在某一与它固态不相溶的衬底中，然后加热退火，让它偏析出来。它形成的纳米粒子在衬底中深度分布和颗粒大小可通过改变注入离子的能量和剂量，以及退火温度来控制。在一定注入条件下，经一定含量氢气保护的热处理后获得了在 Cu、Ag、Al、SiO_2 中的 α-Fe 纳米微晶。Fe 和 C 双注入，Fe 和 N 双注入

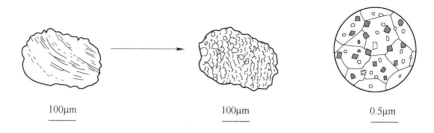

图 2-56 钨与氧化镧或铜粉末球磨过程示意图

制备出在 SiO_2 和 Cu 中的 Fe_3O_4 和 Fe-N 纳米微晶。纳米微晶的形成和热扩散系数以及扩散长度有关。例如，Fe 在 Si 中就不能制备纳米微晶，这可能是 Fe 在 Si 中扩散系数和扩散长度太大的缘故。

2.7.3.7 原子法

1950 年，Feynman 曾设想"如果有一天能按人的意志安排一个个原子和分子将会产生什么样的奇迹？"1982 年 G. Binnig 等发明了扫描隧道显微镜（STM），以空前的解析度为我们揭示了一个"可见"的原子、分子世界。在 80 年代末，STM 已发展成为一个可排布原子的工具。1990 年人们首次用 STM 进行了原子、分子水平的操作。

综上所述，目前纳米材料的制备方法，以物料状态来分可归纳为固相法、液相法和气相法三大类。固相法中热分解法制备的产物易固结，需再次粉碎，成本较高。物理粉碎法及机械合金化法工艺简单，产量高，但制备过程中易引入杂质。气相法可制备出纯度高，颗粒分散性好，粒径分布窄而细的纳米微粒。1980 年以来，随着对材料性能与结构关系的理解，开始采用化学途径对性能进行"剪裁"。并显示出巨大的优越性和广泛的应用前景。液相法是实现化学"剪裁"的主要途径。这是因为依据化学手段，不需要复杂的仪器，仅通过简单的溶液过程就可根据性能进行"剪裁"。例如，TS Ahmade 等利用聚乙烯酸钠作为 Pt 离子的范本物，在室温下惰性气氛中用 H_2 还原，制备出形状可控的 Pt 胶体粒子。

纳米粉体制备技术的整体特点为：

（1）新的纳米粉体制备技术的发展是十分重要的。

（2）以上制备方法将会扩大纳米微粒的应用范围、改进其性能。尤其是溶剂热合成法，由于其诸多的优点有可能发展成为较低温度下纳米固体材料的重要制备方法。预期对纳米材料制备科学发展趋势的探索能使产物颗粒粒径更小，且大小均匀，形貌均一，粒径和形貌均可调控，且成本降低，并可推向产业化。

（3）利用纳米微粒来实现不互溶合金的制备是另一个值得注意的问题。利用小尺寸效应已制备出性能优异的纳米微晶软磁、永磁材料及高密度磁记录用纳米磁性粉，并已进入工业化生产，预期这方面研究还会继续深入下去。

（4）量子点的研究是近年来的热门课题。在分子束外延技术中利用组装制备出 InAs 量子点列阵，并实现了镭射发射，是十分引人注意的新发展。而利用简单的化学技术，如胶体化学法可制备尺寸基本相同的量子点列阵，现已用此法制备成功 CdS 和 CdSe 量子点超晶格，其光学和电学性质很引人注目。类似地，金属（如 Au）量子点列阵的制备，在国际上也引起了重视。此外，以精巧的化学方法或物理与化学相结合的方法，来制备能在室温工作的光电子器件，涉及的尺度一般在 5nm 以下。这些都是纳米材料领域十分富有挑战和机遇的研究方向，必将推动纳米材料研究的进一步深入发展。

世界工业发达国家，如美国、日本等一些纳米材料的生产已具有商业规模。如美国伊利诺州 Nanophase Technologic Corp 公司生产单相氧化物陶瓷如氧化铝、氧化锆等纳米材料，所用生产方法为气相蒸发冷凝法。该公司的每个装置每小时可生产 50~100g。另一家位于新泽西州的 Nanodyne 公司用喷涂转化法生产钴/碳化钨纳米复合材料，用于制造切削工具和其他耐磨装置。

俄罗斯在纳米微粉的生产和应用上也居世界先进水平。例如，克拉斯诺亚尔斯克国立技术大学制备的金刚石粉末粒度在 2~14nm 范围，平均粒径 4nm，比表面积为 250~350m^2/g。该微粉热稳定性好。用这种金刚石粉末制作各种工具、表面涂层，可提高涂层硬度 1.5~3 倍，提高耐磨性 1.5~8 倍。俄罗斯原子能部还开发出制备 Ni、Cu、Al、Ag、Fe、Sn、Mg、Mn、Pt、Au、Mo、W、V 及稀土金属等纳米微粉的生产工艺。

国内纳米材料的制备研究开展较多，其中制备纳米微粉最为普遍。国内目前在研制纳米微的大约有 100 家，据不完全统计，国内目前已能制备出近 50 种纳米材料，主要是纳米微粉。但从总体来看，制备研究与工业化规模生产还有相当的距离。

制备和发展超微粉末材料，满足当今高科技对结构和功能材料之需要，是当今材料科学的重要组成部分。相信不久的将来在某种超微粉或某类超微粉的制备技术上将产生突破，在工业生产中广泛应用，从而使超微粉的优良特性得以造福人类。在今后的高科技角逐中，超微粉材料必将更加展示出它的魅力。

习题与思考题

2-1 从技术上、经济上比较生产金属粉末的三大类方法。还原法、雾化法和电解法。

2-2 粉末中的杂质来源有哪些，杂质的检验方法有哪些？

2-3 制取铁粉的主要还原方法有哪些，比较其优缺点。碳还原法制取铁粉的过程机理是什么，影响铁粉还原过程和铁粉质量的因素有哪些？

2-4 还原法制取钨粉的过程机理是什么，影响钨粉粒度的因素有哪些？作为还原钨粉的原料，蓝钨比三氧化钨有什么优越性，其主要工艺特点是什么？

2-5 为什么不能采用 H$_2$ 还原氧化铝制备 Al 粉？

2-6 雾化法可生产哪些金属粉末？为什么？

2-7 在水雾化制粉时，怎样获得球形颗粒。

2-8 在气体雾化时，如果颗粒尺寸随熔体黏度增加而增大，粒度对颗粒形状会有何种作用，高的过热温度会有利于形成球形颗粒吗？

2-9 提供一种原因解释气体雾化时，如果平均粉末粒度减少，粒度分布区域将会变窄。

2-10 金属液气体雾化过程的机理是什么，影响雾化粉末粒度、成分的因素有哪些？

2-11 快速冷凝技术的特点是什么，快速冷凝技术的主要方法有哪些？

2-12 离心雾化法有什么特点？

2-13 离心雾化粉末通常有双峰形粒度分布曲线，讨论产生这种结果的原因。

2-14 分别用水雾化，气体雾化和还原方法制备 Cu 粉（理论密度 = 8.9g/cm^3），测试指数如下：

性能	A	B	C
平均粒度/μm	48	25	40
松装密度/g·cm^{-3}	2.8	1.7	4.4
振实密度/g·cm^{-3}	3.3	2.4	4.7
流速/s·(50g)$^{-1}$	32	50	21
BET 表面积/m^2·g	0.014	0.063	0.017

区分数据所对应的制备方法，并分析求证你的答案。

2-15 用气体雾化制备合金粉末，雾化融液金属温度略高于液相线，对于粒径为 100μm 的颗粒，固化时间为 0.04s，估算在同样条件下 10μm 粒径粉末颗粒的固化时间。

2-16 在旋转圆盘雾化时，首先形成了长 40μm、直径 5.3μm 圆筒体，能形成几个等尺寸的球形颗粒。如果该薄片圆筒体分开时，能形成几个等直径的球形颗粒（设表面能维持不变)？

2-17 电解法可生产哪些金属粉末，为什么，当用电解法制备合金粉末时（如黄铜"铜—锌合金"），会遇到什么困难？

2-18 影响电解铜粉粒度的因素有哪些？

2-19 球磨脆性粉末时，输入的总功与粉末粒径的 1/2 方成正比，当粉末由 10μm 减少到粒径 1μm 时，能量变化有多大？

2-20 W-Cu 复合粉末在搅拌球磨机中 120r/min 条件下研磨 4h，如果要在 1h 条件下也获得相同的粒径，那么速度应该是多少？

2-21 为什么非晶粉末难于成型（与多晶粉末比较)。

2-22 一气体雾化粉末，平均粒径为 40μm（重量法)，X-Ray 分析中 25% 为非晶粉末；该粉末经 38μm（400 目）过筛，X-Ray 复检时发现 38μm（-400 目）的粉末中有 40% 的非晶粉末。

 （1）在 38μm（+400 目）部分材料中非晶粉是多少？

 （2）为什么会有大的非晶颗粒和结晶颗粒？

2-23 试论述超细粉末的前景及应用。

3 粉末成型

本章要点

成型是粉末冶金工艺过程的第二道基本工序，是粉末紧密形成具有一定形状、孔隙度和强度的工艺过程。成型分普通模压成型和特殊成型两大类，前者是将金属粉末或混合料装在钢制压模内通过模冲对粉末加压、卸压后，最后把压坯从阴模内压出。此过程中，粉末与粉末、粉末与模冲和模壁之间存在摩擦，使压制过程中力的传递和分布发生改变，由于压力分布不均匀，造成了压坯各个部分密度和强度分布的不均匀，从而在压制过程中产生一系列复杂的现象。本章将重点讲解粉体成型过程、压制过程中力的分析、正确制订成型工艺规范、特殊成型技术。

3.1 概　　述

成型是将松散的粉末加工成具有一定形状、尺寸以及具有一定密度和强度的坯块。虽然在通常情况下，粉末成型的坯块并不是粉末冶金的最终产品，但是粉末冶金制品所具有的形状、大小以及制品性能却与粉末冶金成型有着极大关系，所以粉末成型是粉末冶金中的一个重要问题。

当对压模中的粉末施加压力后，粉末颗粒间将发生相对移动，粉末颗粒将填充孔隙，使粉末体的体积减小，粉末颗粒迅速达到最紧密的堆积，直到达到所要求的密度。随着压制压力的继续增大，当压力达到或超过粉末颗粒的强度极限，粉末颗粒发生塑性变形（对于脆性粉末来说，不发生塑性变形，而出现脆性断裂）。直到达到具有一定密度的坯块。

随着粉末冶金成型技术的发展，用粉末冶金方法能够生产重达几吨的大型坯锭，厚不到1mm，宽达1m，长几十米的薄板、带材、复杂的钻头、奇形怪状的零件；几乎达到百分之百理论密度的生坯。这些新产品的问世也有力地推动了粉末冶金事业的发展，为粉末冶金的应用展示了广阔的前景。但是粉末成型理论方面的研究尚不完善，至今成型中的很多基本问题仍然不能给予较理想的解释，需要进一步加强研究。

3.2 压制成型原理

粉末冶金的基本成型方法是压制，钢压模压制成型是传统的成型方法。压制成型原理是以钢压模压制方法为基础发展而来，也可应用于其他成型方法作为借鉴。

3.2.1 粉末的压制过程

3.2.1.1 压制过程中所受的力

粉末体在钢压模（见图3-1）内的受力过程，在某种程度上表现出与液体相似的性质，力图向各个方向流动，这就引起对压模模壁的压力，称之为侧压力（$p_{侧}=\xi p_{压}$，ξ 为侧压系数，$\xi=\gamma/(1-\gamma)$，γ 为泊松比）。由于侧压力的作用，压模内靠近模壁的外层粉末与模壁之间产生摩擦力（$F_{摩}=\mu p_{侧}S$，μ 为粉末与模壁的摩擦系数，S 为粉末与模壁的接触面积），这种摩擦力的出现会使压坯在高度方向上存在明显的压力降（导致压坯各部分粉末致密化不均匀）。

压制过程中，粉末颗粒要经受着各个不同程度的弹性变形和塑性变形，在压坯内聚集了很大的内应力（见图 3-2）。当去除压力后压坯由于这些应力的作用会力图膨胀。把压坯脱出压模后，压坯发生膨胀的这种现象称之为弹性后效（$S=(L-L_0)/L_0$）。

压坯在压模中，当去除压力后，压坯仍会紧紧地固定在压模内。为了从压模中取出压坯，还需要再施加一定的压力，这个压力为脱模压力（一般为压制压力的 10%~30%）。

金属粉末压制过程的实质就是粉末颗粒体由于被压缩而发生变形。

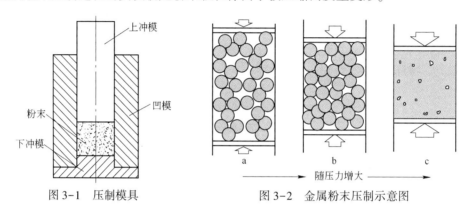

图 3-1　压制模具　　　　　　图 3-2　金属粉末压制示意图

3.2.1.2　粉末体的特性

在生产实践中，粉末体类似于一般的气体和液体，它们都具有一定的流动性，而且还与气体一样可以压缩。但是，气体虽可压缩，但在卸压后不能成型。而液体一般不能压缩，也不能成型。这说明粉末体不同于一般的气体和液体，而是由它本身的特性决定的。

一是多孔性。粉末体是固体和气体微细颗粒的混合体。这些气体存在于粉末颗粒之间的孔隙之中，也就是说这些气体在粉末体中形成了孔洞。例如细钨粉的松装密度为 $1.5~2g/cm^3$，而致密钨的密度为 $19.3g/cm^3$，由此可见，钨粉中的孔隙度高达 90% 左右。一般情况下，在未压制的金属粉末中，孔隙占整个体积的 50% 以上，通常为 70%~85%。

由于粉末颗粒在自由堆积时的搭接，造成比颗粒大很多倍的大孔，这种现象叫做拱桥效应。

由于粉末体有大量的孔隙存在，粉末松装时粉末颗粒间的接触只产生一些点、线或较小的面处，因此这种颗粒间的连接是十分不牢固的，故粉末体本身就处于一种非常不稳定的平衡状态，一旦受到外力的作用，便将破坏这种不稳定的平衡状态，而产生粉末颗粒的一系列相对位移，从粉末冶金的概念来看，这叫做粉末体的不稳定性和易流动性。

二是发达的比表面。例如边长为 1mm 的小正方体，它的表面积为 $6mm^2$，如果将其边长破碎为 0.1mm 的小立方体，其表面积为 $60mm^2$。即增加十倍，在实践中，粉末体的颗粒往往比 0.1mm 小得多，因此粉末体的比表面是非常发达的。

另外，由于粉末颗粒形状十分复杂，即粉末颗粒表面是十分粗糙、多棱和凹凸不平的，所以当粉末体被压缩时，粉末颗粒间可产生十分复杂的机械啮合，而压坯当压力卸除后，仍然维持其形状不变。再者，粉末体被压缩时，由简单的点、线和小块的面接触变为大量的面接触，这时颗粒间的接触面积增加的数量级比压坯密度提高的数量级要大几千倍，甚至若干万倍。这时粉末颗粒间便可产生一种原子间的引力。结果，使粉末体经压制成型后，不仅能维持一定的形状，而且使压坯具有一定的强度，即粉末具有良好的成型性。

3.2.1.3　粉末颗粒的变形与位移

粉末体的变形不仅依靠粉末颗粒本身形状的变化，更重要的是依赖于粉末颗粒的位移和孔隙体积的变化。

图 3-3 为归纳出的粉末颗粒位移的几种形式：（1）粉末颗粒的移近，在移近的第一阶段，两颗粉末颗粒可能尚未接触，在外力作用下，两颗粉末颗粒分别受到一个方向相反的力的作用，使两颗粉末颗粒相互移近，而使接触部分增加；（2）粉末颗粒的分离，两颗粉末颗粒受到一个方向相反力的作用，促使粉末颗粒彼此分离，这种接触部分的减少，甚至使粉末颗粒完全分离；（3）位移时在接触部分发生粉末颗粒的滑动；（4）粉末颗粒的转动，即上面的粉末颗粒受到一个力的作用，使其相对于下面的颗粒粉末产生转动；（5）由于粉末颗粒的脆性破坏或磨削作用造成的粉碎而发生的移动。生产实践中，粉末颗粒的位移可能是同时以几种形式存在。

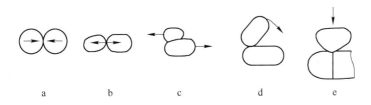

图 3-3　粉末位移的形式

a—粉末颗粒的接近；b—粉末颗粒的分离；c—粉末颗粒的滑动
d—粉末颗粒的转动；e—粉末颗粒因粉碎而产生的移动

粉末的位移常常伴随着粉末的变形。粉末体的变形与致密金属的变形有所不同，致密金属变形时，一般认为无体积变化。粉末体的变形，不仅粉末体的形状改变（弹性变形、塑性变形和脆性断裂——与致密材料一样），而且体积也发生变化。如前所述，粉末体在受压后体积大大减少，这是因为粉末在压制时不但发生了位移，而且发生了变形。粉末变形可能有三种情况：

（1）弹性变形。外力卸除后粉末形状可以恢复到原形。

（2）塑性变形。压力超过粉末的弹性极限，变形不能恢复原形。压缩铜粉的实验指出，发生塑性变形所需要的单位压力大约是该材质弹性极限的 2.8~3 倍。金属塑性越大，塑性变形也就越大。

（3）脆性断裂。单位压制压力超过强度极限后，粉末颗粒发生粉碎性的破坏。当压制难熔金属如 W、Mo 或其化合物如 WC、Mo_2C 等脆性粉末时，除有少量塑性变形外，主要是脆性断裂。

压制时粉末的变形如图 3-4 所示。由图可知，压力增大时，颗粒发生形变，由最初的点接触逐渐变成面接触，接触面积随之增大，粉末颗粒由球形变为扁平状，当压力继续增大时，粉末就可能碎裂。

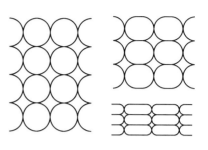

图 3-4 压制时粉末的变形

3.2.2 压制过程中压坯的受力分析

压制是一个十分复杂的过程。粉末体在压制中之所以能够成型，其关键在于粉末体本身的特征。而影响压制过程的各种因素中，压制压力又起着决定性的作用。

3.2.2.1 应力和应力分布

压制压力作用在粉末上后分为两部分，一部分用来使粉末产生位移、变形和克服粉末的内摩擦，这部分力称为净压力，常以 p_1 表示；另一部分，是用来克服粉末颗粒与模壁之间外摩擦的力，这部分力称为压力损失，通常以 p_2 表示。因此，压制时所用的总压力为净压力与压力损失之和，即

$$p = p_1 + p_2$$

压模内模冲、模壁和底部的应力分布如图 3-5 所示。由图可知，压模内各部分的应力是不相等的。由于存在着压力损失，上部应力比底部应力大；在接近模冲的上部同一断面，边缘的应力比中心部位大；而在远离模冲的底部，中心部位的应力比边缘应力大。

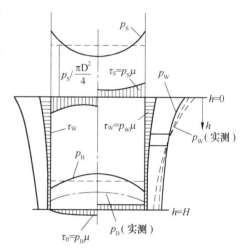

图 3-5 压模内模冲、模壁和底部的应力分布

p_S—模冲压力；p_W—模壁压力；p_B—底部压力；

τ_S—模冲的剪切应力；τ_W—模壁的剪切应力；

τ_B—底部的切应力；h—两断面间距离；

H—最大距离；μ—摩擦因数

3.2.2.2 侧压力和模壁摩擦力

粉末在压模内受压时，压坯会向四周膨胀，模壁就会给压坯一个大小相等方向相反的作用力，压制过程中由垂直压力所引起的模壁施加于压坯的侧面压力称为侧压力。由于粉末颗粒之间的内摩擦和粉末颗粒与模壁之间的外摩擦等因素的影响，压力不能均匀地全部传递，传到模壁的压力将始终小于压制压力，即侧压力始终小于压制压力。为了分析受力情况，取一个简单方体压坯来进行研究，如图 3-6 所示。

当压坯受到正压力 p（z 轴方向）作用时，它企图使压坯在 y 轴方向产生膨胀。从力学可知，此膨胀值 Δl_{y1} 与材料的泊松比 ν 和正压力 p 成正比，与弹性模量 E 成反比，即

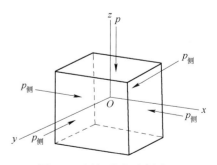

图 3-6 压坯受力示意图

$$\Delta l_{y1} = \upsilon \frac{p}{E} \qquad (3-1a)$$

在 x 轴方向的侧压力也力图使压坯在 y 轴方向膨胀 Δl_{y2}，即

$$\Delta l_{y2} = \upsilon \frac{p_{侧}}{E} \qquad (3-1b)$$

然而，y 轴方向的侧压力对压坯的作用是使其压缩 Δl_{y3}，即

$$\Delta l_{y3} = \frac{p_{侧}}{E} \qquad (3-2)$$

压坯在压模内由于不能侧向膨胀，因此在 y 轴方向的膨胀值之和（$\Delta l_{y1} + \Delta l_{y2}$）应等于其压缩值 Δl_{y3} 即

$$\Delta l_{y1} + \Delta l_{y2} = \Delta l_{y3}$$

$$\upsilon \frac{p}{E} + \upsilon \frac{p_{侧}}{E} = \frac{p_{侧}}{E}$$

$$\upsilon \frac{p}{E} = \frac{p_{侧}}{E}(1 - \upsilon)$$

$$\frac{p_{侧}}{p} = \xi = \frac{\upsilon}{1 - \upsilon}$$

$$p_{侧} = \xi p = \frac{\upsilon}{1 - \upsilon}p \qquad (3-3)$$

在式（3-3）中单位侧压力与单位压制压力的比值 ξ 称为侧压系数。p 为垂直压制压力或轴向压力。

同理，也可以沿 x 轴方向推导出类似的公式。

侧压力的大小受粉末性能及压制工艺的影响，在上述公式的推导中，只是假定在弹性变形范围内有横向变形，既没有考虑粉体的塑性变形，也没有考虑粉末特性及模壁变形的影响。这样把仅使用于固体物体的胡克定律应用到粉末压坯上来，与实际情况是不尽相符的，因此，按照公式（3-3）计算出来的侧压力只能是一个估计值。

还应指出，上述侧压力是一种平均值。由于外摩擦力的影响，侧压力在压坯的不同高度上是不一致的，即随着高度的降低而逐渐下降。侧压力的降低大致具有线性特性，且直线倾斜角随压制压力的增加而增大。有资料介绍，高度为 7cm 的铁粉压坯试样，在单向压制时，试样下层的侧压力比顶层的侧压力小 40% ~ 50%。

目前还需要继续进行关于侧压力理论和实验的研究。研究这个问题的重要性是，如果没有侧压力的数值，就不可能确定平均压制压力，而这种平均压制压力是确定压坯密度变化规律时必不可少的。

在一般情况下，外摩擦的压力损失取决于压坯、原料与压模材料之间的摩擦因数、压坯与压模材料间黏结倾向、模壁加工质量、润滑剂情况、粉末压坯高度和压模直径等。外摩擦的压力损失可用下面的公式表示：

$$\Delta p = \mu p_{侧}$$

式中，Δp 为摩擦的压力损失；$p_{侧}$ 为总侧压力；μ 为摩擦因数。

外摩擦的压力损失 Δp 与正压力 p 之比为：

$$\frac{\Delta p}{p} = \frac{\mu p_{侧}}{p} = \frac{\mu \xi \pi D \Delta H p}{\frac{\pi D^2}{4} p} = \mu \xi \frac{4 \Delta H}{D}$$

即

$$\frac{\mathrm{d}p}{p} = \mu \xi \frac{4}{D} \mathrm{d}H$$

积分整理后，可得

$$p' = p e^{-4\frac{H}{D}\xi\mu} \tag{3-4}$$

式中，p' 为下模冲的压力；p 为上模冲的作用力，即总压制压力；H 为压坯高度；D 为压坯直径。

上述的经验公式，已为许多试验所证实，即沿高度的压力降和直径呈指数关系。

当压坯的截面积与高度之比一定时，压坯尺寸越大，压坯中与模壁不发生接触的颗粒越多，即不受外摩擦力影响的粉末颗粒的百分数越大。所以压坯尺寸越大，消耗于克服外摩擦所损失的压力越小。

图 3-7 给出了铜粉压坯中的压力分布与压坯高度的关系。压坯底部的压力以使用的压力为标准，压坯的厚度以直径为标准。虽然数据分散，但是可以明显地看出随着压坯高度的增加，压力发生明显的衰减。

图 3-7 也体现了式（3-4）的变化规律，沿高度方向上，压制压力的减少是由于存在模壁摩擦力。实际压制的时候在模冲表面上也存在摩擦力，这会给压力施加一个轴向分量。双向压制会在上模冲和下模冲运动时因摩擦力的阻碍而导致粉末沿压制方向运动，在压制时形成对应压力等高线。式（3-4）同样适用于双向压制。与单向压制相比，双向压制使压坯上压力的分布更加均匀。在单向和双向两种压制方式下，压力的衰减都取决于压坯的高径比。随着压坯直径的减小，压力随高度下降很快。所以，要得到密度均匀的压坯应使用小的高径比。单向压制通常只适用于几何形状简单的产品。

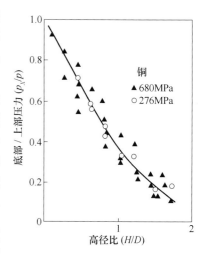

图 3-7 铜粉压坯中的压力分布与压坯高度的关系

单向压制时平均压制应力为：

$$\sigma = 1 - 2\mu \xi \left(\frac{H}{D} \right) \tag{3-5a}$$

双向压制时平均压制应力为：

$$\sigma = 1 - \mu \xi \left(\frac{H}{D} \right) \tag{3-5b}$$

平均应力也取决于压坯高径比几何因子（H/D），轴向/径向压力比值，侧压系数（ξ）和模壁摩擦因数（μ）。在压坯高度小、直径大，有模壁润滑的时候可以获得高的平均应力。模壁摩擦降低了压制效率。由于压坯密度很大程度上取决于压力的大小，模壁摩擦造成压坯的密度沿压坯高度方向分布不均匀。压坯的尺寸和形状也会影响密度分布，最重要的影响参数还是压坯的高径比。当压制长度较大的零件时，可以使用其他的一些方法，如冷等静压等，以避免模壁摩擦的问题。

外摩擦力造成了压力损失，使得压坯的密度分布不均匀，甚至还会因粉末不能顺利充填某些棱角部位而出现废品。为了减少因摩擦出现的压力损失，可以采取如下措施：（1）添加润滑剂；（2）减小模具的表面粗糙度和提高硬度；（3）改进成型方式，如采用双向压制等。

摩擦力对于压形虽然有不利的方面，但也可加以利用，来改进压坯密度的均匀性，如带摩擦芯杆或浮动压模的压制。

3.2.2.3 脱模压力

使压坯由模中脱出所需的压力称为脱模压力。它与压制压力、粉末性能、压坯密度和尺寸、压模和润滑剂等有关。

脱模压力与压制压力的比例，取决于摩擦因数和泊松比。除去压制压力之后，如果压坯不发生任何变化，则脱模压力应当等于粉末与模壁的摩擦力损失。然而，压坯在压制压力消除之后要发生弹性膨胀，压坯沿高度伸长，侧压力减小。铁粉压坯卸除压力后，侧压力降低 35%。塑性金属粉末，因其弹性膨胀不大，所以脱模压力与摩擦力损失相近。铁粉的脱模压力与压制压力 p 的关系为 $p_{脱} \approx 0.13p$，硬质合金物料在大多数情况下 $p_{脱} \approx 0.3p$。

脱模压力随着压坯高度增加而增加，在中小压制压力（小于 $300 \sim 400\text{MPa}$）的情况下，脱模压力一般不超过 $0.3p$。当使用润滑剂压制铁粉时，可以将脱模压力降低到 $0.03 \sim 0.05p$。

3.2.2.4 弹性后效

在压制过程中，当除去压制压力并把压坯压出压模之后，由于内应力的作用，压坯发生弹性膨胀，这种现象称为弹性后效。弹性后效通常以压坯胀大的百分数表示，即：

$$\delta = \frac{\Delta l}{l_0} \times 100\% = \frac{l - l_0}{l_0} \times 100\% \tag{3-6}$$

式中，δ 为沿压坯高度或直径的弹性后效；l_0 为压坯卸压前的高度或直径；l 为压坯卸压后的高度或直径。

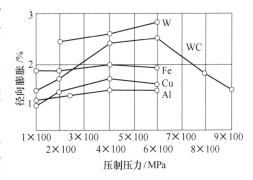

图 3-8　径向弹性后效与压制压力的关系

产生弹性后效现象的原因是：粉末在压制过程中受到压力作用，粉末颗粒发生弹塑性变形，从而在压坯内部聚集很大的弹性内应力，其方向与颗粒所受的外力方向相反，力图阻止颗粒变形。当压制压力消除后，弹性内应力松弛，改变颗粒的外形和颗粒间的接触状态，这就使粉末压坯发生膨胀。如前所述，压坯的各个方向受力大小不一样，因此，弹性内应力也不相同，所以，压坯的弹性后效就有各向异性的特点。由于轴向压力比侧压力大，因此，沿压坯高度的弹性后效比横向的要大一些。压坯在压制方向的尺寸变化可达 $5\% \sim 6\%$，而垂直于压制方向上的变化为 $1\% \sim 3\%$，不同方向上的弹性后效与压制压力的关系如图 3-8 和图 3-9 所示。

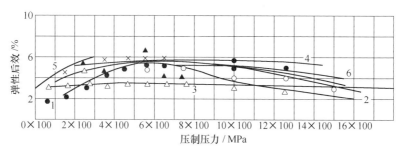

图 3-9　轴向弹性后效与压制压力的关系

1—雾化铝粉；2—研磨铬粉；3—旋涡铁粉；4—电解铁粉（$w(FeO) = 1.42\%$）；
5—电解铜粉；6—电解铁粉（$w(FeO) = 25\%$）

3.2.3　压坯密度及其分布

3.2.3.1　压坯密度的分布

压制过程的主要目的之一是要求得到一定的压坯密度，并力求密度均匀分布。但是实践表明，由于摩擦力的作用，压坯的密度分布在高度和横截面上是不均匀的。例如，在压力 $p = 700MPa$，凹模直径 $D = 20mm$，高径比 $H/D = 0.87$ 条件下，镍粉各部分的密度分布如图 3-10 所示。图 3-10 中所示的数据表明，在与模冲相接触的压坯上层，密度都是从中心向边缘逐步增大的，顶部的边缘部分密度最大；在压坯的纵向层中，密度沿着压坯高度由上而下降低。但是，在靠近模壁的层中，由于外摩擦的作用，轴向压力的降低比压坯中心大得多，使压坯底部的边缘密度比中心密度低

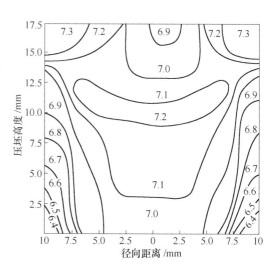

图 3-10　镍粉各部分的密度分布

度比中心密度低。因此，压坯下层的密度和密度的分布状况和上层相反。

另外，压坯中密度分布的不均匀性，在很大程度上可以用不同的压制方式来改善。如把单向压制改为双向压制，沿轴线方向的密度分布就有很大改善。在双向压制时，与上、下模冲接触的两端密度较高，而中间部分的密度较低（见图 3-11 和图 3-12）。

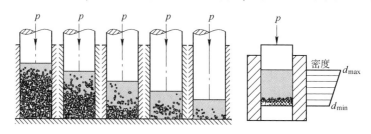

图 3-11　单向压制过程及压坯密度沿高度的分布

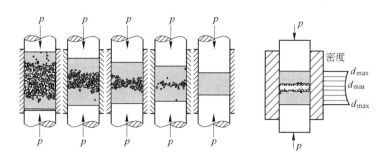

图 3-12　双向压制过程及压坯密度沿高度的分布

实际中，为了使压坯密度分布得更加均匀，还可采取利用摩擦力的压制方法。虽然外摩擦是密度分布不均匀的主要原因，但在许多情况下却可以利用粉末与压模零件之间的摩擦来减小密度分布的不均匀性。例如，套筒类零件（如汽车钢板销衬套、含油轴套、汽门导管等）就应在带有浮动阴模或摩擦芯杆的压模中进行压制。因为阴模或芯杆与压坯表面的相对位移可以引起模壁或芯杆相接触的粉末层的移动，从而使得压坯密度沿高度分布的均匀一些，如图 3-13 所示。

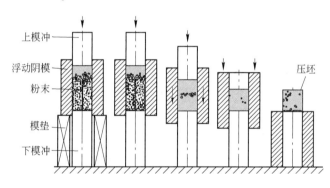

图 3-13　带浮动凹模的双向压制过程示意图

3.2.3.2　影响压坯密度分布的因素

前面已经分析压制时所用的总压力为净压力与压力损失之和，而这种压力损失是在普通钢模压制过程中造成压坯密度分布不均的主要原因。实践证明，增加压坯的高度会使压坯各部分的密度差增加；而加大直径则会使密度分布更加均匀。即高径比越大，密度差别越大。为了减小密度差别，降低压坯的高径比是适宜的。因为高度减少之后压力沿高度的差异相对减少了，使密度分布得更加均匀。

采用模壁光洁程度很好的压模并在模壁上涂润滑油，能够减小外摩擦因数，改善压坯的密度分布。压坯中密度分布的不均匀性，在很大程度上可以用双向压制法来改善。在双向压制时，与模冲接触的两端密度较高，而中间部分的密度较低，如图 3-14 所示。电解铜粉压坯的密度分布情况如图 3-15 所示。

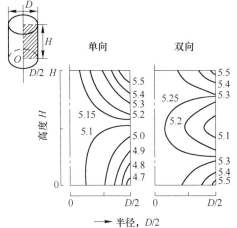

图 3-14 单向压制与双向压制压坯沿高度的变化

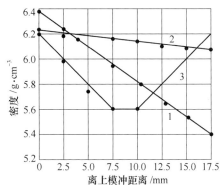

图 3-15 电解铜粉压坯的密度沿高度方向的分布

1—单向压制无润滑剂；2—单向压制添加 4%
石墨粉；3—双向压制无润滑剂

由图 3-15 可知，单向压制时，压坯中各截面平均密度沿高度方向直线下降（直线 1）；在双向压制时，尽管压坯的中间部分有一密度较低的区域，但密度的分布状况已有了明显的改善（折线 3）。

为了使压坯密度分布尽可能均匀，生产上可以采取下列行之有效的措施：（1）压制前对粉末进行还原退火等预处理，消除粉末的加工硬化，减少杂质含量，提高粉末的压制性能。（2）加入适当的润滑剂或成型剂，如铁基零件的混合料中加硬脂酸锌、润滑油、硫等，硬质合金混合料中加入橡胶（石蜡）、汽油溶液或聚乙烯醇等塑料溶液等。（3）改进加压方式，根据压坯高度（H）和直径（D）或厚度（δ）的比值而设计不同类型的压模，当 $\frac{H}{D} \leqslant 1$，而 $\frac{H}{\delta} \leqslant 3$ 时，可采用单向压制；当 $\frac{H}{D} > 1$，而 $\frac{H}{\delta} > 3$ 时，则需采用双向压制；当 $\frac{H}{D}$ 为 4~10 时，需要采用带摩擦芯杆的压模或双向浮动压模、引下式压模等；当对压坯密度的均匀性要求很高时，则需等静压压制成型；对于很长的制品，则可以采用挤压或等静挤压成型。（4）改进模具构造或者适当变更压坯形状，使不同横截面的连接部位不出现急剧的转折；模具的硬度一般需要达到 58~63HRC；在粉末运动部位，模具的表面粗糙度应低于 $Ra1.6$，以便降低粉末与模壁的摩擦因数，减少压力损失，提高压坯的密度均匀性。

3.2.4 压制压力与压坯密度的关系

3.2.4.1 压坯密度的变化规律

对装于压模中的松装粉末加压时，压坯的相对密度（压坯密度/相同成分致密金属的密度）发生如图 3-16 规律性变化：

阶段Ⅰ（曲线 a），施加压力后，拱桥破坏，颗粒位移，填充孔隙，并达到最大充填密度。结果，压坯体积减小，密度迅速增加。例如，在压制铁粉时，压力从零增加到 $2t/cm^2$ 时，压坯密度从 $1.8g/cm^3$ 增加至 $5g/cm^3$，即提高了近三倍。

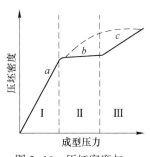

图 3-16 压坯密度与
成形压力的关系

阶段Ⅱ（曲线 *b*），压坯经过第一阶段压缩后，密度已达一定值。这时粉末体出现了一定的压缩阻力，此时压力虽然继续增加，但是压坯密度增加很少，这是因为此时粉末颗粒的位移已大大减小，而其大量的变形却未开始。

阶段Ⅲ（曲线 *c*），当压力继续增大，超过粉末材料的临界应力值（屈服极限或强度极限）时，粉末颗粒开始变形或断裂。由于位移和变形同时起作用。因此，压坯密度又随之增大。

粉末压制过程分阶段的说法是近似的、理想的。事实上大多数金属粉末在压制时都看不到这种明显的分为三个阶段的特征。例如，对于 Cu、Pb 等塑性材料，压制时第二阶段则很不明显，往往是第一、三阶段相互连接。对于硬度很大的材料，则第二阶段很明显，而要使第三阶段表现出来则需相当高的压力。图 3-17 为人们实际测量的 Ag、Cu、Ni、Mo 粉的压坯密度与压制压力的关系曲线。

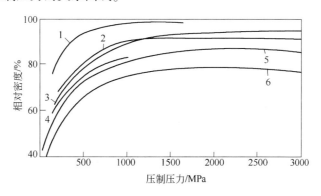

图 3-17 压坯密度与压制压力的关系曲线
1—银粉；2—旋涡铁粉；3—铜粉；4—还原铁粉；5—镍粉；6—钼粉

3.2.4.2 压制压力与压坯密度的定量关系（压制方程）

寻找一个压制方程来描述粉末体在压制压力作用下压坯密度增高这个现象，一直就是一切与粉末有关的工艺领域中的一个重要课题。因此，近几十年来国内外的粉末冶金工作者在这个方面做了大量工作。自从 1923 年 Walker 根据实验首次提出了粉末体的相对体积与压制压力的对数呈线性关系的经验公式以来，现在已经提出的压制压力与压坯密度的定量关系式竟有几十种之多。其中以巴尔申、川北、艾西方程最为重要，我国也研究出了黄培云压制方程。这些理论和经验公式如表 3-1 所示。

表 3-1 几种典型的压制方程

序号	提出日期	著者名称	公 式	注 解
1	1923	汪克尔	$\beta = \kappa_1 - \kappa_2 \lg p$	κ_1，κ_2—系数； p—压制压力； β—相对体积
2	1930	艾 西	$\theta = \theta_o e^{-\beta p}$	θ—压力 p 时的孔隙度； θ_o—无压时的孔隙度； β—压缩系数

序号	提出日期	著者名称	公　式	注　解
3	1938	巴尔申	$$\frac{\mathrm{d}p}{\mathrm{d}\beta}=-Lp$$ $$\lg p_{\max}-\lg p=L\ (\beta-1)$$ $$\lg p_{\max}-\lg p=m\lg\beta$$	$p_{\max}$—相应于压至最紧密状态（$\beta=1$）时的单位压力； L—压制因素； m—系数； β—相对体积
4	1948	史密斯	$$d_{压}=d_{松}+\kappa\sqrt[3]{p}$$	$d_{压}$—压坯密度； $d_{松}$—粉末松装密度
5	1956	川北公夫	$$C=\frac{abp}{1+bp}$$	C—粉末体积减少率； a，b—系数
6	1961	黑克尔	$$\ln\frac{1}{1-D}=\kappa p+A$$	A，κ—系数
7	1962	尼古拉耶夫	$$p=\sigma_{s}CD\ln\frac{D}{1-D}$$	σ_{s}—金属粉末的屈服极限； C—系数
8	1962	米尔逊	$$\lg\ (p+\kappa)\ \approx -n\lg\beta+\lg p_{k}$$	p_{k}—金属最大压密时的临界压力； κ，n—系数
9	1963	库　宁 尤尔尹辽	$$d=d_{\max}-\frac{\kappa_{0}}{d}\mathrm{e}^{-ap}$$	$d_{\max}$—压力无限大时的极限密度； a，κ_{0}—系数
10	1963	平井西夫	$$\frac{\mathrm{d}\varepsilon}{\mathrm{d}t}=\frac{\beta}{\phi}t^{k}f^{\beta-1}\frac{\mathrm{d}f}{\mathrm{d}t}$$ $$+\frac{K}{\phi}t^{k-1}f^{\beta-1}f$$	f—外力； ε—应变； ϕ，β，K—系数
11	1964～1980	黄培云	$$\lg\ln\frac{(d_{m}-d_{0})\,d}{(d_{m}-d)\,d_{0}}=n\lg p-\lg M$$ $$m\lg\ln\frac{(d_{m}-d_{0})\,d}{(d_{m}-d)\,d_{0}}=\lg p-\lg M$$	d_{m}—致密金属密度； d_{0}—压坯原始密度； d—压坯密度； p—压制压强； M—相当于压制模数； n—相当于硬化指数的倒数； m—相当于硬化指数
12	1973	巴尔申 查哈良 马奴卡	$$p=3^{a}p_{0}\rho^{2}\frac{\Delta\rho}{\theta_{0}}$$	p_{0}—初始接触应力； ρ—相对密度； $\theta_{0}=1-\rho$； $a=\dfrac{\rho^{2}(\rho-\rho_{0})}{\theta_{0}}$

　　该表所列的一些压制方程不是十分理想，原因有三个方面。一是大多数方程是从吻合实验数据出发，作者没有去认真考虑过程进行所依据的物理原理；二是这些公式中均含有常数，而这些常数往往是不能由分析和计算来确定的，必须根据实验所测的压力和密度值经验确定。并且这些常数，因粉末材质不同和压制时条件差异而变化；三是压制过程十分

复杂, 而在推导理论公式时人们往往把这样一个复杂的过程过分简单化了。如在粉末压制过程中, 摩擦力的影响不仅存在, 而且十分重要, 可是许多学者在研究中假定它没有摩擦力的影响。

由于以上原因, 这些公式都具有很大的局限性, 至今还不能完全指导生产实践。当前常用的压坯密度和压制压力呈幂指关系, 具体是: ρ (密度) $= bp^a$ (式中 a、b 为常数, p 为压制压力)。

3.2.5 压坯强度

在粉末体成型过程中, 压坯强度随压制压力的增加而增加。对于压坯强度有两种观点。一种观点认为, 粉末压坯强度决定于粉末颗粒之间的机械啮合力, 即取决于粉末颗粒表面的凹凸不平所构成的楔住和勾连。另一种观点认为, 压坯强度决定于粉末颗粒之间原子间的结合力, 即粉末颗粒表面原子靠近到一定距离后, 原子之间便产生引力, 依靠这种引力的作用, 使压坯具有一定强度。

应当注意, 上述两种力在压坯中所起的作用并不相同, 还与粉末的压制过程有关。对于金属粉末来说, 压制时粉末颗粒之间的机械啮合力是使压坯具有一定强度的主要因素。

压坯强度指压坯反抗外力作用保持其几何形状尺寸不变的能力, 是反映粉末质量优劣的重要标志之一。压坯强度的测定方法目前主要有压坯抗弯强度试验法和压坯边角稳定性转鼓试验法。

压坯抗弯强度试验法试样规格是 12.7mm×6.35mm×31.75mm, 在万能拉压试验机上测出破断负荷 p, 根据下式计算:

$$\sigma_{bb} = 3pL/2bh^2 (kg/mm^2)$$

边角稳定性转鼓试验法是将 φ12.7×6.35mm 圆柱状试样压坯, 装入 1.4mm (14 目) 的金属网制鼓筒中, 以 87r/min 的速度转动 1000r, 测定压坯的重量损失率来表示。

$$S = (A - B)/A × 100\% (重量损失率)$$

3.2.6 成型剂

所谓成型剂是指有利粉末压制生坯过程的添加剂, 过去人们习惯称之为润滑剂、黏结剂等, 其实其作用并不仅在于润滑黏结。使用成型剂, 目的还在于促进粉末颗粒变形, 改善压制过程, 降低单位压制压力。另外加入成型剂后, 还可使粉尘飘扬现象得到控制, 改善工作环境。图 3-18 给出了添加成型剂和不添加成型剂时, 压坯最底部的压力与总压力的关系曲线。由图可知, 曲线 1 为用硬脂酸锌溶液润滑模壁, 压力损失仅为 42%, 而不润滑模壁的曲线 4, 压力损失达到 88%。

成型剂的种类: 硬脂酸、硬脂酸锌、硬脂酸钙、硬脂酸铝、硫黄、二硫化钼、石墨粉、机油、合成橡胶、石蜡、松香、淀粉、甘油、

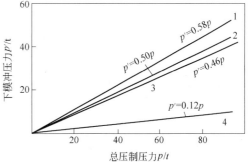

图 3-18 下模冲与总压力的关系
1—用硬脂酸润滑模壁;
2, 3—用二硫化钼润滑模壁; 4—无润滑剂

樟脑、油酸等。成型剂选择的原则：

（1）具有适当的黏性和良好的润滑性且易于和粉末均匀混合；

（2）与粉末物料不发生化学反应，预烧或烧结时易排除，并且不残留有害物质，所放出的气体对环境、设备不能有损害作用。

（3）对混合后的粉末松装密度和流动性影响不大，除特殊情况外，其软化点应当高，以防止由于混料过程中温度升高而软化。

（4）烧结后对产品性能和外观等没有影响。

3.3　成型工艺

3.3.1　压制前的准备

成型前原料准备的目的是要制备具有一定化学成分和一定粒度，以及适合的其他物理化学性能的混合料。由于产品最终性能的需要，或者物料在成型过程的要求，同时，粉末极少数是以单一粉末来应用的，多数情况下都是应用金属与金属或非金属粉末的混合物，因而在粉末成型前需要进行一定的准备。其中包括粉末退火、混合、筛分、制粒，以及加润滑剂等。制取具有一定化学成分、一定粒度组成和性能均一的混合料。

（1）退火。粉末的预先退火可使氧化物还原、降低碳和其他杂质的含量，提高粉末的纯度。同时，还能消除粉末的加工硬化，稳定粉末的晶体结构。用还原法、机械研磨法、电解法、雾化法以及羰基离解法所制得的粉末都要经退火处理。此外，为防止某些超细金属粉末的自燃，需要将其表面钝化，也要作退火处理。经过退火后的粉末压制性得到改善，压坯的弹性后效相应减少。退火温度根据金属粉末的种类而不同，一般退火温度可按下式计算：

$$T_{退} = (0.5 \sim 0.6)T_{熔}$$

有时，为了进一步提高粉末的化学纯度，退火温度也可超过此值。退火一般用还原性气氛，有时也可用惰性气氛或者真空。要求清除杂质和氧化物，即进一步提高粉末化学纯度时，要采用还原性气氛（氢、离解氨、转化天然气或煤气）或真空退火。当为了消除粉末的加工硬化或使细粉末粗化防止自燃时，可采用惰性气体作为退火气氛。

（2）混合。混合是指将两种或两种以上的不同成分的粉末混合均匀的过程。有时，为了需要将成分相同而粒度不同的粉末进行混合，这称为合批。混合质量的优劣，不仅影响成型过程和压坯质量，而且会严重影响烧结过程的进行和最终制品的质量。

混合基本上有两种方法：机械法和化学法，其中广泛应用的是机械法。常用的混料机有球磨机、V 形混合器、锥形混合器、酒桶式混合器、螺旋混合器等。机械法混料又可分为干混和湿混。铁基等制品生产中广泛采用干混；制备硬质合金混合料则经常使用湿混。湿混时常用的液体介质为酒精、汽油、丙酮等。为了保证湿混过程能顺利进行，对湿磨介质的要求是：不与物料发生化学反应；沸点低易挥发；无毒性；来源广泛，成本低等。湿磨介质的加入量必须适当，过多过少都不利于研磨和混合的效率。化学法混料是将金属或化合物粉末与添加金属的盐溶液均匀混合；或者是各组元全部以某种盐的溶液形式混合，然后经沉淀、干燥和还原等处理而得到均匀分布的混合物。如用来制取钨–铜–镍高密度合金，铁–镍磁性材料，银–钨触头合金等混合物原料。

物料的混合结果可以根据混合料的性能来评定。如检验其粒度组成、松装密度、流动性、压制性、烧结性以及测定其化学成分等。但通常只是检验混合料的部分性能，并作化学成分及其偏差分析。

生产过滤材料时，在提高制品强度的同时，为了保证制品有连通的孔隙，可加入充填剂。能起充填剂作用的物质有碳酸钠等，它们既可防止形成闭孔隙，还会加剧扩散过程从而提高制品的强度。充填剂常常以盐的水溶液方式加入。

（3）筛分。筛分的目的在于把不同颗粒大小的原始粉末进行分级，而使粉末能够按照粒度分成大小范围更窄的若干等级。通常用标准筛网制成的筛子或振动筛来进行粉末的筛分。

（4）制粒。制粒是将小颗粒的粉末制成大颗粒或团粒的工序，常用来改善粉末的流动性。在硬质合金生产中，为了便于自动成型，使粉末能顺利充填模腔就必须先进行制粒。能承担制粒任务的设备有滚筒制粒机、圆盘制粒机和擦筛机等。有时也用振动筛来制粒。

3.3.2　压制工艺

压制的目的是将松散的粉末体加工成具有一定形状和尺寸大小，以及具有一定密度和强度的坯块。主要过程有称料、装料、压制和脱模。

（1）称料。为了保证压坯具有一定的密度，需要粉末质量 Q 一定。其方法主要有两种：

1）容积法：利用阴模型腔的容积 V 确定装料量。一般用在自动或半自动压机上。

$$Q = Vd_{松}$$

从式中可看出，阴模模腔的体积 V 和粉末的松装密度 $d_{松}$ 不变，则单重 Q 不变。为了保证单重准确，混合料的松装密度要稳定和流动性要好。压机行程要准确，以确保阴模型腔容积不变。

2）重量法：利用压坯的体积 V 和相应材料在致密状态时的密度 $d_{致}$ 的乘积来确定。主要用于贵金属或手工操作。

$$Q = Vd_{致}(1 - \theta)K$$

式中，θ 为压坯的孔隙度（%）；K 为添加系数，常取 1.05，这是考虑到在操作过程中混合料有些损失而规定的。

由式可看出，称料不准确，即单重或大或小时，若压坯的尺寸合格，则密度也随之或大或小；如密度合格，则尺寸不合格，所以称料准确非常重要。

（2）装料。装料过程对压坯的尺寸、密度的均匀性、同心度和掉边掉角等有直接影响。装料有两种方法：一是手工装料，二是自动装料。自动装料又包括落入法装料、吸入法装料、多余装料法、零腔装料法、超满装料法、不满装料法等。

手工装料时需注意以下事项：1）保证料粉的重量在允许误差范围内；2）装料均匀，

边角处要充填均匀；3）不能过分振动阴模，以免使比重轻的组元上浮产生偏析；4）多台阶压坯，应严格控制各料腔的装料高度。

自动装料是通过送料器自动将粉末装于阴模型腔中，具体是：1）落入法装料，当阴模、型芯和下模冲形成料腔后，送料器将粉末送到模腔之上，粉末自由落入其中。该方法适于高度较小或壁厚较大的压坯，或流动性好的粉末；2）吸入法装料，下模冲位于顶出压坯的位置时，送料器将粉末送到模腔上，下模冲下降时，粉末吸入模腔内；3）多余装料法，型芯和下模冲先退回到阴模下端最低位置，当送料器把粉末送到型腔上时，粉末均匀地充满型腔，然后，型芯升起，将型芯处的粉末顶出，并被送料器刮走。该方法适用于粉末充填较困难的小孔、深孔和薄壁压坯，也适用于流动性差的粉末；4）零腔装料法，所谓零腔，即料腔高度从零开始（阴模、型芯和下模冲的顶面在一个平面上）。当料箱置于料腔顶部时，阴模和型芯同步升起，料腔始终相对地处于极浅位置，装料均匀，该法适于各种条件的装料，应用广泛；5）超满装料法，超满就是使料腔多增加一段高度，待粉充满后，再使料腔降到正常高度，送料器回程时刮平料腔，此法装粉充分，重量误差较小；6）不满装料法，就是使料腔装满预定高度，送料器退回后，料腔高度再升起一小段距离。此法适于粉末容易溢出的压制，如圆弧面、斜面等。

（3）压制。压制行程是压制过程中的主要因素，压制行程等于粉末在阴模中松装高度和压坯高度之差。控制压制行程有两种方法：

1）行程限制法：压机上设高度限位块、油缸活塞调整、模柱限位。

2）压力限制法：控制油压机的压力。

压制方式包括单向压制、双向压制、浮动压制、带摩擦芯杆的压制等。

（4）脱模。为了把压坯从阴模内卸出，所需要的压力称为脱模压力。脱模压力同样受到一系列因素的影响，其中包括压制压力、压坯密度、粉末材料的性质、压坯尺寸、模壁的状况，以及润滑条件等等。脱模压力 F：

$$F = \mu_{\text{静}} \, p_{\text{侧剩}} \, S_{\text{侧}}$$

式中，$\mu_{\text{静}}$ 为表示粉末与模壁之间的静摩擦系数；$p_{\text{侧剩}}$ 为表示撤去压制压力后压坯对阴模模壁的侧向应力，MPa；$S_{\text{侧}}$ 为表示压坯与阴模模壁接触的表面面积，m^2。

脱模压力一般为压制压力的 10%～30%。

3.3.3 压制参数

在压制过程中，有两个参数需要选择：一是加压速度，一是保压时间。

加压速度指粉末在模腔中沿压头移动方向的运动速度。它影响粉末颗粒间的摩擦状态和加工硬化程度、影响空气从粉末间隙中逸出、影响压坯密度的分布。压制原则是先快后慢。

保压时间指在压制压力下的停留时间。在最大压力下保压适当时间，可明显增高压坯密度。原因之一是使压力传递充分，有利于压坯各部分的密度均匀化；其二是使粉末间空隙中的空气有足够的时间排除；第三是给粉末颗粒的相互啮合与变形以充分的时间。

3.4　成型废品分析

压制废品大致可分为四种类型：物理性能、几何精度、外观质量、开裂。

3.4.1　物理性能方面

压坯的物理性能主要是指压坯的密度。压坯的密度直接影响到产品的密度，进而影响到产品的力学性能。产品的硬度和强度随着密度的增加而增加，若压坯的密度低了，则可能造成产品的强度和硬度不合格。生产上一般是通过控制压坯的高度和单重来保证压坯的密度。压坯的密度随着压坯的单重增加而增加，随着压坯高度的增加而减少。在生产工艺卡中，对压坯的单重和高度一般都规定了允许变化的范围。由于设备等精度较差，压坯的单重和高度变化范围变化较大，这样在极端情况下，合格的单重和高度却得不到合格的压坯密度。因此在实际生产中，应尽量控制压坯的单重和高度变化的趋势一致，要偏高都偏高，要偏低都偏低。

压坯单重的摆差随着压坯的重量、称料和送料的方式变化而变化：1）压坯单重的摆差的绝对值随着压坯单重的增加而增加，其相对百分率比较稳定；2）自动送料比手工刮料的摆差小，这是因为机械的动作比人工操作稳定性好。至于称料的稳定性决定于生产效率。

此外，对于压力控制，压力的稳定性直接影响到密度的稳定性。对于高度控制，料的流动性的好坏，将影响到密度的稳定性。

3.4.2　几何精度方面

（1）尺寸精度。压坯的尺寸参数较多，大部分参数如压坯的外径尺寸等都是由模具尺寸确定的。对于这类尺寸，只要首件检查合格，一般是不易出废品的。一般易出现废品的多半表现在压制方向（如高度方向）上的尺寸废品。

由生产实践可知，压坯高度的尺寸变化范围的大小也随着压坯高度的变化及控制方式而改变。压坯高度的变化范围，随着压坯高度的增加而增加。对于高度控制，则随着压坯高度的增加，压坯高度变化范围增加到一定程度后而趋向平缓；对于压力控制，则随着压坯高度的增加而成直线迅速增加，而且在任何高度下压力控制的高度变化范围都比高度控制的要大。对于压力控制的压坯，凡是影响压坯密度变化的因素都将影响高度变化。

（2）对于压坯的形位精度，当前生产所见考核中有压坯的同轴度和直度两种。

同轴度也可用壁厚差来反映。影响压坯同轴度的因素主要可分为两大类：一类是模具的精度，另一类是装料的均匀程度。模具的精度包括：阴模与芯模的装配同轴度，阴模、模冲、芯模之间的配合间隙，芯模的直度和刚度。一般来说，模具上述同轴度好，配合间隙小、芯模直度好，刚度好，则压坯同轴度就好，否则就差。装料的均匀程度，影响压坯密度的均匀性。密度差大的，一方面回弹不一，增加壁厚差，另一方面密度大，各面受力不均，也易于破坏模具同轴度，进而增加压坯壁厚差。影响装料均匀性的因素较多，对于手动模，装料不满模腔时，倒转压形，易于造成料的偏移，敲料振动不均，易于造成料的偏移；对于机动模，人工刮料角度大，用力不匀易于造成料的偏移；对于自动模，自动送料，则模腔口各处因受送料器时间不一样，而造成了的偏移，一般以先接触送料器的模腔口一边装料多。零件直径愈大，这种偏移也就愈严重。

压坯直度检查一般对细长零件而言，如气门导管。影响压坯内孔直度的因素主要是芯模的直度、刚度和装料均匀性。因此凡芯模直度好、刚度好、装料均匀性好，则压坯的内孔直度就好。压坯孔直度好坏，直接影响整坯直度的好坏，而且由于压坯内孔直度与外圆母线直度无关，故很难通过整形矫正过来。所以对于压坯的孔的直度，必须严加控制。

未压好主要是由于压坯内孔尺寸太大，在烧结过程中不能完全消失，使合金内残留较多的特殊孔洞的现象。产生原因有料粒过硬、料粒过粗、料粒分布不均、压制压力低。

3.4.3　外观质量方面

压坯的外观质量主要表现在划痕、拉毛、掉角、掉边等方面。掉边、掉角属于人为或机械碰伤废品，下面主要讨论划痕和拉毛情况。

（1）划痕。压坯表面划痕严重地影响到表面粗糙度，稍深的划痕经整形工序也难以消除。产生划痕可能的原因是：

1）料中有较硬的杂质，压制时将模壁划伤；

2）阴模（或芯模）硬度不够，易于被划伤；

3）模具间隙配合不当，模冲壁易于夹粉而划伤模壁；

4）由于脱模时在阴模出口处受到阻碍，局部产生高温，致使金属粉焊在模壁上，这种现象称为黏模。黏模使压坯表面产生严重划伤。

由于上面四种原因造成模壁表面状态破坏，进而把压坯表面划伤。此外，有时模壁表面状态完好，而压坯表面被划伤，这是由于硬脂酸锌受热熔化后而黏于模壁上造成的，解决办法是进一步改善压形的润滑条件，或者采用熔点较高的硬脂酸锌。也可适当在料中加硫黄来解决。

（2）拉毛。拉毛主要表现在压坯密度较高的地方。其原因是压坯密度高，压制时摩擦发热大，硬脂酸锌局部熔解，润滑条件变差，而使摩擦力增加，故造成压坯表面拉毛。实际上进一步恶化，拉毛造成了划痕。

3.4.4　开裂

压坯开裂是压制中出现的比较复杂的一种现象，不同的压坯易于出现裂纹的位置不一样，同一种压坯出现裂纹的位置也在变化。

压坯开裂的本质是破坏力大于压坯某处的结合强度。破坏力包括机械外力和压坯内应力。

压坯内应力：粉末在压制过程中，外加应力一方面消耗在使粉末致密化所做之功，另一方面消耗于摩擦力上转变成热能。前一部分功又分为压坯的内能和弹性能。因此，外加压力所做之有用功是增加压坯的内能，而弹性能就是压坯内应力的一种表现，一有机会就会松弛，这就是通常所说的弹性膨胀，即弹性后效。

应力的大小与金属的种类、粉末的特性、压坯的密度等有关，一般来说，硬金属粉末弹性大，内应力大；软金属粉末塑性好，内应力小；压坯密度增加，则弹性内应力在一定范围增加。此外压坯尖角棱边也易造成应力集中，同时由于粉末的形状不一样，弹性内应力在各个方面所表现的大小也不一样。

机械破坏力：为了保证压制过程的进行，必须用一系列的机械相配合，如压力机，压形模等。它们从不同的角度，以不同的形式给压坯造成一种破坏力。

压坯结合强度：压坯之所以具有一定的强度，是由于两种力的作用，一种是分子间的引力，另一种是粉末颗粒间的机械啮合力。由此可知，影响压坯结合强度的因素很多，压坯密度高的强度高；塑性金属压坯的强度比脆性金属的压坯强度高；粉末颗粒表面粗糙、形状复杂的压坯比其表面光滑、形状简单的压坯强度高；细粉末压坯比粗粉末压坯强度高；此外，对密度不均匀的压坯其密度变化愈大的地方结合强度余低。

压坯裂纹可分为两大类：一是横向裂纹，二是纵向裂纹。

3.4.4.1　横向裂纹

横向裂纹是指与压制方向垂直的裂纹，对于衬套压坯，则表现在径向方向上。

影响横向裂纹的因素很多，凡是有利于增加压坯弹性内应力和机械破坏力以及降低压坯结合强度的因素都将可能造成压坯开裂。

（1）压坯密度。压坯的强度随着密度的增加而增加。因此，当受到较大机械破坏力时，压坯密度低的地方易于开裂。但是随着密度的增加，压坯弹性内应力也增加，而且在相对密度达到90%以上时，随着密度的增加，压坯弹性内应力的增加速度比其强度要快得多，因此，即使没有外加机械破坏力，压坯也易于开裂。

（2）粉末的硬度。塑性好的粉末压坯比硬粉末压坯颗粒间接触面积大，因而强度高，同时内应力小，不易开裂。凡是有利于提高粉末硬度的因素，都会将加剧压坯的开裂。因此，含氧高的铁粉和压坯破碎料的成型性都不好，易于造成压坯开裂。

（3）粉末的形状：表面愈粗糙、形状愈复杂的粉末压制时颗粒间互相啮合的部分多，接触面积大，压坯的强度高，不易开裂。

（4）粉末的粗细：细粉末比粗粉末比表面积大，压制时颗粒间接触面多，压坯的强度高，不易开裂。从压制压力来看，细粉末的比表面积大，所需压制压力大，但这种压力主要消耗在粉末与模壁的摩擦力上，对压坯的弹性内应力影响较小，因此，细粉末压坯比粗粉末压坯不易开裂。

（5）压坯密度梯度：它是指压坯单位距离间的密度差的大小。由于压坯内弹性内应力随着密度变化而变化，如果在某一面的两边，密度差相差很大，则盈利也就相差很大，这种盈利差值就成了这一界面的剪切力，当剪切力大于这一界面的强度时，则就导致压坯从这一界面开裂。当压坯各处压缩比相差较大时，易于出现这种情况。

（6）模具倒稍：指压坯在模腔内出口方向上出现腔口变小的情况。当阴模与芯模不平行时，则腔壁薄的一方也出现倒稍。由于倒稍的存在，压坯在脱模时受到剪切力，易于造成压坯开裂。

（7）脱模速度：压坯在离开阴模腔壁时有回弹现象，也就是说压坯在脱模时由于阴模反力消除而受到一种单向力，又由于各断面单向力大致相等，所以剪切很小。如果脱模在压坯某一断面停止，此时一种单向力全部变成剪切力，此时如果压坯强度低于剪切力，则出现开裂。因为物体的断裂要经过弹性变形和塑性变形阶段，需要有一定的时间。如果脱模速度大，则压坯某断面处在弹性变形阶段时，其剪切力就已消失，就不会造成开裂。如果脱模速度慢，使某断面剪切力存在的时间等于或大于该断面的弹塑性变形直至开裂所需要的时间，则压坯便从这断面开裂。对于稍度很小或没有稍度的模具，脱模时速度太慢更容易造成压坯开裂。

（8）先脱芯模：先脱芯模易于在压坯内孔出现横裂纹。压坯脱模时使压坯弹性应力降低或消除。随着弹性应力的降低，压坯颗粒间的接触面积减小，颗粒间的距离变大，进入稳定状态，因此压坯回弹时，只有向外回弹，才使整个断面颗粒间的距离变大，应力得到降低。如果先脱芯模，则压坯在外模内，应力不能向外松弛，而力图向内得到松弛，若干粉末颗粒均匀向内回弹，虽然在直径方向粉末颗粒间的距离增大，应力降低，但在圆周方向粉末颗粒间的距离更加缩短，使弹性应力增加，这样总的弹性应力并未降低。因此只有个粉末颗粒向轴向回弹，并且互相错位，才能使应力消除，进入稳定状态。粉末颗粒改变了压制时的排列位置而互相错开拉大距离，就造成了压坯内孔表面裂纹。当然，如果颗粒间的接触强度大于弹性内应力，则内孔裂纹也不会产生。对于内外同时脱模的模具，若芯模比外模短，则也属于先脱芯模，容易使压坯内孔出现横向裂纹。当然，如果芯模比外模短的很小，或脱模速度很快，也可以不造成内孔裂纹。

3.4.4.2　纵向裂纹

压坯纵向裂纹，通常不易出现，这是由于一方面压坯在径向方向的应力比轴向小，而在圆周方向颗粒间的应力比比径向小；另一方面，压坯在轴向方向密度变化比径向大，在径向方向的密度变化比圆周大，此外外加机械破坏力，正常情况多数是径向剪切力。生产实践中，偶尔出现压坯纵向裂纹大约有如下几种情况。

（1）四周装粉不均：有时模腔设计过高，或料的松装密度很大，装粉后，料装不满模腔，在压制前翻转模具时，料偏移到一边，这样压制时，料少的一边密度低，受脱模振动便产生纵向裂纹。

（2）粉末成型性很差：有时成型性差的料，由于别的条件很好，压制脱模后并不出现纵向裂纹，但稍一振动或轻轻碰撞都易出现纵向裂纹。这是由于尖角邻边应力集中，对于衬套压坯，开裂首先从端部开始。

（3）出口端毛刺：在正常情况下不产生纵向裂纹，只有模腔出口端部有金属毛刺时，才可能出现纵向裂纹。

此外，在压制内孔有尖角的毛坯时，由于尖角处应力集中，也常出现纵向裂纹。

3.4.4.3　分层

分层一般沿压坯的棱出现，并大约与受压面呈45°角的整齐界面。产生的原因是粉末颗粒之间的破坏力大于粉末颗粒之间的结合力。分层主要是压制压力过高引起的。

裂纹与分层不同，裂纹一般是不规则的，并无整体的界面，但却同样出现在应力集中的部位，而且本质相同，都是弹性后效的结果。裂纹与分层存在区别：

第一，裂纹出现的部位很不一致，它可能在棱角出现，也可能在其他部位出现。

第二，裂纹出现时没有严格的方向性，它可以是纵向的，也可是横向的，甚至是任意方向的。

第三，裂纹可以是明显的，也可是显微的，甚至是隐裂纹，若不做破坏实验，往往不易发现。

由上述分析可知，影响压坯开裂的因素多种多样，而生产实践中往往有十多种因素同时影响压坯开裂情况，因此我们在分析问题时，既要抓住开裂的主要原因，又要根据客观情况灵活进行处理，其处理的合适与否，以总的经济效益好坏为标准。

3.5 影响成型的因素

影响成型的因素主要有粉体的性质，添加剂特性及使用效果和压制过程中压力、加压方式和加压速度等。其中粉体的性质主要包括粉体的粒度、粒度的分布、颗粒的形状与粉体的含水率等。

3.5.1 粉末性能对压制过程的影响

（1）金属粉末本身的硬度和可塑性。金属粉末的硬度和可塑性对压制过程的影响很大，软金属粉末比硬金属粉末易于压制，也就是说，为了得到某一密度的压坯，软金属粉末比硬金属粉末所需的压制压力要小得多。软金属粉末在压缩时变形大，粉末之间的接触面积增加，压坯密度易于提高。塑性差的硬金属粉末在压制时则必须利用成型剂，否则很容易产生裂纹等压制缺陷。

（2）金属粉末的摩擦性能。金属粉末对压模的磨损影响很大，压制硬金属粉末时压模的寿命短。

（3）粉末纯度的影响。粉末纯度（化学成分）对压制过程有一定的影响，粉末纯度越高越容易压制。制造高密度零件时，粉末的化学成分对其成型性能影响非常大，因为杂质多以氧化物形态存在，而金属氧化物粉末多是硬而脆的，且存在于金属粉末表面，压制时使得粉末的压制阻力增加，压制性能变坏，并且使压坯的弹性后效增加，如果不使用润滑剂或成型剂来改善其压制性，结果必然降低压坯密度和强度。

金属粉末中的含氧量是以化合状态或表面吸附状态存在的，有时也以不能还原的杂质形态存在。当粉末还原不完全或还原后放置时间太长时，含氧量都会增加，压制性能变坏。

（4）粉末粒度及粒度组成的影响。粉末的粒度及粒度组成不同时，在压制过程中的行为是不一致的。一般来说，粉末越细，流动性越差，在充填狭窄而深长的模腔时越困难，越容易形成搭桥。由于粉末细，其松装密度就低，在压模中充填容积大，此时必须有较大的模腔尺寸。这样在压制过程中模冲的运动距离和粉末之间的内摩擦力都会增加，压力损失随之加大，影响压坯密度的均匀分布。与形状相同的粗粉末相比较，细粉末的压缩性较差，而成型性较好，这是由于细粉末颗粒间的接触点较多，接触面积增加之故。对于球形粉末，在中等或大压力范围内，粉末颗粒大小对密度几乎没什么影响。

（5）粉末形状的影响。粉末形状对装填模腔的影响最大，表面平滑规则的接近球形的粉末流动性好，易于充填模腔，使压坯的密度分布均匀；而形状复杂的粉末充填困难，容易产生搭桥现象，使得压坯由于装粉不均匀而出现密度不均匀。这对于自动压制尤其重要，生产中所使用的粉末多是不规则形状的，为了改善混合料的流动性，往往需要进行制粒处理。

（6）粉末松装密度的影响。松装密度小时，模具的高度及模冲的长度必须大，在压制高密度压坯时，如果压坯尺寸长、密度分布容易不均匀。但是，当松装密度小时，压制过程中粉末接触面积增大，压坯的强度高却是其优点。

（7）材料及粉末组成的影响。一些用于改善粉末压制性能的措施可能会降低粉末压坯的强度。粉末的强度越高，压制成型越难，图 3-19 所示为在 44MPa 压力下，添加不同合金元素对铁合金粉末压坯性能的影响。碳元素的添加在有效提高铁合金粉末性能的同时也极大地降低了铁合金粉末的压制性能。与此相反，Cr 的添加对铁合金粉的压制性能的影响相对而言小了许多。因此，对于预合金化粉末而言，可以通过添加单质合金元素的方法对其压制性能进行有效的改善。

采用混合单质元素粉末方式来制备合金或复合材料时，有利于压制过程。采用合金化的粉末将降低粉末的压制性能。当使用一软一硬两种粉末进行压制时，混合粉末的压制行为受硬质粉末接触程度好坏控制。硬质粉末之间的接触较少时，对混合粉末的压制性能影响较小，但是，一旦存在足够的接触，硬质粉末会在模腔内形成一个连续的多孔骨架，并严重地降低混合粉末的压制性能，图 3-20 的例子说明了这一问题。在使用铅-钢混合粉末进行压制时，随着混合粉末中钢粉的体积分数从 0 增加到 30%，粉末的压坯密度呈现出明显的下降趋势，而 30% 的钢粉含量正好是钢粉颗粒在混合粉末压制过程中形成刚性多孔骨架的含量。随着钢粉含量的继续增加，钢粉含量对压坯密度的影响程度明显下降。

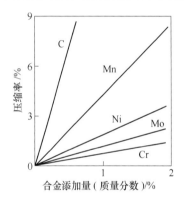

图 3-19　添加不同合金元素
对铁合金粉末压坯性能的影响

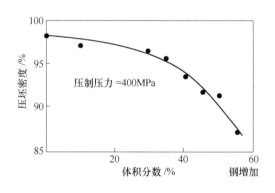

图 3-20　铅-钢混合粉末的
压坯密度曲线

3.5.2　润滑剂和成型剂对压制过程的影响

金属粉末在压制时由于模壁和粉末之间、粉末和粉末之间产生摩擦出现压力损失，造成压力和密度分布不均匀，为了得到所需的压坯密度，必然要使用更大的压力。因此，无论是从压坯的质量或是从设备的经济性来看，都希望尽量减少这种摩擦。

压制过程中减少摩擦的方法大致有两种：一种是采用较低表面粗糙度的模具或用硬质合金模代替工具钢模；另一种就是使用成型剂或润滑剂。成型剂是为了改善粉末成型性能而添加的物质，可以增加压坯的强度。润滑剂是为了降低粉末颗粒与模壁和模冲间的摩擦，改善密度分布，减少压模磨损和有利于脱模的一种添加物。

3.5.2.1　润滑剂和成型剂的种类及选择原则

不同的金属粉末必须选用不同的物质作润滑剂或成型剂。

（1）具有适当的黏性和良好的润滑性且易于和粉末料均匀混合。

（2）与粉末物料不发生化学反应，预烧或烧结时易于排除且不残留有害杂质。

（3）对混合后的粉末松装密度和流动性影响不大，除特殊情况外，其软化点应当高，以防止由于混料过程中温度升高而熔化。

（4）烧结后对产品性能和外观等没有不良影响。

3.5.2.2 润滑剂和成型剂的用量及效果

大部分添加剂都是直接加入粉末混合料的，而且大都起着润滑剂的作用，这种润滑粉末的润滑剂虽然被广泛地采用，但也有下列不足之处：

（1）降低了粉末本身的流动性。

（2）润滑剂本身需占据一定的体积，实际上使得压坯密度减少，不利于制取高密度制品。

（3）压制过程中金属粉末互相之间的接触程度因润滑剂的阻隔而降低，从而降低某些粉末压坯的强度。

（4）润滑剂或成型剂必须在烧结前预烧除去，因而可能损伤烧结体的外观。此时排除的气体可能影响炉子的寿命，有时甚至污染空气。

（5）当成型压力较低时，润滑粉末比润滑压模得到的压坯密度要高，然而在高成型压力时，情况则相反，试验结果如图3-21所示。

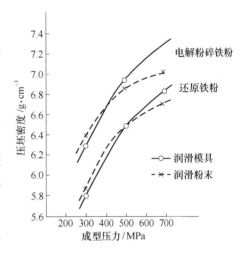

图3-21　不同润滑方式对压坯密度的影响

3.5.3 压制方式对压制过程的影响

（1）加压方式的影响。如前所述，在压制过程中由于存在压力损失，压坯中各处的受力不同导致密度分布出现不均匀现象，为了减少出现这种现象，可以采取双向压制及多向压制（等静压制）或者改变压模结构等措施，粉末压制过秤中采用的加压类型对粉末的压制过程有着重要的影响。特别是当压坯的高径比较大时，单向压制会造成压坯一端的密度较高，并沿着压制方向形成一定的密度梯度。双向压制为粉末的压制提供了相对均匀的压力分布，可以获得压坯密度分布均匀的样品。对于高径比较小的样品来说，单向压制就足以满足要求了。但是在压坯的高径比较大的情况下，采用单向压制是不能保证产品的密度要求的。此时，上下密度差往往达到 $0.1 \sim 0.5 \mathrm{g/cm^3}$，甚至更大，使产品出现严重的锥度。高而薄的圆筒压坯在成型时尤其要注意压坯的密度均匀问题。对于形状比较复杂的（带有台阶的）零件，压制成型时为了使各处的密度分布均匀，可采用组合模冲。

（2）加压保持时间的影响。粉末在压制过程中，如果在某一特定压力下保持一定时间，往往可得到好的效果，这对于形状较复杂或体积较大的制品来说尤其重要。如用60MPa压力压制铁粉时，不保压所得到的压坯密度为 $5.65 \mathrm{g/cm^3}$，经0.5min保压后为 $5.75 \mathrm{g/cm^3}$，而经3min保压后却达到 $6.14 \mathrm{g/cm^3}$，压坯密度提高了8.7%。在压制2kg以上的硬质合金顶锤等大型制品时，为了使孔隙中的空气尽量逸出，保证压坯不出现裂纹等缺陷，保压时间有时长达2min以上。原因为：1）使压力传递得充分，有利于压坯中各部分的密度分布；2）使粉末体孔隙中的空气有足够的时间从模壁和模冲或者模冲和芯棒之间的缝隙逸出；3）给粉末之间的机械啮合和变形时间，有利于应变弛豫的进行。

3.6　成型方式简介

随着粉末冶金技术的发展，粉末成型的手段或方法很多，下面我们简要介绍一些成型方法。

（1）压力机法。最古老、最广泛的使用方法，用模具、模冲及压力机实施，如图3-1所示。

（2）离心成型法。利用把粉末装入模具并安装在高速旋转体上由中心向外侧的离心力进行成型的方法，如图3-22所示。

特点：1）比压力机法所得压坯密度均匀。2）在复杂形状下也能很好地传递压力。3）不需要压力机和模冲。4）旋转机构的速度、强度要求较高，注意危险。5）一般限于难用压力机法成型的特殊零件

（3）挤压成型。把金属粉末与一定量的有机黏结剂混合（成糊状），用适当的模具在常温（或高温）下加上压力进行挤压，经过干燥、固化和烧结便可制成产品，如图3-23所示。

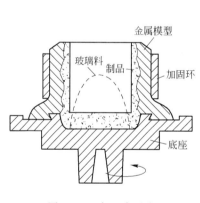

图3-22　离心成型法

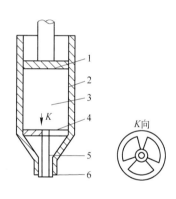

图3-23　挤压成型
1—活塞；2—挤压筒；3—物料；
4—型环；5—型芯；6—挤嘴

特点：1）该法仅限于与挤压方向垂直的断面尺寸总是不变的产品。2）能挤出壁很薄、直径很小的形状复杂件。3）制品的密度均匀、物理力学性能优良。4）挤出制品的长度不受限制。

（4）等静压成型。借助高压泵的作用把流体介质（气体或液体）压入耐高压的钢体密封器内，高压流体的静压力直接作用在弹性模具内的粉末上，粉末体在同一时间内在各个方向上均衡地受压而达到密度分布均匀和较高强度的压坯，如图3-24所示。

特点：1）粉末或物料各方向受力均匀，能获得全致密、组织均匀、细密、材料强度高的制品。2）热等静压时可大大降低制品的烧结温度。3）等静压机比较昂贵。

（5）三向压制成型。三向压制是利用复合应力状态，除了对粉末体施加等静压外（周压），还要增加一个轴向负荷（轴压）。用像干袋等静压一样的工具，借助活塞把比侧限压力更大的压力加载到上下顶盖，这一总的压力状态在成型坯内产生了剪切应力，从而使成型坯得到更高的密度和强度，如图 3-25 所示。

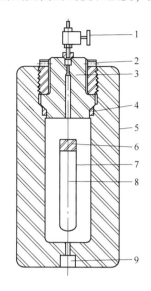

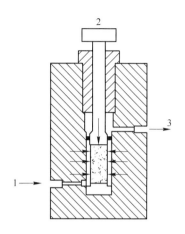

图 3-24 等静压成型
1—排气阀；2—压紧螺母；3—顶盖；
4—密封圈；5—高压容器；6—橡皮塞；
7—模套；8—压制坯料；9—压力介质入口

图 3-25 三向压制成
1—侧向压力；2—轴向压力；3—放气孔

特点：1）所需压力较小，压坯强度却高。2）三向压制成型制品的密度十分均匀，其他成型方法难以相比。3）三向压制成型技术由于存在模具寿命短，成型零件形状局限于规则形状等缺点，其应用和发展受到一定限制。

（6）热压法。类似于压力机法，不过它可同时进行成型与烧结。

（7）粉末轧制法。将金属粉末由料斗直接装入特殊的轧辊轧制成板带，接着连续通过预烧炉，再继续通过第二组轧辊、热处理炉和第三组轧辊等多次通过炉子和轧辊，最后加工成金属带材的方法，如图 3-26 所示。实质是将具有一定轧制性能的金属粉末装入一个特定的漏斗中，并保持给定的料柱高度，当轧辊转动时由于粉末与轧辊间的外摩擦力以及粉末体内摩擦力的作用，使粉末连续不断地被咬入到变形区内受轧辊的挤压。结果相对密度为 20%~30% 的松散粉末体被轧压制相对密度达 50%~90%，并具有一定抗张、抗压强度的带坯。

特点：1）能制成无气孔并具有微细结晶组织的结实带材。2）各晶粒的方向是不规则的，全部无方向性，适用制造核燃料。3）设备制造费低廉。4）容易制取复合板。5）废料能大大地得到利用。

（8）粉浆浇注法。先将细粉末分散在液体中，制成稳定的悬浮状态（即粉浆），将其注入吸收液体强的例如用石膏制成的模具里并浇注成一定形状。借助毛细管现象只将粉浆

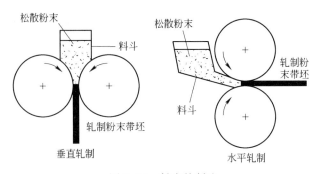

图 3-26　粉末轧制法

中的液体吸收到模具材料中，剩下的粉末固化后即可送到下面的烧结工序。图 3-27 和图 3-28 分别为空心注浆法和实心注浆法。

特点：1）不需压力机，既经济又简单。2）对制取大型、复杂或特殊形状的零件最合适。

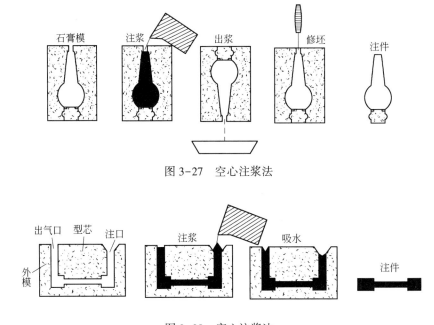

图 3-27　空心注浆法

图 3-28　实心注浆法

（9）粉末热锻技术。是把金属粉末压制成一预成型坯，并在保护气氛中进行预烧结，使其具有一定的强度，然后，将预成型坯加热到锻造温度保温后，迅速移到热锻模腔里进行锻打。

特点：1）将粉末预成型坯加热锻造，提高粉末冶金制品的密度，从而使粉末冶金制品性能提高到接近或超过同类熔铸制品的水平。2）可在较低的锻造能量下一次锻造成型。可实现无飞边或少飞边锻造，提高材料利用率。3）尺寸精度高，组织结构均匀，无成分偏析等。

（10）高能成型法（爆炸成型法）。利用炸药爆炸时产生的瞬间冲击波的压力（可达

10^6MPa），一是直接把高压传给压模进行压制成型，一是像等静压制那样，通过气体把能量传递给粉末体进行压制。主要为制造高温金属材料，如喷气式发动机叶片的制造。其过程示意图如图3-29所示。

特点：1）爆炸时产生的压力极高，施予粉末体上的压力速度极快，常规的压型理论不适用。2）用于一般压力机无法压制的大型预成型件。3）研究难以加工的各种金属陶瓷和高温金属材料的成型问题（针对火箭、超音速飞机的发展）。4）制品密度均匀，烧结后变形小。5）如何保证成型时的安全。

（11）注射成型。注射成型（Metal Injection Molding，MIM）是一种将金属粉末与其黏结剂的增塑混合料注射于模型中的成型方法。它是先将所选粉末与黏结剂（热塑性材料如聚苯乙烯）进行混合，然后将混合料进行制粒再注射成型所需的形状。聚合物将其黏性流动的特征赋予混合料，而有助于成型、模腔填充和粉末装填的均匀性。成型以后排除黏结剂，再对脱脂坯进行烧结。图3-30为注射成型设备。

特点：1）制品的相对密度高，坯块形状复杂；2）所得坯块需经溶剂处理或专门脱除黏结剂处理才能烧结；3）适宜于生产批量大，外形复杂，尺寸小的零件；4）坯块的烧结在气氛控制烧结炉内或真空烧结炉内进行。

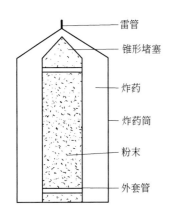

图3-29 爆炸成型法

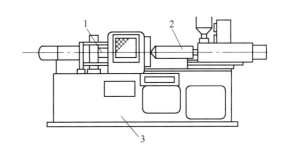

图3-30 注射成型设备
1—合模装置；2—注射装置；3—机架

（12）粉末流延成型。陶瓷制品的成型方法，首先把粉碎好的粉料与有机塑化剂溶液按适当配比混合制成具有一定黏度的料浆，料浆从容器筒流下，被刮刀以一定厚度刮压涂敷在专用基带上，经干燥、固化后从上剥下成为生坯带的薄膜，然后根据成品的尺寸和形状需要对生坯带作冲切、层合等加工处理，制成待烧结的毛坯成品。图3-31为粉末体流延成型过程示意图。

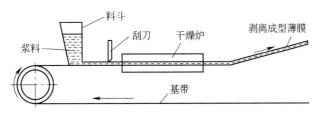

图3-31 粉末体流延成型过程

特点：陶瓷基片的专用成型方法，特别适合成型 0.2~3mm 厚度的片状陶瓷制品，生产此类产品具有速度快、自动化程度高、效率高、组织结构均匀、产品质量好等诸多优势。

（13）楔形（循环）压制。采用楔形压制是为了改进粉末轧制中不能轧制较厚带材的不足。图 3-32 为楔形压制过程示意图。通过漏斗将粉末均匀地装入阴模内。挡头置一模板，以阻止粉末向前移动，随之，冲头下降压制粉末。冲头平台部分为粉末受到较大的压力，斜面区受到预压力图 3-32a~b；当冲头上升时，冲头平台部分被压实的粉坯随底垫导板向前移动，平台部分压实局部离开压制区图 3-32c~d；冲头又再次下降冲头平台部分为粉末受到较大的压力，斜面区受到预压力图 3-32e。这是压制的一个循环。随后，冲头上升，压坯随导板一起向前移动，冲头又下降进行压制，由此周而复始地便构成了循环压制过程，从而压制出一根连续的条坯。这种压制方式模具结构简单，条坯密度分布较为均匀，但压坯强度较低。

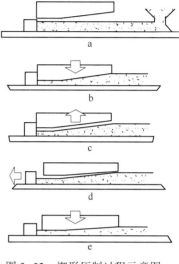

图 3-32　楔形压制过程示意图

习题与思考题

3-1　压制工序是什么，影响压制过程的因素有哪些？

3-2　压制前粉末料需进行哪些预处理，其作用如何？

3-3　在压制过程中，粉末相对运动的几种形式？

3-4　金属粉末在压制过程中常采用哪些工艺改善它的成型性、流动性、减少摩擦力、压坯密度的不均匀性？

3-5　选择成型剂的原则是什么，成型剂的加入方式有几种？

3-6　粉末压制过程的特点怎样？以示意图表示。

3-7　压制压力、净压力、摩擦压力、侧压力之间的关系怎样？

3-8　弹性后效影响压坯的哪些性能？

3-9　压制时压力的分布状况怎样，产生压力降的原因是什么，压坯中产生压力分布不均匀的原因有哪些？

3-10　压坯中密度分布不均匀的状况及其产生原因是什么？

3-11　试述黄培云压制理论的简况及其新发展。试述各种压制理论的比较。

3-12　影响压制过程的因素数有哪些？

3-13　压制废品有哪些，分析原因并有什么改进措施？

3-14　减少加工成本是粉末冶金产品过程的重要方面，要求减少模具结构误差，以确保产品尺寸精度与性能，在什么步骤上有利于减少产品加工成本（冷静成型技术）？

3-15　简述金属粉末的特殊成型工艺的种类。

3-16　粉末冶金技术中的特殊成型包括哪些内容，与一般钢模压制法相比较有什么特点？

3-17　假设某企业需要一批 $\phi40mm \times 1000mm$、$\phi60mm \times 1000mm$ 的 YG 类硬质合金轧辊，要求材质的孔隙

度接近 0%，请你提出一套成型工艺。

3-18　与一般的冷压烧结后再进行热等静压制法比较，烧结-热等静压制工艺有什么特色？

3-19　热等静压制技术最适宜于加工什么样的材料，同热压法比较，它的特点是什么，它适用于大批生产小型粉末冶金零件吗，为什么？

3-20　喷射成型的特点是什么，它有哪几种方法？

3-21　综述挤压成型法的特点，它适用于什么材料？

3-22　市场上十分需要一种铝-铜铝的复合板材，其尺寸要求为厚 3.0mm，200mm 宽，长为 500mm 请问能用粉末冶金方法成型生产吗？请选择一种最优的制造方法。

3-23　某机床厂生产一种专用机床，需要一批 1000mm×300mm×50mm 的导板，要求为含油率在 13%～16% 的粉末铁基制品。请问用什么办法制造？请设计一套制造成型工艺。

3-24　注射成型技术适用于生产什么形状的产品，在经济上技术上该方法有什么优缺点？

3-25　爆炸成型法有什么特点，同等静压制法比较，它们有什么差异？

4 钢压模具设计

本章要点

模具是粉体成型的必备工具，本章从粉体成型时的受力状况分析钢压模各部件的性能要求，讲解成型等高和非等高粉末冶金零件所用模具的结构形状、尺寸设计和材料选择，掌握钢压模具设计原则和流程。

4.1 概　　述

4.1.1 模具及其在工业生产中的作用

在工业生产中，用各种压力机和装在压力机上的专用工具，通过压力把金属或非金属材料制成所需形状的零件或制品，这种专用工具统称为模具。

模具是工业生产中的基础工艺装备，也是发展和实现少、无切削技术不可缺少的工具。如汽车、拖拉机、电器、电机、仪器仪表、电子等行业有60%~80%的零件需用模具加工，轻工业制品生产中应用模具更多，螺钉、螺母、垫圈等标准零件，没有模具就无法大量生产。并且，推广工程塑料、粉末冶金、橡胶、合金压铸、玻璃成型等工艺，全部需要用模具来进行。由此看来，模具是工业生产中使用极为广泛的主要工艺装备。它是当代工业生产的重要手段和工艺发展方向，许多现代工业的发展和技术水平的提高，在很大程度上取决于模具工业的发展水平。因此，模具技术发展状况及水平的高低，直接影响到工业产品的发展，也是衡量一个国家工艺水平重要标志之一。图4-1、图4-2为典型模具结构示意图。

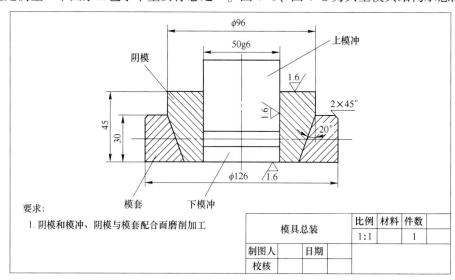

图4-1　典型压粉模具示意图

4.1.2　压模的基本结构

一般压模有四个基本元件，即阴模、芯棒、上模冲和下模冲四件（也有的下模冲与芯棒组成一体，则为三个基本元件），每个元件构成一个基本部分，如图4-2所示。

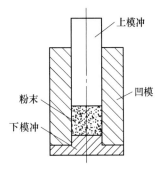

上模冲部分由上模板、垫板、压板和上模冲四件组成，上模板同压机活动横梁相连，同时承受一定的压力，垫板承受上模冲较大的压力，压板将上模冲和垫板固定在上模板上。阴模部分由压板、中模板、阴模三件组成，阴模支持在中模板上，并由压板固定在中模板上，中模板通过别的元件固定或浮动。下模冲部分由下模冲、压板、托板三件组成，下模冲通过压板固定在托板上，托板或者固定或者通过拉杆同别的元件相连。芯棒部分由芯棒、垫板、压板、下模板四件组成，压板将芯棒、垫板固定在下模板上。

图4-2　压制模具结构示意图

上述各部分中，随着压制方式的改变，元件的增减略有改变，但基本部分保持不变。随着压坯形状的复杂化，各基本部分又可分解出几个小部分。不管模具结构怎样，只要我们紧紧抓住压制时各部分基本元件的活动情况，压模的结构也就基本清楚。

4.1.3　粉末冶金模具的分类

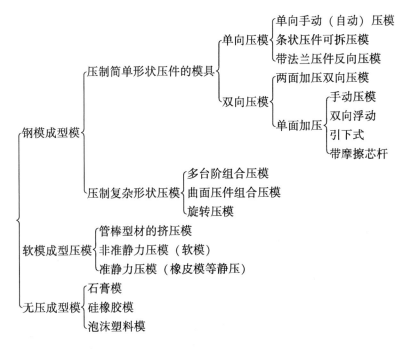

4.1.4　粉末冶金模具设计的指导思想和原则

在压模设计、加工和使用过程中，常出现许多问题，例如压件密度不均匀，压件几何形状和尺寸精度达不到要求，压件不易脱模，压模零件不易加工，压制时操作烦琐，劳动强度大，易发生安全事故，压模使用寿命短，模具费用很高等。这些生产中出现的问题，反映了压模设计的基本要求，也就是压模设计的基本原则。

（1）能充分发挥粉末冶金无切削少切削的工艺特点，保证达到零件的三项基本要求，即压件的几何形状、尺寸精度和粗糙度，压件密度的均匀性。

（2）应合理的选择模具材料和设计压模结构，使压模具有足够高的强度、刚度和硬度，具有高的耐磨性和使用寿命，便于操作和调整，保证安全可靠，尽可能实现自动化。

（3）根据实际条件合理的提出模具加工要求（如模具材料选择、热处理制度及硬度要求、公差配合、尺寸精度和表面光洁度要求等），便于加工制造，同时也应综合考虑模具的费用，力求降低产品的总成本。

4.1.5　粉末冶金模具设计的内容及步骤

（1）设计前搜集有关数据和资料。

1）使用粉末的松装密度和流动性：松装密度直接决定模具的高度，流动性的好坏影响自动下料的时间。

2）压件单重、单位压力、密度：因不同成分、不同粒度组成、不同单重的粉末，采用不同的单位压力，压件的密度会不同。

3）弹性后效和烧结收缩率：需注意的是粉末性能参数、混合工艺、压件单重、压制速度、保压时间等都影响弹性后效。一般沿压制方向和垂直于压制方向上的不相等。

弹性后效：

$$C\% = \frac{H_外 - H_内}{H_内} \times 100\% \tag{4-1}$$

烧结收缩率：

$$S\% = \frac{D_坯 - D_烧}{D_坯} \times 100\% \tag{4-2}$$

式中，$C\%$ 为压坯在脱模后的弹性后效；$S\%$ 为压坯在烧结后的收缩率或膨胀率；$H_内$ 为压坯在压模内的尺寸（高度、直径或宽度）；$H_外$ 为压坯在脱模后的尺寸（高度、直径或宽度）；$D_坯$ 为压坯在烧结前的尺寸（高度、直径或宽度）；$D_烧$ 为压坯在烧结后的尺寸（高度、直径或宽度）。

对一些烧结后需要整形的零件或复压复烧等零件，还需了解和掌握整形余量和复压量、复烧量等。

4）此外，还需了解产品技术要求、产量大小、压制设备的压力、工作台尺寸、行程高度、速度和自动化程度等。

（2）根据制品图纸确定压坯基本形状、选择压机和压制方式。

对于用户提出的制品形状，有些不必修改就适应压制工艺，但有些必须做修改，避免出现脆弱的尖角、局部薄壁，锥面和斜面需有一段平直带、需要有脱模锥角或圆角、改变退刀槽方向、适应压制方向的需要。

（3）压模结构及压制方式确定。在压坯形状确定后，要根据压坯的形状、高度和直径的比值，生产批量，压机特点来选择压制方式和压模结构类型。

当 $H/D \leq 1$ 或 $H/\delta \leq 3$ 时，采用单向压制和单向压模；

当 $H/D > 1$ 或 $H/\delta > 3$ 时，采用双向压制和双向压模；

当 $H/D > 4$，采用带摩擦芯杆的压制和压模。

（4）压模零件的尺寸计算。当压模结构确定后要根据产品尺寸、精度、公差和压坯在压制时的膨胀量、烧结时的收缩量、整形量、复压复烧量等，计算压坯的几何尺寸，然后再计算模具各零件的设计尺寸。

（5）模具强度和刚度设计与校核。模具的强度和刚度，不仅关系到操作安全，而且直接影响坯件的精度和生产成本。不同用途的模具以及模腔形状不同的模具，其强度计算方法也不同。

（6）绘制模具装配图和零件图。待全部计算工作完成后需正式绘制模具设计图纸。包括总装配图、零件图，图中应标注尺寸、公差和形位公差及其他加工要求。

图4-3给出了几种常见压坯示意图。一般有等高制品如圆筒状零件和圆柱状零件，不等高制品如台阶状、锥面状、球状和斜面状等。

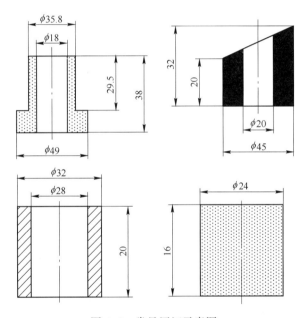

图4-3　常见压坯示意图

4.1.6　编制模具零件工艺规程的步骤

（1）读懂分析模具总装配图，熟悉和了解整幅模具工作时的动作原理和各个零件在装配图中的位置、作用及相互间的配合关系。

（2）零件图的工艺分析，编制模具零件工艺规程必须根据零件形状结构、加工质量要求、加工数量、毛坯材料性质和具体生产条件进行。

（3）确定零件的加工工艺路线。一种零件，往往可以采用几种加工方法进行，在编制工艺规程时，应对各种方法进行认真的分析研究，最后确定出一种既方便又省事的加工工艺路线，以降低零件成本，提高加工质量与精度。

(4) 确定加工毛坯的形状和尺寸。模具零件的坯料大多数是以计算后加以修正的值来确定的，在加工允许的情况，尽量使坯料接近零件形状及尺寸，以降低原材料消耗，达到降低成本的目的。

(5) 确定加工工序数量，工序顺序，工序的集中与组合。

(6) 选择机床及工艺设备。在选择机床时，应根据零件的加工尺寸精度，结合本厂现有的生产设备，既要考虑生产的经济性，又要考虑其适用性和合理性。工艺装备的选择，主要包括夹具、刀具、量具和工具电极等，它们将直接影响机床的加工精度、生产率和加工可能性。

(7) 工序尺寸及其公差的确定。零件的工艺路线拟定以后，在设计、定位和测量基准统一的情况下，应计算出各个工序的加工后尺寸和公差，当定位基准或测量基准与设计基准不重合时，则需要进行工艺尺寸换算。

(8) 确定每个工序的加工用量和时间定额。

(9) 确定重要工序和关键尺寸的检查方法。

(10) 填写工艺卡片。

4.2　模具设计理论基础

金属粉末在钢压模内成型的过程，实际上是粉末体受力变形的过程。众所周知，压制理论主要是从粉末变形的机理上，研究压制力与粉末压坯密度之间的关系，虽然提出了数百个压制公式，但都忽略了粉末与模壁之间摩擦的影响，并且未考虑压制时粉末加工硬化和压制时间的影响，因此不能用于模压过程中的压制压力、压坯密度不均匀值的计算。

本节将从粉末受力及各种力的计算，粉末的位移体征等基本规律论述成型模结构设计的基本原则。

4.2.1　粉末的受力与计算

4.2.1.1　模壁摩擦力的计算

在压制过程中，粉末对模壁有侧压力或者压坯与模壁有相对运动，故产生摩擦力。

根据普通物理可知，摩擦力 F 如式（4-3）所示：

$$F = f \cdot p_{侧} \cdot S_{侧} \tag{4-3}$$

式中，f 为粉末（压坯）对模壁的摩擦系数；$p_{侧}$ 为作用在模壁内表面上的压力，即压坯的侧压力，t/cm^2；$S_{侧}$ 为摩擦面积，即压坯侧面积，cm^2。

又因：

$$p_{侧} = \varepsilon' \cdot p_{正} \tag{4-4}$$

式中，ε' 为粉体（压坯）的侧压系数；$p_{正}$ 为模冲作用于粉末的压力，t/cm^2。

又由巴尔申公式得

$$\varepsilon' = \theta\varepsilon = \theta\frac{\mu}{1-\mu} \tag{4-5}$$

式中，θ 为压坯相对密度，%；ε 为粉末材料（或致密状态时）的侧压系数；μ 为粉末材料的泊松系数。

事实上，实际粉末（压坯）的侧压系数 ε' 值不是常数，它和压坯不同高度上的压制压力 $p_{正}$ 一样，是随压块高度不同而改变的数值，为此，在计算压坯整个侧面上所产生的摩擦力时，只能用积分的方法。所以

$$F = \int_0^{H_0} \mathrm{d}F' = \int_0^{H_0} f \cdot \varepsilon' \cdot L \cdot \mathrm{d}H \tag{4-6}$$

式中，L 为压坯横截面的周长；H_0 为压坯的高度；$L \cdot \mathrm{d}H_0$ 为周长为 L，高度为 $\mathrm{d}H$ 的微小薄片（横截面）的侧面积。

严格地说，上式只有 L 是常数，其他 f、ε'、$p_{正}$ 均是 H 的函数。但实际计算时，往往是计算压坯在最大压制压力的最大摩擦力，故将 f、ε'、$p_{正}$ 近似的看作是常数。

故得摩擦力的一般计算式

$$F = f \cdot \varepsilon' \cdot p_{正} \cdot L \cdot H_0 = f \cdot \varepsilon' \cdot p_{正} \cdot S_{侧} \tag{4-7}$$

4.2.1.2 粉末传力极限高度的确定

由于摩擦力的存在，压制压力在向下传递的过程中逐渐被消耗掉，故下部粉末的成型压力愈来愈低，当压力降为零时，粉末将不能被压缩。

所谓粉末的传力极限高度，即指在一定截面尺寸的情况下，粉末能够传递压力的最大高度，或指在截面一定的情况下，冲头通过粉末传递压力的最远距离。

如图 4-4 所示压模高度为无穷大，当 $p_上$ 正压力全部被摩擦力消耗后，设 O-O 面上的粉末不再受正压力。

根据力的平衡条件，当达到传力极限高度时，在 y 轴上各力的和为零。

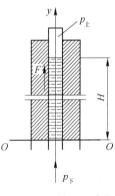

图 4-4 压粉过程受力示意图

即：
$$F + p_下 - p_上 = 0$$
所以
$$F = p_上 - p_下$$
因为
$$p_下 = 0$$
则有：$F = p_上$，即压制压力全部被摩擦力抵消。

设压模内圆半径为 r，则压模横截面为 $S_{正} = \pi r^2$。压制总压力为 $p_{总} = p_上 \cdot S_{正} = p_上 \cdot \pi r^2$；压坯侧面积为：$S_{侧} = 2\pi r^2 \cdot H$

根据摩擦力计算公式有，$F = f \cdot \varepsilon' \cdot p_上 \cdot S_{侧} = f \cdot \varepsilon' \cdot p_上 \cdot 2\pi rH$

因为
$$F = p_{总}$$
所以
$$f\varepsilon' \cdot p_上 \cdot 2\pi r \cdot H = p_上 \cdot \pi r^2$$

故：
$$\frac{S_{侧}}{S_{正}} = \frac{1}{f\varepsilon'}$$

物理意义：压坯的侧压面积与正压面积的比值为常数时，粉末传力达到极限高度。若是圆形压坯，则有 $H/r = \dfrac{1}{2f\varepsilon'}$ 或 $H = \dfrac{r}{2f\varepsilon'}$ 为传力极限高度。

由上式可知，在实际生产中为了提高制品的 $S_{侧}/S_{正}$，H/r 的比值，关键在于降低 $f\varepsilon'$

值，显然，所有增加粉末与模壁的润滑，降低 $f\varepsilon'$ 的措施，都有助于提高传力极限值。

4.2.1.3　密度差与摩擦力的关系

在 $f\cdot\varepsilon'$ 一定的情况下，压坯因受摩擦力的影响而造成的上端与下端密度差。为此，需要定量的描述因摩擦力的消耗而造成的压力损失问题。为了定量的估计压力损失，我们用 $\dfrac{F}{p_\text{正}}$ 比值表示损失情况。即摩擦力占总压制压力的百分之几，称为消耗或损失百分比。

由前面我们可知：$F = p_\text{上} - p_\text{下}$

两边同除 $p_\text{上}$ 则有：$\dfrac{F}{p_\text{上}} = \dfrac{p_\text{上} - p_\text{下}}{p_\text{上}} = 1 - \dfrac{p_\text{下}}{p_\text{上}}$

又因压力和密度（ρ）可表示为：$\rho = bp^a$（a，b 为常数），p 为单位压力（t/cm²）

所以 $$p = \left(\frac{\rho}{b}\right)^{\frac{1}{a}}$$

如设压坯上下端密度分别为 $\rho_\text{上}$，$\rho_\text{下}$，则：

$$\frac{F}{p_\text{上}} = 1 - \frac{p_\text{下}}{p_\text{上}} = 1 - \frac{\left(\dfrac{\rho_\text{下}}{b}\right)^{\frac{1}{a}}}{\left(\dfrac{\rho_\text{上}}{b}\right)^{\frac{1}{a}}} \tag{4-8}$$

对于同种粉末来说则上式变为：

$$\frac{F}{p_\text{上}} = 1 - \left(\frac{\rho_\text{下}}{\rho_\text{上}}\right)^{\frac{1}{a}} \tag{4-9}$$

式（4-9）在实际应用时意义不大，因摩擦力大小，直接与压坯的几何尺寸或侧压面与正压面的比值关系。因此找出压坯的几何尺寸与压坯上下端密度之间的关系，在模具设计时才有实际意义。

因为 $$F = f\cdot\varepsilon'\cdot p_\text{正}\cdot S_\text{侧} \qquad p_\text{上} = p_\text{正}\cdot S_\text{侧}$$

所以 $$\frac{S_\text{侧}}{S_\text{正}} = \frac{1 - \left(\dfrac{\rho_\text{下}}{\rho_\text{上}}\right)^{\frac{1}{a}}}{f\cdot\varepsilon'} \tag{4-10}$$

式中，$S_\text{正}$ 为压坯的几何尺寸；$\rho_\text{上}\cdot\rho_\text{下}$ 为压坯的上下密度。

各种形状下的零件其 $S_\text{侧}/S_\text{正}$ 比值如下所示：

（1）圆柱体零件：

$$\frac{S_\text{侧}}{S_\text{正}} = \frac{2\pi rH}{\pi r^2} = \frac{2H}{r} = \frac{1 - \left(\dfrac{\rho_\text{下}}{\rho_\text{上}}\right)^{\frac{1}{a}}}{f\cdot\varepsilon'} \tag{4-11}$$

（2）正方形截面零件：

$$\frac{S_\text{侧}}{S_\text{正}} = \frac{4aH}{a^2} = \frac{4H}{a} = \frac{1 - \left(\dfrac{\rho_\text{下}}{\rho_\text{上}}\right)^{\frac{1}{a}}}{f\cdot\varepsilon'} \tag{4-12}$$

式中，a 为边长；H 为压坯高度。

（3）双向压制：

$$\frac{S_{侧}}{S_{正}} = 2g\left[\frac{1 - \left(\dfrac{\rho_{下}}{\rho_{上}}\right)}{f \cdot \varepsilon'}\right] \tag{4-13}$$

（4）单向压制有内摩擦面制品时：

$$\frac{S_{侧外} + S_{侧内}}{S_{正}} = \frac{1 - \left(\dfrac{\rho_{下}}{\rho_{上}}\right)^{\frac{1}{a}}}{f \cdot \varepsilon'} \tag{4-14}$$

（5）带摩擦芯杆压制时：

$$\frac{S_{侧外} + S_{侧内}}{S_{正}} = \frac{1 - \left(\dfrac{\rho_{下}}{\rho_{上}}\right)}{f \cdot \varepsilon'} \tag{4-15}$$

4.2.1.4　脱模的计算

当压制压力去掉后，为了使压坯脱出，常常需要施加一定的压力，这个压力叫脱模压力，简单来说就是顶出压坯的压力，其大小一般低于模壁的摩擦力。脱模压力的计算对模具和压机设计都有直接关系。

脱模压力 $p_{脱}$ 为：

$$p_{脱} = f \cdot p_{侧剩} \cdot S_{侧} \tag{4-16}$$

式中，f 为摩擦系数（受粉末成分、润滑剂的多少，模壁光滑度、压制的单位压力以及压制时温度等影响）；$p_{侧剩}$ 为压制完卸压后，阴模弹性收缩时作用于压坯的压强，即剩余侧压强，tf/cm^2；$S_{侧}$ 为压坯于阳模接触的侧面积，cm^2。

其中：

$$p_{侧剩} = \frac{\dfrac{1}{E_{阴}}\left(\dfrac{m^2 + 1}{m^2 - 1} + \mu_{阴}\right)}{\dfrac{1}{E_{阴}}\left(\dfrac{m^2 + 1}{m^2 - 1} + \mu_{阴}\right) + \dfrac{1}{E_{压坯}}(1 - \mu_{压坯})}p_{侧} \tag{4-17}$$

式中，$E_{阴}$ 为阴模材料的弹性模数；$E_{压坯}$ 为压坯材料的弹性模数；$\mu_{阴}$ 为阴模材料的泊松比；$\mu_{压坯}$ 为压坯材料的泊松比；m 为阴模外径与内径之比；$p_{侧}$ 为压制时的侧压强，$p_{侧} = \theta \cdot \varepsilon \cdot p_{正}$；$\theta$ 为压坯的相对密度；ε 为压坯材料致密时的侧压系数。

一般来说，压制硬度很大的粉末，脱模压力较小，对于塑性较好的粉末，脱模压力接近于压坯与模壁间的摩擦力。粉末粉度愈细，脱模压力愈高；颗粒形状愈复杂，脱模压力愈高；压制压力越高，脱模压力也提高。另外，压坯的高径比也对脱模压力有较大影响，H/D 愈大，则脱模压力愈大。

4.2.1.5　弹性后效现象

弹性后效现象，包括纵向和径向两种膨胀现象，它对压模设计时计算压坯尺寸的膨胀是十分重要的，同时它也是造成压坯分层裂纹的原因之一。弹性后效用压坯径向或轴向的膨胀量同膨胀前压坯的径向尺寸的百分比表示。

弹性膨胀值一般取决于粉末特性（粉末粒度、颗粒形状、含氧量、粉末颗粒的硬度），压制压力大小，润滑情况及其他因素。

一般，在压力方向上，压坯线性尺寸可增加5%~6%，而在垂直于压制的径向上，压坯线性尺寸可增加1%~3%，这是因为侧压力远小于轴向的压制压力。

通常，弹性膨胀随压力增大而增大，但当压力很高时，膨胀量不再增加，压力再增加，膨胀值开始降低，这可能与颗粒间的连接强度增加有关。颗粒愈细和粉末含氧量愈高都会使得弹性后效值提高。颗粒形状愈复杂，压坯弹性后效值愈大。压坯的弹性后效值与压坯的孔隙度呈反比例关系，但不是直接关系。

在粉末中加入表面活性的润滑剂（如油、酸）可大大降低弹性后效值，因为该润滑剂使颗粒表面处于活化状态，使颗粒变形容易进行，产生了弹性应力松弛。而非表面活性润滑剂（如樟脑油）对弹性后效值几乎无影响。

4.2.2　压制过程中粉末的运动规律

4.2.2.1　等高制品中粉末的运动规律

所谓等高制品，即产品沿压制方向上的高度相等。等高制品在压制过程中，粉末受三向应力状态（如图4-5所示），但造成粉末运动的不平衡力，只有沿压制方向，并垂直于冲头表面的摩擦力 F 起作用，侧压力 $p_{侧}$ 较正压力小得多，使粉末有少量的横向运动，摩擦力 F 只对粉末运动起阻碍作用。因此在等高制品的压制过程中，粉末运动的最大特征是：粉末主要沿压制方向直线运动，或者说等高制品的压缩特性是单方向的直线压缩。

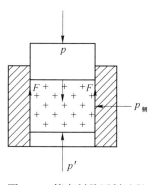

图4-5　等高制品压制过程

4.2.2.2　不等高制品中粉末的运动规律

前面谈到的等高制品中粉末的位移规律在不等高制品中也完全适用，但在不等高制品中，由于粉末的高度不等，因此在压制时各区的粉末位移量也不同。另外，在实际不等高制品的压制工作中由于同时压制，压制时间相等，故两区的粉末位移速度不相等，两侧的压力不平衡。因此，在不等高分界线的两侧，出现粉末的侧向运动。这使压坯的密度难于控制，更严重的是在不等高的分界线上，压坯存在有巨大的内应力。为此对不等高台阶状制品在压制过程中必须满足下列条件：

A　装粉高度

各台阶的装粉高度为：

$$H_n = K \cdot h_n \tag{4-18}$$

式中，H_n 为第 n 台阶的装粉高度，cm；K 为压缩比，由压坯密度 d 和粉末松装密度 $d_{松}$ 求得 $K = \dfrac{d}{d_{松}}$；h_n 为压坯高度（由零件图给出）。

该式也是在模具设计时，计算装粉高度和冲头高度的基本公式。

B　平衡方程

各台阶的压制速度或压制压力之间应满足速度平衡方程或压力平衡方程

即：不发生侧向运动的速度平衡方程：

$$\frac{H_{a}}{H_{b}} = \frac{v_{a}}{v_{b}} \tag{4-19}$$

不产生侧向运动的压力平衡方程：

$$\frac{p_{a}}{S_{a}} = \frac{p_{b}}{S_{b}} = \cdots = \frac{p_{n}}{S_{n}} \tag{4-20}$$

式中，H_{a}，H_{b}，$\cdots$，H_{n} 为各个台阶区的装粉高度，mm；v_{a}，v_{b}，$\cdots$，v_{n} 为各台阶的压制速度，mm/s；p_{a}，p_{b}，$\cdots$，p_{n} 为各区的压制压力，t；S_{a}，S_{b}，$\cdots$，S_{n} 为各区的正压面积，cm^{2}。

  C 压制速率相等原则

  即要求各区的压制起始时间（t）相同又要求各区横截面压制速度满足速度平衡方程。或者说，不等高制品的各高度区，都是在同一时刻内开始压制。

  压制速率是指单位时间内粉末被压缩的体积与原粉末体积的比，用公式可表示为：

$$n_{P} = \frac{V_{0} - V}{V_{0}t} = \frac{HS - hS}{HSt} = \frac{H - h}{Ht} S^{-1} \tag{4-21}$$

式中，V_{0} 为粉末压缩前体积，cm^{3}；V 为粉末压缩后体积，cm^{3}；t 为压缩时间，s；H 为粉末压缩前高度，cm；h 为粉末压缩后高度，cm；S 为压坯截面积（在压制过程中为常数），cm^{2}。

  【例 4-1】不等高台阶压坯（如图 4-6 所示），高度分别为 40mm 和 60mm，粉末松装密度 $d_{松} = 2.2g/cm^{3}$，要求压坯密度 $d = 6.6g/cm^{3}$。求各区装粉高度并作简要分析。

  解：因为 $k = \dfrac{d}{d_{松}} = \dfrac{6.6}{2.2} = 3$

所以各区装粉高：$H_{40} = kh_{40} = 3 \times 40 = 120mm$

$$H_{60} = kh_{60} = 3 \times 60 = 180mm$$

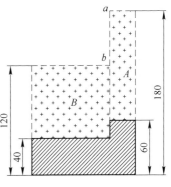

图 4-6 不等高制品粉末装粉高度

  在压制时，先压高区冲头（A 区），并由 a 点压到 b 点，此时 A 区冲头与 B 区冲头的 b 面等高，随后，A、B 冲头同时压制，显然这种压制法高区（A）先压缩掉的体积分数与压坯高度差和压缩比如下关系：

$$\frac{\Delta A}{V_{0A}} = \frac{\Delta H}{H_{0A}} = \frac{(H_{0A} - H_{0B})}{H_{0A}} \tag{4-22}$$

  由此式可以看出，随 h_{B}/h_{A} 比值的减少，即压坯高度差（Δh）增大，则高区先压掉的体积愈来愈大，此时地区粉末是否能压制回压制压力的大小，都要由高区的 $S_{侧}/S_{正}$ 和压制压力而定。若 $S_{侧}/S_{正}$ 很小而 $\Delta H/H_{0A}$ 又很大时，则高区粉末很容易向低区流动造成低区压坯密度过大、尺寸过高，同时在不等高交线附近产生大的内应力。若 $S_{能}/S_{正}$ 比值很大，而 $\Delta H/H_{0A}$ 也很大时，则高区的压制压力被模壁摩擦力消耗很多，至高区底层已无多大压力，而低区因为压力过大粉末开始流向低密度区域，即高区粉末的底层侧向运动。这些情况在生产时是要防止的。一般将模具改为图 4-7 所示。第一步

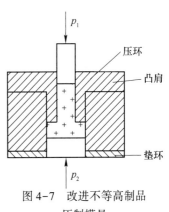

图 4-7 改进不等高制品压制模

先将下冲头的外露量（即待压缩量）用垫环保护好，按所给总压力先压高区，这时高区粉与环侧壁（即低区的冲头）的摩擦力，全部由压环的凸肩承担，因此高区的压制就与低区的压制无关。第二步是将垫环去掉，把下冲头的外露部分全部压入，这时低区和高区仍较松散的粉末同时压缩。一般压环的外侧面做成锥面，是为了便于脱模。

4.3　成型模具结构设计

4.3.1　基本原则

成型模结构设计的原始依据可按如下几点确定：

（1）压坯的形状、精度和光滑度，由压制工艺性确定；

（2）生产线是手动还是自动或半自动，由生产批量及生产条件确定（主要是设备）；

（3）采用何种压机，由压料压力、脱模力、压制和脱模行程，工作台面积，以及模具特殊动作的需要等因素来确定。

成型模具设计时，按如下顺序进行：

（1）压制面的选择：压坯在压制时哪一个面向上，这需要综合多方面因素来确定，如侧正面积比、密度均衡性、压制压力、压坯精度、装粉、脱模以及模具加工等。

（2）补偿装粉的考虑，对于沿压制方向变横截面积的压坯（如带台阶件、锥和球面体等），为了使压坯的不同截面部分在压制后密度均匀，应考虑采用何种组合模冲结构（选择合理分型面），达到补偿装粉的目的，以便得到基本相同的压缩比。

（3）脱模方式：对于无台阶的压坯，是考虑采用顶出式（下模冲将压坯顶出阴模），还是拉下式（下模冲不动，将阴模拉下，脱出压坯）。对于带台阶件、球面件、螺旋面件、分级多平行孔件，需要从模具结构中解决脱模问题。

（4）结构方案的确定：根据压坯的形状、压制方式、脱模方式、补偿装粉的要求和压机具有的动作来确定模具结构的方案。最好画出简单的结构示意图。

（5）计算装粉高度和阴模壁厚：根据压坯高度和选定的压缩比（由压坯密度和粉末松装密度来确定），算出装粉高度。对于有补偿装粉的模具，要分别初步算出各段的装粉高度。阴模的壁厚，对于中小件，根据结构或习惯用法来确定，一般阴模外径与内径之比取 2~4；对于较大的阴模，则应根据强度和刚性来计算。

（6）绘制结构总装图：先画出压坯图，以它为中心，先轴向，后横向，逐步向外展开。先画出阴模，芯棒和上下模冲。根据已选定的结构方案及具体结构上的需要（如脱模、连接、安装、定位、导向、强度和刚性等），逐步画出其他零件。尽量按 1∶1 绘制，真实感强，便于确定结构尺寸。

结构设计主要需要考虑以下几个问题：

（1）主要零件的连接方式：阴模，芯棒和上下模冲的连接，要考虑安全可靠，安装和拆卸方便，结构尽可能简单，材料节约和整齐美观等因素。

（2）浮动结构：根据不同的压制方式和补偿装粉的要求，往往需要阴模，芯棒和上下模冲浮动，浮动力可由弹簧、摩擦、气动和液压等产生。根据具体要求和条件来设计浮动结构。

（3）脱模复位结构：根据压坯的形状和压机具有的动作来设计。脱模和复位一般是由同一种结构来完成的。脱模要保证压坯的完好，动作准确可靠，复位要求位置转动，在机械压机上，复位动作要求快而冲击力小。

（4）调节装粉结构：因粉末的松装密度在生产过程中会有一定范围的变动，在模具结构设计时，要考虑如何实现调节装粉型腔的深浅，尽可能实现连续微调，且操作方便。

在结构设计中，还应注意的一些问题：

（1）工艺性：模具设计必须考虑到加工工艺。例如，有电加工设备时，可采用整体阴模，否则改用拼模结构（指导性型腔）。又如，由内球面与平面相连接的型腔，从使用来说，本可用整体式，但加工困难，改为镶套结构后，工艺性得到改善。

（2）经济性：这是多方面因素的指标。例如，结构复杂程度要与批量和生产效率结合起来考虑；减少零件可减少加工量，同时要考虑为了节省优质材料而增加零件所增加的加工量，为了延长模具寿命，采用优质材料（如高速钢或硬质合金），或者增加优质材料的零件（如承压垫、耐磨板）等。

4.3.2　等高制品成型模设计原理

等高制品是指沿压制方向压坯的截面形状不变，压坯的高度相等的制品，这种制品在成型过程中，粉末的运动规律为直线压缩，即粉末在压制过程中没有侧向运动。因此，当压制无内孔的制品时，成型模的型腔截面形状应与制品的截面形状完全相同，同理，冲头的截面形状也应与制品的截面形状相同。当压制有内孔的制品时，成型模的内腔截面轮廓线应与制品截面轮廓线相同（尺寸须计算），但冲头的截面形状应与制品截面形状相同（不包括芯杆）。如图 4-8 所示为所有等高制品成型模的结构图。

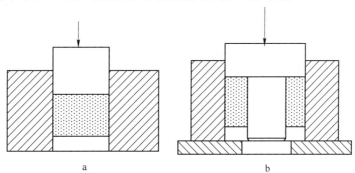

图 4-8　等高制品成型模结构图

a—无内孔；b—带孔制品

当基本结构确定后，还应考虑：

（1）根据产品的高度与直径比值是否大于 4 来考虑采用单向或双向压制；

（2）在压制细长的管状产品时，往往采用内摩擦芯杆压制法（见图 4-8b），此时下垫铁必须设计成带有中心孔的托盘状，托盘边缘应凸起，以保证芯杆在压制过程中能对准托盘中心孔。

对等高制品，压坯的密度完全由冲头的压下量来决定，即

$$D_{坯} = \frac{W}{SH} \tag{4-23}$$

式中，W 为粉末质量，g；S 为压坯横截面积，cm^2；H 为压坯高度，cm。

（3）在压制细长（如 $\phi4$ 以下）零件，如果其长度达到传力极限值（$H = r/2f\varepsilon'$，r 为压坯半径；f 为摩擦系数；ε' 为侧压系数）的 60% 时，这种模具不准设计。否则成型压力过大将超过冲头的强度而使模具卡死报废。

4.3.3 不等高制品成型模设计

在压制横截面有变化的压坯时，在粉末不同的压制阶段，粉末有不同的流动方式，这将直接影响压坯的密度分布。装粉时，粉末以散状流动方式填充模腔，由于粉末之间的内摩擦和粉末与模壁之间的外摩擦力的影响，粉末在模腔中易产生"拱桥"现象，严重影响粉末填充的均匀性，从而使压坯密度分布不均匀。采用添加润滑剂、震动装粉法、过量装粉法和吸入装粉法，可消除"拱桥"现象及由它造成的压坯密度分布不均匀性。

在压制开始阶段，粉末的"拱桥"现象被破坏，粉末产生柱式流动（直线压缩）几乎不产生横向流动。如果压坯各截面上的粉末受到不同程度的压缩时，先受压缩或受压缩程度大的截面上的粉末，会向未受压或受压缩程度小的截面产生横向流动。压制时，粉末是否产生横向流动，主要取决于压坯各截面上受压缩程度和模冲移动速度。

在压制的最后瞬间，压坯中一个横截面上的粉末可能对相邻截面产生很大的压力，形成滑动面，导致压坯裂纹。为此在压制横截面有变化的压坯时，要避免截面分界面处粉末之间的相对滑动。

据此得到不等高压坯的压模设计原理：

4.3.3.1 粉末填装系数相同或相近

根据压制过程粉末体只产生柱式流动和几乎不产生横向流动的特点，可知压坯密度分布的均匀性首先取决于装粉高度，其装粉高度 $H_粉$ 应与该截面上的压坯高度 $h_压$ 成比例，这个比例系数叫粉末填装系数，以 K 表示（如式（4-24）），在数值上等于粉末的压缩比。装粉时，要求压坯各横截面上的粉末填装系数相同。但当压坯各截面上粉末受压缩的先后或程度不同时，先受压缩或受压缩程度大的横截面上的粉末填装系数应大一些。

$$K = H_粉 /h_压 = d_压 /d_粉 \tag{4-24}$$

式中，$d_压$ 为压坯密度；$d_粉$ 为粉末混合料填装时的密度。

4.3.3.2 压缩比相同或相近

如果只满足粉末填装系数相同或相近的设计要求，还不能保证压坯密度分布均匀，因为压制时还要保证压坯各横截面上的粉末得到相同或相近的压缩比，也就是要求各个模冲的移动距离不同，其模冲移动距离 L（如式（4-25））必须满足压坯各横截面上的粉末压缩比 K 相同或相近的要求。

$$L = H_粉 - h_坯 = (K-1)H_粉 /K \tag{4-25}$$

显然，如果采用整体模冲来压制不等高压坯时，若能满足压坯各横截面上粉末填装系数相同或相近的设计要求时必然不能满足各横截面上的粉末压缩比相同或相近的条件，所以，不等高制品的模冲应设计成组合模冲，而且设计组合模冲时，各个模冲在压制过程中应按照压缩比相同或相近的要求移动不同距离。

4.3.3.3 压制速率相同

压制不等高压坯时，即使满足了上述两条设计要求，还不能保证压坯密度分布均匀和防止裂纹产生。因为在压制的最后瞬间，在压坯横截面变化的分界处可能形成滑移面，导致产生裂纹，为了避免滑动面，压坯各横截面上粉末的压制速率（单位时间内，粉末被压缩的体积与原粉末体积的比）应该相等，同时也可保证各横截面上的粉末不产生横向流动。

在压制不等高压坯的过程中，各个模冲移动的距离和速度是不相同的，但各个模冲的压制速率（压制速率：单位时间内粉末被压缩的体积与原始粉末体积的比）应该相同。

设不等高压坯的两横截面代号分别为 A 和 B，则各自的压制速率为

$$\eta_A = \frac{V_{粉A} - V_{压A}}{V_{粉A} \cdot t} = \frac{H_{粉A} - h_{压A}}{H_{粉A} \cdot t} \tag{4-26}$$

$$\eta_B = \frac{V_{粉B} - V_{压B}}{V_{粉B} \cdot t} = \frac{H_{粉B} - h_{压B}}{H_{粉B} \cdot t} \tag{4-27}$$

式中，$V_{粉A}$，$V_{粉B}$ 为各横截面粉末的体积；$V_{压A}$，$V_{压B}$ 为各横截面压坯的体积；$H_{粉A}$，$H_{粉B}$ 为各横截面的装粉高度；$h_{压A}$，$h_{压B}$ 为各横截面压坯的高度。

压制速率与压缩比的关系为：

$$K_A = \frac{1}{1 - \eta_A \cdot t} \tag{4-28}$$

$$K_B = \frac{1}{1 - \eta_B \cdot t} \tag{4-29}$$

同时各模冲的压制速率与压制速度 v 的关系：

$$\eta_A = \frac{v}{H_{粉A}}, \quad \eta_B = \frac{v_B}{H_{粉B}} \tag{4-30}$$

因此，当各横截面上的模冲压制速率相同时，在任何压制时间 t 内，都能够使压缩比相同，也就可保证相邻区域的压坯平均密度相同。

故在压制不等高压坯时，先压缩装粉高度较大的粉末区，待压到与低区冲头相同高度时再同时压缩整个压坯能够减小粉末的横向流动，也可防止横截面变化分界处由于粉末层相对滑动而产生的裂纹。或者利用非同时双向压制方式，在压坯等高端进行后压，由于后压时各横截面上粉末的压制速率和压制速度都相等，可以使相邻区域的压坯平均密度相同，防止横截面变化分界处产生裂纹。

不等高压坯模具设计的基本原则是沿不等高分界线将冲头分型和在压制时采用压制速率相等的压制法。

4.3.4 组合模具的设计原理

4.3.4.1 组合模冲设计与装粉方式的关系

沿压制方向的横截面有变化的压坯，如带台阶压坯、具有斜面或曲面的压坯等，往往需要设计组合模冲，才能使压坯各横截面上的粉末填装系数和压缩比相同或相近。由于在生产中往往采用先压高度较大的区域，可能使粉末向低区产生横向流动，所以高区的粉末填装系数应稍大一些。

对于成型某些难以压制的压坯，可采用粉末移动成型法。它又可分为粉末侧向移动成型法和粉末轴向移动成型法两种。如图 4-9 所示，压制时采用浮动模冲可使粉末侧向移动（见图 4-9a）和轴向移动（见图 4-9b）。

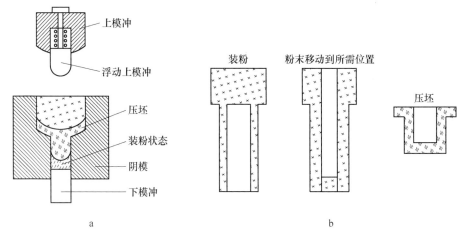

图 4-9　不同方式粉末成型法

a—粉末侧向移动成型法；b—粉末轴向移动成型法

4.3.4.2　多台阶压坯的组合模冲设计

设计多台阶压坯（如图 4-10 所示）压模时，一般可按台阶分别设计模冲，以保证各横截面上的粉末填装系数和压缩比相同或相近，并采用先压缩高区粉末再同时压制高、低区粉末的方法，使压坯各横截面上的粉末受到相同的压缩程度。从而可得到密度分布较均匀且无裂纹的多台阶压坯。但是，当压坯相邻台阶的高度差较小时（指相邻台阶的高度差不超过压坯较高台阶高度的 20% 时），可以用一个模冲来压制这两个台阶，而不需要设计两个模冲，因为这种密度差所引起制品各部分的强度、硬度和韧性差是很小的。

4.3.4.3　斜面压坯的组合模冲设计

如图 4-11 所示，为了保证斜面压坯的密度分布均匀，能进行正确装粉和压制，理论装粉线应该是虚线 B，但当采用整体下模冲压制时，实际装粉线是下模冲的斜面线 C。这样，低边压坯 b 的装粉高度就比理论值低，但在压制开始阶段，在下模冲斜端面的作用下，粉末由 b 边向 a 边横向流动，从而弥补由于装粉不合理所造成的密度差。斜度越大，这种密度差越大。

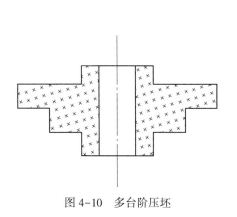

图 4-10　多台阶压坯

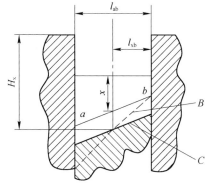

图 4-11　斜面压坯装粉示意图

为了使压坯达到所要求的平均密度，下模冲的装粉位置必须满足粉末体积的要求。斜面压坯的平均高度 x 可由式（4-31）计算：

$$x = \sqrt{\frac{a^2 + b^2}{2}} \qquad (4\text{-}31)$$

则斜面压坯的装粉高度 $H_x = kx$，k 是装粉压缩比。

从斜面压坯短边 b 到 x 线的距离 l_{xb} 可计算为：

$$l_{xb} = \frac{x - b}{a - b} \cdot l_{ab} \qquad (4\text{-}32)$$

式中，l_{ab} 为斜面压坯 a 边到 b 边的距离。

对斜面压坯，如果它的短边高度 b 大于斜面高度差（$a-b$）时，采用带斜面的整体下模冲压制，结果是令人满意的。如果 $b<$（$a-b$），则需要用组合下模冲来压制。此时必须合理设计组合下模冲的分模线，然后再确定每个模冲的宽度。

如图 4-12 所示，若将斜面设计成 e、g 两个下模冲，则分模线 $c = \sqrt{ab}$（$l_{bc} = \frac{c-b}{a-b} \cdot l_{ab}$），然后分别计算每个下模冲所对应的二压坯平均高度 x_1、x_2 和装粉高度 H_{x_1}，H_{x_2} 及从短边到 x_1，x_2 线的距离 l_{x_1c}，l_{x_2b}。

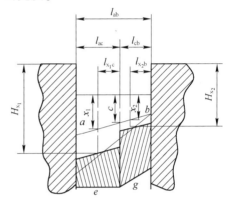

$$x_1 = \sqrt{\frac{a^2 + c^2}{2}}, \quad x_2 = \sqrt{\frac{c^2 + b^2}{2}}$$

$$H_{x_1} = kx_1, \quad H_{x_2} = kx_2$$

$$l_{x_1c} = \frac{x_1 - c}{a - c} \cdot l_{ac}, \quad l_{x_2b} = \frac{x_2 - b}{c - b} \cdot l_{cb}$$

图 4-12　组合模冲压粉示意图

若采用多组合下模冲，计算方法同上。

在压制横截面不同的复杂形状压坯时，必须保证整个压坯内的密度相同，否则在脱模过程中，密度不同的连接处就会由于应力的重新分布而产生断裂或分层。压坯密度的不均匀也将使烧结后的制品因收缩不一而急剧变形，进而出现开裂或歪扭。

为了使具有复杂形状的横截面不同的压坯密度均匀，必须设计出不同动作的多模冲压模，并且应使它们的压缩比相等，如图 4-13 所示。

4.3.4.4　曲面压坯的组合模具设计

压制曲面压坯是很困难的，为了使曲面压坯的密度分布较均匀，比较好的方法是采用组合上模冲，依靠浮动内上模冲将模腔中心的粉末向四周推移，即用粉末侧向移动成型法来压制凹面压坯。也可采用组合阴模和组合芯球来压制外球面压坯和内球面压坯、鼓形、双锥形、非对称台阶等压坯。其特点是将阴模分为上下两半，压制时，用辅助上模冲将上半阴模压紧，然后分别脱模，上半阴模和压坯一起脱出。

其中外球面压坯的组合阴模与内球面压坯的组合阴模如图 4-14 所示。

4.3.4.5　斜齿轮压坯的旋转压模设计

支持齿轮压坯一般采用双向压模，而斜齿轮压坯则需要用旋转压模。压模时，模冲随

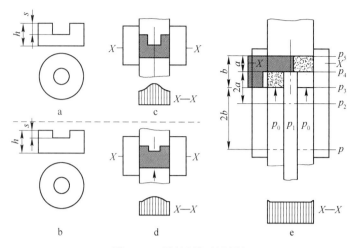

图 4-13　异性压坯的压制

a，b—单向压制；c，d—密度分布；e—多模冲压制

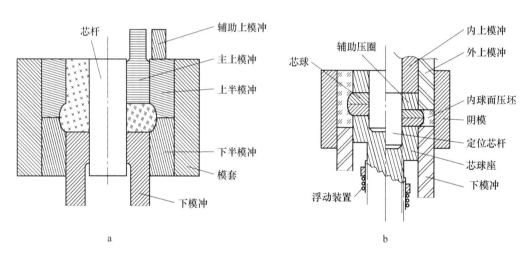

图 4-14　球面压坯组合阴模示意图

a—外球面压坯的组合阴模；b—内球面压坯的组合阴模

着阴模的旋转形角一面旋转，一面下降。因为斜齿轮压坯齿部的粉末不能沿压制方向直线向下移动，只能沿阴模内斜齿槽向下移动。如果阴模固定不能旋转（这是由于粉末与模壁之间的摩擦力，和压制压力在阴模内斜齿槽上的径向分力的作用，迫使阴模产生一种顺着螺旋方向旋转的趋势），将阻碍粉末向下移动，造成压制困难。所以压制斜齿轮压坯常采用旋转压模，在压制和脱模过程中，模冲与阴模在上、下相对移动的同时，必须有相对转动，为此，通常安装平面滚珠轴承模座。

4.4　模具零件的尺寸计算

　　模具基本结构确定后，就需要对模具各部件的几何尺寸进行计算。模具尺寸计算是模具设计中的重要环节，它不但关系到能否满足模具强度和动作要求，而且影响到最终产品的精度。因此必须掌握模具尺寸的计算方法，合理确定每个模具零件的几何尺寸。

4.4.1 压模零件尺寸的计算依据

4.4.1.1 压模尺寸的基本要求和参数选择

粉末冶金压模用来使粉末压缩成型，为制取成品提供具有一定形状、尺寸、密度和强度的压坯，为此，压模的尺寸必须满足以下三项基本要求：

（1）产品对压坯形状、尺寸、密度和强度的要求。

（2）压制过程（装粉、压制、脱模）的要求。

（3）模具强度和刚度的要求。

同时，在粉末冶金制品的生产过程中，从松装粉末到最终成品存在着粉末的压缩，压坯的弹性后效、烧结收缩、精整或复压时的弹塑性变形等一系列的尺寸和形状变化，这些尺寸和形状的变化直接关系到压模的尺寸计算，特别是那些与产品尺寸和形状有关的主要压模零件（阴模、芯棒、上、下模冲等）的尺寸计算。因此，要想满足上述压模尺寸的基本要求，就应在压模零件尺寸计算时，将这些尺寸和形状的变化综合考虑进去。

但不同的工艺过程，有不同的尺寸计算方法。如：

（1）对尺寸精度，表面粗糙度及机械强度要求不高的产品，计算模腔尺寸时，只需考虑粉末的压缩，压坯的弹性后效和烧结收缩。

（2）对精度和表面粗糙度要求较高的产品，在确定模腔尺寸时，除考虑压坯的弹性后效和烧结收缩外，还应考虑留有精整余量和机加工余量。

（3）对强度、硬度等性能要求较高的结构零件，压模的尺寸除了要考虑压坯的弹性后效，烧结收缩（有时也要考虑机加工余量）外，还应考虑装模间隙与复压压下量。

压模尺寸计算时涉及的几个基本参数：

（1）压缩比（K）：指粉末压缩前与压缩后的体积比。

$$K = \frac{V_粉}{V_坯} = \frac{H_粉 \cdot S_粉}{H_坯 \cdot S_坯} = \frac{H_粉}{h_坯} \frac{\dfrac{W_粉}{d_粉}}{\dfrac{W_坯}{d_坯}} = \frac{d_压}{d_坯} \tag{4-33}$$

式中，S 为横截面积；$W_坯$ 为压坯质量。

（2）压坯的弹性后效（t）：用压坯径向或轴向的膨胀量同膨胀前压坯的径向或轴向尺寸的百分比来表示。

$$l = \frac{l - l_0}{l_0} \times 100\% = \frac{\Delta l}{l_0} \times 100\% \tag{4-34}$$

（3）烧结收缩率（S）：用压坯在烧结过程中的线性收缩量与烧结前压坯尺寸的百分比来表示。

$$S = \frac{D_坯 - D_烧}{D_坯} \times 100\% \tag{4-35}$$

式中，$D_坯$ 为压坯烧结前的尺寸；$D_烧$ 为压坯烧结后的尺寸。

压坯的烧结收缩率沿各个方向是不同的，轴内收缩率往往大于径向收缩率。影响烧结收缩率的因素主要有混合粉化学成分、压坯密度、烧结工艺（温度、时间、气氛）等，不同的金属粉末及不同的合金元素。

（4）精整余量（ΔZ）：在设计压模尺寸时应留有适当的精整余量，通过在精整过程中压坯产生的少量塑性变形，来消除烧结过程中引起的变形，降低表面粗糙度和提高尺寸精度。

精整余量的大小应根据制品的要求，结合具体工艺条件来选择，表4-1给出不同情况下的精整余量。

表 4-1　不同情况下的精整余量

壁厚/mm	外径余量/mm	内径余量/mm	高度压下率/%	适用范围
<3	0.05~0.1	不留或少留	—	（1）外径要求较高，内径和高度要求不高；（2）内径虽要求较高，但不宜整内孔，采用外箍内精整方式
<5	不留或少留	0.05~0.1	—	（1）内径要求较高，外径要求不高；（2）外径虽要求较高，但不宜整外径，采用内胀外精整方式
3~5	0.04~0.06	0.02~0.04	—	内外径要求均较高，但高度要求不高，壁厚较厚，采用外箍内胀的精整方式
5~7.5	0.05~0.08	0.03~0.06	—	
7.5~10	0.06~0.1	0.04~0.08	—	
10~15	0.08~0.14	0.06~0.10	—	
3~5	0.03~0.05	0.01~0.03	1~2	高度、内外径要求均较高，采用全精整方式
5~7.5	0.04~0.06	0.02~0.04	1~2	
7.5~10	0.05~0.07	0.03~0.05	1~2	
10~15	0.06~0.1	0.04~0.06	1~2	

（5）机加工余量（ΔJ）：是为了满足产品尺寸精度和表面粗糙度的要求而增加的磨削辅助机械加工的加工余量。机加工余量不宜留的太大，也不宜太小。一般车削加工取1~1.5mm，磨削加工取0.05~0.08mm。

（6）复压装模间隙（Δb）和压下率（f）：如果需采用复烧工艺，进一步提高产品密度，以获得更高的机械物理性能。在计算压模内径与芯杆外径尺寸时，应使压坯内外径留有装模间隙，以便复压时压坯能顺利放入模腔。装模间隙的大小应根据压坯尺寸大小合理选择，一般为0.1~0.2mm。

复压压下率（f）：用复压压下量与复烧前烧结坯的高度的百分比表示。

$$f = \frac{h_{烧} - h_0}{h_{烧}} \times 100\% \tag{4-36}$$

式中，$h_{烧}$为复压前的高度；h_0为复压后的高度（取产品高度）。

选择复压压下率时应根据制品密度、性能要求、原有压坯密度、装模间隙、模具的承载能力及压力设备吨位等全面考虑。

4.4.1.2　压模零件的尺寸计算

（1）阴模高度 $H_{阴}$ 的计算：阴模高度应满足粉末容量和模冲定位的需要。

$$H_{阴} = H_{粉}(= Kh_{坯}) + h_{上} + h_{下} \tag{4-37}$$

$$h_{坯} = h_0(1 - t_{轴} + S_{轴}) + h_0(1 - t_{轴} + S_{轴})f \tag{4-38}$$

式中，$H_阴$ 为阴模高度；$h_坯$，h_0 为产品的高度（基本尺寸+上下偏差的平均值）；$h_上$ 为上模冲与阴模的配合高度（通常取 5~10mm）；$h_下$ 为下模冲与阴模的配合高度（通常取 5~10mm，或下模冲的高度）；$t_轴$ 为轴向弹性后效，%；$S_轴$ 为轴向烧结收缩率，%；f 为复压压下率，%。

若需要机加工，则：

$$h_坯 = h_0(1 - t_轴 + S_轴) + \Delta J_轴$$

式中，$\Delta J_轴$ 为轴向（高度方向）的机加工余量。

若需要复压复烧时，则：

$$
\begin{aligned}
h_坯 &= h_0(1 - t_轴 + S_轴) + \Delta h_复 \\
&= h_0(1 - t_轴 + S_轴) + h_0(1 - t_轴 + S_轴) \cdot f \\
&= h_0(1 - t_轴 + S_轴)(1 + f)
\end{aligned} \tag{4-39}
$$

（2）芯杆长度的确定：原则取与阴模高度一样或略短一点。过长加工麻烦，精度难保证，过短可引起夹粉，磨损芯杆。

（3）模冲高度的确定：应考虑模冲的安装、定位、装粉高度的调节，以及脱模移动的距离等因素。

（4）阴模内径的计算：阴模的内径应根据压坯的外径要求进行确定。

若采用常规压制烧结工艺：

$$D_{阴内} = D_0(1 - t_径 + S_径) \tag{4-40}$$

式中，$D_{阴内}$ 为阴模内径；D_0 为产品外径（基本尺寸+上下偏差的平均值）；$t_径$ 为径向弹性后效，%；$S_径$ 为径向烧结收缩率，%。

若需要精整外径时：

$$D_{阴内} = D_0(1 - t_径 + S_径) + \Delta Z_径 \tag{4-41}$$

式中，$\Delta Z_径$ 为径向的精整余量，mm。

若精整前需粗加工，则：

$$D_{阴内} = D_0(1 - t_径 + S_径) + \Delta J_径 + \Delta Z_径 \tag{4-42}$$

式中，$\Delta J_径$ 为径向的机加工余量，mm。

若需要复压复烧，则：

$$D_{阴内} = D_0(1 - t_径 + S_径) - \Delta b \tag{4-43}$$

式中，Δb 为复压装模间隙，mm。

（5）芯杆外径的确定：根据压坯内孔尺寸的要求确定。

$$d_芯 = d_0(1 - t_径 + S_径) \tag{4-44}$$

当需精整内孔或机加工内孔时：

$$d_芯 = d_0(1 - t_径 + S_径) - \Delta J_{内孔}(\Delta Z_{内孔}) \tag{4-45}$$

当需进行复压复烧时：

$$d_芯 = d_0(1 - t_径 + S_径) + \Delta b_{内孔} \tag{4-46}$$

式中，d_0 为产品内径（基本尺寸+上下偏差的平均值）；$d_芯$ 为芯杆外径；$\Delta J_{内孔}$ 为内孔径向的机加工余量，mm；$\Delta Z_{内孔}$ 为内孔径向的精整余量，mm；$\Delta b_{内孔}$ 为内孔复压装模间隙，mm。

（6）模冲内外径的确定：是按照与之配合的芯杆外径和阴模内径来确定的。即模冲内孔直径（内径）的基本尺寸应与芯杆外径的基本尺寸一样，模冲外径的基本尺寸应与阴模内径的基本尺寸一样。然后选择他们之间的配合间隙。一般将模冲与阴模之间的配合间隙按 H8/f7 或 H7/g6 的配合公差来选取，而将模冲与芯杆之间的配合间隙按 G7/h6 或 F5/h6 的配合公差来选取（通常间隙在 0.01~0.03mm）。

（7）阴模外径的计算：粉末冶金压模在压制时，阴模承受较大的侧向压强（$p_{侧} = \varepsilon\theta p$），这样就会产生应力和应变。在设计模具时，应根据所受的侧压强来验算阴模的强度和刚性。

1）如果为单层圆筒阴模。阴模外半径 R 与内半径 r 之比 m（$=R/r$），称之为模数

$$m \geqslant \sqrt{\frac{[\sigma] + p_{侧}(1 - \mu)}{[\sigma] - p_{侧}(1 + \mu)}} \tag{4-47}$$

$$[\sigma] = \frac{\sigma_b}{n}$$

式中，$[\sigma]$ 为许用应力，MPa；σ_b 为模具材料的抗拉强度，MPa；$p_{侧}$ 为阴模的侧压力，$p_{侧} = \varepsilon\theta p$；$\mu$ 为材料的泊松比，常数；ε 为侧压系数；θ 为压坯的相对密度；p 为压坯的压制压力，MPa；n 为安全系数，通常取 1.5~2.5。

2）如果为双层套筒阴模。

①根据已知的 $[\sigma]$，$p_{侧}$ 及 μ 值，求出单层模时所需的 m 值，即

$$m_{单} \geqslant \sqrt{\frac{[\sigma] + p_{侧}(1 - \mu)}{[\sigma] - p_{侧}(1 + \mu)}} \tag{4-48}$$

②利用 $m_{单}$ 值确定由单层模改为双层模后的修正系数 K

$$K = 1 - \frac{2m^2(m - 1)}{(3m + 1)(m^2 + 1)} \tag{4-49}$$

③计算组合模所需的 m 值，并得出 R，r，$r_{中}$

$$m_{组} \geqslant \sqrt{\frac{[\sigma] + p_{侧}(k - \mu)}{[\sigma] - p_{侧}(k + \mu)}}$$

$$R = m_{组}\, r \tag{4-50}$$

$$r_{中} = \sqrt{Rr}$$

④求预紧压强 $p_{预}$，主要来自阴模和模套的过盈配合

$$p_{预} = \frac{m(m - 1)}{(3m + 1)(m + 1)}p_{侧} \tag{4-51}$$

⑤求出装配时的单边过盈量 $\Delta r_{中}$

$$\Delta r_{中} = \frac{2p_{预}\, r_{中}^3}{E}\left[\frac{m_{组}^2 - 1}{(m_{组}^2 + 1)r_{中}^2 - 2R^2}\right] \tag{4-52}$$

⑥求出热装时所需要的温度 t

$$t = \frac{\Delta r_{中} + (0.05 \sim 0.15)}{\alpha r_{中}} \tag{4-53}$$

4.4.2　阴模外径及阴模强度的计算

粉末冶金压模在压制时，阴模承受较大的侧向压强，其值为：

$$p_侧 = \varepsilon'\theta \cdot p \tag{4-54}$$

式中，$p_侧$ 为侧压强，t/cm²；ε' 为压件材料致密状态下的侧压系数；θ 为压件的相对密度；p 为压制时的单位压力，t/cm²。

阴模在侧压强的作用下，产生应力和应变。在设计模具时，应当根据所受的侧压强，来验算阴模的强度和刚性。在保证模具安全和压坯完好的情况下，尽量减少阴模尺寸。

4.4.2.1　单层圆筒阴模的强度计算

粉末冶金阴模外半径之比 R/r 总是大于1.1，在材料力学上叫做厚壁圆筒。

在侧压强 $p_侧$ 作用下，其应力计算公式为：

径向应力：

$$\sigma_r = \frac{p_侧 r^2}{R^2 - r^2}\left(1 - \frac{R^2}{r_i^2}\right) \tag{4-55}$$

切向压力：

$$\sigma_t = \frac{p_侧 r^2}{R^2 - r^2}\left(1 + \frac{R^2}{r_i^2}\right) \tag{4-56}$$

式中，R 为阴模外半径，mm；r 为阴模内半径，mm；r_i 为在 r 到 R 范围内任意一点到中心的距离，mm。

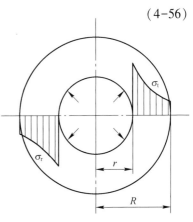

根据上式计算后，其应力分布如图4-15所示，σ_t 为正，即切应力是主要应力。σ_r 为负时，即径向应力是压应力。同时，最大的 σ_r 及 σ_t 均发生内壁处（内侧表面 $r_i = r$ 处），其值。

最大径向应力：　$\sigma_{rmax} = p_侧$

将 $r = r_i$ 代入得切向应力：

$$\sigma_t = p_侧 \cdot \left(\frac{R^2 + r^2}{R^2 - r^2}\right)$$

图4-15　单层圆筒应力分布图

这说明阴模内侧面将是最危险的截面。

考虑到模具材料一般经淬火后都很脆，故按照第二强度理论（最大应变理论）建立阴模的强度条件为：

$$\frac{1}{E}\left[\sigma_1 - \mu(\sigma_2 + \sigma_3)\right] \leqslant \frac{[\sigma]}{E} \tag{4-57}$$

式中，$[\sigma]$ 为材料的许用应力，kg/mm²，1kg/mm² = 10⁷Pa；μ 为泊松系数（钢为 $\mu = 0.3$）；E 为材料的弹性模数；σ_1、σ_2、σ_3 为主应力，且 $\sigma_1 > \sigma_2 > \sigma_3$。在压模使用条件 F，$\sigma_1 = \sigma_t$，$\sigma_2 = \sigma_r$，$\sigma_3 = 0$。

所以，上式可变为：$\sigma_t - \sigma_r \cdot \mu \leqslant [\sigma]$，将 $\sigma_r = p_侧$，$\sigma_t = p_侧 \cdot \left(\dfrac{R^2 + r^2}{R^2 - r^2}\right)$ 代入

故　　　　　　$$m \geqslant \sqrt{\frac{[\sigma] + (1 - \mu)p_侧}{[\sigma] - (1 + \mu)p_侧}} \quad (m = R/r)$$

对于钢模则：
$$m \geqslant \sqrt{\frac{[\sigma] + 0.7p_{侧}}{[\sigma] - 1.3p_{侧}}} \Rightarrow D_{外} = mD_{内}(\text{mm})$$

式中，$D_{外}$ 为阴模外径；$D_{内}$ 为阴模内径。

4.4.2.2　双层套筒阴模的强度计算

这种组合阴模的结构特点，一般为双层结构，就是在阴模外面加上紧模套，以提高阴模的强度。一般阴模材料用 GCr_{15} 和 9CrSi，模套则采用 A3、45 号钢。与单层阴模相比，它减少了阴模的壁厚，从而提高了模腔淬透性，使模腔硬度大为提升，达到了延长模具寿命的目的，同时由于阴模外面有外套，可防止阴模炸裂伤人，而且可节省阴模的合金钢材。

组合模设计的具体步骤是：

（1）根据已知的 $[\sigma]$、$p_{侧}$ 及 μ 值，求出单层模时所需的 m 值，即

$$m_{单} \geqslant \sqrt{\frac{[\sigma] + p_{侧}(1 - \mu)}{[\sigma] - p_{侧}(1 + \mu)}} \tag{4-58}$$

（2）利用 $m_{单}$ 值确定有单层模改为双层模后的修正系数 k（或称折扣系数）

$$m_{组} = 1 - \frac{2m^2(m - 1)}{(3m + 1)(m^2 + 1)}(m \text{ 即为 } m_{单}) \tag{4-59}$$

（3）计算组合模所需的 m 值，并得出 R，r，$r_{中}$

$$m_{组} \geqslant \sqrt{\frac{[\sigma] + p_{侧}(k - \mu)}{[\sigma] - p_{侧}(k + \mu)}} \tag{4-60}$$

$$R = m_{组} \cdot r \text{（阴模外径 } r \text{ 由压坯尺寸确定）} \tag{4-61}$$

$$r_{中} = \sqrt{R \cdot r} \tag{4-62}$$

式中，$r_{中}$ 为组合模的分界线（配合面处的半径）。

（4）求预紧压强 $p_{预}$：主要来自阴模和模套的过盈配合。

$$p_{预} = \frac{m(m - 1)}{(3m + 1)(m + 1)}p_{侧}(m \text{ 即为 } m_{组}) \tag{4-63}$$

（5）求出装配时的单边过盈量 $\Delta r_{中}$：

$$\Delta r_{中} = \frac{2p_{预} r_{中}^3}{E}\left[\frac{m_{组}^2 - 1}{(m_{组}^2 + 1) r_{中}^2 - 2R^2}\right] \tag{4-64}$$

式中，E 为材料的弹性模量（对钢 $E = 2 \sim 2.1 \times 10^6 \text{kg/cm}^2$，$1\text{kg/cm}^2 = 10^5\text{Pa}$）。

（6）求出热装时所需要的温度 t。

$$t = \frac{\Delta r_{中} + (0.05 \sim 0.15)}{\alpha r_{中}} \tag{4-65}$$

式中，α 为模套材料的线膨胀系数（对钢 $\alpha = (12.5 \sim 13.5) \times 10^{-6}/℃$）。

1）单层模：

阴模内侧变形量　　　　　　　$$\Delta r = \frac{r}{E}\left[\frac{m^2 + 1}{m^2 - 1} + \mu\right]p_{侧} \tag{4-66}$$

阴模外侧变形量　　　　　　　$$\Delta R = \frac{R}{E}\left(\frac{2}{m^2 - 1}\right)p_{侧} \tag{4-67}$$

2）双层模：

阴模内侧变形量

$$\Delta r = \frac{r}{E}\left[\frac{R^2 + r^2}{R^2 - r^2} + \mu\right]p_{侧} \tag{4-68}$$

模套外侧的变形量

$$\Delta R = \frac{R}{E}\left(\frac{2}{m^2 - 1}\right)p_{侧} \tag{4-69}$$

4.4.3　其他模具零件的尺寸计算

4.4.3.1　精整模零件的尺寸计算

精整模主要用来提高烧结制品的精度和降低表面粗糙度。因此必须精确计算精整模的尺寸。

如果烧结件外径留有精整余量，精整时，烧结件的外表金属受到挤压，出模后制品外径便产生弹性膨胀。此时，精整阴模的内径应比制品外径尺寸减小一个弹性膨胀量。即精整阴模内径 $D_{整阴}$：

$$D_{整阴} = D_0 - \delta_{弹} \tag{4-70}$$

如果烧结件内孔没有精整余量，精整时由外向内挤出模后弹性后效将使内孔增大，这时芯杆外径应比制品内孔直径减少一个弹性膨胀量，即：

$$d_{精整} = d_0 - \delta_{弹内} \tag{4-71}$$

式中，d_0 为产品内孔直径（一般取制品的最大极限尺寸，即基本尺寸+上偏差）；$\delta_{弹内}$ 为内孔双边弹性膨胀量（查表）。

如果烧结件内孔留有精整余量，精整时金属将由内向外挤，出模后弹性后效将使压坯内孔减小，此时，整形芯杆外径应比制品内孔直径增加一个弹性膨胀量，即：

$$d_{整芯} = d_0 + \delta_{弹内} \tag{4-72}$$

全精整时高度方向上也受到压缩，出模后弹性后效会引起高度的增加。在考虑模冲或其他高度限制装置的高度尺寸时，应比制品实际要求的尺寸（压坯基本尺寸）增加一个高度方向上的弹性膨胀量。

精整阴模的外径应满足强度和刚度要求，其计算可参考成型阴模外径的计算方法。

4.4.3.2　复压模零件的尺寸计算

复压与精整相似。但复压模主要用来提高烧结件的密度，而不在于获得低的表面粗糙度和尺寸精度。

复压压力一般大于成型压力。它是通过高压使烧结件在高度方向上产生较大的压缩（复压压下率为 15% ~ 20%），从而获得较高的密度和要求的尺寸与形状。因此计算复压模的尺寸时需注意：

（1）适当增加阴模模壁的厚度，以保证有足够的强度和刚度。

（2）复压脱模后同样会引起弹性后效，因此阴模内径应比制品外径减少一个弹性膨胀量，而芯杆外径比制品的内径增大一个弹性膨胀量。

（3）复压后需进行复烧以消除内应力，这时应考虑复烧引起的收缩。

综上所述，复压模的尺寸计算如下：

阴模内径 $D_{复阴}$：

$$D_{复阴} = D_0(1 - t_{复径} + S_{复径}) \tag{4-73}$$

式中，D_0 为产品外径（取最小极限尺寸）；$t_{复径}$ 为复压径向弹性后效；$S_{复径}$ 为复烧径向收缩率。

芯杆外径 $d_{复芯}$：

$$d_{复芯} = d_0(1 - t_{复径} + S_{复径}) \tag{4-74}$$

式中，d_0 为制品的内控直径（取最大尺寸）。

阴模高度 $h_{复阴}$：

$$h_{复阴} = h_0(1 - f) + h_{上、下} \tag{4-75}$$

式中，h_0 为制品高度；$h_{上、下}$ 为上、下模冲的定位、导向高度，一般取 $20 \sim 30mm$；f 为复压压下率，一般取 $15\% \sim 20\%$。

阴模外径 $D_{复外}$：按经验式估算 $D_{复外} = (2.2 \sim 3.5)D_0$。

4.4.3.3 热锻模零件尺寸计算

粉末冶金热锻模除了可提高预成型坯的密度，改善内部组织，提高材质性能外，还应尽量满足产品形状和尺寸的要求，以减少辅助机加工。

在确定锻模零件尺寸时，要综合考虑锻件的收缩变形，锻模本身的热膨胀及弹性变形。但粉末热锻是在高温高压下进行的。随着终锻温度、粉末成分、锻件的几何形状等的不同，锻件的收缩变形程度也不同，锻模模腔的变形也随着模具材料、锻模温度、锻造压力、锻模壁厚等的变化而不同。这些都给锻模尺寸的计算带来困难。目前人们都是根据实践经验来确定的。

锻模径向尺寸一般用经验式估算：

$$D_{锻} = D_0(1 + a) \pm \Delta J \tag{4-76}$$

式中，$D_{锻}$ 为锻模径向尺寸（指阴模内径、芯杆外径、模冲凸台外径等，至于模冲的内外径只需按上述相应尺寸考虑配合间隙）；D_0 为锻件（或制品）的径向尺寸。阴模内径取制品的最小极限尺寸，芯杆和模冲凸台的外径，取制品的最大极限尺寸；a 为经验参数。综合体现了锻件收缩、锻模本身的热膨胀和弹性变形等的影响。锻造加热温度在 $1000 \sim 1150℃$ 时，$a = 0.8\% \sim 1.0\%$；ΔJ 为机加工余量。若锻件外径留有机加工余量，阴模内径取 "+"，若点检内孔留有机加工余量，相应芯杆或模冲凸台外径取 "—"。机加工余量一般取 $0.15 \sim 0.5mm$。若无需辅助机加工，则 $\Delta J = 0$。

锻模的工作条件比压模或精整模恶劣很多，不但负荷重，而且冲击性大，又处于高温下工作。所以要求具有更高的强度和刚度。一般锻件尺寸越大，锻造压力（打击能量）越高，阴模的外径也要相应增大。通常阴模外径比锻件直径大 $60 \sim 100mm$。

阴模的高度一般应能容纳预成型坯，并且有一定的导向和定位高度。

4.5 典型模具结构及压模零件尺寸计算

4.5.1 带台阶压坯压模的尺寸计算

如图 4-16 所示，制品为 Fe-C，密度为 $5.8 \sim 6.2g/cm^3$，所用粉末的松装密度 $2.5g/cm^3$，压坯的轴向弹性后效为 1.0%，轴向烧结收缩率为 1.5%，两端面机加工余量各为 $0.5mm$，压坯的径向弹性后效为 0.2%，径向烧结收缩率 0.8%，压坯不留精整余量。

4.5.1.1 结构设计

由于法兰的高度较小（5mm），且宽度较窄（单边2.5mm），所以可直接采用带内台阶的阴模，不必采用组合模冲（粉末在压制力作用下可流动填装），又因产品的高度与壁厚的比值较大（30/5＝6），为了防止压坯密度不均，采用双向压模结构。模具结构如图4-17所示。

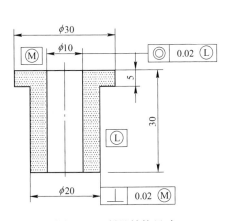

图4-16 制品结构尺寸

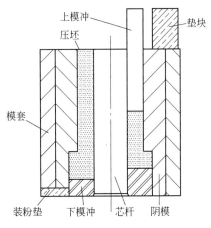

图4-17 模具结构

4.5.1.2 各压模零件尺寸的计算

（1）阴模高度：

$$H_{阴} = Kh_{坯} + h_{上} + h_{下}$$

设下模冲定位高度为15mm，上模冲压缩前伸进阴模深度为7mm。

$$压缩比 K = d_{坯}/d_{松} = 6.0/2.5 = 2.4 （取压坯密度为6.0g/cm^3）$$

为了弥补成型主体时少量粉末的侧向移动，主体粉末要稍多装一点粉末，故取主体部分的装填系数（或压缩比）为2.5。

$$H_{阴} = kh_0(1 - t_{轴} + S_{轴}) + h_{上} + h_{下} + \Delta J = 99.88 \quad 取100mm$$

（2）阴模内台阶深度：根据法兰所需装粉高度和下模冲定位高度确定。

$$H_{台阶} = kh_{法兰} + h_{下} + \Delta J = kh_{法兰}(1 - t_{轴} + S_{轴}) + h_{下} + \Delta J = 28.27 \quad 取28mm$$

（3）下模冲高度：等于阴模内台阶深度减去压坯法兰的高度，即

$$H_{下} = H_{台阶} - h_{法兰} = H_{台阶} - [h_{法兰}(1 - t_{轴} + S_{轴}) + 0.5] = 28 - 5.33 = 22.47mm$$

（4）装粉垫高度：即由松装粉末高度移至压坯高度（即所移动的距离）。

$$装粉高度（指法兰）kh_{法兰} = kh_{法兰}(1 - t_{轴} + S_{轴}) = 13.27mm$$
$$装粉垫高度：13.27 - 5.53 = 7.74 \quad 取8mm$$

（5）芯杆长度：芯杆长度应等于或小于阴模与装粉垫的总高度。

$$L_{芯} = H_{阴} + H_{装粉垫} = 100 + 8 = 108mm$$

（6）上模冲高度：上模冲要兼作脱模杆的作用。其高度应大于或等于阴模上端面至内台阶的距离，即阴模总高与阴模内台阶的深度之差。

$$100 - 28 = 72\text{mm}$$

（7）垫块高度：垫块高度应保证压坯的高度尺寸，它等于上下模冲及压坯总高减去阴模高度。

$$H_{上} + H_{下} + H_{坯} = H_{垫块} + H_{阴}$$

$$H_{垫块} = 72 + 31.5 + 22.47 - 100 = 25.62\text{mm}$$

（8）脱模座高度：保证脱模时能方便地取出制品。这里取 90mm。

（9）阴模内径：

$$阴模台阶上部内径 = 19.97（1 - 0.2\% + 0.8\%）= 20.09\text{mm}$$

$$阴模台阶下部内径 = 29.90（1 - 0.2\% + 0.8\%）= 30.08\text{mm}$$

（10）上下模冲外径：分别按 H8/f7 和 H7/g6 的配合间隙选取。

$$上模冲外径取 \phi 20.29^{-0.020}_{-0.041}$$

$$下模冲外径取 \phi 30.08^{-0.009}_{-0.025}$$

（11）芯杆外径：假设内孔精整余量为 0.08mm。

$$D_{芯} = d_0（1 - t_{径} + S_{径}）- \Delta Z = 10.02 -（1 - 0.2\% + 0.8\%）- 0.08 = 10.00\text{mm}$$

（12）上下模冲内径：按 G7/h6 的配合间隙选取。

$$上模冲内径取 \phi 10^{+0.020}_{+0.005}$$

$$下模冲内径取 \phi 10^{+0.020}_{+0.005}$$

（13）阴模的外径及中径：对铁基制品，设单位压制压力为 700MPa，侧压系数 ξ 取 0.38。

因相对密度 $\rho = d_{坯}/d_{致密} = 6.2/7.8 = 0.795 = 80\%$

$$\rho_{侧} = \xi \rho P = 0.38 \times 0.8 \times 70 = 21.28\text{kg/mm}^2（1\text{kg/mm}^2 = 10^7\text{Pa}）$$

假如阴模材料选用 GCr15，安全系数 $n = 2.7$，抗拉强度 $\sigma_b = 100\ \text{kg/mm}^2$，$\gamma = 0.3$

则 $[\sigma] = \sigma_b/n = 100/2.7 = 37\ \text{kg/mm}^2\ （1\text{kg/mm}^2 = 10^7\text{Pa}）$

故

$$m_{单} \geqslant \sqrt{\frac{[\sigma] + p_{侧}(1 - \mu)}{[\sigma] - p_{侧}(1 + \mu)}} = 2.358 = 2.36$$

修正系数

$$K = 1 - \frac{2m^2(m - 1)}{(3m + 1)(m^2 + 1)} = 0.71$$

$$m_{组} \geqslant \sqrt{\frac{[\sigma] + p_{侧}(k - \mu)}{[\sigma] - p_{侧}(k + \mu)}} = 1.7$$

故

$$D_{外} = m_{组} D_{内} = 1.7 \times 30 = 51\text{mm}$$

$$D_{中} = \sqrt{D_{外} D_{内}} = 39\text{mm}$$

（14）计算装配过盈量及热装温度：（钢的 $E = 2 \times 10^6\text{kg/cm}^2$，$1\text{kg/mm}^2 = 10^5\text{Pa}$）

预紧压强 $p_{预} = \dfrac{m(m - 1)}{(3m + 1)(m + 1)} p_{侧} = 1.54\text{kg/mm}^2（1\text{kg/mm}^2 = 10^7\text{Pa}）$

单边过盈量

$$\Delta r_{中} = \frac{2p_{预}\, r_{中}^3}{E}\left[\frac{m_{组}^2 - 1}{(m_{组}^2 + 1)r_{中}^2 - 2R^2}\right] = 0.01$$

（15）绘制零件图（略）。

若是双层阴模也可以采用下列方法计算外径与中径：

$$m \geqslant \frac{1 + \varphi\eta + \sqrt{(1 + \varphi)^2\eta^2 + 4\varphi\eta}}{(1 + 2\varphi)\eta - 1}$$

式中，$\varphi = \dfrac{[\sigma]_{外}}{[\sigma]_{内}}$，外、内径材料的许用应力比值；$\eta = \dfrac{[\sigma]_{外}}{p_{侧}}$；$p_{侧} = \xi_0 \cdot e \cdot p$；$\xi_0$ 为侧压系数；e 为相对密度；p 为单位压制压力；$[\sigma]_{外}$ 为 $\dfrac{\sigma_s}{n_s}$；σ_s 为外径材料的屈服极限；n_s 为安全系数（一般取 1.5）；$[\sigma]_{内} = \dfrac{\sigma_b}{n_b}$；$\sigma_b$ 为内径材料的强度极限；n_b 为安全系数。

装配过盈量：

$$\delta = \frac{p_{侧} \cdot D_{中}}{E} - \frac{2[m^2\varphi - m - (1 - \varphi)]}{(m - 1)[(1 + 2\varphi)m + 1]}$$

式中，$D_{外} = mD_{内}$；$D_{中} = \sqrt{m} \cdot D_{内}$。

4.5.2　无台阶压坯压模的尺寸计算

制品：W—Cu。制品密度：$14.8 \sim 15.29\text{g/cm}^3$。粉末松装密度：$5.0\text{g/cm}^3$。

$t_{轴} = 0.8\%$；$S_{轴} = 1.0\%$；$t_{径} = 0.1\%$；$S_{径} = 0.5\%$

两端面机加工余量 0.5mm，不精整。

（1）模具结构如图 4-18 所示。

（2）各压模零件尺寸的计算

$$H_{阴} = Kh_0(1 - t_{轴} + S_{轴}) + h_k + h_{下} + \Delta J \tag{4-77}$$

$H_{下} = h_{下}$（取下模冲定位高度：$10 \sim 20\text{mm}$）

$H_{上} \geqslant H_{阴}$（上模冲来作脱模杆的作用）

$H_{垫} + H_{阴} = H_{上} + H_{下} + H_{坯}$（$kh_{坯}$）

$D_{阴内} = D_{坯}(1 - t_{径} + S_{径})$

上、下模冲外径按 H8/f7 和 H7/g6 来配合。

（3）阴模外径的计算

$$m_{单} \geqslant \sqrt{\frac{[\sigma] + p_{侧}(1 - v)}{[\sigma] - p_{侧}(1 + v)}} \tag{4-78}$$

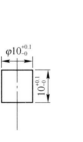

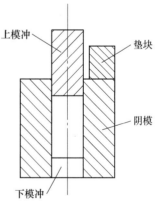

图 4-18　模具结构

上模冲　垫块　阴模　下模冲

$D_{阴外} = m \cdot D_{阴内}$

相对密度 = 95%；

单位压力 $6\text{t/cm}^3 = 60\text{kg/mm}^2$；

侧压系数 $\xi = 0.4$；

阴模材料：CrWMn；

安全系数：$n = 3$；

$\sigma_b = 100\,\mathrm{kg/mm^2}$，$\bar{v} = 0.3$（$1\,\mathrm{kg/mm^2} = 10^7\,\mathrm{Pa}$）

（4）绘制零件图（略）。

4.6 模 具 制 造

4.6.1 模具材料的选择

模具材料的选择问题是模具设计者经常遇到的问题，选择模具材料主要根据是模具零件在工作时的受力状况，模具材料本身的性能（如硬度、韧性、耐磨性、磁性等），以及模具零件几何形状的复杂性，精度要求和粉末冶金产品的批量大小等因素来决定。

4.6.1.1 基本原则

模具材料选用的基本原则是：

（1）批量大时，用耐磨性好的材料，如高速钢或硬质合金；批量小或试制产品，则用廉价的碳素工具钢。

（2）形状复杂的产品，用易加工并热处理变形小的合金工具钢较合适。

（3）对于软金属粉末，如铜、青铜、铅、锡等，宜用碳素工具钢或合金工具钢，对于硬金属粉末，如钢、钨、钼、摩擦材料及硬质合金等，宜用硬质合金模。

（4）高密度压件宜用耐磨性好的材料。

（5）整形模和高精度的压件的模具，宜用耐磨性好的材料，尽可能用硬质合金模。

（6）对那些在模具工作时不起重要作用的零件，如垫铁、脱模套、顶触感、装粉垫和限位垫铁等零件，并不需要有很高的耐磨性，而只要具有必要的强度即可，应选用一般钢如 45 号、A3 或 40Cr 等。

4.6.1.2 主要零件的材料及技术要求

阴模：

可用材料：
- 碳素工具钢：T10A，T12A
- 合金工具钢：GCr_{15}，Cr_{12}，$Cr_{12}Mo$，$Cr_{12}W$，$Cr_{12}MoV$，9CrSi，CrWMn，CrW5
- 高速钢：$W_{18}Cr_4V$，W_9Cr_4V，$W_{12}Cr_4V_4Mo$
- 硬质合金：YG15，YG5

技术要求：
- 热处理硬度：钢 60~63HRC，硬质合金 88~90HRA，平磨后退磁
- 粗糙度：工作面 $\overset{1.6}{\diagdown}$，配合面及定位面 $\overset{3.2}{\diagdown}$，非配合面 $\overset{6.3}{\diagdown}$
- 形位偏差六~七级精度，不同度 0.005，径向跳动 0.03，不平行度 0.03，不垂直度 0.03。
- 型腔孔锥度允差一般为公差带的一半

模套：可用材料：45，35，40Cr

技术要求：
- 不处理或调质处理 28~32HRC
- 与阴模组装后，磨上下端面至 $\frac{3.2}{\sqrt{}}$
- 手动模模套外径常需滚花
- 内孔粗糙度为 $\frac{3.2}{\sqrt{}}$

芯杆：可用材料：同阴模一样。

技术要求：
- 工作面热处理硬度 60~63HRC，机动模芯杆连接处局部硬度 35~40HRC。
- 工作面 $\frac{1.6}{\sqrt{}}$，配合面及定位面 $\frac{3.2}{\sqrt{}}$，非配合面 $\frac{6.3}{\sqrt{}}$
- 形状偏差和位置偏差同阴模
- 工作部分锥度及不直度允差一般为公差带之半

模冲：可用材料：
- 碳素工具钢 T8A，T10A
- 合金工具钢：GCr15，Cr12，Cr12Mo，9CrSi，CrW5

技术要求：
- 热处理硬度 56~60HRC
- 平磨后退磁
- 粗糙度：端面 $\frac{3.2}{\sqrt{}}$，径向配合面 $\frac{1.6}{\sqrt{}}$，非配合面 $\frac{6.3}{\sqrt{}}$
- 几何精度参照阴模

压套：可用材料：合金工具钢：GCr15，Cr12，Cr12Mo，9CrMn，CrW5

技术要求：
- 热处理硬度 53~57HRC
- 平磨后退磁
- 粗糙度：端面 $\frac{3.2}{\sqrt{}}$，径向配合面 $\frac{1.6}{\sqrt{}}$，非配合面 $\frac{6.3}{\sqrt{}}$
- 几何精度参照阴模

4.6.2 模具主要零件的加工、热处理及提高寿命的途径

4.6.2.1 模具主要零件的加工

模具加工的主要方法有：机械切削加工，电加工和热处理。

模具加工的特点是模具零件一般都很复杂，往往要求较高的尺寸精度和表面粗糙度及硬度，因此在加工设备上，除用普通切削机床外，还广泛采用高精度金属切削机床，电火花穿孔机床，数控线切割机床等新工艺、新设备，以保证模具加工质量和加工效率。

普通机械加工用来制造一般模具零件，通过车、铣、刨、镗、钻和磨来加工冲头、阳模、压环、顶杆等。

电火花加工主要加工高精度的异形孔和高硬度材料。

数控线切割用以制造形状复杂和较高精度、无台阶的模具零件。

4.6.2.2 模具热处理

模具热处理是保证模具质量和提高模具寿命的关键。因此必须根据材料合理地制定热处理工艺参数。表 4-2 给出常用几种材料的热处理工艺。

表 4-2　几种材料的热处理工艺

材料	退火温度/℃	保温时间/h	淬火温度/℃	冷却方式	回火温度/℃	硬度（HRC）
W18Cr4V	830~850	2~3	500~600 预热 840~860 1260~1300	油	540~590	62~69
W6Mo5V	820~840	2~3	500~600 840~860 1210~1245	油	540~590	>62
Cr12	850~870		600 预热 9550~1000	油	150~200	62~65
Cr12MoV	850~870		600 840~860	油	150~200	62~63
GCr15	790~810	2~6	600 830~860	油	150~200	49~64
9SiCr	790~800		600 缓慢预热 860~880	油	150~400	52~69
5CrMnMo	850~870	4~6	830~850	油	400~500	40~48

注：退火处理一般为得到珠光体和粉状碳化物。

4.6.2.3　提高模具寿命的途径

A　研究和选用新型模具材料

研究和选用新型模具材料是提高模具寿命的基本保证。目前我国推广使用的新型模具材料有：

热锻模具钢：35Cr3Mo3W2V，25Cr3Mo3Nb，5CrW5Mo2V。其特点是合金成分低，钢锻造开裂倾向小，切削加工性能好，热处理温度范围广，有较高的韧性和高温力学性能，较强的抗热裂、抗龟裂能力。

冷锻模具钢 Cr4W2MoV，具有高硬度、高耐磨性、高淬透性和高回火稳定性，产生二次硬化等特点。

B　革新热处理工艺

对于型腔复杂、厚度较大的模具，在预先热处理中，进行等温球化退火，在最终热处理加工之前，进行调质处理，这样可以改善芯部组织，提高芯部强度，从而提高模具寿命。

碳素工具钢和低合金工具钢，可采用四步热处理使碳化物细化。

第一步：加热到 925~1075℃ 奥氏体化并保温足够时间，使碳化物溶解于奥氏体中，然后迅速冷却（油淬），得到马氏体和残余奥氏体组织。

第二步：重新加热到贝氏体形成的温度范围（350~450℃），保温足够时间，使残余奥氏体转变成贝氏体，同时马氏体转变为回火屈氏体组织，从而得到细小碳化物和铁素体的组织。

第三步：重新加热到775~870℃，适当保温使所有铁素体转变为奥氏体，但不会使细小碳化物长大，最后油淬得细化晶粒的马氏体和细小均匀、等轴的碳化物组织。

第四步：进行200℃左右的低温回火。

C 模具表面的强化处理

通过简单而可靠的表面强化过程，不仅可以提高模具的寿命从而降低模具的成本，并且可修磨已报废的模具，但表面强化须满足下列条件：

（1）表面强化的硬度和耐磨性必须比基体的硬度和耐磨性好。

（2）表面硬化层的组织在精加工时，应保证有好的表面粗糙度。

（3）表面硬化层对基体的黏着力能很好地防止起泡或剥落。

（4）表面强化的温度不应降低钢的硬度。

根据上述要求，表面强化方法有：

（1）碳化物覆盖表面强化法：气相沉积、碳化钛；盐浴热浸碳化物覆盖。

（2）表面镀铬。

（3）电火花表面熔渗硬质合金。

（4）火焰表面淬火法。

（5）压模工作表面硫化处理。

（6）模具工作表面的氮化处理。

（7）磁控溅射法。

4.6.3 钢模压型设备

4.6.3.1 压机概况

成型压机按传动机构分为两种：即机械压力机和液压机。

液压机多为立式的，加压的方法有多种。有上面加压的，有下面加压的，也有上、下同时加压的，有的还附有侧压。目前粉末冶金专用自动化液压机发展很快，自动化程度也愈来愈高，全自动粉末冶金液压机也日益广泛使用。

机械压力机的类型很多，有曲柄式、杠杆式、曲柄肘式、凸轮式、轮盘式等机械压力机。

机械压力机由于快速、简便、经济以及自动化等原因，在粉末冶金生产中正在推广使用。采用自动化，半自动化的快速机械压力机，其压制速度一般是20件/min左右。为了提高生产率，可采用多冲头机械压力机，在几个模内同时压制。

4.6.3.2 液压机的基本结构

一般全自动液压机结构大体分为四部分，即：上缸部分、下缸部分、上工作台和导轨

（或立柱），加料与送料。

上缸部分：主要由上固定横梁、缸体、活塞、各种密封环等组成，缸体固定在横梁上，活塞可以在缸体中自由滑动，各种密封环用来密封各腔的工作油。

下缸部分：主要由下横梁（又称工作台）、缸体、下活塞、安装螺杆及各种密封环等组成。缸体固定在下固定横梁上，下活塞可以在缸体中自由滑动，各种密封环密封工作油，安装螺杆连接活塞与模具有关活动部分，下模冲，或芯模或阴模的动作通过下活塞来完成。

上工作台（又称活动横梁）和导轨（或立柱）组成一个独立部分，上工作台固定在活塞上，沿着导轨定向来回滑动。上模冲动作通过活塞带动工作台来完成。

加料与送料：加料是由贮料漏斗和加料装置等组成，贮料漏斗贮存着较多的压制用料，通过加料装置每次给出一定用料给送料漏斗，送料是由油缸、活塞、各种密封环以及送料漏斗组成。油缸固定在送料板上，活塞可以在油腔内自由滑动，送料漏斗固定在活塞上，送料动作通过活塞来完成。通过送料每次给模腔送去一定用料供压制用。

4.6.3.3 液压机的工作原理

液压机是由液体来传递压力，整个系统的能量转换是电能通过电动机转变成机械能，再通过油泵把机械能转变成液体压力能，最后通过油缸和柱塞将液体压力能转变为机械能。

压力的传递遵照帕卡原理，机床的吨位按下述公式计算：

$$F = \frac{p\pi D^2}{4} \tag{4-79}$$

式中，F 为压机总压力，kg；p 为油泵压力，kg/cm^2；D 为活塞头直径，cm。

电动机的功率 N 由油泵的压力 p 和流量 Q 确定，一般用下式近似确定：

$$N = \frac{pQ}{600}$$

液压机各活塞的动作情况和次序是通过预先确定的电气系统和液压系统来决定的。每个缸的活塞的动作都有一个换向阀控制换向，而每一个换向阀都由电磁元件或其他元件控制阀的换向。如果这些阀的换向分别由人的操作来完成，成为手动工作状态。如果这些阀的换向按照人们的意志，构成一个逻辑动作线路，则液压机就成了全自动工作状态。

无论哪种液压机，为了安全起见都设有安全阀，当压力超过规定值时，安全阀自动打开卸荷，使压力不再增加。此外，为了兼顾高压力和速度两个指标，而安装高、低压两个泵，低压泵以保证在低压下活塞快速行驶，高压泵以保证高压下慢速压制。

4.6.4 模架简介

模架也叫模坯，或模座。是模具的基座，不直接参与完成工艺过程，也不和坯料有直接接触，只对模具完成工艺过程起保证作用，或对模具功能起完善作用，包括有导向零件、紧固零件、标准件及其他零件等。

模架主要作用：定位，固定的作用，导正凸模、凹模的间隙。模架除了提高精度外，装模也变得很方便，避免了因机床精度引起的质量问题。

模架主要由四部分构成：上模座，下模座，导柱，导套。

（1）模座。属于标准件，根据生产需要选择合适的钢材，对其刚度，变形系数等物理性质有要求。

1）模座形状分为圆形和矩形。

2）带模柄的模座。可根据冲床的情况，制造一种或几种规格的通用模柄，然后按零件情况制出凸、凹模。对一般冲孔、落料、弯曲、简单的拉深、校形等，均可采用此种方法。常用于批量小而品种多的冲压件生产。

（2）导柱和导套。是引导模具行程的导向元件。

模架主要类别有：中间导柱模架，四角导柱模架，对角导柱模架。后侧导柱模架。按座架形状分，一般模架都分为 I 型和 H 型，以配合不同的锁模方式的需要。I 型也称为工字型，H 型也称为直身模。

因为模架不参与成型，所以其形状不会随零件的改变而变化，只与零件的大小，结构有关，所以可以将模架标准化，即模架形式大体相似，只有大小，厚薄变化，标准化后加工起来非常方便，模架厂可以先加工好各种大小不同规格的模架零件（模板，导柱）等，再根据客户需要组成一套一套的模架。

一副标准模架最基本的要求就是可顺利开模。开模顺利与否，与 4 个导柱孔的精密度，直接相关，图 4-19 就是一个通用的标准模架图。非标模架就是在上述的标准化模架的基础上，再进行精加工。这里所说的精加工是指除了 4 个导柱孔以外，其他一套模具所需要的模腔（模框），精定位，锁模块，水路（加热/冷却流体通道），顶针孔等。从而使模具生产商能够直接装上其加工好的模仁（模芯），就可以进行试模和产品生产。

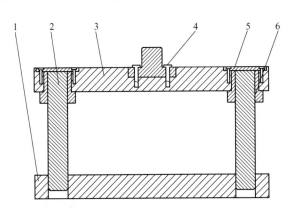

图 4-19   通用标准模架
1—下模板；2—导柱；3—上模板；4—螺钉；5—防尘盖；6—导套

4.6.5 粉末冶金模具案例

粉末冶金模具一般包括模架、阴模、上下模冲、导柱、上下模板、上下压板、压模板等等，图 4-20 为模具各部分零件图及总装图纸。

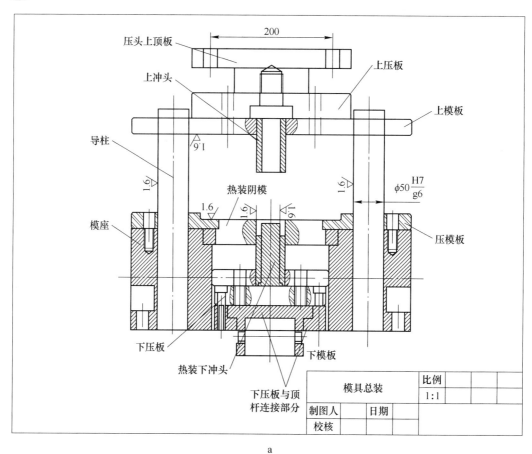

a

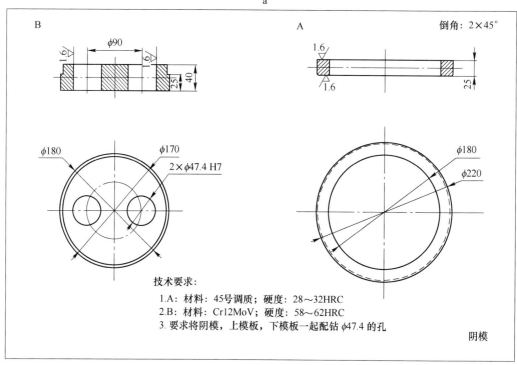

技术要求:

1. A：材料：45号调质；硬度：28～32HRC

2. B：材料：Cr12MoV；硬度：58～62HRC

3. 要求将阴模，上模板，下模板一起配钻 φ47.4 的孔

阴模

b

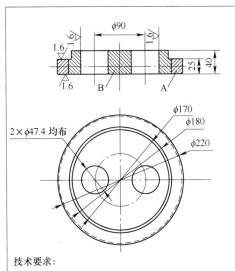

技术要求:

1.A: 材料: 45号调质; 硬度: 28~32HRC;
2.B: 材料: Cr12MoV; 硬度: 58~62HRC;
  其中 ϕ47.4 孔加工时直径缩小 0.1~0.15mm
3.A 与 B 热装后端面磨平

阴模热装	比例	材料	件数
	1:1		1
制图人	日期		
校核			

c

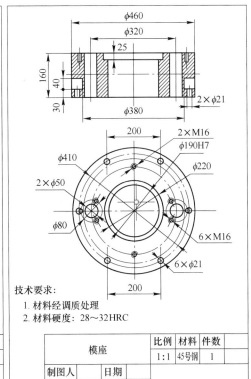

技术要求:

1. 材料经调质处理
2. 材料硬度: 28~32HRC

模座	比例	材料	件数
	1:1	45号钢	1
制图人	日期		
校核			

d

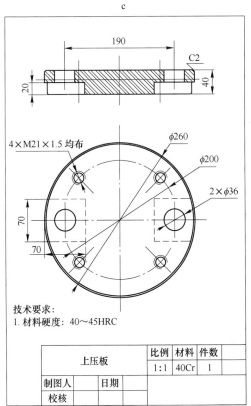

技术要求:

1. 材料硬度: 40~45HRC

上压板	比例	材料	件数
	1:1	40Cr	1
制图人	日期		
校核			

e

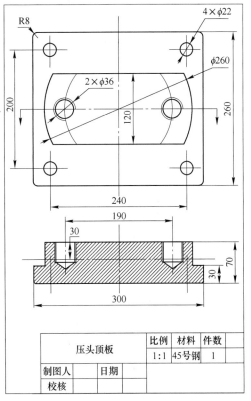

压头顶板	比例	材料	件数
	1:1	45号钢	1
制图人	日期		
校核			

f

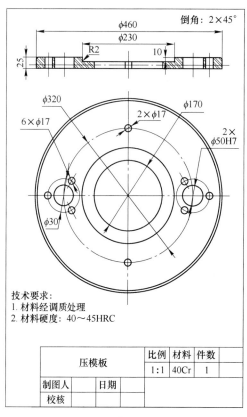

技术要求:
1. 材料经调质处理
2. 材料硬度: 40～45HRC

压模板		比例	材料	件数
		1:1	40Cr	1
制图人		日期		
校核				

g

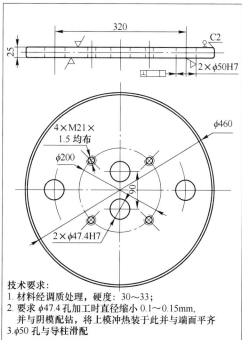

技术要求:
1. 材料经调质处理, 硬度: 30～33;
2. 要求 φ47.4 孔加工时直径缩小 0.1～0.15mm, 并与阴模配钻, 将上模冲热装于此并与端面平齐
3. φ50 孔与导柱滑配

上模板		比例	材料	件数
		1:1	40Cr	1
制图人		日期		
校核				

h

技术要求:
1. 硬度: 58～62HRC
2. 全部要求热装配在相应的模板上
3. 加工时 φ47.4 外圆直径缩小 0.1-0.15mm

上模冲		比例	材料	件数
		1:1	Cr12MoV	2
制图人		日期		
校核				

i

技术要求:
1. 材料: Cr12MoV, 热处理, 硬度: 55～58HRC
2. 要求与下模板过盈配合
3. 加工时 φ47.4 外圆直径缩小 0.1～0.15mm

下模冲热装		比例	材料	件数
		1:1	Cr12MoV	2
制图人		日期		
校核				

j

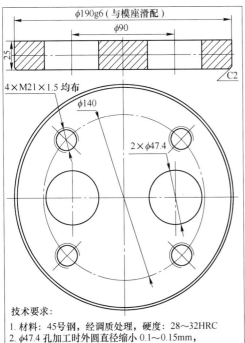

技术要求:
1. 材料: 45号钢，经调质处理，硬度: 28～32HRC
2. φ47.4孔加工时外圆直径缩小 0.1～0.15mm，并要求与阴模配钻；然后热处理将下模冲热装于此

下模板	比例	件数
	1:1	1

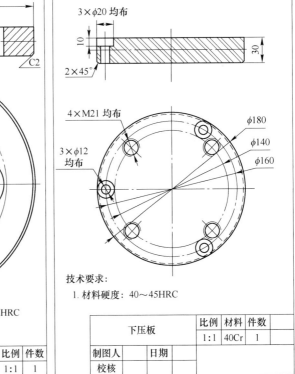

技术要求:
1. 材料硬度: 40～45HRC

下压板		比例	材料	件数
		1:1	40Cr	1
制图人		日期		
校核				

k

l

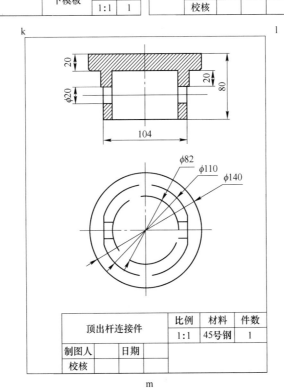

顶出杆连接件		比例	材料	件数
		1:1	45号钢	1
制图人		日期		
校核				

m

图 4-20　典型模具案例图

a—模具总装；b—阴模；c—阴模热装；d—模座；e—上压板；f—压头顶板；g—压模板；h—上模板；
i—上模冲；j—下模冲热装；k—下模板；l—下压板；m—顶出杆连接件

4.7　模具损伤和压件缺陷分析

粉末冶金零件在成型和精整的过程中，一方面可能导致模具的损伤，另一方面也可能使零件产生这样那样的缺陷，为此，必须了解这些缺陷产生的原因，以免后续出现类似的问题。

4.7.1　模具损伤

4.7.1.1　阴模损伤原因及改进措施

阴模损伤原因及改进措施见表4-3。

表4-3　阴模损伤原因及改进措施

损伤形式	简图	损伤原因	改进措施
圆模碎裂		1. 模壁薄，强度不够； 2. 热处理不当，如过脆、内应力大； 3. 材质缺陷，如裂纹、气孔、夹杂； 4. 过压，如重叠压制、加粉过多、脱模时未撤压垫等	1. 增大壁厚，加模套并合理选择过盈量； 2. 改进热处理工艺； 3. 材料加工前探伤； 4. 压机设有保险装置（限压）或模具设有薄弱零件
异形模碎裂		1. 尖角处产生应力集中； 2. 模套刚性不够； 3. 热处理不当； 4. 材质缺陷	1. 加模套，并合理选择过盈量。采用镶拼模，避免清角； 2. 阴模外形选圆形； 3. 改进热处理工艺； 4. 材质探伤
表面龟裂		1. 磨削热引起，如进刀量太大，砂轮钝，冷却液不充分； 2. 热处理不当； 3. 材质缺陷	1. 选择合适砂轮，采用合理的磨削参数，勤修砂轮，改善冷却条件； 2. 改进热处理工艺； 3. 材质探伤
崩裂		1. 手动模操作不当，自动模调整中心不当； 2. 热处理不当	1. 手动模阴模口加圆角或倒角，自动模注意调模； 2. 改进热处理工艺
凸缘碎裂		1. 强度不够，如尺寸 a 小，b 大，发生剪切或弯曲断裂； 2. 垂直度差，产生额外弯曲应力； 3. 台阶处有应力集中； 4. 热处理不当，台阶过硬脆	1. 增加强度，a 大，b 小； 2. 提高台阶处的垂直度； 3. 台阶消除清角，改为圆角； 4. 适当降低凸缘硬度，如局部退火等

损伤形式	简图	损伤原因	改进措施
拉毛	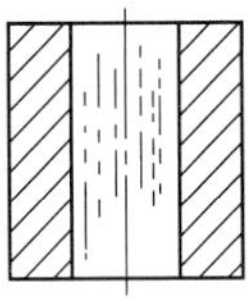	1. 阴模与模冲配合间隙不当，塞粉划伤； 2. 阴模内腔硬度低； 3. 粉中混有硬质点	1. 合理选择阴模与模冲的配合； 2. 提高阴模内腔的硬度； 3. 粉料用前过筛
啃伤	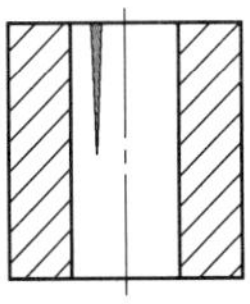	模冲没对正阴模，不垂直进入阴模压制	1. 手动模阴模口采用圆角，精心操作； 2. 自动模注意调模
	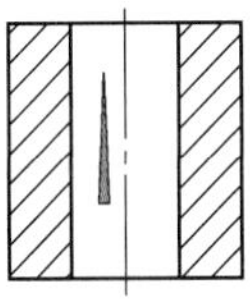	1. 压机上下台面不平行较严重； 2. 模冲不垂直进入阴模压制； 3. 配合间隙不当，塞粉； 4. 模壁产生模瘤； 5. 粉中混有硬颗粒	1. 检修压机，使上下台调平行； 2. 调正模具； 3. 合理选配间隙，消除塞入的粉末； 4. 调整工艺参数，加强润滑，消除模瘤； 5. 粉料用前过筛
型腔凹形	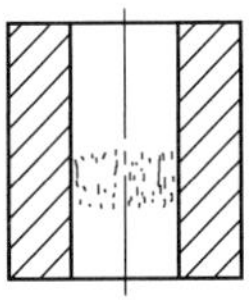	1. 阴模硬度低，耐磨性差，造成塑性变形或严重磨损； 2. 粉料摩擦系数大； 3. 压制压力过大	1. 选用优质模具材料。改进热处理工艺，并防止磨削退火； 2. 加强润滑； 3. 调整工艺参数，适当减少压制压力

4.7.1.2 芯棒损伤原因及改进措施

芯棒损伤原因及改进措施见表 4-4。

表 4-4 芯棒损伤原因及改进措施

损伤形式	简图	损伤原因	改进措施
颈根断裂	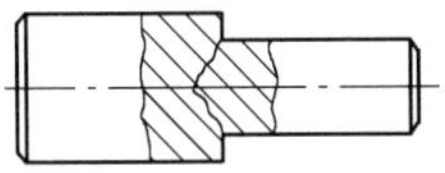	1. 结构不当，如清角； 2. 热处理不当，内应力过大； 3. 芯棒长度不当，受轴向压力； 4. 装扮不均匀，受侧向压力	1. 改变结构，如图所示； 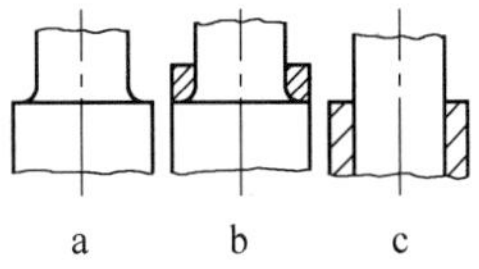 a—加圆角或倒角；b—附加压圈；c—模冲和芯棒两体； 2. 改进热处理工艺； 3. 不使芯棒受压； 4. 改善装粉均匀性

损伤形式	简图	损伤原因	改进措施
凸缘断裂	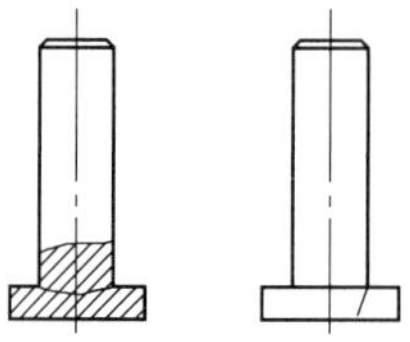	1. 结构不当,如清角、凸缘受力; 2. 热处理不当,内应力大; 3. 芯棒与凸缘端面不垂直度大,或垫不平; 4. 固定芯棒的模板刚性过差	1. 改变结构,如图所示; 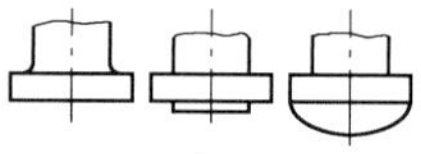 a—加圆角或倒角; b—凸缘底端周围不受力; c—底部球面,自动调心 2. 改进热处理工艺,适当降低凸缘的硬度; 3. 减小不垂直度,垫要平; 4. 加厚模板
螺纹孔断裂	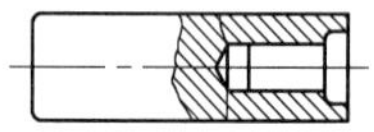	1. 热处理过硬; 2. 螺纹壁太薄; 3. 压制时螺纹受力	1. 适当降低螺纹处硬度; 2. 小直径芯棒不用此结构; 3. 使端面受力,螺纹只起连接作用
细长杆断裂	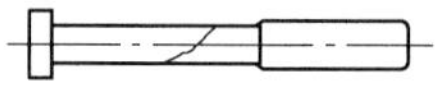	1. 热处理过硬; 2. 芯棒受弯曲应力; 3. 芯棒受轴向应力; 4. 脱模力太大被拉断	1. 非工作段适当降低硬度; 2. 提高装配精度,装粉均匀; 3. 不使芯棒受压; 4. 改变脱模方式,先脱阴模,在脱芯棒
内应力断裂	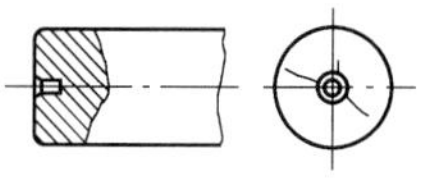	1. 热处理不当,如加温过高,冷却太快,没回火或回火不及时等; 2. 中心孔处产生应力集中	1. 改进热处理工艺,淬火后及时回火; 2. 尽量不留中心孔,或降低中心孔的冷却速度
弯曲变形	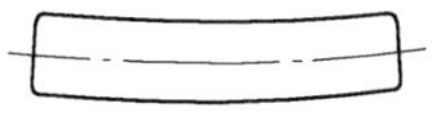	1. 热处理不当,如硬度过低,淬火方向不妥; 2. 操作装粉不均	1. 适当提高硬度,采用垂直淬火或滚淬; 2. 装粉要均匀
墩粗变形	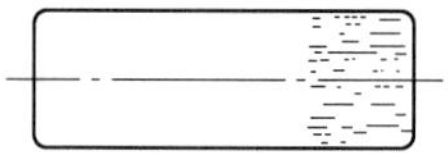	1. 设计过长或脱模高度不够,使芯棒受压; 2. 热处理硬度低	1. 芯棒高度低于阴模,加长脱模高度; 2. 提高热处理硬度
成型段凹形	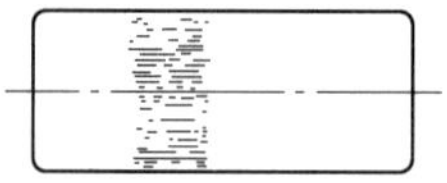	1. 芯棒硬度低或耐磨性差,产生塑性变形或严重磨损; 2. 粉末摩擦系数大; 3. 压制压力过大	1. 提高淬火硬度,选用耐磨性好的材料; 2. 加强润滑; 3. 适当降低压制压力
拉毛	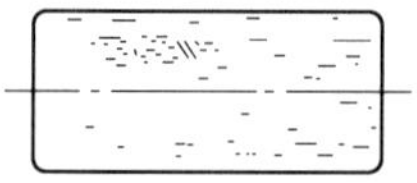	1. 热处理硬度低; 2. 与模冲配合间隙不当,过松则嵌粉划伤,过紧则模冲划伤; 3. 粉中混有硬质点; 4. 模冲端口有毛刺	1. 提高热处理硬度; 2. 选择合理配合间隙; 3. 防止粉中混有硬质点,粉中添加润滑剂; 4. 去掉模冲毛刺

4.7.1.3 模冲损伤原因及改进措施

模冲损伤原因及改进措施见表4-5。

表4-5 模冲损伤原因及改进措施

损伤形式	简图	损伤原因	改进措施
碎裂	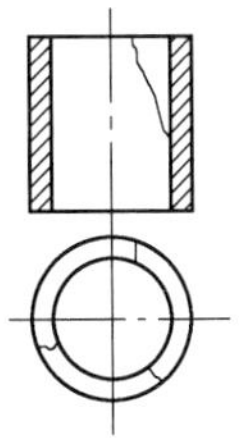	1. 热处理不当，如过脆，内应力过大； 2. 材质缺陷； 3. 压力过大； 4. 模冲不正，与阴模或芯棒相碰	1. 改进热处理工艺； 2. 材质加工前探伤； 3. 压机设有保险装置（限压、限位）； 4. 手动模阴模加圆角模冲放正。自动模校准中心，并固紧防止松动
掉角或倒角	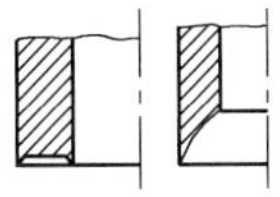	1. 热处理硬度不当，过高崩碎，过低翻边； 2. 模冲与阴模配合间隙太大	1. 尖角部位硬度适当； 2. 减小配合间隙
崩角	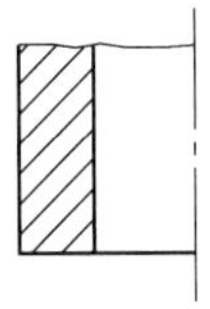	模冲未对正模腔，与阴模或芯棒相碰	1. 阴模与芯棒端口加圆角； 2. 自动模校中要细心
凸缘断裂	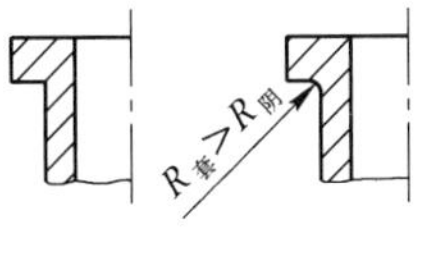	1. 清角处压力集中； 2. 圆角配合不当，压套圆角半径大于阴模相应处的圆角半径即 $R_套 > R_阴$； 3. 凸缘不垂直度差，压制时凸缘单边受力； 4. 热处理过硬脆	1. 增设圆角； 2. $R_套 < R_阴$； 3. 不使凸缘受力，如图所示 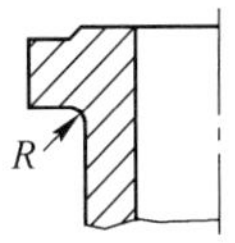 4. 适当降低硬度，增加韧性
凸缘剪断	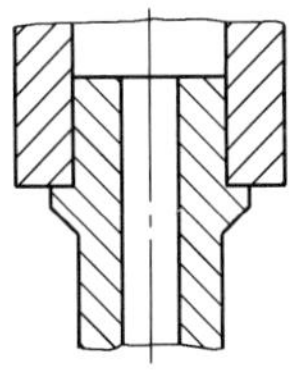	上模冲凸缘受力不妥，凸缘被剪断	不使凸缘受剪，改为形式Ⅰ，定位孔径缩小，或采用Ⅱ，去掉凸缘 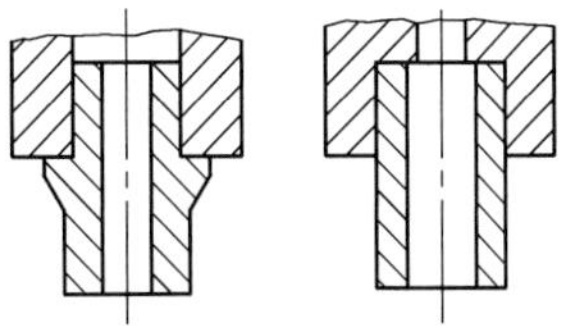 形式Ⅰ　　　　形式Ⅱ
变形	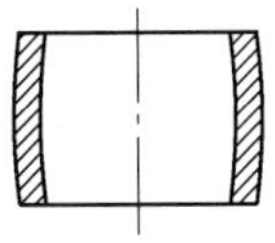	1. 热处理硬度不够； 2. 薄壁较高，模冲刚度不够	1. 适当提高硬度； 2. 薄壁模冲做成如下图所示的形式，改善薄壁处的刚性 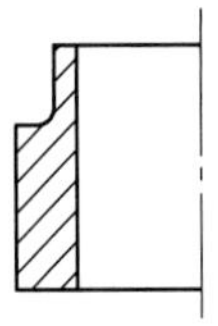

续表4-5

损伤形式	简图	损伤原因	改进措施
压碎	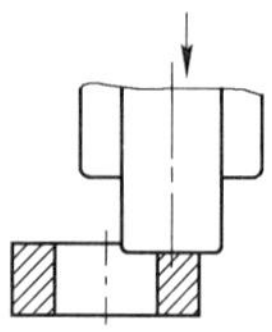	下模冲与芯棒间隙较大，脱模时下模冲先落下，同时脱模座高度较小，下模冲被芯棒压碎	1. 用液压机时，可加高脱模座； 2. 用冲床时，脱模座内可加弱弹簧，托住下模冲

4.7.2 成型件的缺陷分析

4.7.2.1 成型件的缺陷分析

成型件的缺陷分析，见表4-6。

表4-6 成型件的缺陷分析

缺陷形式		简图	产生原因	改进措施
局部密度超差	中间密度过低	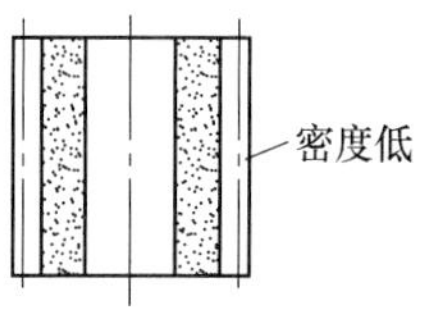	1. 侧面积过大，双向压制仍不适用； 2. 模壁粗糙度大； 3. 模壁润滑差； 4. 粉料压制性差	1. 大孔薄壁可改用双向摩擦压制； 2. 降低模壁粗糙度； 3. 在模壁或粉料中加润滑剂； 4. 粉料还原退火
	一端密度过低	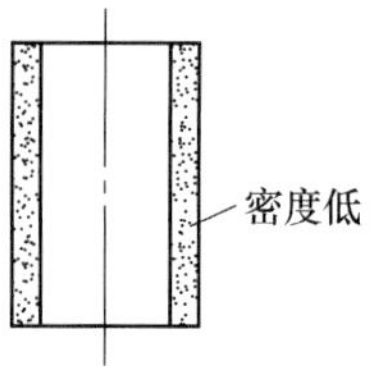	1. 长细比或长壁厚比过大，单向压制不适用； 2. 模壁粗糙度大； 3. 模壁润滑差； 4. 粉料压制性差	1. 改用双向压、双向摩擦压及后压等； 2. 降低模壁粗糙度； 3. 在模壁或粉料中加润滑剂； 4. 粉料还原退火
	台阶密度过高或过低	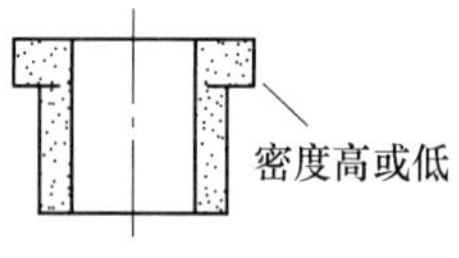	1. 补偿装粉不恰当； 2. 所用的模具设计不当	1. 调节补偿装粉量； 2. 选用合适的模具
	薄壁处密度过低	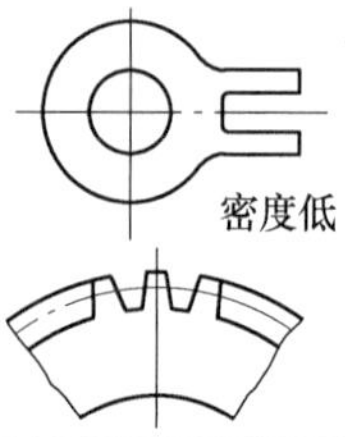	1. 局部长壁厚比过大，单向压不适用； 2. 补偿装粉不恰当或装粉不均匀	1. 采用双向压或薄壁处局部双向摩擦压制； 2. 降低模壁粗糙度； 3. 模壁局部加强润滑

续表 4-6

缺陷形式		简图	产生原因	改进措施
裂纹	拐角处裂纹		1. 补偿装粉不当，密度差引起； 2. 粉料压制性能差； 3. 脱模方式不对	1. 调整补偿装粉； 2. 改善粉料压制性； 3. 采用正确脱模方式，如带内台产品，应先脱薄壁部分；带外台产品，应带压套，用压套先脱凸缘
	侧面龟裂		1. 阴模内孔沿脱模方向尺寸变小。如加工中的倒锥，成型部位已严重磨损，出口处有毛刺； 2. 压机上下台面不平，或模具垂直度和平行度超差； 3. 粉末压制性差	1. 阴模沿脱模方向加工出脱模锥度； 2. 粉料中加些润滑油； 3. 改善压机和模具的平直度； 4. 改善粉料压制性能
	对角裂纹		1. 模具刚性差； 2. 压制压力过大； 3. 粉料压制性能差	1. 增大阴模壁厚，改用圆形模套； 2. 改善粉料压制性，降低压制压力（获得相同密度）
皱纹（即轻度重皮）	内台拐角皱纹		大孔芯棒过早压下，端台先已成型，薄壁套继续压制时，粉末流动冲破已成型部件，又重新成型，多次反复则出皱纹	1. 加大大孔芯棒最终压下量，适当降低薄壁部位的密度； 2. 适当减小拐角处的圆角
	外球面皱纹		压制过程中，已成型的球面，不断地被流动粉末冲破，又不断重新成型的结果	1. 适当降低压坯密度； 2. 采用松装密度较大的粉末； 3. 最终滚压消除； 4. 改用弹性模压制
	过压皱纹		局部单位压力过大，已成型处表面被压碎，失去塑性，进一步压制时不能重新成型	1. 合理补偿装粉避免局部过压； 2. 改善粉末压制性能
缺角掉边	掉棱角		1. 密度不均，局部密度过低； 2. 脱模不当，如脱模时不平直，模具结构不合理，或脱模时有弹跳； 3. 存放搬运碰伤	1. 改进压制方式，避免局部密度过低； 2. 改善脱模条件； 3. 操作时细心

续表 4-6

缺陷形式		简图	产生原因	改进措施
缺角掉边	侧面局部剥落	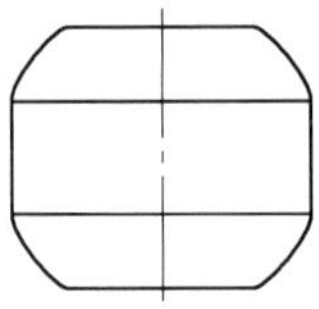	1. 镶拼阴模接缝处离缝； 2. 镶拼阴模接缝处有倒台阶，压坯脱模时必然局部剥落（即球径大于柱径，或球与柱不同心）	1. 拼模时应无缝； 2. 拼缝处只许有不影响脱模的台阶（即图中球部直径可小一些，但不得大，且要求球与柱同心）
表面划伤			1. 模腔表面较粗糙，或加工时较粗糙，或硬度低使用中变差； 2. 模壁产生模瘤； 3. 模腔表面局部被啃或划伤	1. 降低模壁的硬度和粗糙度； 2. 消除模瘤，可加强润滑
尺寸超差		—	1. 模具磨损过大； 2. 工艺参数选择不合适； 3. 没有考虑弹性后效	1. 采用硬质合金模； 2. 消除模瘤，可加强润滑； 3. 设计时考虑相关参数
不同心度超差		—	1. 模具安装调中差； 2. 装粉不均； 3. 模具间隙过大； 4. 模冲导向段短	1. 调模对中要好； 2. 采用振动或吸入式装粉； 3. 合理选择间隙； 4. 增长模冲导向部分

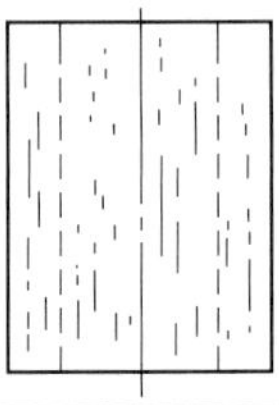

4.7.2.2　整形件的缺陷分析

整形件的缺陷分析，见表 4-7。

表 4-7　整形件的缺陷分析

缺陷形式		简图	产生原因	改进措施
划伤			1. 模具被啃或划伤引起； 2. 压件表面黏附硬颗粒	1. 整形前压件表面清理干净； 2. 提高模具硬度； 3. 及时修理模壁上的被啃或划伤部分
裂纹	纵向开裂	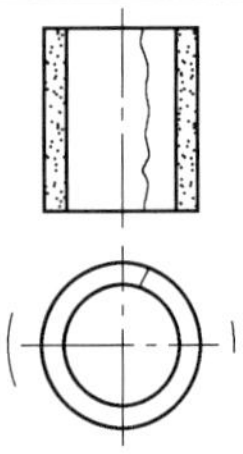	1. 薄壁件内孔整形余量太大（因余量分配不合理，过烧，烧结变形等引起）； 2. 压件过硬脆	1. 合理分配整形余量，改用外箍式式整形； 2. 调整烧结工艺，降低烧结温度，防止变形； 3. 适当改善压件的韧性
	横向裂纹		1. 带台件台阶部分压下率过大，错裂； 2. 压坯原来有裂纹； 3. 烧结质量不好	1. 减少台阶部分压下率； 2. 注意压坯质量检查； 3. 改善烧结质量

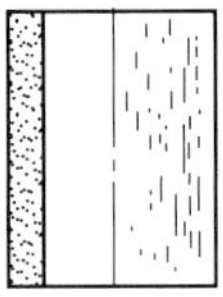

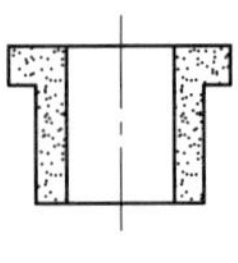

缺陷形式		简图	产生原因	改进措施
裂纹	横向龟裂		1. 整形余量过大； 2. 整形阴模入口处导向锥角过大，导向部分太短； 3. 烧结不充分	1. 减少整形余量； 2. 增长导向部分长度； 3. 改善烧结质量
尺寸超差	径向	—	1. 模具设计参数选择不当； 2. 模壁磨损	1. 调整工艺参数； 2. 采用可调节的阴模或硬质合金模
	轴向	—	1. 全整形或复压件压下率过大，压件过矮； 2. 径向整形件，余量过大而伸长	1. 采用高度方向限位的压制； 2. 减小整形余量
不直度超差			1. 烧结时弯曲变形过大； 2. 导向部分长度太短； 3. 导向锥与整形带不同心	1. 减少烧结变形； 2. 增长导向长度； 3. 使模具的导向锥与整形带同心
产生锥度			1. 带台阶件整形时，台阶外侧无整形余量时产生缩口（因内孔回弹量大）； 2. 带台阶件的小外径部分因模具磨损引起上大下小的锥度	1. 所有外侧都留整形余量； 2. 整形阴模的小外径孔带很小的倒锥

习题与思考题

4-1　粉末冶金模具与传统的成型模相比有什么特点？

4-2　粉末冶金模具设计的指导原则和步骤是什么？

4-3　现有一个直齿轮，模数是 14，外径 30mm，齿节圆直径 28mm，请画出要压制该齿轮的模具结构图。

4-4　对粉末冶金零件，什么是等高制品，什么是不等高制品，设计时应该把握什么原则？

4-5　模具材料的选择有什么依据？常用的模具材料有哪些，请举例说明。

4-6　如果一个模具在正常使用条件下发生少量磨损，使零件的尺寸超差，有什么补救措施？

5 烧 结

本章要点

烧结作为粉末冶金工艺最重要的工序之一，对最终产品的性能起着决定性的作用。烧结是粉末或粉末压坯，在适当的温度和气氛条件下加热所发生的一系列复杂的现象或过程。重点掌握粉体为何会被烧结、烧结过程中发生了什么、宏观性能又有哪些变化，烧结的具体工艺过程和参量，特别是固相烧结和液相烧结，它们处理的对象、烧结机制、烧结现象和影响因素。同时掌握烧结气氛的作用、种类和选择的依据。了解一些新的烧结技术和烧结后材料性能要求。

5.1 概 述

压坯或松装粉末体的强度和密度都是很低的，为了提高压坯或松装粉末的强度，需要在适当的条件下进行处理。即把压坯或松装粉末体加热到其基体组元熔点以下的温度（大约 $(0.7 \sim 0.8)T_{绝对熔点}$），并在此温度下保温，使粉末颗粒互相结合起来，从而改善其性能。在粉末冶金中，把这样的处理称为焙烧，但焙烧并不限于粉末冶金，陶瓷工业、耐火材料工业等都有焙烧工序。

5.1.1 烧结的定义

烧结在粉末冶金工艺中是一个非常重要的工序，它对粉末冶金制品和材料的最终性能有着决定性的影响。

烧结的结果是颗粒之间发生黏结，烧结体强度增加，而且在多数情况下，密度也提高。在烧结过程中，压坯要经历一系列物理化学变化。开始是水分或有机物的蒸发或挥发，吸附气体的排除，应力的消除，粉末颗粒表面氧化物的还原；继之原子间发生扩散，黏性流动和塑性流动，颗粒间的接触面增加，再结晶、晶粒长大等等。出现液相时还可能有固相的溶解与重结晶。这些过程彼此间并无明显的界限，而是穿插进行，互相重叠，互相影响。加之其他一些烧结条件，使整个烧结过程变得很复杂。所以对烧结下定义就因人而异，有的谈目的，有的谈机构，很不一致。根据 GB 3500—1983 将烧结定义为：

粉末或压坯在低于主要组分熔点的温度下的加热处理，借颗粒间的联结以提高强度。

5.1.2 烧结的分类

（1）按粉末原料的组成分：

$\begin{cases} \text{单相系：由纯金属、化合物或固溶体组成} \\ \text{多相系：由金属-金属、金属-非金属、金属-化合物组成} \end{cases}$

（2）按烧结过程分单元系烧结和多元系烧结，其中多元系烧结又分为多元系固相烧结和多元系液相烧结。

单元系烧结：纯金属或化合物在其熔点以下的温度进行的固相烧结。

多元系烧结（由两种或两种以上的组元构成的烧结体系）

多元系固相烧结
- 无限固溶系：如 Cu-Ni，Fe-Ni
- 有限固溶系：如 Fe-C，Fe-Cu
- 互不固溶系：如 Ag-W，Cu-W

多元系液相烧结
- 液相存在烧结过程的始终：如 WC-CO
- 液相在保温后期消失：如 Cu-Sn
- 溶浸：液相烧结的特殊情况

注：无限固溶系：在合金状态图中有无限固溶区的系统。

　　互不固溶系：组元之间既不互相溶解又不能形成化合物或其他中间相。

　　溶浸：多孔骨架的固相烧结体和低熔点金属浸透骨架的液相烧结同时存在。

5.1.3　烧结理论的发展过程

（1）1929 年，德国绍瓦尔德进行了金属粉末的压制和烧结试验，认为晶粒开始长大的温度大约在 3/4 绝对熔点，与压制压力无关。认为物质的附着力使粉末体发生烧结，增加压制压力只是改善粉末体的附着情况。

（2）巴尔申和特吉毕亚托斯基认为压制时发生的加工硬化所引起的再结晶可以促进烧结。粉末颗粒接触面所发生的局部加工硬化区可以成为再结晶的核心。但是我们知道，压制并不是粉末烧结的必须条件，松装粉末也可以发生烧结。

（3）1937 年琼斯认为：物质本身的凝聚力是粉末烧结的动力，压制只是增加了颗粒间的接触面积，具有使烧结容易进行的效果。

（4）达维尔认为由于粉末颗粒表面存在无序或不规则运动状态而引起原子的迁移。

（5）1942 年许提格利用物理化学的研究手段测定了烧结温度对电动势、溶解度、吸附能力、密度、显微组织、力学性能等的影响，发现烧结过程十分复杂。

（6）1945 年弗兰克尔提出烧结的物质迁移是由表面张力引起的黏性流动造成的。

（7）1949 年库钦基用实验证实烧结时对物质迁移机构主要是以空位为媒介的体积扩散。

（8）20 世纪 60 年代，才开始大量的研究，复杂的烧结过程和机构。如关于粉末压坯烧结的收缩动力学，对烧结过程中晶界的行为，压力下的固相与液相的烧结，热压、热等静压烧结，活化烧结，电火花烧结等。

（9）1971 年萨姆利诺夫开始以电子理论为基础来研究烧结的物理本质。

但是，目前的烧结理论的发展同粉末冶金技术本身的进步相比，仍然是欠成熟的。

5.2　烧结过程的基本原理

5.2.1　烧结的基本过程

粉末有自动黏结或成团的倾向，特别是极细的粉末，即使在室温下，经过相当长的时间也会逐渐聚结，在高温下，结块十分明显。

粉末烧结后，烧结体的强度增加，首先是颗粒间的黏结度增大，即黏结面上原子间的引力增大。不过在粉末或粉末压坯内，颗粒间接触面上能达到原子引力作用范围的原子数目有限，但在高温下，由于原子振动的振幅加大，发生扩散，接触面上才有更多的原子进入原子作用力的范围，形成黏结面，并且随着烧结面的扩大，烧结体的强度也增加。黏结面扩大形成烧结颈，使原来的颗粒界面向颗粒内部移动，导致晶粒长大。

烧结体强度增大还反映在孔隙体积和孔隙总数的减少，以及孔隙形状的变化上。由于烧结颈长大，颗粒间原来相互连通的孔隙逐渐收缩成闭孔，然后逐渐变圆。在孔隙性质和形状发生变化的同时，孔隙的大小和数量也在改变，即孔隙个数减少，而平均孔隙尺寸增大。

颗粒黏结面的形成并不标志烧结过程的开始，只有烧结体强度的增大才是烧结发生的明显标志。粉末的等温烧结，可大致划分为三个界限不十分明显的阶段。图 5-1 为球形粉末颗粒的烧结过程示意图。

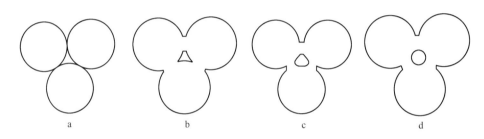

图 5-1 粉末颗粒的烧结过程示意图
a—未烧结；b—黏结阶段；c—烧结颈长大阶段；d—封闭孔隙球化和缩小阶段

烧结阶段。烧结初期，颗粒间的原始接触点或面转变成晶体结合，即通过成核、结晶长大等过程形成烧结颈。此阶段内，颗粒内的晶粒不发生变化，颗粒外形也基本未改变，整个烧结体不发生收缩，密度增加也极微。但是烧结体强度和导电性由于颗粒结合面增大而有明显增加。

烧结颈长大阶段。原子向颗粒结合面的大量迁移使烧结颈扩大，颗粒间距离缩小，形成连续的孔隙网络，同时由于晶粒长大，晶界越过孔隙移动，而被晶界扫过的地方，孔隙大量消失。烧结体收缩，密度和强度增加是这个阶段的主要特征。

封闭孔隙球化和缩小阶段。当烧结体密度达到90%以后，多数孔隙被完全分隔。闭孔数量大多增加，孔隙形状接近球形并不断缩小。在这个阶段，整个烧结体仍可缓慢收缩，但主要是靠小孔的消失和孔隙数量的减少来实现。这一阶段虽可延续很长时间，但仍残留少量的隔离小孔隙不能消除。

等温烧结三个阶段的相对长短主要由烧结温度决定：温度低，可能仅出现第一阶段；温度越高，出现第二甚至第三阶段越早。在连续烧结时，第一阶段可能在升温过程中完成。将烧结划分为三个阶段，并未包括烧结中所有可能出现的现象。如粉末表面气体或水分的挥发，氧化物的还原和离解，颗粒内应力的消除，金属的回复和再结晶以及聚晶长大等。图 5-2 为镍粉的烧结过程。图 5-3 为 W、Cu 混合粉末烧结前后的对比图。

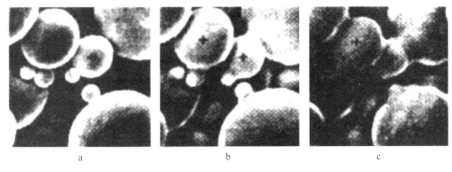

图 5-2 镍粉的烧结

a—烧结初期；b—烧结中期；c—烧结后期

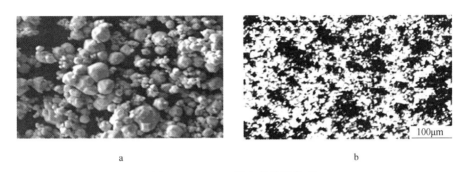

图 5-3 W、Cu 混合粉烧结前后

a—烧结前；b—烧结后

5.2.2 烧结的原动力或热力学

烧结过程（现象）为什么会发生呢？我们知道，粉末有自动黏结或成团的倾向，特别是极细的粉末，即使在室温下，经过相当长的时间也会逐渐聚结，在高温下，结块十分明显。粉末的这种自发变化，从热力学的观点来看，是因为粉末比同一物质的块状材料具有多余的能量，所以它的稳定性较差，这种多余的能量，就是烧结过程的原动力。

热力学第二定律表明，在等温等压条件下，一切自发过程的变化总是由高自由焓状态向自由焓最小的状态转变，称为自由焓最小原理。自由焓可表示为：

$$G = H - TS \tag{5-1}$$

式中，H 为焓；T 为绝对温度；S 为熵。

烧结时，粉末的表面原子都力图成为内部原子，使本身处于低能位置。因为粉末颗粒越细，表面越不规则，其比表面就愈大，所贮存的能量就愈高，这样粉末要释放其能量使变为低能状态的趋势就越大，烧结也就易于进行。另外，由于粉末制造过程中所形成的晶格畸变和处于活性状态下的原子在烧结过程中也要释放一定的能量，力图恢复其正常位置。当然，并不是所有这些能量都能用于烧结。

在一定温度下烧结的驱动力为：

$$\Delta G = \Delta H - T \cdot \Delta S \tag{5-2}$$

式中，ΔH 为粉末所具有的全部过剩自由能（粉末在 $T=0$ 时黏结的驱动力），ΔS 为粉末状态与烧结体状态的熵差。

又因 $\Delta S = \int_{T_1}^{T_2} C_p/T \mathrm{d}T$。而粉末体的比热与烧结体的比热大致相等，所以可以认为 ΔS 始终大于等于零。

由上式可知，T 越高，ΔG 越小，烧结的驱动力就越大。即粉末体中的原子由高能位置迁移至能量最低的位置。这也就是烧结为什么常在高温下进行的缘故。

再者，烧结过程中孔隙大小的变化，使粉末体总表面积减少，孔隙表面自由能的降低，也是烧结过程的驱动力。

根据理想的两球模型，如图 5-4 所示。从颈表面取单元曲面 $ABCD$，使得两个曲率半径 ρ 和 x 形成相同张角 θ（处在两个互相垂直的平面内）。设指向球体内的曲率半径 x 为正号，则曲率半径 ρ 为负号，表面张力所产生的力 F_x 和 F_ρ 系。

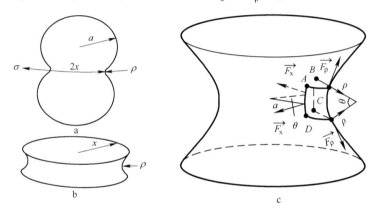

图 5-4　两球模型与烧结颈模型

a—两球模型；b—烧结颈模型；c—作用在"颈"部弯曲表面上的力

作用在单元曲面上并与曲面相切，故由表面张力的定义可以计算得：

$$F_x = \gamma \overline{AD} = \gamma \overline{BC} \tag{5-3a}$$

$$F_\rho = \gamma \overline{AB} = \gamma \overline{DC} \tag{5-3b}$$

而

$$\overline{AD} = \rho \sin\theta \tag{5-4a}$$

$$\overline{AB} = x \sin\theta \tag{5-4b}$$

但由于 θ 很小，$\sin\theta \approx \theta$ 故可得

$$F_x = \gamma \rho \theta \tag{5-5a}$$

$$F_\rho = -\gamma x \theta \tag{5-5b}$$

所以垂直作用于 $ABCD$ 曲面上的合力为

$$F = 2(F_x + F_\rho) = 2(F_x \sin\theta/2 + F_\rho \sin\theta/2) = \gamma \theta^2 (\rho - x) \tag{5-6}$$

而作用在面积 $ABCD$（$=x\rho\theta^2$）上的应力为

$$\sigma = \frac{F}{x\rho\theta^2} = \frac{\gamma \theta^2 (\rho - x)}{x\rho\theta^2} \tag{5-7}$$

所以
$$\sigma = \gamma \left(\frac{1}{x} - \frac{1}{\rho} \right) \tag{5-8}$$

式中，γ 为表面张力。由于烧结颈半径比曲率半径 ρ 大得多，故
$$\sigma = -\gamma/\rho \tag{5-9}$$

负号表示作用在曲颈面上的应力 σ 是张力，方向朝颈外，其效果是使烧结颈（$2x$）扩大。随着烧结颈的扩大，负曲率半径（$-\rho$）的绝对值也增大，说明烧结的动力 σ 减少。

式（5-9）表示的烧结动力是表面张力的一种机械力，它垂直作用于烧结颈曲面上，使颈向外扩大，而最终形成孔隙网。这时孔隙中的气体会阻止孔隙收缩和烧结颈进一步长大，因为孔隙中气体的压力 p_v 与表面应力之差才是孔隙网生成后对烧结起推动作用的有效力：
$$p_s = p_v - \gamma/\rho \tag{5-10a}$$

显然 p_s 仅是表面应力（$-\gamma/\rho$）中的一部分，因为气体压力 p_v 与表面张力的符号相反。当孔隙与颗粒表面连通即开孔时，p_v 可取为 1 大气压，这样，只有当烧结颈 ρ 增大，张应力减少到与 p_v 平衡时，烧结的收缩过程才停止。

对于形成隔离孔隙的情况，烧结收缩的动力可用下述方程描述：
$$p_s = p_v - 2\gamma/r \tag{5-10b}$$

式中，r 为孔隙半径。

$-2\gamma/r$ 代表作用在孔隙表面使孔隙缩小的张应力。如果张应力大于气体压力 p_v，孔隙就能继续收缩下去。当孔隙收缩时，气体如果来不及扩散出去，p_v 大到超过表面张应力，隔离孔隙就停止收缩。按照近代的晶体缺陷理论，物质扩散是由空位浓度造成化学位的差别所引起的。

由式（5-9）计算的张应力（$-\gamma/\rho$）作用在图 5-5 所示的烧结颈曲面上，局部改变了烧结球内原来的空位浓度分布，因为应力使空位的生成能改变。

按统计热力学计算，晶体内的空位热平衡浓度
$$C_v = \exp(S_t/k) \cdot \exp(-E_t'/kT) \tag{5-11}$$

式中，S_t 为生成一个空位，周围原子振动改变所引起的熵的变化；E_t' 为晶体内生成一个空位所需的能量；k 为玻耳兹曼常数。

由式（5-9），张应力 σ 对生成一个空位所需能量改变应等于该应力对空位体积所作的功，即 $\sigma\Omega = -\gamma\Omega/\rho$（$\Omega$ 为一个空位的体积）。负号表示张应力使空位生成能减少。因此，晶

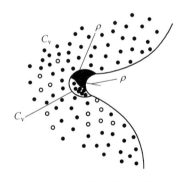

图 5-5　烧结颈曲面下的空位浓度分布

体内凡受张应力的区域，空位浓度将高于无应力作用的区域。因此，在应力区域形成一个空位实际所需的能量应是：
$$E_t' = E_t \pm \sigma\Omega \tag{5-12}$$

式中，E_t 为理想完整晶体（无应力）中的空位生成能，将式（5-12）代入式（5-11）得到受张应力 σ 区域的空位浓度为：
$$C_v = \exp(S_t/k) \cdot \exp(-E_t/kT) \cdot \exp(\sigma\Omega/kT) = C_v^0 \exp(\sigma\Omega/kT) \tag{5-13}$$

式中，C_v^0 为无应力区域的平衡空位浓度，它等于

$$\exp(S_t/k) \cdot \exp(-E_t/kT) \tag{5-14}$$

同样可以得到受压应力 σ 区域的空位浓度

$$C_v' = C_v^0 \exp(-\sigma\Omega/kT) \tag{5-15}$$

因为 $\quad\quad\quad\quad \sigma\Omega/kT \ll 1, \quad \exp(\pm\sigma\Omega/kT) \approx 1 \pm \sigma\Omega/kT \tag{5-16}$

因此，C_v，C_v' 可写成：

$$C_v = C_v^0(1 + \sigma\Omega/kT) \tag{5-17a}$$

$$C_v' = C_v^0(1 - \sigma\Omega/kT) \tag{5-17b}$$

如果烧结颈的应力仅由表面张力产生，按式（5-17）可以计算平衡空位的浓度差——过剩空位浓度：

$$\Delta C_v = C_v - C_v^0 = C_v^0 \sigma\Omega/kT \tag{5-18}$$

以式（5-19）代入，则得：

$$\Delta C_v = -C_v^0 \gamma\Omega/kT\rho \tag{5-19}$$

如果具有过剩空位浓度的区域仅为烧结颈表面下以 ρ 为半径的圆内，故当发生空位扩散时，过剩空位浓度的梯度就是：

$$\Delta C_v/\rho = -C_v^0 \cdot \gamma\Omega/kT\rho^2 \tag{5-20}$$

上式表明：过剩空位浓度梯度将引起烧结颈表面下微小区域内的空位向球体内扩散，从而造成原子朝相反方向迁移，使烧结颈得以长大。结果使孔隙个数减少，烧结体颗粒间的连接强度增大。

5.2.3 烧结机构

虽然实际上的烧结大多数是多元系烧结，但为了研究烧结过程的规律，却是从最简单的单元系开始的。

5.2.3.1 烧结过程中压坯的宏观体积变化

压坯的特点在于含有相当数量的孔隙，通常其孔隙度为 10%~30%。在烧结过程中压坯体积一般要收缩，孔隙体积要减少，密度要增加，但是很难得到完全致密的组织和达到理论密度。

影响烧结体体积变化的因素很多，主要有粉末粒度、压制压力、烧结温度、烧结时间和烧结气氛等。

（1）粉末粒度。在其他条件（成型压力）一定时，粉末粒度越细，则收缩越大，最后得到的烧结体密度也就越高。

（2）压制压力。在较大压力下压制的试样，由于试样具有较大的压制密度，因而不发生强烈的收缩，而且收缩的绝对值小于在小压力下压制的试样。

（3）烧结气氛。如铜粉压坯在 1000℃ 烧结时，烧结气氛氩气和氢气对孔隙度的影响。氩气的孔隙大于氢气，这是由于在封闭孔隙中的气氛，只有通过金属内部的扩散才能逸出，而在金属中氢气具有较大的扩散速度。

（4）烧结时间。一般压坯的体积随烧结时间的延长而减小。

（5）烧结温度。一般随着烧结温度的提高，压坯的相对密度提高。不过，在等温烧结时，烧结体的密度开始时急剧增加，而后逐渐减慢，最后几乎停止增加。如果进一步提高烧结温度，则又重新可以发现收缩速度的增加。

在烧结过程中，孔隙体积收缩度 ω 与烧结时间 t 之间有如下经验公式：

$$\omega = At^m \tag{5-21}$$

式中，A 为取决于温度的一个常数；m 与温度无关，取决于粉末的种类和压制条件（m <1）。

收缩度 ω 也可以由下列经验公式求得：

$$\omega = (V_p - V_s)/(V_p - V_m) \tag{5-22}$$

式中，V_p 为压坯体积；V_s 为烧结体体积；V_m 为烧结体完全致密时的体积（只能近似计算）。

另外，烧结时压坯密度的变化与金属粉末的晶格状态有关。粉末中晶体结构缺陷含量愈高，收缩愈强烈。在不平衡条件下制得的粉末烧结时会有较大的收缩。粉末进行预先退火，会使粉末晶体结构稳定化，因而降低致密化的能力。

5.2.3.2　烧结过程中烧结体显微组织的变化

在烧结过程中，烧结体的组织结构要发生非常复杂的变化，由于组织结构的变化而使烧结体的性能发生变化。

A　烧结过程中孔隙的变化

压坯在烧结前，颗粒间只是相互机械咬合在一起，接触点只有极小一部分可能是原子结合。图 5-6 所示为烧结时孔隙结构变化的示意图（其变化从颗粒间的接触点开始）。烧结初期，颗粒间的接触点长大成烧结颈；烧结初期之后，由晶界和孔隙结构来控制烧结速率；烧结中期的开始阶段，孔隙的几何外形是高度连通的，并且孔隙位于晶界交汇处。随着烧结的进行，孔隙的几何外形变成圆柱形状，这时，随着孔隙半径的减小，烧结体致密化程度提高。这种微观结构变化如图 5-7 所示。图中显示了不同烧结阶段的光学显微观察，值得注意的是，晶粒大小、数目和孔径的改变，同样会引起总孔隙率的下降。

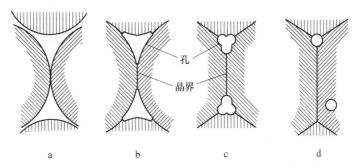

图 5-6　烧结时的孔隙结构变化示意图（其变化从颗粒间的接触点开始）
a—点接触；b—初期；c—中期；d—末期

在烧结后期，孔隙和晶界的相互作用有三种形式：（1）孔隙能阻碍晶粒生长；（2）在晶粒生长过程中，孔隙会被移动的晶界改变形状；（3）晶界与孔隙脱离，使孔隙孤立地残留在晶粒内部。在多数设定的烧结温度下，许多材料表现出中等或较高的晶粒生长速度。当温度升高时，晶界移动速度增大。如图 5-8 所示，因为孔隙迁移或孔隙消失比晶界移动得慢，晶界和孔隙发生脱离。在较低温度下，晶粒生长速度很慢，孔隙依附着晶界并妨碍它长大。在移动晶界的张力作用下，孔隙通过体积扩散、表面扩散或蒸发-凝聚而迁移。但在较高温度下，晶粒生长速度增大到一定值后，晶界与孔隙发生脱离。

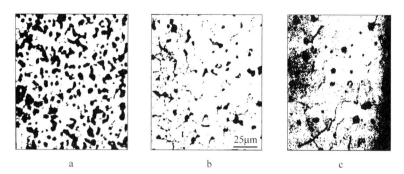

图 5-7 微结构随烧结温度不同而改变（黑色区域为孔隙）

a—774℃下烧结的微观图；b—950℃下烧结的微观图；c—1400℃下烧结的微观图

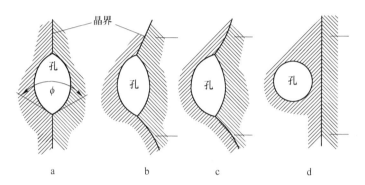

图 5-8 烧结后阶段孔隙孤立和球状化过程图

a—孔隙在晶界呈现平衡的固-气晶界沟（ϕ为二面角）；b，c—随着孔隙的拖曳晶界增长；
d—孔隙由于晶界的脱离而孤立

考虑如图 5-9 所示的两种可能的孔隙-晶粒边界结构，孔隙能占据晶粒边界或内部的位置。孔隙占据晶粒边界，系统的能量较低，因为孔隙减少了总的晶界面积（能量），如果孔隙和边界分开，系统能量将随新的界面面积成比例地增加。结果，孔隙和晶界有随孔隙度增加的结合能。这样，在烧结中期开始，边界和孔隙分离的情况很少，当致密化过程进行后，孔隙缓慢移动和对晶界钉扎力的消失导致晶界和孔隙的脱离。

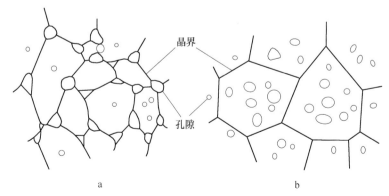

图 5-9 烧结过程中两种可能的孔隙-晶粒边界结构

a—致密化后孔隙位于晶粒边界位置；b—未致密化的孔隙孤立的情况

B 烧结过程中的再结晶和晶粒长大

粉末颗粒是由单晶或多晶体构成的。经过压制，粉末颗粒受到一定的加工变形，因此在烧结时粉末颗粒就像铸造形变金属一样要发生再结晶和晶粒长大。粉末颗粒的大小、形状和表面状况、成型压力、烧结温度和时间对再结晶和晶粒长大有显著影响。在压坯中首先发生形变的是颗粒间的接触部分。再结晶的核心多数是产生于粉末颗粒的接触点或接触面上。因此，粉末颗粒越细，粉末颗粒相互接触的点或面就会越多，再结晶的核心也就越多，再结晶后的晶粒有可能越细。形核后的晶体长大是通过吸收形变过的颗粒基体来进行的，可以使晶界由一个颗粒向另一个颗粒移动。

再结晶以后，金属中晶粒的长大通常是通过晶界的移动来进行的。在长大过程中一些晶粒消失了，而另一些晶粒长大了。某一颗晶粒由于长入相邻的晶粒而变大，与此同时相邻的晶粒变小直到消失。然而留下来的晶粒的平均尺寸却在增大，一直达到某一平衡值。孔隙、粉末颗粒表面薄膜，第二相夹杂以及晶界沟等都可以阻止晶界的移动和晶粒长大。如图 5-10 所示，烧结初期，晶界刚开始形成，本身具有的能量低；晶界上气孔大且数量多，对晶界移动阻碍大，晶界移动速率 $v_b = 0$，不可能发生晶粒长大。烧结中、后期，气孔逐渐减少，可出现晶界移动速率 $v_b = v_p$（气孔移动速率），此时晶界带动气孔同步移动。使气孔保持在晶界上，最终被排除；晶界移动推动力大于第二相夹杂物对晶界移动的阻碍，$v_b > v_p$，晶界将越过气孔而向曲率中心移动。可能将气孔留在烧结体内，影响其致密度。晶界移动推动力小于第二相夹杂物对晶界移动的阻碍，第二相夹杂物将会阻止晶界移动，使晶界移动速率减慢或停止。

与致密材料相比（见图 5-11），粉末焙烧材料的再结晶有如下特点：

（1）粉末烧结材料中，如果有较多的氧化物，孔隙及其他杂质则会使晶粒长大受阻碍，故晶粒较细。相反，粉末纯度愈高，晶粒长大趋势也愈大。

（2）烧结材料中晶粒显著长大的温度较高，仅当粉末压制采用极高压力时，才明显降低。

（3）粉末粒度影响聚晶长大。如烧结细铁粉压坯，颗粒外形消失的温度为 800℃，而粗铁粉压坯，在 1200℃ 还能清晰分辨颗粒的轮廓。

（4）烧结材料在临界变形程度下，再结晶后晶粒显著长大的现象不明显，而且晶粒没有明显的取向性。因为粉末压制时颗粒内的塑性是不均匀的，也没有强烈的方向性。

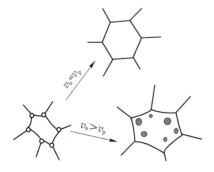

图 5-10 晶界移动与坯体致密化关系

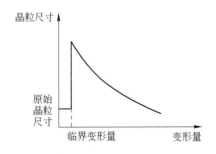

图 5-11 致密材料变形量对再结晶后晶粒尺寸大小的影响

5.2.3.3　烧结过程中物质的迁移方式

A　烧结时物质迁移的各种可能过程

物质迁移的可能过程包括不发生物质迁移即黏结，发生物质迁移并且原子移动较长距离，发生物质迁移，但原子移动较短距离。

- 不发生物质迁移：黏结
- 发生物质迁移，并且原子移动较长距离
  - 表面扩散
  - 晶格扩散 ┐空位机制┐组成晶体的空位或原子
  - 晶界扩散 ┘间隙机制┘的移动
  - 蒸发与凝聚
  - 塑性流动 ┐小块晶体的移动
  - 晶界滑动 ┘
- 发生物质迁移，但原子移动较短距离：回复或再结晶

B　烧结过程中物质迁移的六种方式

a　黏性流动

1945 年费兰克尔提出了黏性流动的烧结机构。它把烧结分成两个过程。粉末颗粒之间由点接触到面接触的变化过程，以及后期的孔隙收缩。

费兰克尔以两个球形颗粒的烧结模型推导出烧结公式，图 5-12 有两种情况：

根据几何关系有：
$$e = a(1 - \cos\theta) = 2a\sin^2(\theta/2) \tag{5-23}$$

式中，a 为颗粒半径；e 为烧结颈部外侧面的半径。

$$\theta = x/a，当 \theta 非常小时， \quad \sin(\theta/2) \approx (x/2a) \tag{5-24}$$

所以
$$e = x^2/2a \tag{5-25}$$

式中，x 为由于烧结而生成的接触颈部的半径。

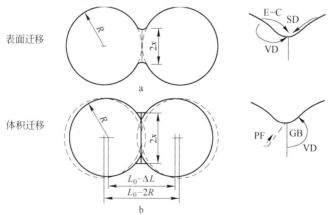

图 5-12　两种情况的物质迁移

E-C—蒸发-凝聚；SD—表面扩散；VD—体积扩散；GB—晶界扩散；PF—塑性流动

（1）颗粒中心距离不发生变化，只有表面物质的迁移，填充到接触颈部。

（2）颗粒中心距离减小，而且发生收缩。

在接触颈部由于表面张力的作用而产生表面应力，其值大约是：

$$\sigma = -\gamma/\rho \tag{5-26}$$

假定作用于颈部的表面张力，使物质发生位移，则在完全黏性流动时为：

$$\sigma = \eta d\varepsilon/dt \qquad (5-27)$$

式中，η 为物质的黏性系数；$d\varepsilon/dt$ 为剪切变形率，$\dfrac{d\varepsilon}{dt} = \dfrac{dx}{x}/dt$。

将式(5-26)代入式(5-27)有：

$$\frac{\gamma}{e} = \eta \frac{1}{x} \cdot \frac{dx}{dt} \qquad (5-28)$$

将式(5-26)代入式(5-28)有：

$$\frac{x^2}{a} = k \cdot \frac{\gamma}{\eta} \cdot t \qquad (5-29)$$

式中，k 为常数。

温度一定时，k 也是一定的。因此，生成接触面颈部半径 x 的二次方与时间 t 成比例。

b 蒸发凝聚

烧结过程中还可能发生物质由颗粒表面向空间蒸发的现象。还以上述两个球形颗粒为例。两个粉末颗粒相接触时，在颗粒外表面和接触颈部的曲率半径是不同的，因而使两处的蒸汽压存在着差别。这样物质就可能由接触点以外的表面蒸发，在接触点处凝聚而发生迁移。

假定在曲率半径为 a 和 e 的曲面上该物质的蒸汽压分别为 p_1 和 p_2，由亚稳状态公式可得：

$$\ln \frac{p_2}{p_1} = \frac{2V_0\gamma}{RT}\left(\frac{1}{a} - \frac{1}{e}\right) \qquad (5-30)$$

式中，V_0 为 1g 原子物质的体积；γ 为表面张力；R 为气体常数；T 为绝对温度。

若 $p_1 > p_2$，物质就会由粉末颗粒表面蒸发，而在接触颈部凝聚，因而使颈部长大。令 $p_1 - p_2 = \Delta p$，则

$$\ln \frac{p_2}{p_1} = \ln\left(1 - \frac{\Delta p}{p_1}\right) \approx -\frac{\Delta p}{p_1} \qquad (5-31)$$

由于 $a \gg e$，故 $1/a$ 可忽略不计。则式（5-30）可写成

$$\Delta p = \frac{2V_0\gamma}{RTe} p_1 \qquad (5-32)$$

假定在单位时间内，在接触点处单位面积上凝聚的物质为 G。则与蒸汽压差 Δp 比例。故

$$G = K \cdot \Delta p \qquad (5-33)$$

将式(5-32)代入式(5-33)得：

$$G = K \frac{2V_0\gamma}{RTe} \cdot p_1 = K'/e \qquad (5-34)$$

式中，K' 为随温度和蒸汽压而变化的常数。

填充到颈部物质的体积：

$$V \approx \pi x^2 e \approx \pi x^4/2a \qquad (5-35)$$

颈部面积：

$$A \approx 2\pi xe \approx \pi x^3 / a \qquad (5-36)$$

在接触颈部由于凝聚作用，其体积增长率为 $\dfrac{\mathrm{d}V}{\mathrm{d}t}$，它与接触颈部的面积 A 和凝聚的物质 G 成正比。所以

$$AG = B \frac{\mathrm{d}V}{\mathrm{d}t} \qquad (5-37)$$

式中，B 为与时间无关的常数。

将式（5-25）、式（5-35）、式（5-36）代入式（5-37）有：

$$\frac{aK'}{B} = x^2 \frac{\mathrm{d}x}{\mathrm{d}t} \qquad (5-38)$$

积分后得：

$$\frac{x^3}{a} = \frac{3K'}{B} t \qquad (5-39)$$

即烧结如果按蒸发凝聚的机构进行，则生成接触颈部半径的三次方与时间 t 成比例。

但只有那些具有较高蒸汽压的物质才可能发生蒸发凝聚的物质迁移过程，如氯化钠，二氟化锆等。对大多数金属，除 Zn 和 Cd 外，在烧结温度下的蒸汽压都很低，蒸发凝聚不可能成为主要的烧结机构。

c　体积扩散

根据近代金属物理概念，在热平衡条件下晶体的点阵中，原子并没有占据所有的点阵，因而在点阵中出现空位。

在扩散理论中，认为点阵中原子的迁移是由于原子连续与空位交换位置的结果。若一原子临近有一空位，这个原子移动到空位上时，则原来原子的位置就变成了空位。这一机构被称为是固体中原子有效的扩散机构。

在金属粉末的烧结过程中，空位及其扩散起着很重要的作用。根据两球颗粒模型（弗兰克尔提出的），作为扩散空位"源"的有烧结表面，小孔隙表面，凹面及位错。而存在吸收空位"阱"的有晶界、平面、凸面、大孔隙表面，位错，以及颗粒表面相对于内孔隙或烧结颈表面，大孔隙相对于小孔隙。

体积扩散机构的理论就是建立在空位及空位扩散理论基础之上的。以两个球形粉末为例，在其接触颈部由于表面张力的作用，减小其表面积，并在接触颈部表面下面造成一过剩空位浓度。即在接触颈部的空位浓度要高于平衡浓度，也就是高于粉末颗粒内部的空位浓度，并且随着表面张力的增加和接触颈部凹表面曲率的增加而增加。在远离接触颈部的地区，如在凸表面的空位浓度却低于平衡浓度。因此在凹凸两个表面之间存在着空位浓度的差别。这种空位浓度的差别，构成了物质迁移的动力，使颈部长大，孔隙变圆和收缩。

假定在接触颈部表面下面的过剩空位浓度为 ΔC，在绝对温度 T 时的平衡空位浓度为 C_0，则可得：

$$\Delta C = - \frac{2V_0 \gamma}{RT} \left(\frac{1}{a} - \frac{1}{e} \right) C_0 \qquad (5-40)$$

由于 $a \gg e$，$1/e$ 可忽略，则上式可写成：

$$\Delta C = -\frac{2V_0\gamma}{RTe}C_0 \qquad (5-41)$$

假定在接触颈下面存在过剩电位浓度的深度为 e，则在接触颈部表面下面与颗粒内部之间形成的空位梯度为 $\Delta C/e$。这样过剩的空位就向远离接触点的地方扩散，原子则扩散到接触点附近，因而在烧结时使接触面长大。

根据菲克第一扩散方程式可得：

$$A\left(\frac{\Delta C}{e}\right)D' = \frac{\mathrm{d}V}{\mathrm{d}t} \qquad (5-42)$$

以 D_v 表示原子的体积扩散系数，则

$$D_v = D'C_0 \qquad (5-43)$$

所以

$$A\left(\frac{\Delta C}{e}\right)\left(\frac{D_v}{C_0}\right) = \frac{\mathrm{d}V}{\mathrm{d}t} \qquad (5-44)$$

将有关式子代入后，并积分简化得：

$$\frac{x^5}{a^2} = \frac{20\gamma V_0}{RT}D_v t \qquad (5-45)$$

即烧结如果以体积扩散机构进行，接触颈部半径 x 的 5 次方和时间 t 成比例。

d 表面扩散

不管把金属表面研磨的如何平整光滑，它仍保持着极大的凹凸不平，即使能够做成在物理上没有畸变的表面，其原子也是呈阶梯状排列的。所以表面原子很容易发生移动和扩散。

对金属粉末，其颗粒表面更是凹凸不平。所以烧结过程中颗粒的相互联结，首先是在颗粒表面上进行的。特别是低温烧结时占优势的不是体积扩散而是表面扩散。

表面扩散的机理，同体积扩散一样，是由在表面的原子与表面的空位互相交换位置而进行的（注：这里讲的表面，指表面之中，而不是表面之上）。

同体积扩散机构一样，可推导出表面扩散机构的烧结公式，即：

$$\frac{x^7}{a^3} = \frac{56\gamma V_0 \delta}{RT}D_5 t \qquad (5-46)$$

式中，D_5 为原子表面扩散系数；δ 为原子间距离。

上式说明在表面扩散机构占优势时，接触颈部半径 x 的 7 次方与时间 t 成正比。

e 晶界扩散

晶界对烧结的重要性有：

（1）烧结时，在颗粒接触面上容易形成稳定的晶界，特别是细粉末烧结后形成许多网状晶界与孔隙互相交错，使烧结颈边缘和细孔隙表面的过剩空位容易通过邻接的晶界进行扩散或被吸收。

（2）晶界扩散的激活能比体积扩散的小 1/2，而扩散系数大 1000 倍，而且随温度降低这种差别增大。

如果两个粉末颗粒的接触表面形成了晶界，那么靠近接触颈部的过剩空位就可以通过晶界发生扩散。

晶界扩散机构的烧结公式为：

$$\frac{x^6}{a^2} = \frac{24\gamma V_0 \delta}{RT} D_{\mathrm{B}} t \tag{5-47}$$

式中，D_{B} 为晶界扩散系数（$D_{\mathrm{B}} = CD'$）。

f　塑性流动

烧结颈形成和长大可看成是金属粉末在表面张力作用下发生塑性变形的结果。

塑性流动与黏性流动不同，外应力必须超过塑性材料的屈服应力才能发生。粉末烧结的塑性流动理论是利用高温微蠕变理论来进行定量分析的。结果导出，烧结颈长大遵循 $x^9 - t$ 的关系。

对以上六种烧结过程中的物质迁移机构，用一个动力学方程可概括为：

$$\frac{x^m}{a^n} = F(T) \cdot t \tag{5-48}$$

式中，m、n 为常数；$F(T)$ 为与温度有关的常数；x 为接触颈部半径；t 为时间；a 为颗粒半径；T 为绝对温度

在烧结过程中粉末颗粒的黏性机构是一个十分复杂的过程，由许多方面的因素决定。但在具体烧结过程中，哪一种机构起主导作用应视具体情况而定。如细粉颗粒烧结时，表面扩散机构起决定作用；高温烧结时，体积扩散机构起主要作用；加压烧结时，可能是蒸发凝聚起着十分重要的作用。

5.2.3.4　致密化机构

要严格区别烧结过程中粉末颗粒的黏结阶段和孔隙收缩的致密化阶段是困难的。但为了理解整个烧结过程又不得不加以区别。

在烧结过程中，不能认为孔隙的收缩是由蒸发凝聚或表面扩散的机构起作用，也就是孔隙内表面的凸出部分蒸发，而在内表面的凹处凝聚；或是内表面凸出的原子通过表面扩散而流入凹处表面起作用。因为这样只能改变孔隙的形状而不能使整个烧结体的体积发生收缩。因此可以认为，作为致密体机构的只能是黏性流动，体积扩散，晶界扩散和塑性流动，或者是其中一个或两个起作用。

在金属未加压烧结的致密化过程中，体积扩散、晶界扩散起着主导作用。烧结后期的致密化阶段，晶界扩散对致密化有很重要的作用。如果想促进烧结过程，首先要提高空位或原子的扩散系数，这就要求高温加热。在烧结后期要防止晶粒长大和晶界减少，甚至积极制造晶界。为了防止晶粒长大，可以加入少量的阻碍晶粒长大，而在高温时稳定的碳化物、氧化物等添加剂。这些添加物的粒度要尽量细，而且很均匀地分布在物料中。如烧结金属中加入少量的氧化钍；氧化铝烧结时，预先加入少量的氧化铬等。

5.3　固 相 烧 结

固相烧结按其组元多少可分为单元系固相烧结和多元系固相烧结两类。单元系固相烧结纯金属、固定成分的化合物或均匀固溶体的松装粉末或压坯在熔点以下温度（一般为绝对熔点温度的 2/3~4/5）进行的粉末烧结。单元系固相烧结过程除发生粉末颗粒间黏结、致密化和纯金属的组织变化外，不存在组织间的溶解，也不出现新的组成物或新相。又称为粉末单相烧结。

5.3.1 单元系固相烧结

单元系固相烧结大致分为三个阶段：

（1）低温阶段（$T_烧 = 0.25T_熔$）。主要发生金属的回复、吸附气体和水分的挥发、压坯内成型剂的分解和排除。由于回复时消除了压制时的弹性应力，粉末颗粒间接触面积反而相对减少，加上挥发物的排除，烧结体收缩不明显，甚至略有膨胀。此阶段内烧结体密度基本保持不变。

（2）中温阶段（$T_烧 = (0.4 \sim 0.55)T_熔$）。开始发生再结晶、粉末颗粒表面氧化物被完全还原，颗粒接触界面形成烧结颈，烧结体强度明显提高，而密度增加较慢。

（3）高温阶段（$T_烧 = (0.5 \sim 0.85)T_熔$）。这是单元系固相烧结的主要阶段。扩散和流动充分进行并接近完成，烧结体内的大量闭孔逐渐缩小，孔隙数量减少，烧结体密度明显增加。保温一定时间后，所有性能均达到稳定不变。影响单元系固相烧结的因素主要有烧结组元的本性、粉末特性（如粒度、形状、表面状态等）和烧结工艺条件（如烧结温度、时间、气氛等）。增加粉末颗粒间的接触面积或改善接触状态，改变物质迁移过程的激活能，增加参与物质迁移过程的原子数量以及改变物质迁移的方式或途径，均可改善单元系固相烧结过程。

5.3.2 多元系固相烧结

多元系固相烧结比单元系固相烧结复杂得多，除了同组元或异组元颗粒间的黏结外，还发生异组元之间的反应、溶解或均匀化等过程，而这些都是靠组元在固态下的互相扩散来实现的，所以，通过烧结不仅要达到致密化，而且要获得所要求的相或组织组成物。扩散、合金均匀化是极为缓慢的过程，通常比完成致密化需要更长的烧结时间。

5.3.2.1 互溶系固相烧结

组分互溶的多元系固相烧结有三种情况：（1）均匀（单相）固溶体粉末的烧结；（2）混合粉末的烧结；（3）烧结过程固溶体分解。第一种情况属于单元系烧结，基本规律同5.3.1节讲的相同。第三种情况较少出现。下面只讨论混合粉末的烧结。

混合粉末烧结时在不同组分的颗粒间发生的扩散与合金均匀化过程，取决于合金热力学和扩散动力学。如果组元间能生成合金，则烧结完成后，其平衡相的成分和数量大致可以根据相应的相图确定。但是由于烧结组织不可能在理想的热力学平衡条件下获得，要受到固态下扩散动力学的限制，而且粉末烧结的合金化还取决于粉末的形态、粒度、接触状态以及晶体缺陷、结晶取向等因素，所以比熔铸合金化过程更复杂，也难以获得平衡组织。

烧结合金化中最简单的情况是二元系固溶体合金。当二元混合粉末烧结时，一个组元通过颗粒间的联结面扩散并溶解到另一个组元的颗粒中，如 Fe-C 材料中石墨溶于铁中，或者二组元互相溶解（如铜和镍）产生均匀的固溶体颗粒。

假定有金属 A 和 B 的混合粉末，烧结时在两种粉末的颗粒接触面上，按照相图反应生成平衡相 A_xB_y。以后的反应将取决于 A、B 组元通过反应产物 AB（形成包覆颗粒表面的壳层）的互扩散。如果 A 能通过 AB 进行扩散，而 B 不能，那么 A 原子将通过 AB 相扩散到 A 与 B 的界面上再与 B 反应，这样 AB 相就在 B 颗粒内滋生。通常，A 和 B 都能通过

AB 相进行扩散，那么反应将在 AB 相层内发生，并同时向 A 与 B 的颗粒内扩散，直至所有颗粒成为具有同一平均成分的均匀固溶体为止。

假如反应产物 AB 是能溶解于组元 A、B 的中间相（如电子化合物），那么界面上的反应将复杂化。例如 AB 溶于 B 形成有限固溶体，只有当饱和后，AB 才能通过成核长大重新析出，同时，饱和固溶体的区域也逐渐扩大。因此，合金化过程将取决于反应生成相的性质、生成次序和分布，取决于组元通过中间相的扩散，取决于一系列反应层之间的物质迁移和析出反应。但是，扩散是决定合金化的主要动力学因素，因而凡是促进扩散的一切条件，均有利于烧结过程及获得最好的性能。扩散合金化的规律可以概括为以下几点：

（1）金属扩散的一般规律是：原子半径相差越大，或在元素周期表中相距越远的元素，互扩散速度也越大；间隙式固溶的原子扩散速度比替换式的要大得多；温度相同和浓度差别不大时，在体心立方点阵相中，原子的扩散速度比在面心立方点阵相中快几个数量级。在金属中溶解度最小的组元，往往具有最大的扩散速度。如各种元素在铁中的扩散系数（表 5-1）和溶解度（表 5-2），可以看到，在 α-Fe 与 γ-Fe 中溶解度大的元素，扩散系数反而小。

表 5-1　元素在铁的低浓度固溶体中的扩散系数　　　　　　　　（cm^2/s）

元素	α-Fe, 800℃	γ-Fe, 1100℃
H	$2.1×10^{-4}$	$2.8×10^{-4}$
B	$2.3×10^{-7}$	$9.0×10^{-7}$
N	$1.3×10^{-6}$	$6.5×10^{-8}$
C	$1.6×10^{-6}$	$6.3×10^{-7}$
Fe	$4.0×10^{-12}$	$9.0×10^{-12}$
Si	$7.5×10^{-11}$	$4.0×10^{-10}$
Co	$1.9×10^{-12}$	$3.4×10^{-12}$
Cr	$0.5×10^{-12}$	$5.1×10^{-12}$
W	$1.0×10^{-12}$	$3.9×10^{-12}$
Cu	$1.1×10^{-12}$	—
Ni	—	$8.0×10^{-12}$
Mn	—	$2.0×10^{-11}$
Mo	$7.0×10^{-12}$	$4.0×10^{-11}$

表 5-2　元素在 α-Fe 与 γ-Fe 中的溶解度

元素	在 α-Fe 中的溶解度（质量分数）	在 γ-Fe 中的溶解度（质量分数）
Al	36%	1.1%（含碳时稍高）
B	约为 0.008%	0.018%~0.026%
C	0.02%	2.06%
Co	76%	无限
Cr	无限	12.8%（$w(C)$ = 0.5%时为 20%）

元素	在 α-Fe 中的溶解度（质量分数）	在 γ-Fe 中的溶解度（质量分数）
Cu	700℃时1%，室温时 0.2%	8.5%（$w(C)$ = 1%时为8%）
Mn	约为 3%	无限
Mo	37.5%（低温时降低）	约为 3%（$w(C)$ = 3%时为8%）
N	0.1%	2.8%
Nb	1.8%	2.0%
Ni	约为 10%（与碳含量无关）	无限
Si	18.5%（含碳时溶解度仍很高）	约为 2%（$w(C)$ = 0.35%时为9%）
P	2.8%（与碳含量无关）	0.2%
Ti	约为 7%（低温时降低）	0.63%（$w(C)$ = 0.18%时为1%）
V	无限	约为 1.4%（$w(C)$ = 0.2%时为4%）
W	33%（低温时降低）	3.2%（$w(C)$ = 0.25%时为11%）
Zr	约为 0.3%	0.7%

根据表 5-2，在 α-Fe 和 γ-Fe 中扩散系数不同的元素可以分为四种类型：1）H 在 α-Fe 与 γ-Fe 中扩散系数最大，属于间隙扩散；2）B、C 和 N 在铁中也属于间隙扩散，但是其扩散系数较小（仅为氢的 1/600）；3）Ni、Co、Mn、Mo 在铁中形成替换式固溶体，扩散系数仅为间隙式固溶体元素的万分之一到十万分之一；4）O、Si、Al 等元素介于间隙式和替换式固溶体之间，由于缺乏扩散系数的可靠依据，尚不能作结论。

（2）在多元系中，由于组元的互扩散系数不相等，产生柯肯德尔效应，证明是空位扩散机制起作用。当 A 和 B 元素互扩散时，只有当 A 原子与邻近的空位发生换位的几率大于 B 原子自身的换位几率时，A 原子的扩散才比 B 原子快，因而通过 AB 相互扩散的 A 和 B 原子的互扩散系数不相等，在具有较大互扩散系数原子的区域内形成过剩空位，然后聚集成微孔隙，从而使烧结合金出现膨胀。因此，一般说在这种合金中，烧结的致密化速率要减慢。

柯肯德尔效应可用"近朱者赤，近墨者黑"作为固态物质中一种扩散现象的描述。为了进一步证实固态扩散的存在，可作下述实验（如图 5-13 所示），把 Cu、Ni 两根金属棒对焊在一起，在焊接面上镶嵌上几根钨丝作为界面标志然后加热到高温并保温很长时间后，令人惊异的事情发生了：作为界面标志的钨丝向纯 Ni 一侧移动了一段距离。经分析，界面的左侧（Cu）也含有 Ni 原子，而界面的右侧（Ni）也含有 Cu 原子，但是左侧 Ni 的浓度大于右侧 Cu 的浓度，这表明，Ni 向左侧扩散过来的原子数目大于 Cu 向右侧扩散过来的原子数目。过剩的 Ni 原子将使左侧的点阵膨胀，而右边原子减少的地方将发生点阵收缩，其结果必然导致界面向右漂移。

（3）添加第三元素可以显著改变元素 B 在 A 中的扩散速度。例如，在烧结铁中添加 V、Si、Cr、Mo、Ti、W 等形成碳化物的元素会显著降低碳在铁中的扩散速度和增大渗碳层中碳的浓度；添加质量分数为 4% 的 Co 使碳在 γ-Fe（1%的碳原子浓度）中的扩散速度提高一倍；而添加质量分数为 3% 的 Mo 或质量分数为 1% 的 W 时，扩散系数减小一半。第三元素对碳原子在铁中扩散速度的影响，取决于其在周期表中的位置，靠铁左边属于形成碳化物的元素，降低扩散速度；而靠右边属于非碳化物形成元素，增大扩散速度。黄铜中

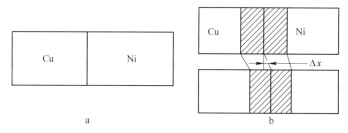

图 5-13　Cu-Ni 的柯肯德尔效应
a—连接图；b—截面变化示意图

添加质量分数为 2% 的 Sn，使锌的扩散系数增大 9 倍；添加质量分数为 3.5% 的 Pb 时，扩散系数增大 14 倍；添加 Si、Al、P、S 均可以增大扩散系数。

（4）二元合金中，根据组元、烧结条件和阶段的不同，烧结速度同两组元单独烧结相比，可能快也可能慢。例如铁粉表面包覆一层镍时，由于柯肯德尔效应，烧结显著加快。Co-Ni、Ag-Au 系的烧结也是如此。

许多研究表明，添加过渡族元素（Co，Ni），对许多氧化物和钨粉的烧结均有明显的促进作用，但是，Cu-Ni 系烧结的速度反而减慢。因此决定二元合金烧结过程的快慢不是由能否形成固溶体来判断，而取决于组元互扩散的差别。如果偏扩散所造成的空位能溶解在晶格中，就能增大扩散原子的活性，促进烧结进行；相反，如果空位聚集成微孔，反而将阻止烧结过程。

（5）烧结工艺条件（温度、时间、粉末粒度及预合金粉末的使用）的影响将在下面进一步予以说明。

5.3.2.2　无限互溶系

属于这类的有 Cu-Ni、Co-Ni、Cu-Au、Ag-Au、W-Mo、Fe-Ni 等。对其中的 Cu-Ni 系研究得最成熟，现讨论如下：

Cu-Ni 具有无限互溶的简单相图。用混合粉烧结（等温），在一定阶段发生体积增大现象，烧结收缩随时间而变化，主要取决于合金均匀化的程度。图 5-14 所示的烧结收缩曲线表明，Cu 粉或 Ni 粉单独烧结时收缩在很短时间内就完成；而它们的混合粉末烧结时，未合金化之前，也发生较大收缩，但是随着合金均匀化的进行，烧结反出现膨胀，而且膨胀与烧结时间的方根（$t^{1/2}$）成正比，使曲线直线上升，到合金化完成后才又转为水平。因为柯肯德尔效应符合这种关系，所以，膨胀是由偏扩散引起的。图 5-15 为 Cu-Ni 混合粉末烧结均匀化程度对试样长度变化的影响。

可以采用磁性测量、X 射线衍射和显微光谱分析等方法来研究粉末烧结的合金化过程。图 5-16 是采用 X 射线衍射法测定 Cu-Ni 烧结合金的衍射光强度分布图，衍射角分布越宽的曲线，表明合金成分越不均匀。根据衍射强度与衍射角的关系，可以计算合金的浓度分布。

通过测定激活能数据（43.1～108.8kJ/mol）证明，Cu-Ni 合金烧结的均匀化机构以晶界扩散和表面扩散为主。Fe-Ni 合金烧结也是表面扩散的作用大于体积扩散。随着烧结温度升高和进入烧结后期，激活能升高，但是有偏扩散存在和出现大量扩散空位时，体积扩散的激活能也不可能太高。因此，均匀化也同烧结过程的物质迁移那样，也应该看作是由几种扩散机构同时起作用。

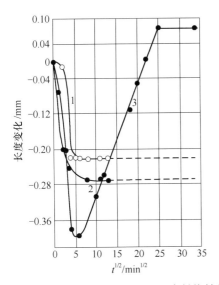

图 5-14　Cu 粉、Ni 粉及 Cu-Ni 混合粉烧结的
收缩曲线（950℃）

1—纯 Cu 粉；2—纯 Ni 粉；3—41%Cu+59%Ni 混合粉

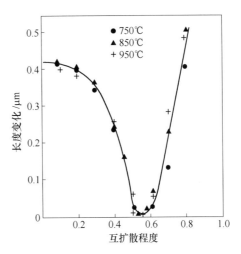

图 5-15　Cu-Ni 混合粉末烧结均匀化程度
对试样长度变化的影响

费歇尔-鲁德曼和黑克尔等人应用"同心球"模型（图 5-17）研究形成单相固溶体的二元系粉末在固相烧结时的合金化过程。该模型假定 A 组元的颗粒为球形，被 B 组元的球壳完全包围，而且无孔隙存在，这与密度极高的粉末压坯的烧结情况是接近的。用稳定扩散条件下的菲克第二定律进行理论计算，所得到的结果与实验资料较为符合。按照同心球模型计算，并由扩散系数及其温度的关系可以制曲线图，借助该图能方便地分析各种单相互溶合金系统的均匀化过程并求出均匀化所需的时间。描述合金化程度，可以采用均匀化程度因数：

$$F = \frac{m_t}{m_\infty} \qquad (5-49)$$

式中，m_t 为在时间 t 内通过界面的物质迁移量；m_∞ 为当时间无限长时，通过界面的物质迁移量。

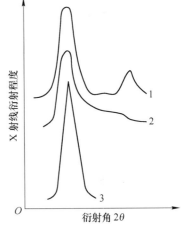

图 5-16　X 光衍射法测定 Cu-Ni
烧结合金的衍射光强度分布图

1—未烧结混合粉；2—烧结 1h；
3—烧结 3h

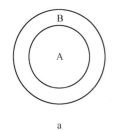

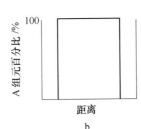

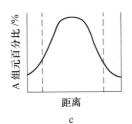

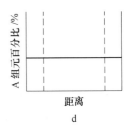

图 5-17　烧结合金化模型

a—同心球模型横断面；b—$t=0$ 时浓度分布；c—t 时刻浓度分布；d—$t=\infty$ 时浓度分布

　　F 值在 0~1 之间变化，$F=1$ 相当于完全均匀化。表 5-3 列举了 Cu-Ni 粉末烧结合金在不同工艺条件下测定的 F 值，从中可以看出影响 Cu-Ni 混合粉末压坯的合金化过程的因素有：

　　（1）烧结温度。烧结温度是影响合金化最重要的因素。因为原子互扩散系数是随温度的升高而显著增大的，如表 5-3 中数据表明，烧结温度由 950℃ 升至 1050℃，即提高了 10%，F 值提高了 20%~40%。

　　（2）烧结时间。在相同温度下，烧结时间越长，扩散越充分，合金化程度也越高，但是时间的影响没有温度大。如表中数据表明如果 F 值由 0.5 提高到 1，时间需要增加 500 倍。

　　（3）压坯密度。增大压制压力，将使粉末颗粒间接触面增大，扩散界面增大，加快合金化过程，但是作用不是十分明显，如压力提高 20 倍，F 值仅增加 40%。

　　（4）粉末粒度。合金化的速度随粒度减小而增加。因在其他条件相同时，减小粉末粒度意味着增加颗粒间的接触界面并缩短扩散路程，从而增加单位时间内扩散原子的数量。

表 5-3 　粉末和工艺条件对 Cu-Ni 混合粉末在烧结时均匀化程度因数 F 值的影响

混合料粉末类型	粉末粒度/目	单位压制压力（100MPa）	烧结温度/℃	烧结时间/h	F 值
Cu 粉+Ni 粉	−100 +140	7.7	850	100	0.64
		7.7	950	1	0.29
		7.7	950	50	0.71
		7.7	1050	1	0.42
		7.7	1050	54	0.87
	−270 +325	7.7	850	100	0.84
		7.7	950	1	0.57
		7.7	950	50	0.87
		7.7	1050	1	0.69
		7.7	1050	54	0.91
		0.39	950	1	0.41
Cu-Ni 粉[①] Cu-Ni 预合金粉[②]	−100 +140	7.7	950	50	0.71
		7.7	950	1	0.52
Cu 粉+Cu-Ni 预合金粉[③]	−270 +325	7.7	950	1	0.65
Cu 粉+Cu-Ni 预合金粉[④]	−270 +325	7.7	950	1	0.80

①所有试样中 Ni 的平均质量分数为 52%。

②预合金粉成分为 70%Cu+30%Ni（质量分数）。

③预合金粉成分为 31%Cu+69%Ni（质量分数）。

④以 Ni 包 Cu 的复合粉末，预合金粉成分为 30%Cu+70%Ni（质量分数）。

（5）粉末原料。采用一定数量的预合金粉末或复合粉末同完全使用混合粉末相比，达到相同的均匀化程度所需时间将缩短，因为这时扩散路程缩短，并可减少要迁移的原子数量。

（6）杂质。Si、Mn 等杂质阻碍合金化，因为存在于粉末表面或在烧结过程中形成的 MnO、SiO$_2$ 杂质阻碍颗粒间的扩散进行。

烧结 Cu-Ni 合金的物理-力学性能随烧结时间的变化如图 5-18 所示，烧结尺寸 ΔL 的曲线表明，烧结体的密度比其他性能更早的趋于稳定；硬度在烧结一段时间内有所降低，以后又逐渐升高；强度、伸长率与电阻的变化可以持续很长的时间。

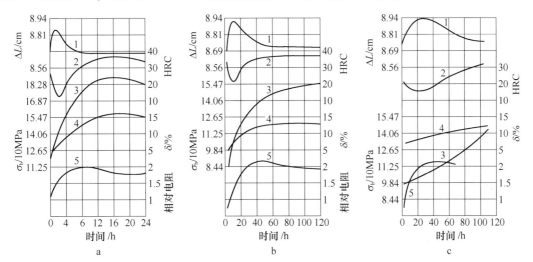

图 5-18　Cu-Ni 合金的物理力学性能随烧结时间的变化
a—45μm（325 目）；b—58~45μm（250~325 目）；c—106~75μm（150~200 目）
1—长度变化（ΔL）；2—硬度（HRC）；3—抗拉强度；4—伸长率；5—相对电阻

5.3.2.3　有限互溶系

有限互溶系的烧结合金有 Fe-C、Fe-Cu 等烧结钢，W-Ni、Ag-Ni 等合金，它们与 Cu-Ni 无限互溶体合金不同，烧结后得到的是多相合金，其中有代表性的是烧结钢。它是用铁粉与石墨粉混合，压制成零件，在烧结时，碳原子不断向铁粉中扩散，在高温中形成 Fe-C 有限固溶体（γ-Fe）。冷却下来后形成主要由 α-Fe 与 Fe$_3$C 两相组成的多相合金，它比烧结纯铁有更高的硬度和强度。

碳在 γ-Fe 中有相当大的溶解度，扩散系数也比其他合金元素大，是烧结钢中使用得最广而又经济的合金元素。随着冷却速度不同，将改变含碳 γ-Fe 的第二相（Fe$_3$C）在 α-Fe 中的形态和分布，因而得到不同的组织。通过烧结后的热处理工艺还可以进一步调整烧结钢的组织，以得到更好的综合性能。同时，其他合金元素（Mo、Ni、Cu、Mn、Si 等）也影响碳在铁中的扩散速度、溶解与分布，因此，同时添加碳和其他合金元素，可以获得性能更好的烧结合金钢。

下面对 Fe-C 混合粉末的烧结以及冷却后的组织与性能作概括性说明。

（1）Fe-C 混合粉末碳的质量分数一般不超过 1%，故同纯铁粉的单元系一样，烧结时主要发生颗粒间的黏结和收缩。但是随着碳在铁颗粒内的溶解，两相区温度降低，烧结过程加快。

（2）碳在铁中通过扩散形成奥氏体，扩散得很快，10～20min 内就溶解完全（图5-19）。石墨粉的粒度和粉末混合的均匀程度对这一过程的影响很大。当石墨粉完全溶解后，留下孔隙；由于 C 向 γ-Fe 中继续溶解，使铁晶体点阵常数增大，铁粉颗粒胀大，使石墨留下的孔隙缩小。当铁粉全部转变成奥氏体后，碳在其中的浓度分布仍不均匀，继续提高温度或延长烧结时间，发生 γ-Fe 的均匀化，晶粒明显长大。烧结温度决定了 α 至 γ 的相变进行得充分与否，温度低，烧结后将残留大量的游离石墨，当低于 850℃ 时，甚至不发生向奥氏体的溶解，如图5-20 所示。

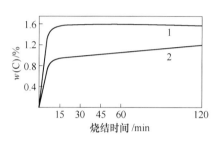

图5-19　Fe-C 混合粉烧结钢中含碳量与
烧结时间的关系
1—$w(C)=3\%$；2—$w(C)=1.5\%$

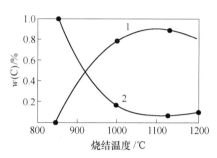

图5-20　烧结温度对电解铁粉加 1% 石墨粉烧结后
化合碳与游离碳含量的影响
1—化合碳；2—游离碳

（3）烧结充分保温后冷却，奥氏体分解，形成以珠光体为主要组成物的多相结构。珠光体的数量和形态取决于冷却速度，冷却越快，珠光体弥散度越大，硬度和强度也越高。如果冷却缓慢，由于孔隙与残留石墨的作用，有可能加速石墨化过程。石墨化与两方面因素有关：由于基体中 Fe_3C 内的碳原子扩散而转化成石墨，铁原子从石墨形核并长大的地方离开，石墨的生长速度与分布形态将不取决于碳原子的扩散，而取决于比较缓慢的铁原子的扩散。所以在致密钢中，冷却阶段的石墨化是相当困难的，但是在烧结钢中，由于在孔隙中石墨的生长与铁原子的扩散无关，因此石墨的生长加快。

（4）烧结碳钢的力学性能与合金组织中化合碳的含量有关。一般来说，当接近共析钢（$w(c)=0.8\%$）成分时，强度最高，而伸长率总是随碳含量的提高而降低，详见图5-21 和图5-22。但是，当化合碳含量继续升高，冷却后析出二次网状渗碳体，化合碳质量分数达到 1.1% 时，渗碳体连成网络，使强度急剧降低。

5.3.2.4　互不溶系固相烧结

粉末烧结法能够制造熔铸法所不能得到的"假合金"，即组元间不互溶且不发生反应的合金，粉末固相烧结或液相烧结可以获得的"假合金"包括金属-金属、金属-非金属、金属-氧化物、金属-化合物等，最典型的是电触头合金（Cu-W、Ag-W、Cu-C、Ag-CdO 等）。

A　烧结热力学

不互溶的两种粉末能否烧结取决于系统的热力学条件，而且同单元系或互溶多元系烧结一样，也与表面自由能的减小有关。皮涅斯认为，互不溶系的烧结服从不等式：

$$\gamma_{AB} < \gamma_A + \gamma_B \qquad\qquad (5-50)$$

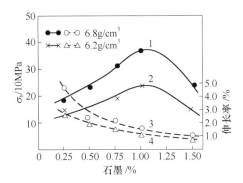

图 5-21　烧结 Fe-C 合金抗拉强度及伸长率与
石墨添加量的关系（1125℃烧结 1h）

1，2—抗拉强度；3，4—伸长率

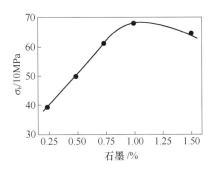

图 5-22　烧结 Fe-C 合金热处理后抗拉强度与
石墨添加量的关系

（单位压制压力 900MPa；1125℃烧结 1h；油淬）

即 A-B 的比界面能 γ_{AB} 必须小于 A、B 单独存在的比表面能（γ_A、γ_B）之和。如果 $\gamma_{AB}>\gamma_A+\gamma_B$，虽然在 A-A 或 B-B 之间可以烧结，但是在 A-B 之间却不能。在满足上式的前提下，如果 $\gamma_{AB}>|\gamma_A-\gamma_B|$，那么在两组元的颗粒间形成烧结颈的同时，它们可以互相靠拢至某一个临界值；如果 $\gamma_{AB}<|\gamma_A-\gamma_B|$，则开始时通过表面扩散，比表面能低的组元覆盖在另一组元的颗粒表面，然后同单元系烧结一样，在类似复合粉末的颗粒间形成烧结颈。只要烧结时间足够长，充分烧结是可能的，这时得到一种成分均匀包裹在另一成分的颗粒表面的合金组织。不论是上述情况中的哪一种，γ_{AB} 越小，烧结动力就越大，即使烧结不出现液相，但是两种固相的界面能也将决定烧结过程。而在液相烧结时，由于有湿润性问题存在，不同成分的液-固界面能的作用就显得更重要。

B　性能-成分的关系

皮涅斯和古狄逊的研究表明，互不溶系固相烧结合金的性能与组元体积含量之间存在着二次方函数关系；在烧结体系内，相同组元颗粒间的接触（A-A、B-B）同 A-B 接触的相对大小决定了系统的性质。若二组元的体积含量相等，而且颗粒大小与形状也相同，则均匀混合后，按照统计分布规律，A-B 颗粒接触的机会是最多的，因而对烧结体性能的影响也最大。皮涅斯用下式表示烧结体的收缩值：

$$\eta = \eta_A c_A^2 + \eta_B c_B^2 + 2\eta_{AB} c_A c_B \tag{5-51}$$

式中，η_A、η_B 为组元在相同条件下单独烧结时的收缩值，分别是 c_A 和 c_B 平方的函数；η_{AB} 为全部为 A-B 接触时的收缩值；c_A、c_B 为 A、B 的体积浓度。

如果

$$\eta_{AB} = \frac{1}{2}(\eta_A + \eta_B) \tag{5-52a}$$

则烧结体的总收缩服从线性关系。

如果

$$\eta_{AB} > \frac{1}{2}(\eta_A + \eta_B) \tag{5-52b}$$

则为凹向下抛物线关系，这时混合粉末烧结的收缩大。

而如果

$$\eta_{AB} < \frac{1}{2}(\eta_A + \eta_B) \tag{5-52c}$$

得到的是凹向上抛物线关系，这时烧结的收缩小。因此，满足式（5-52a）条件的体系处于最理想的混合状态。式（5-51）所代表的二次函数关系也同样适用于烧结体的强度性能。这已被 Cu-W、Cu-Mo、Cu-Fe 等系的烧结实验所证实。这种关系，甚至可以推广到三元系。

如果系统中 B 为非活性组元，不与 A 起任何反应，并且在烧结温度下本身几乎也不产生烧结，那么 η_B 与 η_{AB} 将等于零。这时当该组元的含量增加时，用性能变化曲线外延至孔隙度为零的方法求强度，发现强度值降低。图 5-23 为 Cu-W（或Mo）系假合金的抗拉强度与成分、孔隙度的关系曲线。可以看到，随着合金中非活性组元 W（或 Mo）的含量增加（从直线1 至 4），强度值降低，并且孔隙度越低，强度降低的程度也越大。

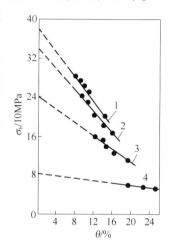

图 5-23   Cu-W（或 Mo）
假合金的抗拉强度与
成分、孔隙度的关系

1—纯 Cu；2—Cu+5%W（或 Mo）；
3—Cu+20%W（或 Mo）；4—Cu+
46%W（或 Mo），含钨或
钼量均为体积分数

C   烧结过程的特点

（1）互不溶系固相烧结几乎包括了用粉末冶金方法制造的一切典型的复合材料——基体强化（弥散强化或纤维强化）材料和利用组合效果的金属陶瓷材料（电触头合金，合金塑料）。它们是以低熔点、塑性（韧性）好、导热性强且烧结性好的成分（纯金属或单相合金）为黏结相，同熔点和硬度高、高温性能好的成分（难熔金属或化合物）组成的一种机械混合物，因而兼有两种不同成分的性质，常常具有良好的综合性能。

（2）互不溶系的烧结温度由黏结相的熔点决定。如果是固相烧结，温度要低于其熔点，如果该组分的体积分数不超过50%，也可以采用液相烧结。例如，Ag-W40 可以在低于 Ag 熔点的 860～880℃烧结，而Cu-W80 则要采用特殊的液相烧结（浸渍）法。

（3）复合材料及假合金通常要求在接近致密状态下使用，因此在固相烧结后，一般采用复压、热压、烧结锻造等补充致密化或热成型工艺，或采用烧结-冷挤、烧结-熔浸以及热等静压、热轧、热挤等复合工艺以进一步提高密度和性能。

（4）当复合材料接近完全致密时，有许多性能同组分的体积分数之间存在线性关系，称为"加和"规律。图 5-24 清楚地表明了这种加和性，即在相当宽的成分范围内，物理与力学性能随组分含量的变化呈线性关系。根据加和规律可以由组分含量近似地确定合金的性能，或者由性能估计合金所需的组分含量。

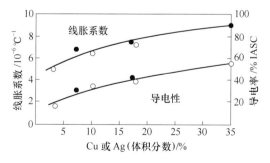

图 5-24   材料性能与组元体积关系

（5）当难熔组分含量很高，粉末混合均匀有困难时，可以采用复合粉或化学混料法。制备复合粉的方法有共沉淀法、金属盐共还原法、置换法、电沉积法等，这些方法在制造电触头合金、硬质合金及高比重合金中已得到实际应用。

（6）互不溶系内不同组分颗粒之间的结合界面，对材料的烧结性及强度影响很大。固相烧结时，颗粒表面上微量的其他物质生成的液相，或添加少量元素加速颗粒表面原子的扩散以及表面氧化膜对异类粉末的反应都可能提高原子的活性和加速烧结过程。氧化物基金属陶瓷材料的烧结性能，因组分间有相互作用（润湿、溶解、化学反应）而得到改善。有选择地加入所谓中间相（它与两种组分均起反应）可促进两相成分的相互作用。例如 $Cr-Al_2O_3$ 高温材料，如有少量 Cr_2O_3 存在于颗粒表面可以降低 Cr 粉表面轻微的氧化，获得极薄的氧化膜。在 Al_2O_3 内添加少量不溶的 MgO 对烧结后期的致密化也有明显的促进作用，这是 MgO 分散在 Al_2O_3 的晶界面上，阻止 Al_2O_3 晶粒长大的后果。

烧结时合金均质化是不同于直接使用预合金化粉末成型制造合金产品的另一种方法。利用混合粉末替代预合金化粉末有以下优点：（1）容易改变组元；（2）由于粉末的强度、硬度和工作硬度小，易于加压；（3）较高的未烧结密度和强度；（4）可能形成独特的微结构；（5）提高致密化。考虑最后一项，混合粉末的组元梯度加强了对烧结有利的扩散流动。两相之间的接触面有助于空位产生而阻碍晶粒的生长。

混合物烧结需要控制时间和温度以确保均质化。混合物烧结最好利用细小直径的粉末原料，在烧结时只需较小的扩散距离就可完成烧结。如果两种组分的扩散速度相差很大，那么由于不均等的扩散率将导致孔隙的形成。结果，膨胀将发生，特别是当组元的熔点相差很大时，例如，铝添加到铁中，当铝熔化时将引起膨胀。如果由于烧结过程不能恰当控制，烧结体中将出现一些有害相如脆性金属间化合物。

合金相图展示了混合相烧结过程中可能的反应。对一定尺寸的微粒，扩散速度决定了均质化的速度。图 5-25 所示为二元混合模型，球形微粒 B 已完全固溶扩散到基体 A 中。在扩散初期，存在很大成分的浓度梯度，随着时间的延长，梯度变得平缓并达到一个常数值。通常，较小的微粒尺寸、较高的烧结温度和较长的烧结时间将提高合金均质化。均质化程度 H 被定义为成分均匀性，它随扩散速度和微粒尺寸变化的关系如下：

$$H \sim D_V t/Y^2 \tag{5-53}$$

式中，Y 为成分偏析度；D_V 为扩散系数；t 为时间。

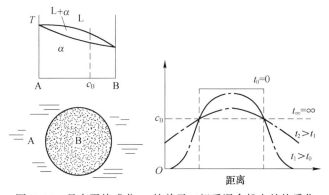

图 5-25　具有平均成分 c_B 的单元二相系混合粉末的均质化

成分偏析度 Y 主要依赖于粉末的微粒尺寸、溶解度和显微结构。图 5-26 给出了 Cu-Ni 系统的均质化行为，表明较小的微粒尺寸、较长的烧结时间和较高的烧结温度都有利于均质化。尽管温度被包含在扩散系数中的指数部分，但起着主要的作用。如果两种组元的扩散速度相差很大，膨胀将会发生。均质化程度可以来用定性的金相图、X 射线衍射或显微成分探测技术进行测量。对那些在均质化过程中形成中间相物质的系统，均质化过程是相同的。

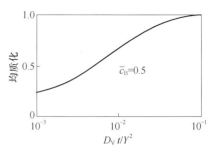

图 5-26 Cu-Ni 混合粉末均质化与对应变量参数 $D_V t/Y^2$ 的函数关系图

5.3.3 固相烧结合金化及影响因素

混合粉末烧结时在不同组分的颗粒间发生的扩散与合金均匀化过程，取决于合金热力学和扩散动力学。如果组元间能生成合金，则烧结完成后，其平衡相的成分和数量大致可根据相应的相图确定。但由于烧结组织不可能在理想的热力学平衡条件下获得，要受固态下扩散动力学的限制，而且粉末烧结的合金化还取决于粉末的形态、粒度、接触状态以及晶体缺陷、结晶取向等因素，所以比熔铸合金化过程更复杂，也难获得平衡组织。影响合金均匀化因素有：

（1）烧结温度：因原子互扩散系数随温度升高显著增大。

（2）烧结时间：在相同温度下，烧结时间越长，扩散越充分，合金化程度越高。

（3）粉末粒度：合金化速度随粒度减小而增加。因为在其他条件相同时，减小粉末粒度意味着增加颗粒间的扩散界面并且缩短扩散路程，从而增加单位时间内扩散原子的数量。

（4）压坯密度：增大压制压力，使粉末颗粒间接触面增大，扩散界面增大，加快合金化进程，但作用有限。如压力提高 20 倍，密度仅增加 40%。

（5）粉末原料：采用一定量的预合金粉或复合粉会使扩散路程缩短，并可减少原子的迁移数量。

（6）杂质：杂质存在一般会阻碍合金化。

5.4 液 相 烧 结

粉末的液相烧结是在具有两种或多种组分的金属粉末或粉末压坯在液相和固相同时存在状态下进行的粉末烧结。此时烧结温度高于烧结体中低熔成分或低熔共晶的熔点。由于物质通过液相迁移比固相扩散要快得多，烧结体的致密化速度和最终密度均大大提高。液相烧结工艺已广泛用来制造各种烧结合金零件、电接触材料、硬质合金和金属陶瓷等。类型根据烧结过程中固相在液相中的溶解度不同，液相烧结可分为 3 种类型。（1）固相不溶于液相或溶解度很小，称为互不溶系液相烧结。如 W-Cu、W-Ag 等假合金以及 Al_2O_3-Cr、Al_2O_3-Cr-Co-Ni、Al_2O_3-Cr-W、BeO-Ni 等氧化物-金属陶瓷材料的烧结。（2）固相在液相中有一定的溶解度，在烧结保温期间，液相始终存在，称为稳定液相烧结。如 Cu-Pb、TiN-Ni 等材料的烧结。（3）因液相量有限，又因固相大量溶入而形成固溶体或化合物，使得在烧结保温后期液相消失，这类液相烧结称为瞬时液相烧结。

5.4.1 液相烧结满足的条件

液相烧结应满足润湿性、溶解度和液相数量三个条件。

5.4.1.1 润湿性

由固相液相的表面张力 γ_S、γ_L 以及两相的界面张力 γ_{SL} 所决定（见图 5-27）：

$$\gamma_S - \gamma_{SL} = \gamma_L \cos\theta \tag{5-54}$$

此式称为润湿方程，是 T. Young 在 1805 年提出来的。当接触角 $\theta < 90°$ 液相才能渗入颗粒的微孔和裂隙甚至晶粒间界。对润湿性的影响包括以下四种因素。

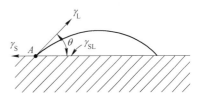

（1）温度与时间的影响。升高温度或延长液-固接触时间均能减小 θ 角，但是时间的作用是有限的。基于界面化学反应的润湿热力学理论，升高温度有利于界面反应，从而改善润湿性。金属对氧化物润湿时，界面反应是吸热的，升高温度对系统自由能降低有利，所以 γ_{SL} 降低，而温度对 γ_S 和 γ_L 的影响却不大。在金属-金属体系内，温度升高也可能降低润湿角（图 5-27）。根据这一理论，延长时间有利于通过界面反应建立平衡。

图 5-27 液相润湿固相平衡图

（2）表面活性物质的影响。铜中添加镍能改善许多金属或化合物的润湿性，表 5-4 是铜中含镍对 ZrC 润湿性的影响。

表 5-4 铜中含镍对 ZrC 润湿性的影响

$w(Ni)/\%$	$\theta/(°)$
0	135
0.01	96
0.05	70
0.1	63
0.25	54

另外，镍中加少量钼可以使它对 TiC 的润湿角由 30° 降到 0°，二面角由 45° 降到 0°。

表面活性元素的作用并不表现为降低 γ_L，只有减小 γ_{SL} 才能使润湿性改善。以 Al_2O_3-Ni 材料为例，在 1850℃ 时，Ni 对 Al_2O_3 的界面能 $\gamma_{SL} = 1.86 \times 10^{-4} J/cm^2$；于 1475℃ 在 Ni 中加入质量分数为 0.87% 的 Ti 时，$\gamma_{SL} = 9.3 \times 10^{-5} J/cm^2$。如果温度再升高，$\gamma_{SL}$ 还会更低。

（3）粉末表面状态的影响。粉末表面吸附气体、杂质或有氧化膜、油污存在时，均会降低液体对粉末的润湿性。固相表面吸附了其他物质后，表面能 γ_{SL} 总是低于真空时的 γ_0，因为吸附本身就降低了表面自由能。两者的差 $\gamma_0 - \gamma_{SL}$ 称为吸附膜的"铺展压"，用 π 表示（图 5-28）。因此，考虑固相表面存在吸附膜的影响后，式（5-54）就变成：

$$\cos\theta = [(\gamma_0 - \pi) - \gamma_{SL}]/\gamma_L \tag{5-55}$$

因 π 与 γ_0 方向相反，其趋势将是使已铺展的液

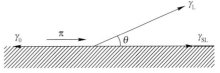

图 5-28 吸附膜对润湿的影响

体推回，液滴收缩，θ 角增大。粉末烧结前用干燥氢气还原，除去水分和还原表面氧化膜，可以改善液相烧结的效果。

（4）气氛的影响。表 5-5 列举了铁族金属对某些氧化物和碳化物的润湿角的数据。由表可见，气氛会影响 θ 的大小，原因不完全清楚，可以从粉末的表面状态因气氛不同而变化来考虑。多数情况下，粉末有氧化膜存在，氢和真空对消除氧化膜有利，故可以改善润湿性，但是，无氧化膜存在时，真空不一定比惰性气氛对润湿性更有利。

表 5-5　液体金属对某些化合物的润湿性

固体表面	液态金属	温度/℃	气氛	湿润角 θ/(°)
TiC	Ag	980	真空	108
	Ni	1450	H₂	17
	Ni	1450	真空	30
	Co	1500	H₂	36
	Co	1500	真空	5
	Fe	1550	H₂	49
	Fe	1550	真空	41
WC	Co	1500	H₂	0
	Co	1420		约0
	Ni	1500	真空	约0
	Ni	1380		约0
NbC	Co	1420		14
	Ni	1380		18
TaC	Co	1420		14
	Ni	1380		16
WC/TiC（30∶70）	Ni	1500	真空	21
WC/TiC（50∶50）	Co	1420	真空	24.5

　　当 $\theta>90°$ 时，烧结开始时，液相即使生成也会逸出烧结体外，这种现象称为渗漏。渗漏的存在会使液相烧结的致密化过程不能完成。液相只有具备完全或部分润湿的条件，才能渗入颗粒的微孔、裂隙，甚至晶粒间界（图 5-29），此时，表面张力 γ_{SS} 取决于液相对固相的润湿，平衡时：

$$\gamma_{SS} = 2\gamma_{SL}\cos(\varphi/2) \qquad (5-56)$$

式中，φ 为二面角。

　　当二面角愈小时，液相渗进固相界面愈深。当 $\varphi=0°$ 时，表示液相将固相完全隔离，液相完全包裹固相。但润湿角不是固定不变的。

5.4.1.2　溶解度

　　固相在液相中有一定的溶解度是液相烧结的又一条件。因为固相在液相中有限溶解可以改善润湿性，可以相对增加液相数量，还可以借助液相进行物质迁移。溶于液相中的固相部分，冷却时如能析出，则可填补固相颗粒表面的缺陷

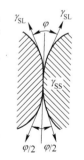

图 5-29　与液相接触的二面角形成

和颗粒间隙，从而增大固相颗粒分布的均匀性。但是，溶解度过大会使液相数量太多，有时可能使烧结体解体而无法进行烧结。另外，如果固相溶解度对液相冷却后的性能有不良影响时，也不宜采用液相烧结。

5.4.1.3　液相数量

液相烧结时，液相数量应以液相填满颗粒的间隙为限度。一般认为，液相数量以占烧结体体积的 20%~50% 为宜，超过这个值则不能保证烧结件的形状和尺寸；液相数量过少，则烧结体内会残留一部分不被液相填充的小孔，而且固相颗粒也会因彼此直接接触而过分地烧结长大。

液相烧结时的液相数量可以由于多种原因而发生变化。如果液体能够进入固体中去，而其量又小于在该温度下最大的溶解度，那么液相就可能完全消失，以致丧失液相烧结作用。如铁-铜合金，铜含量较低时就可能出现这种情况。虽然铜能很好地润湿铁，但它也能很快地溶解到铁中，在 1100~1200℃ 时可溶解 8% 左右的铜。由于固相和液相的相互溶解，可使固体或液体的熔点发生变化，因而增加或减少了液相数量。

5.4.2　液相烧结基本过程及机构

液相烧结过程大致可以划分为三个不十分明显的阶段。在实际中，任何一个系统，这三个阶段都是互相重叠的。

（1）生成液相和颗粒重新分布阶段。在此阶段中，如果固相粉末颗粒间没有联系，压坯中的气体容易扩散或通过液相冒气泡而逸出，则在液体的毛细管力作用下，固相颗粒发生较大的流动，这种流动使粉末颗粒重新分布和致密化。

图 5-30 为液相内的孔隙或凹面所产生的毛细管应力使粉末颗粒相互靠拢的示意图。毛细管的应力 p 与液相的表面张力或表面能 γ_L 成正比，与四面的曲率半径 ρ 成反比：

$$p = -\gamma_L/\rho \qquad (5-57)$$

对微细粉末来说，这是一项不可忽视的应力。在此应力作用下，粉末颗粒互相靠拢，从而发生致密化过程，提高了压坯的密度。

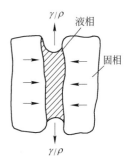

图 5-30　液相反应时
颗粒彼此靠拢

该阶段的收缩量与整个烧结过程的总收缩量之比取决于液相的数量。如果粉末颗粒是球形，压坯中的孔隙相当于 40% 的压坯体积，当压坯中的低熔点组元熔化后，固相颗粒重新分布，并使固相颗粒占 65% 的体积，如果液相的数量大于或等于 35% 的体积，则在此阶段就可以使烧结体完全致密化。

在任何情况下，第一阶段的致密化过程是相当快的。固相或液相的扩散，一个相在另一个相中的溶解或析出，在此阶段中是不起作用的。

（2）溶解和析出阶段。如果固相在液相中可以溶解，则在液相出现后，特别是细小的粉末和粗大颗粒的凸起及棱角部分就会在液相中溶解消失。由于细小的粉末颗粒在液相中的溶解度要比粗颗粒大，因此在细小颗粒溶解的同时，也会在粗颗粒表面上有析出的颗粒，这样就使粗颗粒长大和球形化。物质的迁移是通过液相的扩散来进行的。在此阶段，由于相邻颗粒中心的靠近而发生收缩。

（3）固相的黏结或形成刚性骨架阶段。如果液相润湿固相是不完全的，则会有固体颗粒与固体颗粒之间的接触。可以认为，这是由于固-固界面的界面能低于固-液界面的界面能之故。如果这种骨架在烧结的早期形成，则会影响第一阶段致密化过程。这阶段以固相烧结为主，致密化已显著减慢。

5.4.3 液相烧结的致密化及定量描述

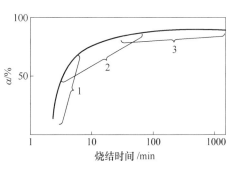

图 5-31 液相烧结的典型致密化过程
1—液相流动；2—溶解-析出；3—固相烧结

液相烧结的典型致密化过程如图 5-31 所示，由液相流动、溶解和析出、固相烧结三个阶段组成，它们相继并彼此重叠地出现。

致密化系数为：

$$\alpha = (\text{烧结体密度} - \text{压坯密度})/(\text{理论密度} - \text{压坯密度}) \times 100\%$$

首先定量描述了致密化过程的是金捷里。根据液相黏性流动使颗粒紧密排列的致密化机构，提出第一阶段收缩动力学方程：

$$\frac{\Delta L}{L_0} = \frac{1}{3}\frac{\Delta V}{V_0} = Kr^{-1}t^{1+x} \tag{5-58}$$

式中，$\Delta L/L_0$ 为线收缩率；$\Delta V/V_0$ 为体积收缩率；r 为原始颗粒半径。

式（5-58）表明，由颗粒重排引起的致密化速率与颗粒大小成反比。当 $x=1$，即 $1+x \approx 1$ 时，与烧结时间的一次方成正比。收缩与时间近似呈线性函数关系是这一阶段的特点。随着孔隙的收缩，作用于孔隙的表面应力 $\sigma = 2\gamma_L/r$ 也增大，使液相流动和孔隙收缩加快，但是由于颗粒不断靠拢对液相流动的阻力也增大，收缩维持一个恒定的速度。因此，这一阶段的烧结动力虽与颗粒大小成反比，但是液相流动或颗粒重排的速率却与颗粒的绝对尺寸无关。

金捷里描述第二阶段的动力学方程式为：

$$\frac{\Delta L}{L_0} = \frac{1}{3}\frac{\Delta V}{V_0} = K'r^{-3/4}t^{1/3} \tag{5-59}$$

式（5-59）是在假定颗粒为球形，过程被原子在液相中的扩散所限制的条件下导出的。图 5-32 是不同成分和粒度的 Fe-Cu 混合粉末压坯在 1150℃进行液相烧结时的致密化动力学曲线。直线转折处对应烧结由初期过渡到中期。转折前，收缩与时间的 1.3~1.4 次方成正比；转折后收缩与时间的 1/3 次方成正比，从而由实验证明了式（5-58）与式（5-59）的正确性。

目前，尚未有人对第三阶段提出动力学方程，不过这阶段相对于前两个阶段，致密化的速率已经很低，只存在晶粒长大和体积扩散。液相烧结有闭孔出现时，不可能达到 100%的致密度，残余孔隙度为

$$\theta_r = (p_0 r_0/2\gamma_L)^{3/2} \cdot \theta_0 \tag{5-60}$$

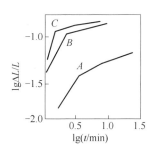

图 5-32 Fe+8%Cu 在 1500℃下烧结的情况
（烧结前铁粉粒度：$A = 30\mu m$，$B = 10\mu m$，$C = 5.2\mu m$）

式中，θ_0 为原始孔隙度；p_0 为闭孔中的气体压力；r_0 为原始孔隙半径。

5.4.4 熔浸

将粉末压坯与液体金属接触或浸埋在液体金属内，让坯块内孔隙为金属液填充，冷却下来就得到致密材料或零件，这种工艺称为熔浸或熔渗。

熔浸过程依靠金属液润湿粉末多孔体，在毛细管力作用下，沿着颗粒孔隙或颗粒内孔隙流动，直到完全填充孔隙为止。因此，从本质上讲，它是液相烧结的一种特殊情况，所不同的是，致密化主要靠易熔成分从外面去填充孔隙，而不是靠压坯本身的收缩。因此，熔浸的零件，基本上不产生收缩，烧结所需时间也短。熔浸主要应用于生产电接触材料、机械零件以及金属陶瓷和复合材料。

熔浸必须具备的基本条件是：

（1）骨架材料与熔浸金属熔点相差较大，不致造成零件变形。

（2）熔浸金属应能很好润湿骨架材料，同液相烧结一样，应满足 $\gamma_S - \gamma_{SL} > 0$ 或 $\gamma_L \cos\theta > 0$，即接触角 $\theta < 90°$。

（3）骨架与熔浸金属之间不互溶或溶解度不大，因为如果反应生成高熔点的化合物或固溶体，液相将消失。

（4）熔浸金属的量应以填满孔隙为限度，过多或过少均不利。

金属液在毛细管上升高度与时间的关系，假定毛细管是平等的，以一根毛细管内液体的上升率代表整个坯块的熔浸速率，对于直毛细管有：

$$h = \left(\frac{R_c \gamma \cos\theta}{2\eta} \times t \right)^{1/2} \tag{5-61}$$

式中，h 为液柱上升高度；R_c 为毛细管半径；θ 为润湿角；η 为液体黏度；t 为熔浸时间。

由于坯块的毛细管实际上是弯曲的，故必须对上式进行修正。如假定毛细管是半圆形的链形，对于高度为 h 的坯块，平均毛细管长度就是 $\pi/2h$。因此，金属液上升的动力学方程为：

$$h = \frac{2}{\pi} \left(\frac{R_c \gamma \cos\theta}{2\eta} \times t \right)^{1/2} \tag{5-62}$$

上述公式中 R_c 是毛细管的有效半径，并不代表孔隙的实际大小。最理想的是用颗粒表面间的平均自由长度的 1/4 作为 R_c。

影响熔浸过程的因素为：

（1）金属液的表面战力愈大，对熔浸愈有利。

（2）连通孔隙的半径大对熔浸有利。

（3）液体金属对骨架的润湿角影响熔浸过程极为显著。

（4）提高熔浸温度使黏度降低，对熔浸有利，但由于同时降低表面张力，故温度不宜选择过高。

（5）用合金代替金属进行熔浸，有时可以降低熔浸温度和减少对骨架材料的溶解。如用 Cu-Fe 饱和固溶体代替纯 Cu 熔浸铁基零件效果很好。

（6）在氢气，特别是真空中熔浸可改善润湿性，并减小孔隙内气体对熔浸金属流动的阻力。

5.5 烧 结 工 艺

5.5.1 烧结前的准备

（1）压坯的检查：目的是把不合格压坯在装舟前剔出。

检查内容有：1）几何尺寸及偏差；2）单重（粉重不足或超重）；3）外观（掉边掉角、分层裂纹、严重拉毛）。

（2）装舟及摆料：装舟时既要做到适当多装，又要防止压坯过挤，烧结时黏结和变形。

1）压坯摆放方式：压坯强度很低，装舟时不得将压坯倒入舟内了事，而要排列整齐，分层摆放，切忌过挤或过松、过满或过浅。对于套类压坯可以进行套装，把直径小的或薄壁的压坯置于大件中间，这样既可提高装舟量，又能减少薄壁零件的变形。

2）压坯摆放方向：压坯在烧舟内的放置方向需根据其几何形状及尺寸等具体情况确定。对径向尺寸较大或薄壁、细长件要采取立放，切忌横摆，否则会造成椭圆或翘曲等废品。对于异形零件尤要注意摆放方向，防止烧结时因压坯自重产生变形。压坯装舟或摆料时最好按与压制成型相反的方向放置，这样可以减少烧结变形。

3）填料装舟：为了防止铁基制品脱碳，可以配入适当比例的石墨的氧化铝粉作填料。氧化铝需预先经过煅烧，石墨以大的鳞片状为宜。另外，对有液相的烧结，为了防止相互黏结，必须用石英砂作填料，而且要捣实。

4）烧舟的选择：烧舟一般有石墨、钢板、钼等制成。不同的烧结制品使用不同的烧舟，如铜基制品就不能选用钢舟。

5.5.2 烧结工艺及其对性能的影响

5.5.2.1 烧结温度

在烧结工艺中，温度是具有决定性作用的因素。烧结温度主要根据制品的化学成分来确定。对于混合粉压坯，烧结温度要低于其主要成分的熔点，通常可按下式近似确定：

$$T_{烧} = (0.7 \sim 0.8)T_{熔} \tag{5-63}$$

式中，$T_{烧}$ 为制品的烧结温度，℃（K）；$T_{熔}$ 为制品中主要成分的熔点，℃（K）。

如铁基制品的烧结温度为 1050~1200℃，铜基制品的烧结温度为 750~1000℃。

（1）烧结温度对烧结件尺寸的影响。一般地说，提高烧结温度，制品的收缩率增大，密度增加，烧结件对温度最为敏感。通常，沿压制方向的收缩比垂直压制方向收缩稍大一些。

（2）烧结温度对烧结制品性能的影响。在一定温度范围内，烧结温度越高，原子扩散能力越强，可加速烧结致密化过程，并对压坯的各种性能发生显著影响。随着烧结温度的升高，密度、强度、晶粒度增大，而孔隙度和电阻率减少。烧结温度对各种性能的影响见图 5-33。

总之，适当提高烧结温度对于增加烧结制品的强度是有利的。但从制品的综合性能来看，还应考虑到烧结温度对其他方面的影响。烧结温度过高，烧结件收缩加剧，变形严重，尺寸难以控制；有时还会导致制品脱碳，晶粒长大和过烧等。因此，烧结温度也不宜过高。

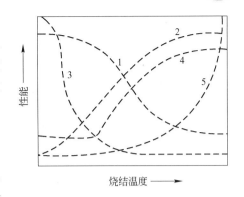

图 5-33   烧结温度对各种性能的影响
1—孔隙率；2—密度；3—电阻率；
4—强度；5—晶粒度

5.5.2.2   保温时间

保温时间，通常是指压坯通过高温带的时间。保温时间的确定，除了温度外（烧结温度高，保温时间短，反之亦然），主要根据制品成分、单重、几何尺寸、壁厚、密度以及装舟方法（是否加填料）与装舟量而定。铁基制品的保温时间一般在 1.5~3h，铜基制品在 15~30min。

制品在连续式烧结电炉中，高温带保温时间可按下式确定：

$$t = \Omega \cdot L/l \tag{5-64}$$

式中，t 为保温时间，min；L 为烧结带长度，cm；l 为烧舟长度，cm；Ω 为进舟间隔时间，min/舟。

从上式可以看出，在烧结带长度和烧舟长度固定的情况下，根据要求的保温时间可以算出进舟的间隔时间。欲改变制品的烧结保温时间，只要改变进舟的间隔时间就可以了。通常，烧结温度和舟速是在零件批量烧结前通过小样试烧确定的。

保温时间的长短直接影响制品的性能。保温时间不足时，一方面颗粒之间的结合状态不佳，另一方面各个组元的均匀化受到影响。特别是装舟量较大时，保温时间不足可能导致烧舟中心和外围的制品的组织结构产生差异。保温时间过长，不仅影响生产效率，增加能源消耗，同时导致制品的晶粒长大，使制品的性能下降。

在一定的烧结温度下，烧结时间越长，烧结件性能越高，但时间的影响远不如温度那么显著，仅在烧结保温初期，压坯的密度随时间变化较快，后来逐渐趋向平缓。

实际中，在确定烧结温度与时间时，为了提高生产效率，应尽量缩短烧结时间；但为了延长炉子寿命或烧结后处理（精整及复压）的需要，又宜选择较低的烧结温度和稍长的保温时间。

5.5.2.3   升温及冷却处理

（1）升温速度。从制品入炉到进入烧结带这个阶段是升温预热阶段。一般分为两段进行控制，即预热 I 段（温度为 500~600℃），预热 II 段（温度为 800~900℃）。压坯在预热带中要有足够时间，以使压坯中各种添加剂充分烧除，并使氧化物得到还原。一般预热 I 段温度不宜过高，预热带也不能过短，否则润滑剂挥发不干净。还要正确控制烧舟的推进速度，以防止升温太快。加热速度过快，会使压坯内的硬脂酸锌等剧烈分解、挥发，烧结件产生起泡、裂纹或翘曲变形。

（2）冷却速度。制品在烧结电炉中的冷却是在预冷带和水套冷却带两部分来完成的。对于不同成分和用途的制品应该采取不同的冷却速度，实际是冷却速度越来越快。

通常预冷带的温度在 800℃ 左右。

5.5.2.4　烧结炉

烧结工艺中常采用网带传送式烧结和高频真空炉烧结（图 5-34 和图 5-35）。

5.5.3　粉末冶金制品的烧结后处理

从粉末冶金工艺来说，烧结可以说是最后一道工序。但对整个制品来说，烧结并不一定是最后一道工序。这是因为：（1）尽管粉末压坯经烧结后，表面比较光滑，已有一定尺寸精度，但有时仍然达不到所要求的尺寸和形状精度，因此，还必须进行精整或复压；（2）对于有些形状复杂或精度要求很高的粉末冶金制品，成型时很难达到要求，或者虽然可达到要求，但由于模具寿命短、废品率高，很不经济，因此在烧结后，还需要车、磨、去毛、倒角、切槽、钻孔、攻丝等少量切削加工；（3）为了改善和提高有些粉末冶金制品的强度、硬度及耐磨性，需要进行热处理，为了改善和提高制品的防腐能力，需要进行蒸汽处理、电镀、浸油等。

5.5.3.1　精整的定义和作用

烧结后的粉末冶金制品，在模具中再压一次，以获得特定的表面形状和适当改善密度的工艺叫精整。主要为提高制品密度，以提高强度的工艺叫复压。

精整是使制品表面产生稍许的塑性变形（伴随有弹性变形）来实现的。精整余量依烧结制品的材料和尺寸而异。一般外径的精整余量为 0.03~0.10mm，内孔的精整余量为 0.01~0.05mm，长度方向为 0.05~1mm。不太大的倒角、沟槽、标记等亦能采用精整方法解决。精整所需要的压力较小，一般只为成型压力的 1/3~1/2。精整模一般比成型模短，但尺寸精度和光洁度要求高，亦可用新的成型模作精整模用。精整设备可采用成型压机、改进型压机、或专门设计的精整压机。

对有些带曲面的压坯，烧结过程中将会产生较大的变形，仅仅采用压制达到制品最终形状比较困难。所以一般先采用平面制品烧结，然后再用精压方法再次压制，并通过改变成型模上、下模冲复杂程度来达到最终曲面形状，而且得到制品密度也比较均匀。这种精压方法是利用上、下模冲的曲面强制烧结件产生塑性变形。

5.5.3.2　粉末冶金制品的切削加工

粉末冶金虽是一项重要的无切削加工技术，但由于压制成型时的种种限制，大量的机械零件和衬套零件，在用粉末冶金法制造后，往往需要进行少量的补充切削加工。例如：垂直压制方向的沟槽与各种孔，都必须用机械加工。

粉末冶金零件的切削加工大体上与一般金属制品相同，由于粉末冶金具有多孔性，切削加工时也有某些特点。

（1）粉末冶金制品虽然硬度、抗拉强度等力学性能比化学成分相同的致密金属低，但在切削加工时，刀尖经常处于断续切削状态，切屑呈细碎状，刀具尖部在切削时还受到轻微的冲击。

（2）切削粉末冶金制品的切削刀具寿命比切削一般金属材料时低。因为粉末冶金制品导热率低，使切削时产生的热量贮积于切削带。

（3）对粉末冶金制品的切削，建议最好采用硬质合金刀具。而且刀具的切削刃必须锋利。如切削刃钝，将造成过大的摩擦和表面撕裂、切削面毛糙。

5.5.3.3 粉末冶金制品的热处理

粉末冶金制品与钢铁零件最重要的区别是有孔隙存在。因此粉末冶金制品热处理有以下特点：

（1）不同孔隙度的粉末冶金制品经过热处理后，其机械性能是不同的。这是由于制品的孔隙破坏了金属基体的连续性，随着密度的增加，降低了孔隙的这种作用，因而提高了热处理后制品的力学性能。

（2）粉末冶金制品中的孔隙，可以使加热介质及冷却介质进入，并同孔隙表面发生作用。因此，粉末冶金制品不宜于盐浴炉中加热，也不适用于在碱、盐水溶液中淬火，而在油中淬火较为合适。因为盐、碱渗入粉末冶金制品孔隙中难于清洁干净，使孔隙内表面发生腐蚀。

（3）孔隙降低会烧结材料的导热性，因而会降低粉末冶金制品内部被加热和冷却的速度，影响制品的淬透性。因此对粉末冶金制品的加热时间要适当长些，加热温度要适当高些（一般为50℃左右）。

（4）粉末冶金制品孔隙的存在，在热处理过程中易发生氧化和脱碳现象，因此在加热和加热后移至淬火液的整个操作中，一般要用保护气氛或固体填料。如分解氨、裂化石油气或木炭、铸铁屑等。

（5）粉末冶金制品中的孔隙，有时起着缺口的作用，因此，孔隙也可能促使出现淬火裂缝。

（6）粉末冶金制品在生产的各道工序中，由于各种因素变化而造成的密度不均匀，使得在热处理冷却时产生热应力和组织应力，而引起制品尺寸变化等变形现象。

除上述特点外，粉末冶金制品的热处理同一般钢件一样，是通过固态下的组织转变来改变性能的。根据所要达到的目的不同，可采用不同的热处理工艺。

5.5.3.4 浸油的作用及方法

对于多孔减摩材料来说（如含油轴承），浸油使油渗到制品内部所有连通的开启孔隙中去，起到润滑作用。其工作原理是，当衬套零件与其配合的轴发生相对运动时，由于摩擦生热，其孔隙内部的油温上升，油遇热膨胀而送至零件表面，起到润滑的作用，当工作停止时，油温下降，油遇冷收缩在某孔隙内部形成真空。借助于真空压力的作用把送出表面的油又吸回去继续储存起来，供下次工作时再用。

浸油对后面整形工序中的整形模起到良好的润滑作用。通过油的润滑降低整形压力，同时保证制品表面的较低粗糙度，延长模具使用寿命。浸油在一定程度上也可防止制件生锈。

根据浸油后所起作用的不同可采取不同的浸油方法。

普通浸油是将制件放入较稀的油内，浸泡一定的时间，取出滤干即可，这种浸油方式制件含油率很低，时间要求比较长。加热浸油是把制件放在油槽内，油的温度为120℃左右，制件内部开启孔隙中的空气在高温油中受热膨胀，而部分逆出制件表面，逆出的空气从油中冒出进入大气，冷却后制件内部开启孔隙中的空气收缩，形成部分真空，把油吸到孔隙内部。真空浸油是把烧结件放在一种密封的浸油槽内，槽内的空气用真空泵抽出，在真空的作用下，制件内部开启孔隙中的空气被抽出，使制件内部开启孔隙形成真空，于是油在真空压力作用下很快被吸入到孔隙中去，这种浸油方法时间短，制件含油率高，真空压力为 13.3Pa（0.1mmHg）。真空浸油又分成两种，一种是制件在油中抽真空，另一种是制件在无油的容器中先抽真空，然后将油再加入容器中浸油，后者较前者制件的含油率高。加压浸油是将制件放入有油的密封容器中，然后提高容器内的压力，使油在外加压力的作用下较多的进入制件的孔隙中。

5.5.3.5　粉末冶金制品的电镀处理

粉末冶金制品含有一定的孔隙，直接电镀时，不能达到理想的表面质量要求，同时残存在孔隙中的电镀液很难清除，引起内部腐蚀。再则，在电镀过程中，当制品从一个槽转移到另一个槽时，残存在孔隙中的溶液会污染另一个槽的液体。电镀后，孔隙中的液体有时重新渗出镀层，表面产生锈斑。因此，粉末冶金制品若有孔隙存在，会给电镀带来一定困难。

根据实践经验，对于较高密度的粉末冶金制品，其电镀工艺同致密零件基本相似，只是电流密度要大一些。对于密度较低的制品则需采用预处理，以堵塞孔隙，然后进行电镀。

电镀前的预处理方法有机械封闭法（用精整或抛光法减少或堵塞表面孔隙）、采用固体物质堵塞法（在 200℃ 下浸渗熔融的硬脂酸锌覆盖孔隙或高软点石蜡堵塞孔隙）、蒸汽处理法（采用水蒸气处理，使零件表面生产一层 Fe_3O_4）、熔渗低熔点金属或合金（如熔渗铜）、用钝化液填充孔隙（钝化液的成分是 2g/L 重铬酸钾，2g/L 焙烧苏打，其余为水，钝化液温度为 70~80℃）。

粉末冶金制品经电镀后，为了考验其电镀质量，腐蚀情况变化，需要进行湿热和盐雾实验。

湿热实验，实验条件：温度（40±2）℃，相对湿度 95%~98%，时间 7 天。试验结果应无腐蚀。

盐雾实验，实验条件：温度（35±2）℃，相对湿度 95%±2%，喷雾规定 1 次每 15min，每周期 16h，时间 10 天。盐雾配方 NaCl 50g/L，$CaCl_2 \cdot 2H_2O$ 0.3g/L，pH=3~3.2（冰醋酸调整）。实验结果外观应无变化。

5.5.3.6　粉末冶金制品的蒸汽处理

蒸汽处理就是把制品（主要是铁基零件）放在过饱和蒸汽中加热，水蒸气和制品表面的铁发生氧化反应，生成一层新的氧化膜。当氧化膜主要为致密的 Fe_3O_4 时，该氧化膜具有防锈的能力，并且稍许提高制品的强度和硬度，在运转中又能降低摩擦系数，因而提高了耐磨性和抗腐蚀性。

A　蒸汽处理的基本原理

蒸汽处理在不同的温度和蒸汽压力下，能生成 Fe_3O_4，也能生成 FeO。FeO 是一种不致密的多孔结构，并且与基体铁的结合强度很弱，不能起到保护表面层的作用。蒸汽处理中在低于 570℃ 时，反应是向生成 Fe_3O_4 方向进行的。当温度低于 570℃，在连续通入水蒸气的情况下，反应过程是水蒸气与热状态的铁接触而分解出活性氧原子，该活性氧原子与铁反应生成 Fe_3O_4 核心，核心不断地在金属表面长大，形成连续的氧化膜。反应在表面和孔隙内部可同时发生，并使表面上的开口孔隙越来越小而逐渐被堵塞。一般认为制品孔隙度小于 20% 时，实际上只是在制品表面上形成一层 Fe_3O_4 薄膜，厚度一般控制在 3~4μm，水蒸气不能侵入到制品内部。但当制品孔隙度大于20%时，随着孔隙度增加，氧化增重也增加，即孔隙度增大，制品被蒸汽氧化量也增多。

B　蒸汽处理工艺

蒸汽处理工艺包括清洗去油、蒸汽处理和上油等工序。

首先，检查零件表面有无氧化、锈迹和油污等现象。有时应进行酸洗去油处理。可用酸洗、碱洗。洗后立即用流通清水洗去酸液或碱液。如新出炉的制品或表面上无上述现象时，此步骤可省略，直接送去蒸汽处理。

水蒸气处理是在电加热炉中，在密闭容器中进行的。被处理的零件装于容器内，先用水蒸气吹洗容器，排除内部空气。然后升温至300℃，通入的水蒸气压力约为8000Pa（60mmHg）左右。继续升温至580℃（容器的实际温度低于570℃），保温2h，然后断电降温。温度降至420℃时，断气出炉。经处理过的零件呈蓝色。如出炉后，立即将零件浸入油中，则零件将呈深蓝色，为最佳状态。如果出炉零件呈红色，说明零件表面生成的是Fe_2O_3，而不是Fe_3O_4。这是由于加热温度过高，在容器中留有空气和水，应予以驱除。

影响蒸汽处理的因素：

（1）制品密度：影响铁基制品蒸汽处理的主要因素是密度与时间。用Fe_3O_4的生成量，即零件在蒸汽处理后的氧化增重来表示。在零件密度较低、孔隙度较高时，其氧化增重量大。

（2）处理温度：处理温度低于570℃时，不会形成FeO，所以一般蒸汽处理温度在570℃以下。但温度过低，反应缓慢，所以不宜太低，也有选择540~560℃和510~538℃的。

（3）处理时间：在30min以内，氧化物的形成速度是相当快的，以后在接近60min时，反应速度越来越慢。一般选择蒸汽处理时间为1h。

C　蒸汽处理对零件机械性能和尺寸变化的影响

烧结铁基材料水蒸气处理后，材料结构发生了很大变化，必然会对铁基零件的力学性能带来显著影响。

表面蒸汽处理后硬度有较大的提高。这是由于烧结件表面生成了一层硬的Fe_3O_4薄层，并在原来孔隙处形成Fe_3O_4骨架。烧结零件密度越高，蒸汽处理后硬度的提高相对减小。这是由于密度高，连通孔隙少而使内层的Fe_3O_4骨架不够完整。

蒸汽处理对零件尺寸的变化也有一定的影响，对密度低于$6.1g/cm^3$的烧结零件，在580℃蒸汽处理75min，零件表面生成一层Fe_3O_4，直径尺寸将增加0.01mm左右；零件孔隙内表面形成的Fe_3O_4层，不会使零件尺寸变化。蒸汽处理时间延长，零件直径尺寸随之增大，但增大值变化随密度增加而减小。

5.6　烧 结 设 备

粉末冶金烧结炉有电热炉（包括电阻炉和感应电炉），燃料加热炉（包括固体燃料、液体燃料和气体燃料炉）。按炉子作业分有连续作业炉和间歇式（也称周期式）作业炉。按炉腔形式分有管状炉、箱式马弗炉、钟罩炉、隧道窑炉等。按炉子温度分有低温炉

（1000℃以下）、中温炉（1000~1600℃）和高温炉（高于1600℃以上，以石墨作为发热元件或以高频加热，如在2500℃以下可以用钨丝加热）。

炉子一般分三个区，即低温区、高温区、冷却区。低温区又称预热区，使制件的温度逐渐升到高温。高温区烧结制件用，制件的烧结效果在高温区全部完成。冷却区使制件逐渐冷却到接近室温。冷却区的长短随高温区长短变化而变化，若冷却区太短，则保证不了制件的冷却效果。冷却区设有冷却水套以加强冷却能力。冷却水的入水口设在冷却水套的一端下部，出水口设在冷却水套另一端上部，这样使冷却水充满冷却水套，加强冷却作用。保护气氛以制件的出口端进经物料的入口端出，这样一方面利用保护气氛把来自高温区的舟的热量部分带回高温区，提高了热的利用率，另一方面使接近出口端的制件接触新的还原气氛，制件表面质量较好。

粉末冶金烧结炉一般包括炉膛部分、水套冷却部分、炉体（炉体的筑砌、炉外壳）和加热元件等。

（1）炉膛部分。炉膛一般指炉子中间用耐火材料所砌的内腔部分。炉膛的大小、形状是根据产品的尺寸、产量及温度分布均匀等主要因素决定的。炉膛的断面形状常为圆形、半圆形、长方形等。在生产小型产品、产量较小时，一般用圆形或半圆形。烧结温度高的使用圆形，无论对温度均匀分布或耐火材料受力情况均比用方形要好。产量大、温度低的多为方形或长方形。炉膛截面尺寸不宜太宽太高，炉膛内温度分布要均匀。

烧结电炉的炉膛一般采用预制耐火炉管。炉管材料在1300~1650℃温度范围可使用含75%左右的氧化铝耐火管（刚玉管），在1300℃以下可使用普通耐火材料炉管。

（2）水套冷却部分。水套冷却段设在炉体的出料端，产品经此冷却后出炉。冷却段一般用5~6mm厚的普通钢板焊成，在它上面再焊上水套，水套也用5~6mm厚的普通钢板焊成。生产批量大时，水套长度取高温带的3~6倍，夹套厚度在25~30mm范围内。进水管安装在水套的下面，出水管安装在水套的上面，以保证冷却水充满水套。通入水套的水量由产品从高温带所带出的热量决定。

（3）炉体部分。炉体的筑砌部分，有耐火层和隔热保温层，主要起耐火和保温作用。

耐火层是筑砌炉体的主要材料，应具有如下性能：1）足够的耐火度；2）足够的机械强度；3）在高温下有良好的绝缘性能（对电炉规定烘干后在常温下用500V·MΩ表测，其绝缘电阻不得低于0.5MΩ）；4）耐冷热冲击性能好。一般粉末冶金炉使用普通黏土耐火砖和高铝砖，中间炉膛材料多用氧化铝或碳化硅材料。砖缝应尽量小，防止热损失或有害气体溢出，腐蚀加热元件。灰缝泥浆是以磨细的干耐火土粉15%~30%，熟耐火土粉70%~85%，使用水调和成糊状。筑砌时还需留热膨胀缝以补偿材料热膨胀。

隔热保温层用以限制炉膛内热量向金属炉壳表面传导，降低电炉的热损失。隔热材料应具有如下特性：1）低的导热系数；2）低的体积密度（均为疏松多孔物质）；3）绝缘性能好；4）有一定的机械强度和耐火度。粉末冶金烧结炉隔热材料逐层采用普通轻质耐火黏土砖、硅藻土砖、矿渣棉及石棉板等。

炉壳是炉体的最外层，主要是保护里面的筑砌材料，便以筑砌以及密封，防止空气进入炉膛，消除热量对流损失。炉外壳是用角钢、槽钢、工字钢作为炉体的支架，罩以普通钢板焊接而成。钢板厚度根据炉内压力、温度、荷重等情况而定，为3~5mm。炉壳外喷涂一层银粉漆，除美观防锈外，还可减少因辐射热造成的热量损失。

（4）电加热元件。常用的电加热元件材料有纯金属、合金材料、非金属等，一般加工成丝、带、棒、管等不同形状的加热元件。电热体的选择与使用寿命、能耗和炉子的成本有直接关系。表5-6列出常用电热元件的使用范围。

表5-6　各种烧结温度范围内所用的电热体材料

加热温度/℃	电热体材料	电热体所需气氛	应　　用
600~900	Ni-Cr丝	氧化性、分解氨	铜及铜基制品、银-氧化镉、银-氧化铜触头
1100~1350	Fe-Cr-Al丝	氧化性、分解氨	铁及铁基制品、部分有色金属
1200~1350	SiC棒	氧化性	磁性材料、不锈钢、高温合金
1400~1700	Mo丝、$MoSi_2$	氢、分解氨	硬质合金、金属陶瓷
1300~2000	石墨	真空、氮、氢	钼、特种合金陶瓷

粉末冶金材料常用的烧结设备有高频真空烧结炉（图5-34），网带连续式烧结炉（图5-35）与钟罩周期式烧结炉（图5-36）等。这些烧结设备主要由炉体、加热区和控制部分等组成。

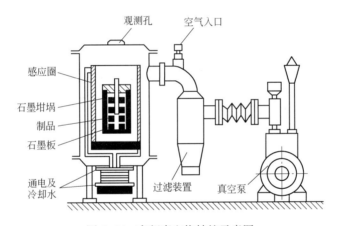

图5-34　高频真空烧结炉示意图

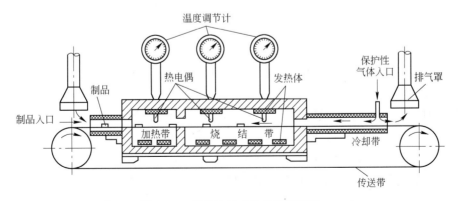

图5-35　网带连续式烧结炉示意图

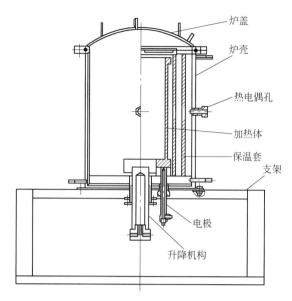

图 5-36 钟罩周期式烧结炉示意图

炉体外壳用钢板、耐热材料、轻质耐火砖等筑砌而成，内壳用耐热钢板制成，对温度较高（使用温度超过1200℃）的炉子采用夹层水冷的方式（见图5-34和图5-36）。连续式炉的进出口一般用火帘密封，传送带通常用NiCr耐热合金制成。加热室采用复合型，由加热区保温层、加热元件、耐高温绝缘陶瓷件氮化硼及水冷电极等组成。热区保温层采用耐热不锈钢做外骨架、优质碳毡保温层。加热元件采用三高石墨管，维护更换容易。

控制部分主要有温度、水路、气路和安全报警等。

5.7 烧 结 气 氛

5.7.1 气氛的作用与分类

烧结气氛对保证烧结的顺利进行和产品质量十分重要。对于任何一种烧结情况，烧结气氛有着下列作用之一或更多的作用：

（1）防止或减少周围环境对烧结产品的有害反应。如氧化、脱碳等，从而保证烧结顺利进行和产品质量稳定。

（2）排除有害杂质，如吸附气体，避免氧化物或内部夹杂。

（3）维持或改变烧结材料中的有用成分，这些成分常常能与烧结金属生成合金或活化烧结过程。例如烧结钢的碳控制、渗碳和预氧化烧结等。

烧结气氛，按其功用可分为五种基本类型：

（1）氧化气氛：包括纯氧、空气和水蒸气。可用于贵金属的烧结，氧化物弥散强化材料的内氧化烧结、铁和铜基零件的预氧化烧结。

（2）还原气氛：如纯氢气、分解氨、煤气、碳氢化合物的转化气。

（3）惰性或中性气体：包括活性金属、高纯金属烧结用的 N_2、Ar、He 以及真空。CO_2 或水蒸气对铜合金的烧结也属中性气氛。

（4）渗碳气氛：CO、CH_4 以及其他碳化物气体对于烧结铁或低碳钢是渗碳性的。

（5）氮化气氛：由于烧结不锈钢及其他含铬钢的 N_2 和 NH_3。目前，工业用烧结气氛主要有：氢气、分解氨气、吸热性气体以及真空。

5.7.2　还原性气氛

烧结时常采用含有 H_2、CO 成分的还原性或保护性气体，它们对大多数金属在高温下均有还原性。

气氛的还原能力，由金属的氧化-还原反应的热力学所决定，当用纯氢时，其还原平衡反应为：

$$MeO + H_2 \longrightarrow Me + H_2O \qquad (5-65)$$

平衡常数：

$$K_p = \frac{p_{H_2O}}{p_{H_2}}$$

当采用 CO 时，其还原平衡反应为：

$$MeO + CO \longrightarrow Me + CO_2 \qquad (5-66)$$

平衡常数：

$$K_p = \frac{p_{CO_2}}{p_{CO}}$$

在指定的烧结温度下，上述两个反应的平衡常数都为定值，即有一定的分压比。只要气氛中分压比的值都低于平衡常数规定的临界分压比，还原反应就能进行。如高于临界分压比，则金属被氧化。

以铁为例，其临界分压比与温度的关系如图 5-37 所示。

从图中可以看出，在 800℃以上，氢气的还原区比一氧化碳宽的多。但氢气的还原能力与气氛中水蒸气含量直接有关，通常用露点描述气氛的干湿程度：露点越低，水蒸气含量越少。注意：纯 CO 因为有剧毒，而且制造成本高，不适于单独用作还原气氛。一般是用空气或水蒸气加以高温转化得到以 H_2、CO、N_2 为主要成分的混合气。用于一般铁、铜基粉末零件的烧结。

分解氨是由液氨经分解得到的含氢 75%、氮 25%的混合气。分解氨含氢量高，含氧量极微，少量水气容易干燥除去，是一种高纯度的还原性气氛。

分解氨气制备：液氨经气化后，在催化剂作用下加热分解，其化学反应如下：

$$2NH_3 === 3H_2 + N_2 \quad \Delta H_{298}^{\ominus} = -22kJ \quad (5-67)$$

氨较易分解，根据计算，氨气在 192℃开始分解，但实际上，低温下分解速度很慢。有催化剂存在时，在常

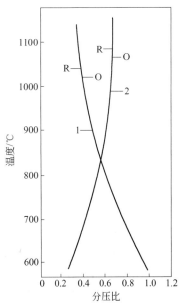

图 5-37　p_{CO_2}/p_{CO} 和 p_{H_2O}/p_{H_2} 的临界分压比与温度的关系曲线

1—CO_2/CO；2—H_2O/H_2；

O—氧化；R—还原

压下，于600~700℃氨的分解率可达99%以上。工业上创造分解氨时，为了加速分解和提高分解率，通常选用700~850℃为分解温度，也有采用900~980℃的。但是，如果选用触媒，温度可低于700℃，一般选取650℃较适宜。1kg液氨可生成约2.6m³氢、氮混合气。分解氨的性质与氢气基本相同。氨比氢便宜，1瓶液氨（30kg装）制成的混合气体折合13瓶瓶装氢气（约78m³），与市价瓶装氢气比较成本较低。

分解氨气体在粉末冶金生产中主要用于铁、铁铜、铜、青铜、黄铜、铝及铝合金的烧结。特别适宜于烧结含铬高的合金钢（如轴承钢、不锈钢、耐热钢等）制品。因为煤气转化气含有CO_2、H_2O和CO等组分，这些成分都能使钢中的铬氧化或碳化。分解氨气氛中的残氨含量较高时，氨中的氮气（N_2）对烧结制品可能有轻微氮化作用，使零件硬化、变脆。

分解氨的可燃性与爆炸危险几乎与氢相同，与空气混合（当空气中含氢4%~74%时）有爆炸的可能。分解氨遇到水银等也会发生化合反应引起爆炸。所以在使用分解氨气时也要注意安全。工业上制备分解氨的流程如图5-38所示。

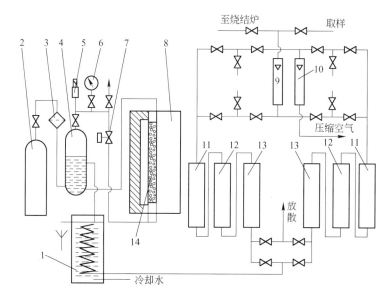

图5-38 分解氨制备流程

1—冷却器；2—氨瓶；3—过滤器；4—气化器；5—安全阀；6—压力表；7—减压阀；8—分解炉；9，10—流量计；
11—空气加热器；12—分子筛吸附器；13—硅胶（或活性氧化铝）吸附器；14—反应罐

液氨自氨瓶2流出，经过滤器3在气化器4中加热气化。气化后的氨经减压阀7（减压至40~50kPa）进入分解炉8，于高温下在装有催化剂的反应罐14内进行分解，分解氨气体自反应罐14中出来后返回气化器4中的蛇形管进行冷却，将热量用于加热氨。冷却的分解氨气经冷却器1初步除水，再经净化系统消除去残氨和进一步除水以降低露点，然后即可通入烧结炉中使用。

产气量较小时（如每小时产几立方米），可不用气化器，液氨可直接由钢瓶减压气化，其流程可简化为：液氨瓶分解炉→冷却器→净化系统→入炉（烧结炉）。

分解氨制造常用的催化剂有铁质、镍质和铁镍质等。催化剂亦由触煤和载体构成。

（1）A_6 型铁质催化剂。主要化学成分为 Fe_3O_4，并含有少量的 Al_2O_3、K_2O 和 CaO 及微量杂质，黑色颗粒状（直径为 2~9mm，堆积重度 3kg/L，使用温度<700℃）。

Fe_3O_4 本身无活性，使用前要进行还原（活化）处理，使它成为活性铁，其反应如下：

$$Fe_3O_4 + 4H_2 \rlongeq 3Fe + 4H_2O \tag{5-68}$$

用 H_2 或分解氨进行还原处理（活化），还原温度 600~650℃，还原时的空速为 10000~30000h^{-1}。用氨分解气进行还原时，由于氨分解和催化剂还原同时进行，温度又是从室温缓慢增加到 650℃，因而催化剂还原活化的时间为 20~30h。当从分解氨发生装置出来的气体含 NH_3 量小于 0.1%（刺激性臭味不明显）时，认为催化剂已还原（活化）完毕。

A_6 型催化剂在使用一段时间后，需按上述方法进行再生。催化剂使用较长时间后，有碎裂粉化现象（尤其在氨气进口处严重），因而使催化剂活性降低和气流阻力增大时，A_6 型催化剂就应进行更换了。

（2）镍质催化剂。与制备吸热型气氛用的催化剂相似。可以自制，也可以采用 CN-2 型镍质催化剂。镍质催化剂在使用前同样需进行还原，可用氢气或分解氨还原。还原温度 800~850℃。还原时的空速 3000~5000h^{-1}。还原时间 8~16h。

（3）铁镍质催化剂。这种催化剂多为使用单位自制。其载体为 15~20mm 见方的氧化铝泡沫砖，先在 30% 的氯化铁（$FeCl_3$）溶液中浸透，经 600~800℃ 焙烧后，再浸入 30% 硝酸镍 [$Ni(NO_3)_2$] 溶液中，最后经 600~800℃ 焙烧即可。这种催化剂的还原（活化）处理，与镍质催化剂相似。

触媒还原中将产生大量水分，可以从冷凝器底部放出大部分。另外，在还原时，由于水汽太多，气体不要通过净化系统，应直接放空。还原时的影响因素如下。

（1）温度。使用较高的温度，能促使还原进行得快，但高温使触媒金属晶粒长大，活性减小；温度太低，反应缓慢，还原不完全。所以在还原后期温度最高不能超过它在正常生产时的操作温度，或为了还原完全，有时稍高于此温度，待还原完成后，再下降至它的正常操作温度。

（2）空间速度（简称空速）。单位时间内通过每 1m^3 触媒的气体流量称为空间速度，其单位为标准 m^3/(h·m^3)。单位时间通过触媒的 H_2 量多，还原速度快，触媒活性好，还原过程中生成的水蒸气易被带走。水蒸气留在触媒中会将已还原的金属又氧化成金属氧化物，减低触媒活性。

（3）压力。增加压力，可以加快还原反应，但压力过高，NH_3 附着在触媒表面上，妨碍 H_2 分子进入到触媒里面，还原不彻底。

5.7.3 吸热型与放热型气氛

碳氢化物（甲烷、丙烷等）是天然气的最主要成分，也是焦炉煤气、石油气组成成分。以这些气体为原料，采用空气和水蒸气在高温下进行转化（实际上为部分燃烧），从而得到一种混合气称为转换气。采用空气转化而且空气与煤气的比例较高时，转化过程中反应放出的热量足够维持转换器的反应温度，转化效率较高，这样得到的混合气称为放热型气体。如果空气与煤气的比例较小，转化过程放出的热量不足以维持反应所需的温度而要从外部加热转换器,则得到吸热型气体。表5-7列举了吸热型和放热型气体的标准成分和应用范围。

表 5-7　吸热型和放热型气体的标准成分和应用范围

气体	标准成分	应用举例
吸热型	$40\%H_2$、$20\%CO$、$1\%CH_4$、$39\%N_2$	Fe-C,Fe-Cu-C 等高强度零件,爆炸性极强
放热型	$80\%H_2$、$6\%CO$、$6\%CO_2$、$8\%N_2$	纯铁、Fe-Cu 烧结零件,有爆炸性

吸热型气体具有强的还原性,其露点和碳势都可以加以控制。

粉末冶金制品的特点是多孔,在烧结过程中容易发生氧化和脱碳等现象。对于结构铁基材料来说,为保证制品的性能,必须控制气氛的碳势,使之与制品对含碳量的要求相适应。气氛中碳的来源如下:

$$2CO \longrightarrow [C] + CO_2$$

$$CH_4 \longrightarrow [C] + 2H_2$$

CH_4 是强渗碳剂,一般在可控气氛中限制在 1% 以下,否则将有碳黑出现,使气氛无法控制。决定炉内碳势的主要因素是 CO_2 含量。在吸热型气体中,CO 和 H_2 的含量是比较恒定的,CO_2 的含量和气体中 H_2O 的含量有一定关系,在高温下,CO_2 和 H_2O 有下列平衡关系:

$$CO + H_2O \Longrightarrow CO_2 + H_2 \tag{5-69}$$

由上面反应方程式可看出,CO_2 和 H_2O 是相互依赖的,水蒸气含量高时,反应向促进 CO_2 生成的方向进行,也就是降低气氛的碳势。反之,当水蒸气含量较低时,CO_2 量也相应降低。所以控制气氛中的 H_2O,也就控制了 CO_2,从而达到控制碳势的目的。

在工业上,气氛中水蒸气的含量可用露点表示。所谓露点是指气氛中的水蒸气开始凝结成雾的温度。气氛含水量高,露点就高。在制备吸热型气体时,控制原料气与空气的混合比,在正常操作温度下,控制了反应产物中 CO、H_2、CO_2、H_2O 的相对含量,即控制了其露点。或者采用露点仪来调节混合比例,以达到合适的气氛组成。

所谓碳势,是指在一定温度下,气氛的相对含碳量,这个含碳量与烧结材料不渗碳不脱碳的含碳量相当。例如,当烧结 $0.45\%C$ 的铁基材料时,如果气氛的相对含碳量能保持最终烧结制品达到 $0.45\%C$,即烧结不渗碳,也不脱碳,这时就说气氛的碳势为 $0.45\%C$。所以,碳势就是气氛的相对碳浓度。

图 5-39 表示在不同温度下,吸热型气体中 $CO_2\%$ 含量与碳势的关系(含 23%CO)。

在一定的烧结温度下,露点愈高,CO_2 量愈多,碳势愈低。进行碳势控制时,可根据所需要的碳势,通过调节空气和原料气混合比例,达到要求的露点或 CO_2 含量,也就达到了控制碳势的目的。

5.7.4　真空烧结

真空烧结实际上是低压(减压)烧结,真空度越高,越接近中性气氛,越不与材料发生任何化学反应。真空度通常为 $13.3 \sim 0.00133Pa$。它主要用于活性和难熔金属 Be、Th、

Ti、Zr、Ta、Nb 等金属以及硬质合金，磁性材料与不锈钢等的烧结。

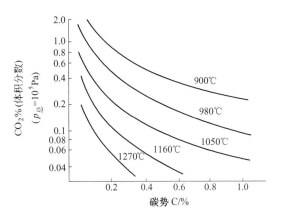

图 5-39 不同温度下，吸热型气体中 $CO_2\%$ 含量与碳势的关系

真空烧结的主要优点是：（1）减少气氛中有害成分（H_2O、O_2、N_2）对产品的脆化；（2）真空是最理想的惰性气体，当不宜用其他还原性或惰性气体时（如活性金属的烧结），或者对容易出现脱碳、渗碳的材料，均可采用真空烧结；（3）真空可改善液相烧结的湿润性，有利于收缩和改善合金的组织；（4）真空有利于 Si、Al、Mg、Ca 等杂质或其氧化物的排除，起到提纯材料的作用；（5）真空有利于排除吸附气体（孔隙中残留气体以及反应气体产物），对促进后期烧结的收缩作用明显。

但是，真空下的液相烧结，黏结金属易挥发损失。这不仅改变和影响合金的最终成分和组织，而且对烧结过程本身也起阻碍作用。黏结金属的挥发损失，主要是在烧结后期即保温阶段发生。保温时间越长，黏结金属的蒸发损失越大。通常，是在可能的条件下，缩短烧结时间或在烧结后期关闭真空泵，或充入惰性气体、氢气以提高炉压。

另外，真空烧结含碳材料时也会发生脱碳，这主要发生在升温阶段。一般是采用石墨粒填料做保护，或者调节真空泵的抽空量。

需要指出的是，真空烧结与气体保护气氛烧结的工艺没有根本区别，只是烧结温度更低一些，一般可降低 100~150℃。这对于提高炉子寿命，降低电能消耗以及减小晶粒长大均是有利的。

5.7.5 发生炉煤气

发生炉煤气分为空气煤气、水煤气和混合煤气（半水煤气）。它们分别是将空气、水蒸气或两者同时通过炽热的木炭（焦炭或无烟煤）而生成的混合气体。烧结粉末冶金制品用的一般都是以木炭为原料，经过不完全燃烧得到的空气发生炉煤气。

5.7.5.1 发生炉煤气的气化原理

如果在炉栅上铺上一薄层木炭，点火后从下部鼓入空气，燃料与空气中的氧发生下列反应（放热用"+"表示）。

$$C + O_2 =\!=\!= CO_2 \quad \Delta H_{298}^{\ominus} = 408.18kJ \tag{5-70a}$$

结果在炉栅上部得到 CO_2 和 N_2 的混合气体。当下部送入的空气超过反应所需要的氧时，则在炉栅上部有自由氧出现。

若将木炭层加厚，则自由氧的含量减少；厚度达到一定值时，不仅自由氧全部消失，而且一部分 CO_2 和木炭发生下列反应（吸热用"-"表示）。

$$CO_2 + C =\!=\!= 2CO \quad \Delta H_{298}^{\ominus} = -32.22kJ \tag{5-70b}$$

综合上述两个反应，并考虑到空气中有 N_2，则空气发生炉煤气的生成反应为：

$$C + 0.5O_2 + 1.881N_2 =\!=\!= CO + 1.881N_2 \quad \Delta H_{298}^{\ominus} = 125.27kJ \tag{5-70c}$$

根据这个反应，气氛中 CO＝34%，N_2＝66%。但由于木炭中除了含有 70%～80%固定碳外，还含有其他碳氢化合物和灰分；由于反应温度及空气量控制不准，通入的空气过量等，除 CO 外，还可能生成氢气及二氧化碳。

木炭发生炉煤气的组成随原料及操作条件波动较大。在煤气炉正常运行情况下，发生炉煤气的组成如表 5-8 所示。发生炉煤气经过净化，在正常情况下属于还原性气氛。但它的组成中含有较多的脱碳成分（CO_2、H_2O、O_2、H_2），对于铁碳制品烧结来说，又是一种脱碳性气氛，制品的含碳量较难控制。因此，空气发生炉煤气对于铁碳制品（特别是结构零件）的烧结是不够理想的。

表 5-8 发生炉煤气（空气煤气）组成

气体成分	CO	H_2	N_2	C_nH_m	CH_4	CO_2	H_2O	O_2
含量/%	25～30	5～10	60～70	0～0.5	0～3	2～7	0～4	0.2～0.4

5.7.5.2 发生炉煤气的制备

木炭煤气发生炉的大小和生产流程各工厂虽有所不同，但基本原理一样。煤气发生炉分为燃烧室、洗涤器、气水分离器、贮气罐，各部分用钢管连接见图 5-40。

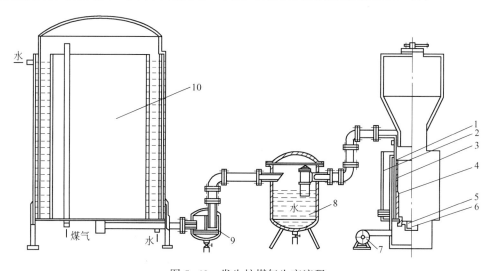

图 5-40 发生炉煤气生产流程

1—冷却水套；2—外罩；3—发生炉炉壳；4—耐火材料；5—炉栅；6—炉门；
7—鼓风机；8—洗涤器；9—气水分离器；10—贮气罐

（1）燃烧室（发生炉）。发生炉由炉壳 3 用 6～8mm 厚的钢板焊成，外焊有水冷却套 1，防止炉壳温度过高。炉内下半部砌有耐火材料 4，是发生炉的高温反应区。下面是炉栅 5，一侧炉门 6，用于除灰。考虑到安全，在炉体外装有一个外罩 2。由鼓风机 7 供给空气。

炉内燃烧室装满木炭，从上到下不同高度处发生的反应不同，大致可分为以下几层。

干燥层、干馏层：这两层的主要是预热燃料及清除燃料中的挥发物，又称预热层。

还原层、氧化层：此二层主要是燃料气化，所以合称气化层，亦称白（炽）热层。

灰层：燃料燃烧后剩下的灰渣等废物。

上述各层不是截然分开的，各层高度也因操作而异。总的来说，随着燃料由顶部逐渐下降，进行预热、气化，变成灰烬。

（2）洗涤器。清除煤气中的烟尘及焦油，一般用水作清洗剂。可用 6~8mm 厚的钢板焊成。

（3）气水分离器。用以除去煤气中的水分。

（4）贮气罐。保持烧结炉气氛压力稳定，采用水封。

木炭煤气发生炉，操作简单。加入一次木炭后，根据用气量大小，可连续工作数小时，然后再加木炭。在正常情况下，煤气的出炉温度为 450~650℃。

煤气成分是判断炉子工况好坏的主要指标，正常情况下，煤气中含有 24% 以上的 CO，CO_2 小于 7%，O_2 小于 1%。在制造发生炉煤气时必须注意控制鼓入的空气量。空气量过多时，气氛中含的氧及二氧化碳过多；含氧量达 2% 时，烧结的产品发生严重氧化。

5.8 烧结废品分析

5.8.1 烧结废品简介

烧结废品为机械废品和工艺废品，属于工艺废品的如裂纹、弯曲或变形、分层、过烧、欠烧、起泡、孔洞、麻点、氧化等。

（1）裂纹。压坯密度不均匀，各处收缩程度也不一样，特别是压坯密度梯度大的地方，有产生裂纹的趋势。制品形状复杂，压制时密度难以均匀，同时易于存在应力集中的部位，在烧结时应力松弛也不一样，热胀冷缩不均也有开裂的趋势，如果压坯受到急冷急热，更会加剧这种情况。压制时，由于成型压力过高或粉末塑性差，致使压坯内产生许多"隐分层"，烧结后扩大而变得明显。此外，压制时加入的附加物，如果得不到缓慢逸出，而在高温中急剧挥发，也会增加压坯开裂的趋势。引起裂纹主要是由于成型压力过高致使压坯内产生许多的"隐分层"，烧结后扩大而变得明显。

当压坯密度严重不均，内部应力集中或制品结构厚薄相差悬殊时，由于热应力或不均匀也会造成裂纹。

（2）分层。又称层裂纹，硬质合金烧结中易于发现。主要是由于压坯的局部地方密度过高，在烧结条件下，应力的松弛大于压坯的强度所造成。

（3）翘曲或变形。翘曲现象常出现在长条状和薄片状的制品中。薄片状制品常出现翘曲变形，衬套制品常出现椭圆变形，细长制品常出现弯曲变形。产生这种现象的原因除了与压坯内部密度分布不均及压坯原始变形外，在烧结中温度不均或者升温过快，受热不均或冷却速度不均也易产生。若烧结温度过高，制品软化，受压力或本身重量作用也会发生翘曲变形。此外，装舟时压坯歪斜或制件烧结时膨胀受挤压也可造成变形。

（4）起泡和起皮。起泡是指烧结件表面出现大小不一的较圆滑的凸起，同时在其他部位伴有裂纹及翘曲发生。起泡现象多发生在压坯的预热阶段。由于升温速度太快或压坯局部接触高温，造成润滑剂剧烈分解、挥发而引起烧结件起泡。起泡在制品上形成大的孔洞，起皮在制品表面上形成鱼鳞状的表皮，这些都是由于压坯内的气物在高温下迅速膨胀所致。并且有时由于烧结件严重氧化，再还原时就有可能在其表面上产生脱皮现象。

（5）过烧。烧结时由于温度过高或者在高温下停留的时间过长，造成制作性能过高或收缩过大。过烧严重时表面为局部熔化、歪扭、黏结等现象。当铁基压坯中石墨含量较多，混合或压制中偏析严重，烧结温度又偏高，超过其晶点温度时，制品就可能产生局部共晶熔化，冷却后形成硬度很高、塑性很差的莱氏体组织。当铁基压坯中添加有 S、P 等可以出现低熔点液相的元素时，烧结温度过高也易造成制品局部熔化、严重黏结而成为过烧废品。

（6）欠烧。烧结时温度过低或保温时间不够，致使制品性能过低或收缩太小。若原材料不合格，多半造成制品欠烧。欠烧表现为烧结件颜色灰暗，无金属光泽，敲击声音沉哑，材料的硬度、强度低。

（7）孔洞。由于混料不均，硬脂酸锌、硫黄等有结块现象，在烧结时挥发造成。或者石墨严重偏析，压制工序中装粉时造成石墨严重分层，在烧结时生成熔共晶而流出造成熔坑。

（8）麻点。麻点是指烧结件表面出现的不均匀的许多小孔，在细长零件上更易出现。一般多数呈螺旋状分布。其原因普遍认为是由于混合料中的添加成分（硬脂酸锌、石墨）在成型过程中出现偏析所致。

（9）尺寸超差。尺寸超差是指由于烧结件尺寸不合格而造成的废品，其中包括尺寸胀大与收缩过大两种。

造成烧结件胀大和密度降低的原因有：升温阶段压坯内应力的消除，抵消了一部分收缩，因此当成型压力过大，压坯密度过高时压坯烧结会同长大；压坯内的气体与润滑剂的分解、挥发阻碍了产品的收缩，因此升温过程过快往往使产品胀大，严重时便产生鼓泡现象。而且压坯烧结件的长大往往伴随着强度和硬度的不合格。

引起烧结件收缩过大的原因是：烧结温度偏高，压坯尺寸、单重不准、密度过低。

（10）氧化。烧结件被氧化，表面会出现蓝色或稻草黄色的氧化色。使用未经充分干燥的气氛或者烧结炉腔内进入了空气，都会导致氧化。

为了防止制品在烧结过程中被氧化，应注意以下几点：

1）烧结气氛进行充分干燥净化，干燥剂定期再生；干燥剂失效后应进行更换；严格控制气氛露点；使氧化性气体含量保持在最低限度。

2）烧结气氛各部分结合处应密封良好，防止空气进入炉内。冷却水套严防渗漏。

3）保护气氛的流向和烧结件的运动要相反，炉内气氛应有足够的流量和一定正压，要设置贮气罐，避免压力或气体成分流动，炉门处火帘密封。

4）对于脱碳性的保护气氛（气氛中含有较多的 CO_2 和 H_2O），烧结某些零件时，可采用填料或封舟的办法进行烧结。

铁基制品在高温阶段的氧化是以脱碳的形式发生的。压坯中残余氧化物的存在，以及烧结气氛中含有较多的 CO_2 及 H_2O 等脱碳性气体时，使压坯中一部分石墨与之反应而被烧损，造成烧结件脱碳。制品脱碳后硬度和强度均降低，性能变坏。

由以上可以看出，烧结制品的废品是多样的，产生废品的原因不仅与烧结工艺有关，而且与粉末的混合和成型等也有关。有些因素互相抵消，实际的烧结废品并不完全是某一个工序造成的，必须根据具体情况进行全面的分析。

5.8.2 主要废品分析

上面所述废品中有些并不常见，有些常见但不一定就成为废品，如轻微变形，有些易于解决，如过烧等。因此，只就常见而比较难以解决的废品类型进行分析讨论。

制件性能低，不合格，一般来说容易出现而且有时并非提高烧结温度就能见效。对于这类废品要具体分析。下面就 Fe-C 制品进行讨论。

若制品游离碳较多，而化合碳低，金相组织中珠光体含量少，则可提高烧结温度。若制品性能有一定的提高，则说明原烧结温度低；或者铁粉中的氧化物是以 Fe_3O_4 的形式存在，烧结前难以还原，使烧结速度减慢。若制品性能没有提高，则说明铁粉中呈现保护气氛很难还原的化合物形式存在。

若检验结果，游离碳多，化合碳也高，金相组织中珠光体多，渗碳体少，则说明原料中碳多，应当减碳，以减少游离碳含量，提高性能。

若检验结果游离碳少，化合碳也少，金相组织中珠光体少，则说明有三种可能情况：(1) 原料中碳低；(2) 炉内脱碳较多；(3) 原料中含氧高造成烧结脱碳。据此可采取如下措施之一：(1) 增加原料中含碳量；(2) 防止或减少制品脱碳；(3) 可提高烧结温度，加快烧结速度减少脱碳量。

若检验结果游离碳少，化合碳很高，金相组织中珠光体含量少，渗碳体较多，则说明烧结温度高，应降低烧结温度，减少渗碳体含量。若效果不明显，则适当减少料中含碳量。必有一定效果。

若检验结果游离碳少，化合碳高，金相组织中珠光体含量高，则说明铁粉原料较粗，烧结性差，应适当采用细铁粉含量多的原料。

还必须指出，在上述各种情况下，表面脱碳对制品性能影响也很大，因此，还必须注意到金相组织的均匀性。同时，组织的细化也能改善制品的性能，亦须加强制件的冷却速度。

5.8.3 废品的处理

有些废品如氧化、欠烧、过烧等，这些可以通过处理得到解决。

(1) 氧化件。氧化件一般可以在还原性保护气氛中进行还原处理。如果对制品的性能和尺寸变化要求不严，可按烧结工序进行"复烧"一次，这种方法可以不用单独调温而同烧结件一起进行。如果对制品的性能和尺寸变化要求较高，则可以在低于烧结温度 30~50℃下进行还原处理。此时二次烧结效果很差，对制件性能几乎没有影响。

(2) 欠烧制品。欠烧制品要根据其欠烧情况而采取相应的处理方法。如果制件中含有足够的游离碳，而珠光体少，渗碳体少造成的性能低，则可以提高烧结温度进行复烧。

如果制件中因缺碳而造成性能低，则应进行渗碳复烧。其工艺规程如下：将渗碳剂撒在装有废品制件的舟内，首先在低于 1130℃ 下于烧结炉中进行渗碳，然后在烧结温度下进行复烧。

如果制件中含有一定的氮化物，则可以在氢气炉中进行烧结，将制件中的氮夺取后，如果性能较低且缺碳，则再进行渗碳复烧。如果没有氢气炉，可采用渗水烧结处理，方法是：将烧结后不含油的零件放在水槽中，常温下浸泡十分钟，然后取出装舟，按正常工艺烧结复烧。

过烧制品这里指的过烧制品是指性能超过规定上限的制品。这类废品可以采用渗水烧结脱碳的办法，其方法和脱碳基本一样。用这种方法还可以减轻制件在压形时造成的石墨分层，以挽回因石墨严重分层而造成的整形开裂废品。

5.9　特　种　烧　结

特种烧结是为了适应材料的特殊应用与要求而开发出的一些新型烧结技术，例如，微波烧结、激光烧结、预还原烧结技术等。微波烧结技术是一种材料烧结工艺的新方法，它具有升温速度快、能源利用率高、加热效率高和安全卫生无污染等特点，并能提高产品的均匀性和成品率，改善被烧结材料的微观结构和性能，近年来已经成为材料烧结领域里新的研究热点。激光烧结技术是以激光为热源对粉末压坯进行烧结的技术对常规烧结炉不易完成的烧结材料，此技术有独特的优点。由于激光光束集中和穿透能力小，适于对小面积、薄片制品的烧结。易于将不同于基体成分的粉末或薄片压坯烧结在一起。

5.9.1　活化烧结

活化烧结（Activated Sintering）是用物理的或化学的方法促进烧结过程或提高制品性能所采取的有利于烧结的措施。活化烧结可以降低烧结温度，使组织成分更均匀，综合性能高。

具体的方法有：（1）向烧结粉末中添加活化剂，具体添什么要由所烧结体系而定。如铁粉通过卤化氢气体活化，钨或钼在水汽、CO_2 中烧结；锆粉中加入氢化物；铁基合金加入磷和硼粉等。（2）机械活化，就是在烧结前先将粉末进行高能球磨，使粉末变细（可到纳米级），同时，粉末中有很高的残余应力，表面的氧化膜也被打破，活性增强。如果是多种粉末混合球磨，还可以产生机械合金化效果。（3）等离子活化，就是给样品（生坯）通上脉冲电流，在样品内产生放电等离子体，以清洁粉末颗粒表面。不需要再额外加热，电流产生的热量就足够完成烧结了。烧结非常快，几分钟就好了。（4）应用物理法如液相烧结、超声波烧结、磁场烧结、热压烧结、热等静压烧结和真空烧结等也能起到活化作用。

5.9.2　松装烧结

粉末松装烧结（Loose Sintering of Powder）金属粉末不经成型而松散（或振实）装在耐高温的模具内直接进行的粉末烧结。

松装烧结所选用的模具材料不应与所烧结的粉末发生任何反应，并具有足够高的高温强度和刚度，最好选用热膨胀系数与烧结材料很接近的材料。常用的材料有各种铸铁（如高铬高硅铸铁 HT24—44、HT18—367）、石墨、碳素工具钢 T10、不锈钢和无机填料等。

5.9.3　放电等离子体烧结

放电等离子体烧结工艺（Spark Plasma Sintering，SPS）是近年来发展起来的一种新型材料制备工艺方法（见图 5-41）。又被称为脉冲电流烧结。该技术的主要特点是利用体加热和表面活化，实现材料的超快速致密化烧结。可广泛用于磁性材料、梯度功能材料、纳米陶瓷、纤维增强陶瓷和金属间化合物等系列新型材料的烧结。SPS 技术的历史可追溯到 20 世纪 30 年代，当时"脉冲电流烧结技术"引入美国，后来日本研究了类似但更先进的技术——电火花烧结，并于 60 年代末获得专利，但没有得到广泛的应用，1988 年，日本井上研究所研制出第一台 SPS 装置，具有 5t 的最大烧结压力，在材料研究领域获得应用。SPS 技术于 90 年代发展成熟，最近推出的 SPS 装置为该技术的第三代产品，可产生 10~100t 的最大烧结压力，可用于工业生产，能够实现快速、低温、高效烧结，已引起各国材料科学与工程界的极大兴趣。

　　SPS 烧结的基本结构类似于热压烧结，SPS 烧结系统大致由四部分组成：真空烧结腔，加压系统（图 5-41 中 3），测温系统和控制反馈系统。

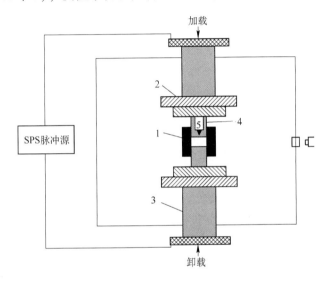

图 5-41　放电等离子体烧结结构

1—石墨模具；2—用于电流传导的石墨板；3—传递压力；4—石墨模具中的压头；5—烧结样品

5.9.4　微波烧结

　　微波烧结（Microwave Sintering）是利用微波具有的特殊波段与材料的基本细微结构耦合而产生热量，材料在电磁场中的介质损耗使材料整体加热至烧结温度而实现致密化的方法（图 5-42）。微波是一种高频电磁波，其频率范围为 0.3~300GHz。但在微波烧结技术中使用的频率主要为 915MHz 和 2.45GHz 两种波段。微波烧结是自 20 世纪 60 年代发展起来的一种新的陶瓷研究方法，微波烧结和常压烧结根本的区别在于，常压烧结是利用样品周围的发热体加热，而微波烧结则是样品自身吸收微波发热，根据微波烧结的基本理论，热能是由于物质内部的介质损耗而引起的，所以是一种体积加热效应，同常压烧结相比具有：烧结时间短、烧成温度低、降低固相反应活化能、提高烧结样品的力学性能、使其晶粒细化、结构均匀等特点，同时降低高温环境污染。然而，微波烧结的详细机理以及微波烧结工艺的重复性问题都是该新技术进一步发展的关键。

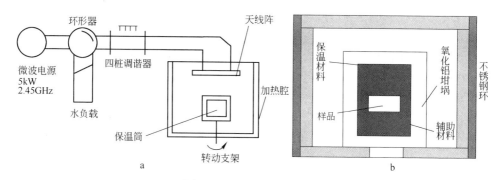

图 5-42　微波烧结示意图

a—原理图；b—结构图

5.9.5　爆炸烧结

爆炸烧结（Explosive Sintering）又称激波固结或激波压实，是利用滑移爆轰波掠过试件所产生的斜入射激波，使金属或非金属粉末在瞬态高温、高压下发生烧结或合成的一种高新技术。

爆炸烧结是烧结非晶、微晶等新型材料最有发展前途的技术。可使脆性材料达到比常规方法高得多的性能。与化学放热反应相结合可大幅减少或消除陶瓷、超硬材料、高强度材料在室温下爆炸产生的宏观和微观裂纹，提高材料的烧结制品的密度和强度。

爆炸烧结按加载方式不同可分为三类：平面加载、柱面加载和高速锤锻压等三种方法。工业上用此技术进行非晶磁粉末烧结、陶瓷材料、铝锂合金制取等。

爆炸烧结装置可分为直接爆炸和间接爆炸，图 5-43 为间接法爆炸烧结装置示意图。

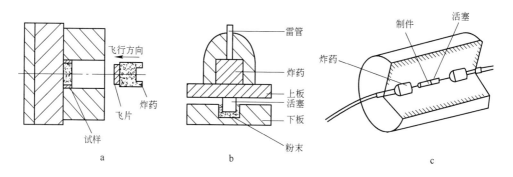

图 5-43　间接法爆炸烧结装置示意图

a—单面飞片；b—单活塞；c—双活塞

5.9.6　电火花烧结

电火花烧结也可看成是一种物理活化烧结，也称为电活化压力烧结，这是利用粉末间火花放电所产生的高温，同时受外应力作用的一种特殊烧结方法。

电火花烧结原理如图 5-44 所示。通过一对电极板和上下模冲向模腔内的粉末直接通入高频或中频交流和直流叠加电流。压模由石墨或其他导电材料制成。依靠放电火花产生的热加热粉末，和通过粉末与模具的电流产生的焦耳热升温。粉末在高温下处于塑性状态，通过模冲加压烧结，并且由于高频电流通过粉末形成的机械脉冲波作用，致密化过程在极短的时间内就完成。

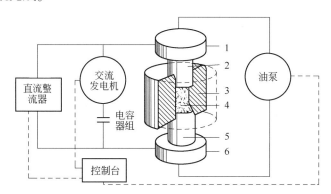

图 5-44　电火花烧结原理

1，6—电极板；2，5—模冲；3—压模；4—粉末

火花放电主要在烧结初期发生，此时预加压力很小，达到一定温度后控制输入的电功率并增大压力，直到完成致密化。

从操作看，这与一般电阻烧结或热压很相近，但有区别：（1）电阻烧结和热压仅仅靠石墨和粉末本身的电阻发热，通入的电流极大；（2）热压所用的压力高达 20MPa，而电火花烧结所用的压力低得多（几兆帕）。

5.9.7　自蔓延烧结

自蔓延高温燃烧合成法（Self-propagation High Temperature Synthesis）是一种合成材料的新工艺，它通过加热原料粉局部区域激发引燃反应，反应放出的大量热量依次诱发邻近层的化学反应，从而使反应自动持续地蔓延下去。利用 SHS 法已合成碳化物、氮化物、硼化物、金属间化合物及复合材料等超过 500 种化合物。SHS 法尤其适合于制备 FGM，由于在 SHS 过程中燃烧反应的快速进行，原先坯体中的成分梯度安排不会发生改变，从而最大限度地保持了原先最终设计的梯度组成。燃烧合成同时结合致密化一步完成成型和烧结过程是 SHS 技术发展的新方向。

其特点是：（1）反应时的温度高（2000~4000K）；（2）反应过程中快速移动的燃烧波（0.1~25cm/s）；（3）产物纯度高、效率高、耗能少，工艺相对简单等优点；（4）不仅能生产粉末，如果同时施加压力，还可以得到高密度的燃烧产品。

5.9.8　快速原型制造技术

快速原型制造技术是近几年发展起来的利用计算机辅助设计制造复杂形状零件的技术。借助计算机三维辅助设计、计算机层析 X 光摄影机、有限元分析或母型数字化数据，对欲制件进行三维描述，将部件分割成许多很薄的水平层，获得相应的工艺参数。在输入各工艺参数后，快速原型制造机便可自动制造出部件来。大多数快速原型制造法都采用粉末做原料。常用的方法有激光烧结法（图 5-45），多相喷射固结法（图 5-46）及三维印刷法（图5-47）等。选择激光烧结法是用激光束一层一层地烧结生产物料原型。现在可选用多种粉末，包括金属粉末与陶瓷粉末。金属粉末选择激光烧结，旨在直接生产功能部件。这使工业界对它产生了极大的兴趣，因为它在产品开发过程中，节省时间并降低成本。多相喷射固结法是一种新的自由成型技术。可用于制造生物医学零件，如像矫形植入物、牙齿矫正与修复材料、一般修复外科用部件等。多相喷射固结法，根据CT扫描得到的假体的三维描述，就可以制造出通常外科所需零件，而无需开刀去实际测量。将金属粉或陶瓷粉与黏结剂混合，形成均匀混合料。多相喷射固结法就是将这些混合料按技术要求进行喷射，一层一层地形成一个零件。在部件形成之后，其中的黏结相用化学法或者加热去除，而后烧结到最终密度。三维印刷法是美国麻省理工学院发明的。该法是根据印刷技术，通过计算机辅助设计，将黏结剂精确沉积到一层金属粉末上。这样反复逐层印刷，直至达到最终的几何形状。由此便得到一个生坯件。生坯件经烧结并在炉中熔渗，可达到全密度。

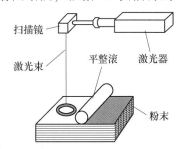

图5-45　选择激光烧结法（SLS）工艺原理图

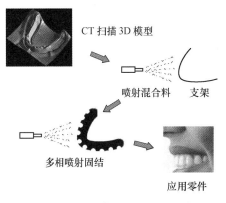

图5-46　多相喷射固结法流程示意图

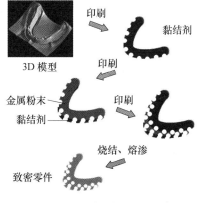

图5-47　三维印刷法流程示意图

5.9.9　烧结方法对比

烧结方法各有优缺点，其应用范围随烧结方法的差异有所不同。表5-9为烧结方法的对比。

表5-9　各种烧结方法对比

烧结方法名称	优　点	缺　点	适用范围
常压烧结法	价廉，规模生产和复杂形状制品	性能一般，较难完全致密	各种材料（传统陶瓷、高技术陶瓷、粉末冶金制品）
真空烧结法	不易氧化	价贵	粉末冶金制品、碳化物
一般热压法	操作简单	制品形状简单、价贵	各种材料
连续热压法	规模生产	制品形状简单	非氧化物，高附加值

烧结方法名称	优　点	缺　点	适用范围
热等静压法	性能优良，均匀，高强	价贵	高附加值产品
气压烧结法	制品性能好，密度高	组成难控制	适于高温易分解材料（特别适于氮化物）
反应烧结法	制品形状不变，少加工，成本低	反应有残留物，性能一般	反应烧结氧化铝、氮化硅、碳化硅等
液相烧结法	降低烧结温度，价廉	性能一般	各种材料
气相沉积法	致密透明，性能好	价格贵，形状简单	要求特殊性能薄的制品
微波烧结法	快速烧结	晶粒生长不易控制	各种材料
电火花等离子烧结（SPS）	快速，降低烧结温度	价贵，形状简单，工艺探索阶段	各种材料
自蔓延烧结（SHS）	快速，节能	较难控制	少数材料

5.10　烧结体的性能及其检测

5.10.1　物理性能及其检测

烧结体物理性能的检测主要包括对密度，开孔率和含油量的测试。

5.10.1.1　密度的测定

试样经清洗除油干燥后，在空气中称重。然后进行防水处理，即用适当的液体进行浸渍或用表面覆盖的方法，再次于空气中和水中称重，如图 5-48 所示。可由试样在水中称重时质量的减少求出其体积，密度即可计算出来。

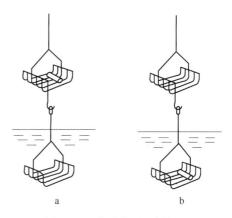

图 5-48　称重装置（框架）
a—在空气中称重；b—在水中称重

$$d = \frac{m_2 \rho}{m_4 - m'_4} \tag{5-71}$$

式中，d 为试样密度，g/cm^3；m_2 为干燥（不含油）试样在空气中称量的质量，g；m_4 为浸油试样在空气中称量的总质量（包括细尼龙丝质量在内），g；m'_4 为浸油试样在水中称量的总质量（包括细尼龙丝质量在内），g；ρ 为试验温度下水的密度，g/cm^3（通常取 $0.997 g/cm^3$）。

5.10.1.2　开孔率的测定

开孔率定义为：烧结试样中开孔所占体积的百分数。可以从试样浸渍后质量的增加情况计算出来。常用试样含油气孔的体积分数表示。

$$\varepsilon = \frac{m_3 - m_2}{\rho_2 V} \times 100\% \tag{5-72}$$

式中，ε 为用体积分数表示的开孔率，%；m_2 为未含油（干燥）试样在空气中称量的质量，g；m_3 为含油（完全浸渍）试样在空气中称量的质量，g；ρ_2 为浸渍用油密度，g/cm³；V 为试样的体积，cm³。

它可以由在水中称量时，试样质量的减少来确定，即：

$$V = \frac{m_4 - m_4'}{\rho} \qquad (5-73)$$

式中，m_4 为含油试样在空气中称量的总质量（包括细尼龙丝质量在内），g；m_4' 为含油试样在水中称量的总质量（包括细尼龙丝质量在内），g；ρ 为水的密度，g/cm³。

5.10.1.3　含油率的测定

含油率的测定是用适当的溶剂提取烧结试样含有的油，称量提取前后的质量，从损失的质量中计算含油率。使用的仪器主要有索格利特提取器（图 5-49），真空浸油装置，分析天平，干燥器—烘箱等。

$$P = \frac{m_1 - m_2}{\rho_1 V} \times 100\% \qquad (5-74)$$

式中，P 为用体积分数表示的含油率，%；m_1 为原始（含油）试样质量，g；m_2 为除油试样在空气中称量的质量，g；ρ_1 为原始油的密度，g/cm³；V 为试样的体积，cm³。

它可以由在水中称量时，试样质量的减少来确定，即：

$$V = \frac{m_4 - m_4'}{\rho} \qquad (5-75)$$

式中，m_4 为含油试样在空气中称量的总质量（包括细尼龙丝质量在内），g；m_4' 为含油试样在水中称量的总质量（包括细尼龙丝质量在内），g；ρ 为水的密度，g/cm³。

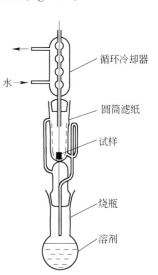

图 5-49　索格利特提取器

循环冷却器

水

圆筒滤纸

试样

烧瓶

溶剂

5.10.2　力学性能及其检测

5.10.2.1　硬度

对粉末冶金件，常选择压头尺寸较大的布氏硬度（HB）计算测量其硬度。钢球直径、负荷、负荷保持时间应根据试样预期硬度和厚度按表 5-10 选择。

表 5-10　硬度测试参考表

布氏硬度值范围（HB）	试样厚度/mm	负荷 p 与钢球直径 D 的相互关系	钢球直径 D/mm	负荷 p		负荷保持时间/s
				N	kgf	
>130	6~3	$p = 30D^2$	10.0	29420	3000	30
	4~2		5.0	7355	750	
	<3		2.5	1839	187.5	
36~130	9~3	$p = 10D^2$	10.0	9807	1000	30
	6~3		5.0	2452	250	
	<3		2.5	613	62.5	

布氏硬度值范围（HB）	试样厚度/mm	负荷 p 与钢球直径 D 的相互关系	钢球直径 D/mm	负荷 p		负荷保持时间/s
				N	kgf	
18~70	6~3	$p = 5D^2$	2.5	306	31.25	30
8~35	>6	$p = 2.5D^2$	10.0	2452	250	60
	6~3		5.0	613	62.5	
	<3		2.5	153	15.6	

试验中必须保证钢球所施作用力与试样平面相垂直，试验过程中加荷应平稳均匀，不得受冲击和振动。压痕中心至试样边缘的距离不小于压痕直径的2.5倍，相邻两个压痕中心的距离应不小于压痕直径的4倍。试验的硬度小于35HB时，上述距离应分别不小于压痕直径的3倍和6倍。另外，试验后试样压痕边缘背面呈现变形痕迹时，则试验无效，此时应选用较小的负荷及相应的钢球重新试验。布氏硬度HB按下式计算：

$$HB = \frac{2p}{0.98\pi D(D - \sqrt{D^2 - d^2})} \tag{5-76}$$

式中，p 为通过钢球加压在试样表面上的负荷，N；D 为钢球直径，mm；d 为试样表面残留的压痕直径，mm。

5.10.2.2 抗拉强度

抗拉强度是指试样在拉断前所承受的最大负荷除以原来最小横截面积所得的应力为抗拉强度。试验时可以使用能够用于拉伸试验的任何试验机，经缓慢加载，从曲线上读出试验所需的最大力值，或从测力度盘上读出最大力值，抗拉强度使用公式：

$$\sigma_b = F_b/A_0 \tag{5-77}$$

式中，σ_b 为抗拉强度，MPa；F_b 为拉断试样时所施加的最大力，N；A_0 为拉伸前的原始截面积，mm^2。

5.10.2.3 冲击韧性

冲击韧性是指试样单位面积上所消耗的冲击功。烧结体由于内部含有孔隙，冲击韧性一般低于成分相同的致密金属材料。

冲击试样可以是压制烧结的，也可以是由烧结零件加工的，具体规格参考《烧结金属材料 无切口冲击试样》的规定。

冲击试验应在摆锤冲击试验机上进行。试验时，冲击方向应与压制方向垂直。冲断试验消耗的冲击功（A_k），可由试验机的刻度盘上读出，然后计算可得冲击韧性 α_k（或冲击值）

$$\alpha_k = A_k/F \tag{5-78}$$

式中，α_k 为冲击韧性，J/cm^2；F 为试样截面积，cm^2。

5.10.2.4 径向压溃强度

针对圆筒形零件，具体操作参照标准《烧结金属衬套 径向抗压强度的测定方法》。

$$k = F(D - e)/Le^2 \tag{5-79}$$

式中，k 为套筒的径向压溃强度，kgf/mm^2（1kgf/mm^2 = 10MPa）；F 为发生破坏时最大负荷，kgf（1kgf＝10N）；L 为套筒的长度，mm；D 为套筒的外径，mm；e 为套筒的壁厚，mm。

注意：当 $e/D<1/3$ 时，上式才有效。

5.10.3 金相组织及其检测

光学金相显微镜是利用磨面的反射光成像的。要鉴别金相组织，应使试样磨面上各相或其边界的反射光强度或色彩有所区别。某些组成相，如灰口铸铁中的石墨、钢中的非金属夹杂物以及复合材料中的陶瓷增强物等，它们本身就有独特的反射能力，因此可以利用抛光磨面直接进行金相研究。大多数组成相对光线均有强的反射能力，这就需要利用物理或化学的方法对抛光磨面进行专门的处理，以使试样各组织之间呈现良好的衬度，这就是金相组织的显示。试样中各组成相及其边界具有不同的物理、化学性质，利用这些差异使之转换为磨面反射光强度和色彩的区别，这就是金相组织显示的原理。

金相组织的显示方法可分为光学法、侵蚀法、干涉层法和高温浮凸法等几类。

光学法是把金相试样在反射光中肉眼无法分辨的光学信息如偏振状态或位相差异转换成可见衬度的方法，所用试样可不经其他显示处理或仅作轻微的侵蚀，它是利用显微镜上的特殊附件来实现的。

侵蚀法是借试样各组织组成物间物理化学性质的差别，使其表面产生选择性侵蚀的方法，此时试样表面的微观起伏与其内部组织相对应，从而显示出组织特征。常用的显示手段有：化学侵蚀、电化学溶解及蒸发、离子溅射等。

显示组织的另一条途径是在抛光磨面上形成一透明薄膜，当光在薄膜上发生干涉时，试样内各相间光学参数的区别、薄膜厚度的区别等均使各相上的干涉色发生变化，从而显示出试样的组织。此类方法称为干涉层法。

高温浮凸法是利用抛光试样在加热或冷却过程中相变的体积效应使试样表面形成与组织变化相对应的浮凸，从而显示出组织的一种方法。在高温显微镜下它可以动态地显示相变过程。

此外还有磁性金相法和装饰法等。

5.10.3.1 光学法

若试样中所研究的组成相与基体对入射光的反射能力有显著差异，就可以直接在明场下观察抛光磨面，这是最简单的光学法。由非金属元素组成的相，对光线的反射能力明显低于金属，例如灰口铸铁和球墨铸铁中的石墨、铸造铝硅合金中的初晶硅和共晶硅，均能在抛光磨面上直接观察到它们的形貌及分布状态。金属的氧化物、硫化物及氮化物等，也具有非金属的光学特性，统称非金属夹杂物。它们不仅反射光强度不同，往往还具有特殊的色彩或有透明与不透明之别，这些都将成为鉴别非金属夹杂物的重要依据。另外，显微裂纹和疏松等缺陷可直接观察。还有一些金属元素的吸光能力较强，不经其他显示手段也清晰可见，如铅黄铜和铅青铜中铅的分布等。

有一些试样，其磨面上的反射光包含着反映组织特征的光学信息，例如光学各向异性金属（锌、铀等）反射光的偏振状态随晶体取向而异，具有微小高度差的试样其反射光的位相具有差别，虽然人眼无法直接分辨出这些差别，但利用光学附件使其转化为亮度和色彩的差别，就能显示出组织细节。这种利用光学手段显示组织衬度的方法就是光学法。所用光学附件有偏振光、相衬和微差干涉衬度装置等。

光学法显示组织是依据试样中各组成相光学性质的区别，试样无需人为地侵蚀或覆膜，从而避免了这些过程可能引入的假象。在具有相应金相显微镜附件的条件下应优先使用这一方法。

5.10.3.2 侵蚀法

化学侵蚀是将抛光好的试样磨面浸入化学试剂中或用化学试剂擦拭试样磨面，使之显示出显微组织的一种方法。这是应用最早和最广泛的常规显示方法。

化学侵蚀实际上是一个电化学反应过程。金属与合金中的晶粒与晶粒之间、晶内与晶界以及各相之间的物理化学性质不同，且具有不同的自由能，当受到侵蚀时，会发生电化学反应，此时侵蚀剂可称为电解质溶液。由于各相在电解质溶液中具有不同的电极电位，形成许多微电池，较低电位部分是微电池的阳极，溶解较快，溶解处呈现凹陷或沟槽。在显微镜下观察时，光线在晶界处被散射，不能全部进入物镜，因而显示出黑色晶界；在晶粒平面处的光线则以直接反射光反射进入物镜，呈现白亮色，显示出晶粒的大小和形状。

纯金属和单相固溶体合金受化学侵蚀时，首先将溶去金属表面很薄的一层非晶层，再溶解晶界。晶界作为阳极而被溶解，逐渐凹陷，故得以清晰显现。

多相合金的侵蚀，除具有单相合金的反应特征外，由于组织中有明显不同的相组成，电极电位差异较大，试样表面与侵蚀剂接触时发生的反应较强烈。发生这种反应的倾向与试样上不同相的电位差异有关。

5.10.4 孔隙率对烧结体性能的影响

用粉末冶金方法生产的材料，在大多数情况下都含有一定量的孔隙。孔隙的存在使粉末冶金材料的性能与同质的铸锻材料相比有所差异。

对力学性能的影响。粉末冶金材料除一部分由塑性金属制成的致密材料属于延展性断裂外，其余大多数材料均为脆性的断裂特征。按照孔隙对材料断裂的影响机理不同，可将粉末冶金材料分为两类：一类是具有高硬度和脆性的致密材料与多空材料；第二类是具有一定塑性的，由塑性金属制成的致密材料与多孔材料。在脆性粉末冶金材料中，孔隙引起强烈的应力集中，使材料在较低的名义应力下断裂。而具有一定塑性的粉末冶金材料，孔隙并不引起相当大的应力集中，孔隙主要是削弱了材料承载的有效截面，存在着应力沿材料显微体积的不均匀分布。并且随着孔隙度的增加，材料的塑性降低。即使是由塑性金属制成的粉末冶金材料，当含有大量孔隙时，材料断口仍然没有宏观塑性变形的特征。所以，一般孔隙度高的材料，其断裂应力与同质的铸锻材料相比是相当低的。

粉末冶金脆性材料断裂，也可以认为是裂纹的形成与扩展的过程。当外力作用时，沿孔隙尖端引起的应力集中可能形成微裂纹，促使应力集中更为剧烈，裂纹迅速扩展，引起材料断裂；或者由于孔隙和裂纹已存在于整个材料中，在外力作用下，使其迅速扩展和连接，从而引起材料的断裂。因此，孔隙和裂纹在粉末冶金脆性材料中成为应力集中的断裂源。

5.10.4.1 断裂韧性

材料的断裂起源于裂纹，又受裂纹扩展的控制。对具有中心缺口的薄板试样，断裂过程一般包括三个不同阶段：裂纹开始增长、裂纹慢增长时期以及灾难性的裂纹传播，导致完全断裂。在第三阶段中，这种迅速失稳扩展的裂纹不仅要具备一定的尺寸条件，而且还要具备一定的应力或能量条件。这种条件称为裂纹迅速扩展的临界条件，也就是材料的断裂条件。试样中的夹杂物或氧化物的作用与孔隙一样，对断裂韧性的影响很大。这些夹杂物聚集在原始颗粒边界上，造成类似于孔隙的薄弱区，容易形成裂纹，降低断裂韧性值。夹杂物有两种基本类型：粗夹杂（>10μm）主要分布在颗粒内部，有时也分布在颗粒边界；细夹杂（约1μm）密集分布在颗粒边界上。从沿晶断裂的断口，可看到粗夹杂物留下的凹窝；沿晶断裂时，可看到断口的凹窝是细小夹杂物形成的。这些断裂均与断面上凹窝之间的距离，即相当于夹杂物之间的距离有关。因此，可通过控制夹杂物之间的距离来改善断裂韧性。在粉末体致密化之前，通过各种处理来减少夹杂物的含量，可有效地增大夹杂物之间的间距；另外采用大横向流动的变形方式和两次锻造法，也可使夹杂物分散。

5.10.4.2　静态强度

静态强度包括抗拉、抗弯和抗压强度。它们不仅与孔隙度有关，而且还与孔隙的形状、大小和分布有关。粉末冶金材料的静态强度与孔隙度的关系可以用下式表示：

$$\sigma = k\sigma_0 f(\theta) \tag{5-80}$$

式中，σ 为粉末冶金材料的强度；k 为常数；σ_0 为相应的致密材料强度；$f(\theta)$ 为相对密度。

多孔体是依靠外压缩力的作用而提高其密度的，因此，多孔体的抗拉强度比抗压强度低得多，而且粉末特性和粉末条件对抗压强度的影响是很小的。抗压强度与孔隙度的关系在一定条件下呈线性关系。

5.10.4.3　塑性

塑性包括伸长率和断面收缩率。粉末冶金材料由于有孔隙存在，有利于裂纹的形成和扩展，所以表现出低的拉伸塑性和高的脆性。伸长率强烈地依赖于试样密度，而且对孔隙形状很敏感。对孔隙周围的应力分析可知，较大的孔隙可以减小应力集中，因而对于一定的孔隙度来说，较大的孔隙表现出相对较好的塑性。

5.10.4.4　动态性能

动态性能包括冲击韧性和疲劳强度，它们强烈地依赖于材料的塑性，从而也像塑性一样强烈地依赖于孔隙度。由于冲击韧性对孔隙结构非常敏感，所以孔隙度为15%～20%的粉末冶金材料，其冲击韧性是很低的，比相应的致密材料要低好几倍。粉末冶金材料的疲劳试验与致密材料一样，把疲劳周期为 10^7 次时的应力作为材料的疲劳强度。由疲劳断口的分析可以看出，在粉末烧结材料的疲劳试验中，首先从带锐角的孔隙开始产生微裂纹。当疲劳裂纹扩展时，这些裂纹便互相连接起来，向变粗的主裂纹发展。孔隙起了断裂源的作用，这是烧结钢疲劳强度低的主要原因。

5.10.4.5　硬度

硬度属于对孔隙形状不敏感的性能，主要取决于材料的孔隙度。宏观硬度随孔隙度的增高而降低，这是由于基体材料被孔隙所削弱，测定硬度时，不能反映多孔金属基体的真实硬度。如用显微硬度测定，则可有目标的选择金属基体作为测定的对象，这样一般可以测得材料基体的真实硬度。

5.10.4.6　对物理性能的影响

在稳定的条件下，电、热、磁等现象都可以用完全相似的方法描述，即概括地用传导性来表示。电导率、热导率、磁导率和电容率等都属于传导性。

对于多相系统的传导性 λ，如果把孔隙当作孤立的夹杂物，即孔隙的传导性等于零，可以得到：

$$\lambda = \lambda_0 \left(1 - \frac{3\theta}{2 + \theta} \right) \tag{5-81}$$

式中，λ_0 为相应无孔材料的传导性；θ 为夹杂物的体积。

孔隙形状对磁导率和电容率的影响很大。孔隙形状愈接近于球形，在颗粒表面凹凸部分的退磁场影响就愈小；同时孔隙阻碍磁畴壁的迁移，从而降低了最大磁导率。

5.10.4.7 对工艺性能的影响

在烧结后处理的各种加热过程中，会发生再结晶与晶粒长大。如前所述，再结晶与晶粒长大会受烧结体内存在的孔隙和第二相以及晶界的影响。

当粉末冶金制品尺寸精度要求不超过 ± 0.025mm 时，必须精整和整形。精整压力与制品的孔隙度和合金的组织结构有关。随孔隙度的增加，精整压力显著降低。

热处理可以有效地提高粉末冶金材质的性能。但是孔隙的存在，对其热处理的影响较大。在烧结钢中，晶粒细，氧化物夹杂含量高，特别是孔隙多，使烧结钢的导热性降低，淬火的临界冷却速度提高。因此，烧结钢的淬透性比同质的铸锻钢要低。淬火时，淬火液容易侵入孔隙引起材质的腐蚀。孔隙和夹杂的尖端也往往由于缺口效应而引起淬火裂纹。

同样，由于孔隙的存在，对烧结钢的渗碳、碳氮共渗等热处理也有影响。显然，密度低时，由于渗碳气体可以通过开孔隙向试样中心扩散，因此具有较深的渗碳层厚度。这对于要求心部韧表面硬的材料来说，无疑是不利的。

为了提高粉末冶金零部件的耐蚀性能、耐磨性能和表面质量，常进行电镀处理和涂层处理。大量孔隙的存在，对烧结零件的电镀工艺和效果影响很大。当孔隙度不高时，其电镀方法与致密金属相同。但当孔隙度较高时，电解液进入孔隙会引起内部腐蚀，并且镀层表面不致密。因此，电镀多孔制品时需要采取封闭表面孔隙的措施。

习题与思考题

5-1 说出烧结气氛有哪几类，每种类别适合于哪些材料的烧结？

5-2 试述液相烧结的条件和基本过程。比较液相烧结和固相烧结的原动力的相同点和不同点。

5-3 如何确定粉体压坯的烧结温度和保温时间？

5-4 影响金属烧结过程的再结晶及晶粒长大的因素是什么？

5-5 简明阐述液相烧结的溶解—再析出机构及对烧结后合金组织的影响？

5-6 烧结理论研究的两个基本问题是什么，为什么说粉末体表面自由能降低是烧结体系自由能降低的主要来源或部分？

5-7 简述烧结的三个过程，烧结过程中物质有何种迁移方式？不同烧结阶段的主要特征是什么？

5-8 用机械力表示的烧结驱动力的表达式是怎样？式中的负号代表什么含义？简述空位扩散驱动力公式推导的基本思路和原理。

5-9 应用空位体积扩散的学说解释烧结后期孔隙尺寸和形状的变化规律。

5-10 从晶界扩散的烧结机构出发，说明烧结金属的晶粒长大（再结晶）与孔隙借空位向或沿晶界扩散的关系。

5-11　孔隙度对粉末冶金制品的热处理、表面处理和机加工性能有什么影响，应采取什么措施改善？

5-12　如何用烧结模型的研究方法判断某种烧结过程的机构，烧结温度、时间、粉末粒度是如何决定具体的烧结机构的，某一烧结机构占优势是什么含义？

5-13　简要叙述粉末粒度和压制压力如何影响单元系固相烧结体系的收缩值？

5-14　由烧结线收缩率 $\Delta L/L_0$ 和压培密度 ρ_g 计算烧结密度 ρ_s 的公式为 $p_s = p_g/(1 - \Delta L/L_0)^3$，试推导此公式。假定一压坯（相对密度 68%）烧结后，相对密度达到 87%，试计算线收缩率是多少？

5-15　分析影响互溶多元系固相烧结的因素。

5-16　互不溶系固相烧结的热力学条件是什么，为获得理想的烧结组织，还应满足怎样的充分条件？

5-17　简明阐述液相烧结的溶解-再析出机构及对烧结后合金组织的影响。

5-18　分析影响熔浸过程的因素和说明提高润湿性的工艺措施有哪些，为什么？

5-19　当采用 H_2 和 CO 作还原性烧结气氛时，为什么说随温度升高 H_2 的还原性比 CO 强？

5-20　可控碳势气氛的制取原理是什么，如何控制该气氛的各种气体成分的比例？指出其中的还原性和渗碳性气体成分。

5-21　何谓碳势？用天然气的热离解气作烧结气氛，其渗碳反应式是怎样的？随温度升高，哪一种反应使碳势升高，为什么？

5-22　活化烧结和强化烧结的准确含义有什么不同？简单说明用 Ni 等过渡金属活化烧结钨的基本原理和烧结机构。

5-23　扩散蠕变理论的要点是什么？简单说明晶粒长大（再结晶）与致密化的关系。

5-24　热压工艺的基本特点怎样，它与热等静压有什么异同点？

5-25　烧结废品有哪些，分析原因并有什么改进措施？

5-26　粉末冶金多孔材料有哪些孔隙特性，各有哪些主要应用？

5-27　孔隙及孔隙度对粉末冶金材料的拉伸性能有什么影响，如何解释？

5-28　在粉末冶金材料的机械物理性能中，哪些性能对孔隙形状敏感？哪些不敏感？应采取什么措施来提高对孔隙形状敏感的性能？

5-29　粉末冶金材料的一次大能量冲击性能和小能量多次冲击性能各有什么特点？如何解释和选用？

5-30　孔隙度对粉末冶金制品的热处理、表面处理和机加工性能有什么影响？应采取什么措施改善？

6 粉末冶金材料

本章要点

本章重点讲解利用粉末冶金技术制备的各类材料，包括结构材料、摩擦材料、电工材料、磁性材料、多孔材料、工具材料、武器材料、医用材料等相关材料的服役条件和性能要求，从粉体的选取、成型、烧结和后续处理分别阐述其制备过程和影响因素。同时了解各类材料的发展趋势。

6.1 概　　述

粉末冶金材料是用粉末冶金工艺制得的多孔、半致密或全致密材料（包括制品）。粉末冶金材料具有传统熔铸工艺所无法获得的独特的化学组成和物理、力学性能，如材料的孔隙度可控，材料组织均匀、无宏观偏析（合金凝固后其截面上不同部位没有因液态合金宏观流动而造成的化学成分不均匀现象），可一次成型等。

6.2 结 构 材 料

一般是指用粉末冶金工艺生产的机械和器械用的零件。如齿轮、凸轮、连杆等。其一般工艺见图 6-1。粉末冶金结构材料分为烧结铁基材料、烧结铜基材料和烧结铝基材料。

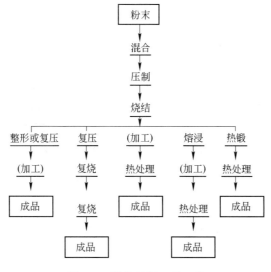

图 6-1　结构材料一般工艺

6.2.1　烧结铁基材料

烧结铁基材料又包括烧结铁、烧结碳钢、烧结合金钢和熔浸钢。密度一般小于 7g/cm³，烧结温度 900~1200℃，加入元素主要有 Cu、Ni、Mo、Mn、Cr、P 等扩大 γ 区和稳定 γ 区元素。

粉末冶金铁基结构材料的定义是以铁基粉末为基本原料，添加合金化元素，采用粉末冶金工艺方法制造的铁基粉末冶金制品。该类产品具有良好的储油特性、较低的摩擦系数，并能通过渗碳、淬火、调质等热处理手段，获得良好的强度、刚性、硬度和抗磨性能。铁基粉末冶金制品，一般分成铁基结构零件和铁基减磨零件两大类。铁基零件的制备过程如图 6-2 所示。显微组织如图 6-3 所示。

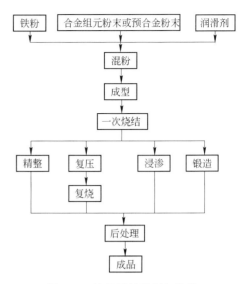

图 6-2　铁基零件的制备流程

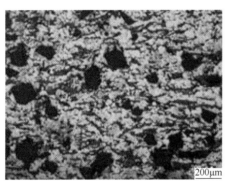
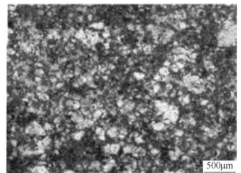

图 6-3　铁基材料显微组织图

粉末冶金机械零件以铁基材料为主，占粉末冶金件的 70%左右。铁基产品部分零件示意图如图 6-4 所示。目前，每部欧洲汽车中约有 10~20kg 重的粉末冶金件，每部美国汽车中粉末冶金件重达 20~30kg，预计未来每部汽车中将有重达 30kg 以上的粉末冶金件，特别是高性能铁基粉末冶金件已普遍用于传动装置、发动机、通用机械和工具等产品，其市场前景非常广阔。

图 6-4　铁基零件产品示意图

由于我国粉末冶金工业基础较为薄弱，长期缺乏数量较大和附加值较高的零件需求，没有机会让粉末冶金行业发挥它特有的优势，因此一直都未受到重视。1989 年粉末冶金轴承占我国粉末冶金零件总产量的 60%

（质量分数），其中大部分是低附加值的普通轴承。90 年代中期，汽车工业发展较快，用于汽车和摩托车工业的粉末冶金零件按质量计算在 10 年间几乎翻了一番。根据对我国粉末冶金零件市场的预测，近几年摩托车行业和小型制冷压缩机行业将有 40% 的增幅，而汽车行业的预期增幅高达 70%。目前，国产汽车平均每辆使用 3~6kg 粉末冶金零件，而国外则多达 16kg，两者的差距反映出我国粉末冶金工业相对比较落后。

花键套是最适宜于用粉末冶金法生产的铁基结构零件之一。其形状复杂，内花键的精度要求较高，切削加工有一定难度。用粉末冶金法生产时，内花键及其余形面，由压制模一次成型，花键精度经烧结后，通过精整很容易达到要求，且零件高度与外圆之比很小，制品密度比较均匀，容易得到较好的力学性能，因而经济效益很好。

（1）零件的工作状况分析。花键套系分配式喷油泵中的一个结构零件，它在泵中起相当于联轴器的作用，为保证传动平稳，所以采用花键连接。它由两只刚性螺栓与分配转子固紧，工作时，花键轴通过花键套驱动分配转子。泵的最大输出压力为 13.5MPa，且要求压力脉动小。所以要求花键套具有足够的刚性和耐磨性以及较高的配合精度。

（2）零件技术要求的确定及工艺设计。根据零件工作状况所确定的技术要求是：采用 Fe-C 系材料，化合碳含量为 0.6%~0.9%；密度大于 $6.6g/cm^3$；烧结状态的表观硬度高于 100HB，热处理状态硬度高于 40HRC。

采用的生产工艺流程是：混料→压制→烧结→精整→机加工及热处理等。零件一个端面上的凹槽，应由上冲模压出，这可使花键齿部位的密度稍高于整体密度。花键精度通过精整内花键来满足，两螺栓孔是切削加工的，而端面的精度和粗糙度是用磨削加工达到的。

（3）工艺流程编制。花键套工艺流程见表 6-1。在该零件的生产工艺中，值得注意的是，为了保证它最终获得较好的热处理效果，必须控制其化合碳含量。除配料中加入 1% 石墨外，若用放热型转化煤气作保护气氛时，需在烧结舟内，采取经高温焙烧的三氧化二铝粉及石墨作填料，并在热处理时用分解氨进行保护以防脱碳。

（4）经济效益。用粉末冶金制造该零件时，与钢材切削加工相比，材料单耗由 0.262kg 降为 0.122kg；工时单耗由 36.5min 减为 12min。以每万件计，可节约钢材 1400kg，节省工时 4000h。

6.2.2 烧结铜基材料

铜基结构零件主要是小模数的齿轮、凸轮、连杆、紧固件、阀、销、套等，广泛应用在电工、热工、气象、分析、光学、测试计量等各类仪器仪表上。铜基结构件有三个特点：（1）体积小、形状复杂、尺寸精度高。（2）具有良好的物理力学性能（如导电性、可焊性、抗拉强度、弯曲强度、冲击韧性和塑性等），以便承受负荷、铆合、攻丝、翻边等要求。（3）为了防腐蚀或装饰，部分零件尚需要进行电镀、浸渍等处理。

烧结铜基材料大体分为烧结青铜、烧结黄铜、烧结镍银、镍铜等材料。

表6-1　花键套生产工艺流程卡

产品名称	图号	材料	批量	单件质量	体积	密度	面积	工时	用户名称
花键套		Fe-C		126g	19.3cm³	>6.6g/cm³	14.5cm²		

工序名称	工序内容	装备
混料	材料配方:99%还原铁粉+1%石墨,外加0.8%硬脂酸锌 混料时间:2h混合,粉松装密度 2.4~2.5g/cm³	V形混料机
压制	压制弹性后效,$\varepsilon=0.25\%$,压坯密度:6.6~6.8g/cm³ 压制压力:600~700MPa(6~7tf/cm²),受压面积:14.5cm²,总压力:≈900kN(90tf) 压坯主要尺寸:外径 $D=\phi47.30_{-0.30}$ 内花键顶圆 $d=\phi15^{+0.12}$,总高 $h=13.1^{+0.40}$	1250kN (125tf)全自 动压机,引下式 自动模架
烧结	烧结收缩率,$\varepsilon=0.25\%$,保护气氛:城市转化煤气 预烧温度:900℃×3h,烧结带温度:(1100+10)℃×3~3.5h 冷却速度:2h内从1100℃冷却到700℃后进水套快冷到50℃ 烧结舟填料:Al₂O₃+5%石墨 烧结环尺寸:$D=\phi47.30_{-0.30}$,$d=\phi14.96^{+0.12}$,$h=13.1^{+0.40}$ 烧结坯表观硬度:>100HB	碳化硅棒推进 式连续烧结炉
精整	芯棒通过式精整内花键,内花键精整度由芯棒保证,精整余量0.04,精整件尺寸: $d=\phi15^{+0.80}$,粗糙度 Ra3.2μm	450kN(45tf) 液压机手动模 具
机加工	钻两孔,内径台阶倒角	钻床,车床
热处理	分解氨保护,840℃×15min,油淬200℃回火2h 产品硬度:>40HRC 抗拉强度>300MPa(30kgf/mm²)	连续式电炉
磨加工	两端面磨平面表面粗糙度 Ra1.6μm,$h=12.85^{+0.06}$	平面磨床

花键套零件图

技术要求:

1. 表面硬度>40HRC;
2. 金相组织:珠光体>50%,游离渗碳体>5%;
3. 密度>6.6g/cm³;
4. 产品表面不允许有裂纹及明显缺陷。

烧结青铜 $\begin{cases}$ 锡青铜：Cu-10% Sn（700℃多）\\ 铝青铜：含 Al 4%～11% $\end{cases}$

烧结黄铜（Cu-Ni-Zn 呈银白色）：含 Zn 10%～35%（可加 P、Pb）（800℃多）

烧结镍银、镍铜合金

其余合金：Cu-Al_2O_3 弥散；Cu-Be，Cu-Cr 时效强化；

Cu-Mn（Mn 含量 40%～75%）减震

铜基结构零件的一般生产工艺流程见图 6-5。

$\begin{array}{l}雾化青铜粉\\ 石墨粉\\ 润滑剂（硬脂酸锌等）\end{array}\Big\}$混合——压制——焙烘——烧结——精整——退火处理——

表面处理（电镀、浸渍）——制品

图 6-5　铜基结构零件的一般生产工艺流程

铜基结构零件的烧结是固相烧结，使多种合金元素均匀扩散，充分合金化，最终形成所要求的组织结构。烧结温度、保温时间、冷却速度、保护气氛等要根据具体情况，合理地拟订烧结工艺条件。表 6-2 为两种铜基结构零件的烧结工艺规范。

表 6-2　铜基结构零件烧结工艺规范

材料	焙烘/℃	烧结/℃	退火/℃	复压/MPa（tf/cm²）	表面处理	烧结气氛
青铜	400±10	780～810	600	600～750（6～7.5）	电镀	分解氨
黄铜	400±10	810～830	650	600～700（6～7）	电镀	分解氨

6.2.3　烧结铝基材料

烧结铝基材料主要应用于制造汽车活塞、连杆、家庭用具、办公机械、飞机构件等。按制备方法大体为烧结铝合金、烧结铝（SAP）、机械合金化（弥散强化）铝合金和快速凝固铝合金。

烧结铝合金是在 538～635℃下加入 Cu、Mg、Si 等元素制成的。烧结铝（SAP）又称烧结氧化铝、烧结刚玉或半熔氧化铝，是一种典型的低温耐热材料。铝经熔炼、雾化、机械破碎、通入氧气球磨、压制成型（压力为 0.25GPa），在氢气中烧结、热挤压（500～600℃）、冷加工得烧结铝材料。机械合金化（弥散强化）铝合金是将金属粉末、母合金粉末以及氧化物粉末等同时加入球磨筒中，经过相当长时间的研磨，使各金属组元达到光学显微镜无法分辨的程度，而使氧化物等硬质点均匀嵌入金属基体之中（Al_2O_3-Al_4C_3）。

6.3　摩　擦　材　料

6.3.1　概述

摩擦材料是利用摩擦传递或吸收动能的材料，用于各种机械设备的传动与制动。随着 1897 年第一块车辆用摩擦片的诞生，摩擦材料的发展已经历了一百多年的演变历史。最开始使用的车用摩擦原料主要为皮革和棉布，但由于自身材质的限制，耐高温性能极差，在150℃就失去效用，同时随着各种机械设备功率载荷等越来越高，对摩擦材料也提出了更高的性能要求。至20世纪二三十年代，人们发现使用石棉为主要材料所制备的摩擦片具有良好的耐热性，短时间内可承受700℃左右的高温，同时还有阻燃以及对基体增强的效果，因而在20世纪四五十年代得到了广泛的应用和发展。石棉型摩擦材料是以石棉为基材料和以酚醛树脂为黏结剂的摩擦材料，在制动过程中，石棉纤维微粒在空气中传播，会导致肺癌，这也是城市粉尘污染的重要来源。由于石棉型刹车片具有致癌性，不仅会危害人体健康，在反复制动后，热量累积还会产生"制动萎缩"现象，甚至刹车失灵，严重危害交通安全，如今已经被市场淘汰。为了得到环保且性能优异的摩擦材料，研究者们发现了多种新型的摩擦材料，粉末冶金摩擦材料就是其中之一。

粉末冶金摩擦材料是以金属粉末及（或）其合金粉末为基础粉体，添加摩擦组元和润滑组元，采用粉末冶金工艺制成的一种新型复合材料。根据其摩擦传递或吸收动能作用，摩擦材料主要分为用于制动的制动器衬片（或称为刹车片）和用于传动的离合器片两部分。如图6-6所示为某轿车用刹车片摩擦材料示意图及显微组织，主要用于实现制动或将扭矩从一个轴传递至另一个轴。由于所有的机械设备都需要进行传动或制动操作，因此摩擦材料是机械设备上的关键部件，在工作环境中要求其必须具备：足够高的摩擦因数及必要的热稳定性；良好的耐磨性和长使用寿命；足够的高温机械强度以承受较高的工作压力和速度；良好的抗卡性，能平稳地传递扭矩和制动；低噪声和少污染等；从而能使机械设备安全可靠地工作。

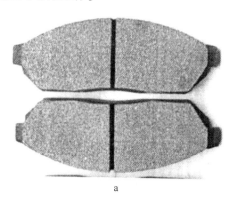

a   b

图6-6 轿车用刹车片摩擦材料示意图及显微组织

a—实物照片；b—显微组织

相比于熔铸金属基摩擦材料，粉末冶金摩擦材料是将摩擦组元及润滑组元加入基体金属经压制烧结而成，其成分可以按照不同的工况进行灵活调节，因而应用更为广泛。目前矿山机械、石油机械、载重卡车、特种车辆以及部分民用飞机如波音737、747等领域均采用了粉末冶金摩擦材料。

目前，粉末冶金摩擦材料的基体主要有铁基、铜基、铁铜基，以及正在发展中的镍基、钼基以及铍基等，由于Ni、Mo等金属成本高，因而主要应用于航天航空等前沿领域。粉末冶金摩擦材料主要有以下优点：

（1）较高且较稳定的摩擦系数，良好的导热性能，可以在较宽的温度范围内保持良好的摩擦系数。

（2）相当部分的硬质相使得摩擦材料具有较高的硬度以及较低的磨损率，且使用寿命较长。

（3）成分可控、组分组元可灵活调节，能适应各种不同的工况要求。

粉末冶金摩擦材料的标记方法如下所示：

(C)F M ××-××

铁基（铜基） 摩擦材料 基本组元含量(%) 硬度（最低值HB）

粉末冶金摩擦材料的组成为：

基本组元 { 基本组元：铁基中为 Fe，铜基中为 Cu
辅助组元 { 铁基：MoS_2、Ni、Cr、Mo、Cu、P
铜基：Sn、Pb、Zn、P

润滑组元：一般是石墨、铅（或铋）

摩擦组元：SiO_2、石棉、SiC、Al_2O_3、高铝红柱石（$Al_2O_3 \cdot 2SiO_2$）、氮化硅

在粉末冶金摩擦材料中，铁基摩擦材料具有耐高温、承受负荷大、机械强度高且价格便宜等特点，然而使用过程中易与对偶件表面发生黏着，表现出摩擦系数稳定性差、耐磨性低等缺陷。铜基摩擦材料的工艺性能好，具有稳定的摩擦系数，良好的抗黏结和抗卡滞性能、优异的导热性能，但其摩擦系数小、经济成本较高，而且在废弃后，长期堆存会使得重金属 Cu 发生大规模活化和迁移，对周边环境造成重金属污染和危害。随着技术发展，机器功率、载荷以及速度进一步提高，对摩擦材料的性能要求也进一步提高。若将金属型摩擦材料中铁基和铜基优点综合起来，制成铁铜基摩擦材料，将兼具铁基和铜基摩擦材料的性能优势，且制备中减少了铜用量，可达到降低成本和减少环境污染的作用。

铁铜基摩擦材料的性能在很大程度上取决于其显微组织、相组成及其他各组元的分布。图 6-7 为 Fe-19%Cu 摩擦材料中的金相组织。其中，图 6-7a 中是经腐蚀后的金相组织，图中数字 1、2 为珠光体，3 为 Fe 基体及其合金，4 为 Cu 相，5 为基体中的孔隙。图 6-7b 中黑色块状相为 Cu 颗粒，其形状各异，分布均匀，颗粒周围灰色为石墨片，排列方向紊乱，白色团状组织为 Fe 的固溶体组织，其上孔隙分布较少，在上面分布着一些不规则的颗粒状组元。表 6-3 列出了铁铜基摩擦材料的基本性能，其主要受成分和组织的影响。

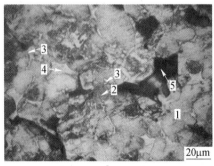

a   b

图 6-7　铁铜基摩擦材料的金相组织

a—腐蚀态；b—烧结态

表 6-3　铁铜基摩擦材料的性能

硬度	密度	剪切强度	冲击强度	摩擦系数
70~220HB	$5.2~6.8g/cm^3$	≥4.5MPa	$≥0.3J/cm^2$	0.2~0.7

6.3.1.1　强化组元

铁铜基摩擦材料是以铜粉和铁粉为主组元，其质量占粉末冶金摩擦材料总重量的 50% 以上，其组织结构、承载能力和本身性质决定了材料的机械和耐热性能，基体组元与润滑组元和摩擦组元之间的界面通过机械结合和反应结合两种方式连接，可防止摩擦滑动过程中出现弯曲和凹陷。由于摩擦材料在制动过程中会产生大量的热能，为防止热衰退现象，需要将热量释放或储存。这就要求分布在基体中的润滑组元和摩擦组元能够起到各自的作用，以保证基体具有足够高的承载和导热能力，保护材料不被破坏和受到热影响。文献研究表明，Fe 含量的增加，可增强 Cu-Fe 基摩擦材料的机械及摩擦磨损性能；增大 Cu 基摩擦材料的硬度，提高制动过程中摩擦力矩的稳定性；可同时增大 Cu 基摩擦材料的表面粗糙度和摩擦系数。随着铜含量增加，一方面使得组织中珠光体量增加，细化了珠光体间距，并具有固溶强化和弥散强化作用，另一方面烧结中铜颗粒融化扩散导致留下的孔隙增加，削弱了材料的力学性能。

除了铁铜含量不同外，添加其他组分也会对材料的力学性能及组织结构产生影响。为了增强基体的强度，可以在基体中添加钛、镍、钼、铝等金属元素，这是因为钛、镍、钼等金属加入基体中，可以细化组织，并造成晶格畸变，起到固溶强化和改善界面结合能力的作用，进而提高基体强度和硬度，降低磨损率，提高摩擦系数。如向 Fe-Cu-C 基体中添加 Mo 元素使得晶粒细化程度随着 Mo 含量的增加而增加，且随炉冷却后复合组织为铁素体-珠光体。对 Fe-18Cu 基粉末冶金摩擦材料添加 Al、Zr 等元素，添加 Al 元素后，铝和铜形成的固溶体以及新相 $AlCu_4$ 起到强化作用；添加 Zr 元素后，材料的各组元之间结合更为致密，同时有 $FeZr_3$ 的生成，提高了材料的强度，也细化材料的基体组织，提高了材料的致密度。在铁铜基粉末中加入 Mo_2O_3，可在还原气氛中形成 Mo 元素，基体组织由 α+C 转变为 α+C+ω（ω 为铁钼复合碳化物），α 相为钼和碳与 α 铁形成的固溶体，由于这些高硬化合物的形成，使得磨损率减小。

除此之外，还可以添加增强纤维和陶瓷相等增强相来提高基体强度。常用的强化纤维主要有碳纤维、SiC 纤维等非金属纤维以及铜纤维、钢纤维和钨纤维等金属纤维。其中，碳纤维作为增强相的研究主要集中在铜基粉末冶金摩擦材料上，添加适量体积的碳纤维可有效提升材料的摩擦磨损性能、减小自重和降低制动噪声。且碳纤维的长径比对材料的性能有重要影响，如利用放电等离子烧结（SPS）制备碳纤维增强铜基复合材料时，发现随着碳纤维长度的增加，复合材料致密度、强度都有所下降，其中添加 1mm 短切碳纤维的复合材料力学性能最好。添加 1.6% 的 SiC 颗粒，可使铁基复合材料的硬度和抗拉强度分别比基体提高了 35.9%、69.4%。利用 WC 颗粒增强的铁基复合材料的耐磨性能可以达到金属基体的 28 倍。相对于单粒径，多粒径 TiB_2 增强铜基复合材料的摩擦系数和磨损率分别降低了 17.3% 和 62.5%。向铁铜基体中添加 B_4C 的含量从 0 增加到 5% 时，材料的晶粒逐渐细化，大块的珠光体逐渐减少。

6.3.1.2 摩擦组元

常用的摩擦组元有 TiC、SiC、TiN、高熔点金属（Ni、Fe、Mo）粉末、金属氧化物（Al_2O_3、SiO_2、Fe_2O_3）以及莫来石、硼化物等，通常是以组合的形式添加到材料中，其作用是提高材料的摩擦系数，即增加滑动阻力。根据使用要求，摩擦组元需具有高的熔点和解离热；从室温到烧结温度或使用温度的范围内无多晶转变；与其他组分或烧结气氛不发生化学反应；具有足够高的强度和硬度，保证在摩擦过程中不易破坏，但是强度和硬度又不能太高，否则会过度磨损对偶基体合金；对基体组元的润湿性能要好。如单摩擦组元 SiO_2 与 Cu-Fe 基烧结摩擦材料基体可以形成过渡层，改善界面结合状态，有效提高材料的力学性能；双摩擦组元 SiO_2 和 B_4C 在混合总量不变的情况下，随 SiO_2 的增加、B_4C 的减少，摩擦材料的摩擦系数和磨损量均下降；对陶瓷摩擦组元 Al_2O_3 颗粒的表面进行化学镀铜处理，可改善铜铁基粉末冶金摩擦材料中陶瓷相与基体间的结合效果，增大摩擦材料的硬度、提高摩擦系数，且表面镀铜后的 Al_2O_3 颗粒不易脱落，摩擦系数稳定性提高 13% ~ 23%；FeB 组元含量增加可提高铁铜基摩擦材料的摩擦因数，而且 FeB 在烧结过程中与铁铜基中的铁发生反应生成 Fe_2B，既起摩擦组元的作用，又能强化基体；相比于纯组元 SiC，钛涂覆的 SiC 表面能改善 SiC 颗粒和基体之间的界面结合强度，增加了 Fe-Cu 基摩擦材料的弯曲强度和耐磨性。

6.3.1.3 润滑组元

在摩擦材料中，加入适当的润滑组元可以提高摩擦材料的润滑性能，从而降低材料在制动过程中的磨损率。常见的润滑组元有低熔点金属铅、锡、铋等，固体润滑剂石墨、二硫化钼以及高岭土等，有时也选用硫化钼、硫化铜、硫化钡或氮化硼等固体润滑剂。一般以石墨、二硫化钼应用最为广泛。低熔点的铅、锡等在高温下会局部熔化，可以吸收摩擦热并在摩擦面上形成一层薄膜，防止黏结、咬合和擦伤。如在干摩擦条件下，随着 MoS_2 含量的增加，热压烧结法制备的铁铜基摩擦材料的平均摩擦系数和磨损率均呈先下降后上升的趋势，当 MoS_2 含量为 3% 时，材料的平均摩擦系数最小，而磨损后材料的表面性能随 MoS_2 含量的增加呈先升高后降低趋势。石墨粒度和含量对 Cu-Fe 基摩擦材料的性能具有重要的影响，随着石墨粒度的减小，材料摩擦系数的变化呈先增后减的趋势，粗大的石墨具有较好的润滑性能，而摩擦系数低；当石墨较细时，由于氧化等因素的影响，润滑性能变差，摩擦系数升高；随着石墨含量的增多材料的压溃强度和抗压强度下降，摩擦学性能明显改善。

6.3.2 制备

粉末冶金摩擦材料多采用热压烧法制备，即将摩擦组元和润滑组元加入基体粉末中，经混合、压制、烧结而成。然而，该方法的生产效率低、能耗大，且生产成本高，为了改善这些缺点，研究和提出了一些新的制备工艺，主要依据烧结工艺的不同，分为溶渗法、微波烧结、喷撒工艺、感应烧结、自蔓延高温合成法、等离子喷涂法等。

（1）热压烧结法，是将干燥粉料充填入模型内，再从单轴方向边加压边加热，使成型和烧结同时完成的一种烧结方法。热压烧结由于加热加压同时进行，粉末处于热塑性状态，有助于颗粒的接触扩散、流动传质过程的进行，因而成型的压力仅为冷压的 1/10，还能降低烧结温度，缩短烧结时间，得到晶粒细小、致密度高、强度高、热传导性能好的铁铜基摩擦材料。利用该方法在还原气氛中制备得到兼具铁基和铜基优点的铁铜基摩擦材料，具有较高的摩擦系数，同时在较宽的温度范围内摩擦磨损性能比较稳定。但此方法对模具要求较高，需在保护气氛或真空状态下进行。

（2）溶渗法，是用熔点比制品熔点低的金属或合金在熔融状态下充填未烧结或烧结制品内部孔隙的工艺方法。如以铁-铜基烧结品作为基础试样，选用 6-6-3 青铜粉（Sn5%~7%Zn5%~7%Pb2%~4%Cu 余量）作为熔渗剂在钼丝炉中加热至 950℃ 保温 1h 进行熔渗试验。结果发现 6-6-3 青铜粉末对铁铜基粉末冶金摩擦材料具有较好的润湿性能，随着溶渗温度的升高，材料的孔隙率降低、致密度和硬度均增大，磨损率降低，而摩擦系数则基本保持不变。以 Fe-Cu 基摩擦材料为基体，Cu-Sn 合金为溶渗剂，发现在 1100℃ 保温 1h，可得到性能远高于传统烧结制品的摩擦材料，其硬度超出传统烧结试样 2.5 倍、拉伸性能为传统烧结试样的 1.7 倍、磨损性能为传统烧结试样的 3.3 倍、压溃强度提高 2.5 倍。

（3）微波烧结，是利用微波所具有的特殊波段与材料的基本细微结构耦合而产生热量，材料在电磁场中的介质损耗使其整体加热至烧结温度而实现致密化的方法，是实现材料快速节能烧结的新技术。微波烧结升温速度快，烧结时间短，微波还可对物相进行选择性加热，获得材料的新结构。此外，微波烧结易于控制，安全，无污染。利用该工艺制备 Fe-Cu 复合材料时发现：在烧结温度为 1150℃ 时所得微波烧结样品具有小而圆且均匀分布的孔隙结构，有利于获得细小的晶粒和较高的致密度。微波烧结与常规烧结相比，样品具有更多片状和粒状珠光体，能显著改善复合材料的力学性能，摩擦磨损性能也有一定的提高。

（4）感应烧结，是一种利用感应加热，使固体颗粒之间相互键联，随着晶粒长大，空隙（气孔）和晶界渐趋减少，通过物质的传递，其总体积收缩、密度增加的烧结方法。与传统热压烧结相比，感应烧结法具有制备时间短、效率高、能耗低等优点。有研究者利用该方法制备石墨/铜铁基复合材料，发现随着感应加热频率的增加，摩擦材料的孔隙率、密度、硬度、抗压强度降低，而摩擦系数和磨损率先降低后升高。研究还发现，选用合理的工艺参数，以氢气为保护气氛，感应加热烧结可以得到质量可靠的刹车盘，同时还可以缩短生产周期，降低能耗，经济效益显著。

（5）燃烧合成法，是利用化学反应自身放热制备材料的新技术，其主要特点为：1）利用化学反应自身放热，完全（或部分）不需要外热源；2）通过快速自动波燃烧的自维持反应得到所需成分和结构的产物；3）通过改变热的释放和传播速度来控制过程的速度、温度、转化率和产物的成分及结构。利用该方法可在较低温度下获得 Fe-Cu-Ti-C 复合材料，压力对复合材料的相组成并无影响，随着压力增大合金致密度和显微硬度增大，耐磨性提高。

（6）等离子喷涂法，是采用由直流电驱动的等离子电弧作为热源，将陶瓷、合金、金属等材料加热到熔融或半熔融状态，并以高速喷向经过预处理的工件表面而形成附着牢固的表面层的方法，它具有：1）超高温特性，便于进行高熔点材料的喷涂。2）喷射粒子的速度高，涂层致密，黏结强度高。3）使用惰性气体作为工作气体，可使喷涂材料不易氧化。采用该方法将 Cu-Sn 和 Cu-Sn-Mo 等混合粉末喷涂在铁铜基体上，发现 Cu-Sn-Mo 混合粉末涂层的硬度及摩擦磨损性能均优于 Cu-Sn 涂层。对 Fe-Cu-Al 基体喷涂 Al_2O_3 粉末，发现喷涂后的样品相比于 Fe-Cu-Al-Al$_2$O$_3$ 的混合粉末烧结样品，具有更好的摩擦学性能。这是因为基体具有软硬适中的平衡，并且由于表面涂覆的 Al$_2$O$_3$ 与基体和氧气发生了复杂的化学反应，金属氧化物和随后形成的碎片发生滑动，形成了良好的润滑膜。

（7）喷撒工艺，是将粉末直接喷撒在芯板上进行预烧结，然后再压制成型进行终烧。与传统压烧法相比，该方法具有生产周期短，热利用率高，原材料利用率高，可达 95% 以上。在预烧结温度 1050℃、保温时间 2h，压制压力 500MPa、终烧结温度 1030℃、保温时间 2h 的条件下，所制备的铜铁基粉末冶金摩擦材料具备较高的硬度和密度，与基板具有较高的结合强度。

综上所述，并结合工业生产，粉末冶金摩擦材料的制备总体上可分为原材料的选择、粉末混合、压制、烧结、装配和质量检验六步。对原材料的要求主要分为粉末准备和钢背准备两方面，粉末准备是对原材料的粒度、纯度和必要时对退火的要求，钢背准备是使用铜基（钢背用 20 钢）、铁基（用合金钢）作为基体，然后在基体上镀铜、镀锡。

粉末的混合方式有两种：一是将配料组分一起直接投入混料机混合；二是可将混料按一定的先后顺序逐级搅拌再投入混料机进行混合。压制常采用单向压制，因压坯的高度低，压制压力设置：Fe 基为 400～600MPa，Cu 基为 200～400MPa；压制常见废品主要由个别区域松散、剥落及高度超差所造成。烧结一般是加压烧结，加工保护气氛为 H$_2$ 和分解氨。炉子使用井式加压炉或钟罩加压炉。铜基烧结温度为 700～900℃，压力为 500～1500MPa；铁基烧结温度为 900～1000℃，压力为 500～2500MPa。在恒温区保温 2～4h，出炉温度，铜基选择 500～600℃，铁基 800～900℃。烧结废品主要为过烧、欠烧、过压、偏离钢背的正确位置、硬度过高或过低、摩擦材料层与钢背连接强度不够、摩擦制品的翘曲超过了允许范围。

摩擦材料的连接方式主要有：摩擦材料烧结在铜基板上；用螺钉或螺栓将摩擦材料固定在制动器的钢带上；将摩擦材料铆接在圆盘上。配置方式是指将粉末冶金摩擦材料配制在制动器或离合器骨架上。

质量检验分为一般检验和专门检验两种。一般检验是针对几何尺寸、化学成分、外观、硬度及翘曲进行检验；专门检验是使用摩擦试验机检验其摩擦性能，在台钳上弯曲 90° 检验其与钢背的联结强度和钢背的塑性检验。

6.4　电工材料

6.4.1　概述

电工材料是指采用粉末冶金方法制造的用于电器设备及仪表中传递和承受电负载的材料和制品。电工材料的种类主要有电触头材料、电阻焊和电火花加工电极、金属石墨电刷、电热合金、热电偶材料。电触头是高、中压输配电和变电网络、低压电器保护和控制以及各种自动化仪表中的关键元件。以 Cu、Ag 加少量 Sn、Pb 为主，并加石墨粉构成的金属石墨电刷用于直流电机或交流换向器电机，如通用电动工具、手电钻和角磨机上，皆用到它。

6.4.2 触头材料

6.4.2.1 触头的工作状态

开关电器的先进性以它的可靠性高、工作寿命长为主要标志。开关电器的触头，特别是触头材料，是保证其实现高可靠性和长寿命的关键。要制造出满足高可靠性和长寿命的触头材料，必须首先了解开关电器触头在不同工作状态下存在的问题和对它提出的要求。开关电器触头一般都有三种工作状态：触头的闭合过程、闭合导电状态和分段电流过程。

触头的闭合过程是动触头在操作机构的作用下以一定的速度向静触头运动，直至触头稳定接触的过程。由于在接触前动静触头两端有较高的电压，触头间产生电弧，同时由于触头及其构件具有弹性，当动触头与静触头碰撞接触后，触头系统的动能大部分转变成变形能，当触头变形恢复时，变形能又转变成动能，使动触头反弹运动。若触头弹跳幅度超过了它的变形量，则动、静触头相互分离产生电弧（短弧），电弧的高温使触头表面材料熔化、气化和喷溅，造成触头的闭合侵蚀。触头弹跳过程中由于摩擦和塑性变形等消耗部分能量，使弹跳幅度一次一次地较小，最后弹跳停止，进入闭合工作状态。触头弹跳停止后电弧熄灭，触头表面的熔化金属迅速冷却凝固，容易使触头产生熔焊（此种因触头闭合弹跳产生电弧而造成的熔焊称为动熔焊）。如果触头的焊接强度超过开关机构的分断能力，则触头将造成永久性熔焊而使开关失去工作职能。

触头的闭合过程完成后，动静触头接触在一起，电流可以通过触头给电器设备供电。由于触头接触处有一定接触电阻，当电流通过触头时，接触电阻产生的焦耳损失使触头发热，温升增高。如果触头的温升过高，接触内表面便迅速生长较厚的氧化膜，使导电接触区域的面积减少，接触电阻变大。接触电阻一旦变大，温升将进一步增高，接触电阻更加变大，如此恶性循环，最后导致接触面熔化而焊接，或者接触电阻过大而导致导电失效。这种因接触电阻发热而导致的熔焊称为触头的静熔焊。如果通过触头的电流过大，触头间的电动斥力将抵消外加接触力而使实际作用接触力减小，也会导致接触电阻增大。在极端严重情况下，当触头间的斥力超过了外加接触力，触头便自动斥开产生电弧，更容易造成触头的熔焊。另外，触头多次通电操作后，由于接触电阻和电弧的热作用，使接触表面侵蚀变形，氧化物聚集，也将导致接触电阻增大，温升变高。

动触头以一定的速度相对静触头分离断开，触头一旦分离即引燃电弧。大电流低压电器常采用磁吹使电弧迅速运动进入灭弧室而熄灭。然而，触头起始分离时电弧不能被磁场驱动，它要停留在触头上一段时间，使触头表面侵蚀。只有当触头分离超过一定的距离以后，磁场才能驱使电弧运动。电弧离开触头进入灭弧室后熄灭。电弧熄灭以后触头间隙起着隔离线路电压的作用。

6.4.2.2 触头材料的基本要求

在固定接触中，对触头材料的主要要求是接触电阻低而稳定；对滑动接触，则主要要求材料的抗摩擦和磨损能力；对分离接触，由于触头间气体放电现象及电路分断接通操作过程中的机械效应，对触头材料的要求非常苛刻，也是研究最多的电接触现象。

概括而言，对触头材料的基本特性要求如下：

（1）力学性能。触头材料应具有合适的硬度。较低的硬度在一定接触压力下可增大接触面积，减少接触电阻，降低静态接触时的触头发热和静熔焊倾向，并且可降低闭合过程中的动触头弹跳；较高的硬度可降低熔焊面积和提高机械磨损能力。另外，合适的硬度有利于加工。触头材料还应具有合适的弹性系数。较高的弹性系数容易达到塑性变形的极限值，因此表面膜容易破坏，有利于降低表面膜电阻，较低的弹性系数则可增大弹性变形的接触面积。

（2）物理性能。高的热传导性，可以使电弧或焦耳热源产生的热量尽快输至触头底座。高的比热，高的熔化、汽化和分解潜热，高的燃点和沸点可以降低燃弧的趋势。低的蒸汽压可以限制电弧中的金属蒸汽密度。触头材料应具有高的电导率以降低接触电阻，低的二次发射和光发射以降低电弧电流和燃弧时间。

（3）化学性能。触头材料应具备较高的化学稳定性，即具有较强的抵抗气体烧蚀的能力，以降低对材料的损耗，具有较高的电化电位，与周围气体的化学亲和力要小，化学生成膜不但分解温度要低，而且还要求其机械强度要小。

（4）电接触性能。触头的电接触性能实质是物理和化学性能的综合体现，并且各种特性相互交叉作用。概括地讲，触头的电接触性能主要包括：

1）表面状况和接触电阻。接触电阻受到表面状况的显著影响，而表面状况又与电弧侵蚀过程密切相关，因而要求触头的侵蚀均匀，以保证触头表面平整，接触电阻低而稳定。

2）耐电弧侵蚀和抗材料转移能力。触头材料具有高的熔点、沸点、比热和熔化、汽化热及高的热传导性，固然对提高触头的耐电弧侵蚀能力有利，但上述物理参数只能改善触头间电弧的熄灭条件，或大量地消耗电弧输入触头的热流，然而一旦触头表面熔融液池形成，触头的抗侵蚀性能则只能靠高温状态下触头材料所特有的冶金学特性来保证。这涉及液态对触头表面的润湿性，熔融液池的黏性及材料第二和第三组分的热稳定性等。

3）抗熔焊性。触头材料的抗熔焊性包括两个方面：一是尽量降低熔焊倾向，从触头材料角度来看，主要是改善其热物理性质。二是降低熔融金属焊接在一起后的熔焊力。熔焊力主要取决于熔焊截面和触头材料的抗拉强度，显然为了降低发生静熔焊的倾向可增大接触面积和导电面积，但一旦发生熔焊，反会使熔焊力增加，因此为降低熔焊力，或为提高触头材料的抗熔焊性，常在触头材料中加入与主组元化学亲和力小的组分。

4）电弧特性。触头材料应具有良好的电弧运动特性以降低电弧对触头过于集中的热流输入。触头材料还应具有较高的最小起弧电压和最小起弧电流。最小起弧电压很大程度上取决于电触头材料的功函数以及其蒸汽的电离电位。而最小的起弧电流与电极材料在变成散射的原子从接触面放出时所需要的结合能有关。触头间电弧可具有金属相和气体相两种形式，不同形式的电弧对电极有不同的作用机制，触头材料应使触头间发生的电弧尽快地由金属相转换到气体相。

5）其他性能。除上述要求外，触头材料应尽可能易于加工，具有较高的性能价格比。而且出于绿色环保考虑，不能污染环境，如今这个问题越来越受到人们的重视。

由此看来，对触头材料的要求是十分苛刻的，而且许多要求甚至还互相存在着矛盾。所以，满足上述所有性质要求的触头材料是不存在的。触头材料的研制、生产和选用只能根据具体使用条件满足那些最关键的要求。

6.4.2.3 触头材料的制备

触头材料的成分按使用条件分高压（电压>10kV），中、低压，弱电（电流为毫安以下）。高压主要使用 W-Cu、W-Ag、W-Ni-Cu、WC-Ag 等材料。中低压主要使用 Ag-Ni、Ag-Fe、Ag-石墨、Ag-CdO、Ag-CuO、Ag-SnO。几种材料制备的典型过程如下。

A 熔渗法生产 W-Cu 触头材料

将钨粉或者混合有少量铜粉的钨粉制成压坯，并将熔渗金属铜与钨压坯叠置在一起。然后在还原气氛或真空中，高于铜熔点的温度下烧结。烧结过程中，依靠毛细管作用，使熔融的铜渗入钨骨架。烧结和熔渗可分开进行，也可合为一个工序，但预先烧结钨骨架再熔渗的方式可获得强度较高的骨架，溶渗法制备 W-Cu 合金工艺流程如图 6-8 所示。

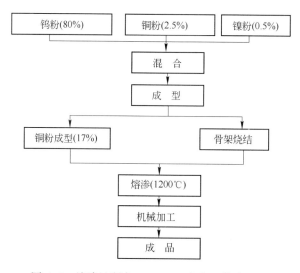

图 6-8 熔渗法制备 W80Cu20 合金工艺流程图

钨铜合金的制备方法还有混合-压制烧结法，活化烧结法和烧结加压复合法。钨铜合金未来主要向高气密性、高均匀性、高导性、微型化以及高铜含量等方面发展。混合-压制烧结法是将所需成分的铜和钨的混合粉压制成型后，直接烧结制得产品。烧结一般有两种方法，一种是非液相烧结（即固相烧结），即压块在低于铜的熔点下烧结，在烧结过程中没有液相产生；另一种是液相烧结，即烧结温度高于铜的熔点。这种工艺得到的制品密度偏低，特别是含铜量低的材料更为严重。这是由于固相钨在液相铜中仅有极小溶解度，物质输送无法通过溶解沉淀和颗粒圆化方式进行，再加上钨铜间浸润性差，使钨铜合金很难实现致密化。而活化烧结法可以改善两者之间的润湿溶解，并降低烧结温度。烧结加压复合法制备的粉末冶金制品或多或少都存在一定的孔隙率。残余孔隙的存在对某些物理和力学性能有着致命的影响。采用加压烧结或烧结后的二次加工技术，可获得更优异的性能。

近年来，随着纳米材料的飞速发展，国内外学者对制备纳米粉末产生了浓厚的兴趣。如果能制备出晶粒细小（100nm 以下），钨相、铜相高度弥散、均匀混合的复合粉末，将会使粉末之间的接触界面增大，表面活性增强，烧结驱动力变大，致密化程度加快，即使在较低烧结温度下也可制得高致密度的钨铜合金。而且，制备的钨铜烧结体还会具有良好的显微结构和性能。目前，研究较多的制备纳米钨铜复合粉末的方法有以下几种：机械合金化法、溶胶-凝胶法、机械-热化学工艺合成法、雾化干燥法等。

机械合金化（MA）是一种使用最广泛的制备合金粉的方法。在有气体保护的条件下，将钨、铜金属粉末在高能球磨机中进行高能球磨，在球料的反复碰撞和摩擦作用下，粉末颗粒发生变形与焊合，形成不同粉末相互交叠的层片状复合粉（称为冷焊）。在后续研磨过程中，复合粉末发生断裂，这种冷焊与断裂交替进行，致使复合颗粒尺寸越来越小。同时，不同元素之间还发生相互扩散，形成细小的、均匀分布的纳米 WCu 合金粉。Jin-Chun Kim 等人用转速为 400r/min 的高能球磨机，将 WCu30 磨 100h，得到了粒度为 20～30nm 的纳米粉末。采用此纳米粉末压制紧实率为 42%生坯，在氢气气氛下经 1000℃烧结 1h 可获得晶粒粒度为 200nm、相对密度为 95%的 WCu 复合材料。Dae-Gun Kim 等人采用共球磨 WO_3 和 CuO 粉末 20h，再通过氢气还原的方法，得到了粒度为 11～17nm WCu 合金粉。国内较多文献也报道了通过高能球磨钨、铜金属粉末或其氧化物，制备 WCu 合金粉的研究进展。但是，由于纳米材料的表面效应使得其颗粒很容易团聚，吸附气体和杂质，而且在烧结时颗粒容易长大，所以，目前得到的纳米铜钨复合材料还不是很理想。因此，国内外大量学者仍然在不断地研究。图 6-9 为不同工艺制备的钨铜合金的显微组织照片。

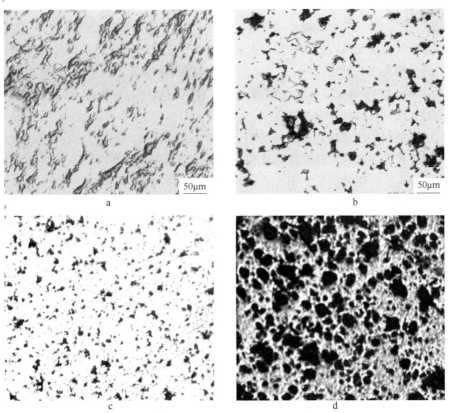

图 6-9　WCu 合金显微组织图

a—熔渗烧结；b—添加稀土元素；c—机械合金化；d—注射成型烧结

　　采用快速凝固技术制备 WCu 合金，由于凝固过程冷速快（1000~1000000K/s），过冷度大，使合金的凝固极大地偏离了平衡，扩大了合金元素在固相中的溶解度，晶体组织更加细化，偏析显著减少。对于 WCu 合金，快速凝固不仅保持良好的导电性能，而且极大地提高了合金的室温和高温强度，改善了合金的耐磨和耐腐蚀性能。

　　常用的快速凝固方法有雾化法、甩带法和雾化沉积法。但最新的研究发现，即使是快速凝固法，其冷却速度还是太慢，凝固组织有充分的时间长大和粗化，以致产生严重的枝晶偏析，影响了材料性能的提高，造成冷却速度慢的原因是凝固界面与液相中最高温度面距离太远，固液界面并不处于最佳位置，因此获得的温度梯度不大。

　　为了进一步细化材料的组织结构，减轻甚至消除微观偏析现象，有效地提高材料的性能，就需要提高凝固过程的冷却速率。目前在定向凝固技术中，冷却速率的提高，可以通过提高凝固过程中固液界面的温度梯度和生长速率来实现。具体的方法有深过冷定向凝固、电磁约束成型定向凝固、激光超高温梯度快速定向凝固。当然，要使用具有广阔前景的快速定向凝固技术，还需要解决一些诸如如何获得一定外形的零件、如何控制热流的方向等技术上的问题。

　　钨铜合金常用的预制钨骨架是采用负压铸渗法制备。该方法最大的缺点是骨架表面受到了污染和氧化，导致其与基体结合性变差，材料性能降低。而原位反应铸造法，由于增强相是在制备过程中于金属液相中原位生成，没有在空气中暴露，避免了表面污染及氧化，改善了与基体的结合，并能形成细小的颗粒增强相（微米及亚微米级），且基体相与增强相分布均匀，从而可以提高金属基复合材料的性能。针对钨铜复合材料，通常是将钨粉与适量的铜粉（实际上是 WO_3 和 CuO 粉）混合后压制成坯块，先在空气中焙烧形成 $CuWO_4$，然后在 H_2 中还原，最后用钟罩将坯块压入铜液中，使铜渗入到坯块中。该方法制备的钨铜复合材料相对密度可达 99%。

　　微波烧结是利用微波加热来对材料进行烧结。它同传统的加热方式不同。传统的加热是依靠发热体将热能通过对流、传导或辐射方式传递至被加热物而使其达到某一温度，热量从外向内传递，烧结时间长，但很难得到细晶。而微波烧结则是利用微波具有的特殊波段与材料的基本细微结构耦合而产生热量，材料的介质损耗使其材料整体加热至烧结温度而实现致密化的方法。

　　微波烧结技术特点：微波与材料直接耦合，导致整体加热，得以实现材料中大区域的零梯度均匀加热，使材料内部热应力减少，从而减少开裂、变形倾向。同时由于微波能被材料直接吸收而转化为热能，所以能量利用率极高，比常规烧结节能 80% 左右。微波烧结升温速度快，烧结时间短。同时，烧结温度亦有不同程度的降低。微波可对物相进行选择性加热，由于不同的材料、不同的物相对微波的吸收存在差异，因此，可以通过选择性加热或选择性化学反应获得新材料和新结构。还可以通过添加吸波物相来控制加热区域，也可利用强吸收材料来预热微波透明材料，利用混合加热烧结低损耗材料。此外，微波烧结易于控制、安全、无污染。图 6-10 为钨铜合金产品示意图。

　　B　共沉积法制备 Ag-CdO 触头

　　将纯净的金属银和金属镉按要求的成分配料，用 1:1 的稀硝酸溶解，得到硝酸银和

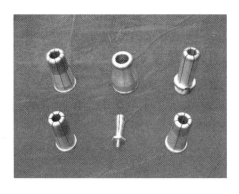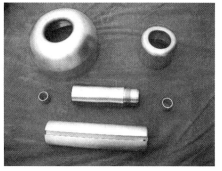

图 6-10 钨铜合金部分产品图

硝酸镉的混合溶液，再用沉淀剂沉淀。沉淀剂可以采用 Na_2CO_3、$NaHCO_3$、$NaOH$、$H_2C_2O_4$，将这些沉淀剂与硝酸银和硝酸镉的混合溶液作用后，分别得到均匀分散的银和镉的碳酸盐、氢氧化物或草酸盐。

共沉淀物经过过滤、洗涤等工序，才能将其中的 Na^+ 和 NO_3^- 去掉。但由于共沉淀物很细，难于过滤、洗涤，残存的 Na^+ 将使触头在贮存和使用过程中"发霉"，影响质量。为此，在洗涤之前，将共沉淀物在 400℃ 焙烧，将发生下列分解反应：

$$AgCO_3 \longrightarrow Ag_2O + CO_2$$
$$2Ag_2O \longrightarrow 4Ag + O_2$$
$$CdCO_3 \longrightarrow CdO + CO_2$$

此时得到的银和氧化镉的混合物，易于洗涤、过滤，而且可避免发霉。洗涤使用二苯胺浓硫酸溶液检查，至无 NO_3^- 为止。

Ag-CdO 混合料以 800MPa（8tf/cm^2）压力成型，850℃ 烧结约 2h，可获得良好的性能，密度为 10.03g/cm^3，电阻系数 2.4$\mu\Omega \cdot cm$。

采用共沉淀法制备 Ag-CdO 触头的工艺流程如图 6-11 所示。

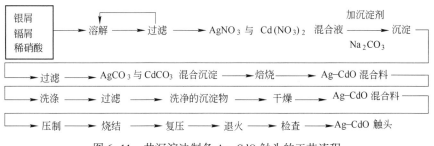

图 6-11 共沉淀法制备 Ag-CdO 触头的工艺流程

C 松装熔渗法制备 Cu-Cr 合金

松装熔渗法制备 Cu-Cr 合金触头的一般工艺流程如图 6-12 所示。

铬粉松装于石墨坩埚
铜块 } 真空炉中烧结—铜块熔渗于铬粉中—除气—检查—Cu-Cr 合金

图 6-12 松装熔渗法制备 Cu-Cr 合金触头的工艺流程

　　松装熔渗法制备 Cu-Cr 合金触头的具体工艺过程为：将具有一定粒度的 Cr 粉、Cu 粉、石墨粉以及少量的丙酮按一定比例配制，并按照一定的混粉工艺充分混制均匀后，在衬有高纯石墨纸的石墨坩埚中进行松装并轻微振实，将纯 Cu 块置于松装混合粉料之上。然后将石墨坩埚放入真空烧结炉中，抽真空，当真空度达到要求后，按照一定的加热速度升温，达到 800℃ 左右后，保温一定时间，继续升温，在真空下于 1300℃ 左右保温一定时间，待 Cu 熔渗进 Cr 骨架制成 Cu-Cr 合金材料。该工艺操作简单，配合真空热碳还原工艺，可以制备出氧含量较低的 Cu-Cr 合金触头。

　　需要注意的是，由于在高温下熔渗，Cr 在 Cu 中溶解度较高，冷却后形成过饱和固溶体，使其电传导性能有降低的弊端，可以采用随后的热处理工艺来消除。但是，熔渗法仍存在一定的工艺局限性，如该方法不易制备高含量 Cu（质量分数 $w(Cu) > 60\%$）的 Cu-Cr 合金（Cu 的质量分数一般在 5%~60% 之间）。

　　松装熔渗工艺法制备 Cu-Cr 合金触头的工艺要点包括以下几个方面：

　　(1) 粉末粒度及分布的确定。为保证熔渗的顺利进行、减少闭孔等缺陷，在烧结的 Cr 骨架中要加入一定量的诱导 Cu 粉。如果 Cu 粉的粒度过大，那么骨架中 Cu 所占据的面积也较大，这会造成成分的宏观偏析，在燃弧时易产生喷溅。因此，要求 Cu 粉的粒度应细一些。但是 Cu 粉过细又容易增加氧含量，并给混粉工艺带来困难。一般认为 Cu 粉的粒度在 5~55μm 范围内比较合适。

　　Cr 粉的粒度选择要根据制备工艺而定，一般松装熔渗法制备 CuCr50 时选取的粒度在 75~100μm 之间，这是为了保证 50% 的松装密度，并有利于熔渗骨架及连通孔隙。

　　Cr 粉的粒度分布对触头材料的性能也有重要影响。研究表明，采用小于 30μm 和 250μm 的 Cr 粉搭配，在 10kV 的真空断路器中，可以表现出优异的耐压、抗熔焊、低截流和长寿命特性。

　　(2) 烧结温度和时间的确定。烧结过程中主要的物质迁移机制为扩散流动，因而烧结温度和烧结时间是最敏感的过程控制参数。随着烧结温度的提高，晶界运动速度提高，晶粒长大速度加快；而延长烧结时间可导致晶粒不断长大，Cr 颗粒烧结颈不断长大，最终连接在一起，造成大量 Cr 骨架的聚集，所以烧结温度和烧结时间的选择要兼顾骨架表面的氧化膜、强度及合适的孔隙。骨架表面氧化膜的存在直接影响熔渗效果，严重时烧结熔渗金属进入不到骨架中，会在触头中出现"白斑"（以 CuCr50 多见），所以必须在烧结阶段去除。下面以熔渗 CuCr50 触头材料为例，阐述氧化膜还原温度的确定原则。Cr 骨架表面的氧化膜以 Cr_2O_3 的形式存在，其还原是采用真空碳热还原法，以固体碳还原 Cr_2O_3 的反应如下：

$$Cr_2O_3 + 3C(s) === 3CO(g) + 2Cr(s)$$
$$\Delta G^\ominus = 771321 - 507.1T$$

　　一般烧结 Cr 骨架时，在 600~700℃ 时尽可能提高真空度，以降低 CO 分压，保证反应顺利进行，同时给予 0.5~1h 的反应时间，以确保 Cr 粉表面氧化膜的去除。

　　Cr 骨架烧结的主要驱动力为表面张力，Cr 粉粒径越细，驱动力越大，越容易烧结。因此烧结温度和时间的确定还要参考不同 Cr 粉的粒径而确定。一般常用国产 Cr 粉的粒径为 75~100μm，烧结温度一般定为 1200~1300℃。

　　(3) 烧结气氛的影响。烧结气氛直接影响触头材料的含氧量和熔渗效果。真空状态有利于 CuCr50 材料的烧结。在用熔渗法制备 CuCr 触头材料时，采用 H_2 还原效果并不理想，而碳可以还原 Cr_2O_3，且还原后的 CuCr50 的含氧量较低。所以 CuCr50 触头的烧结一般采用真空碳热还原法。

（4）熔渗温度和时间的确定。熔渗温度对熔渗金属的润湿角有明显的影响。熔渗温度的选择首先要保证熔渗金属在该温度下具有较低的黏度、较高的表面张力，能够迅速充填孔隙。研究表明：纯 Cu 溶液相的黏度随着温度的升高而降低，表面张力随着温度的升高而增加，所以提高熔渗温度可以增加铜液的流动性，增强毛细作用；但是温度过高，会增加熔渗金属的蒸发损失；熔渗温度过高，会使 Cr 在铜液中的溶解度增加，Cu 液也会严重侵蚀 Cr 颗粒表面并使之球化，Cu-Cr 合金中形成过多的固溶体，而影响合金的电导率。此外，Cr 骨架的严重侵蚀有可能大大降低材料的强度。一般选择熔渗温度高于熔渗金属熔点 200～250℃ 较为合适。

熔渗时间要根据骨架金属的原始粉末粒度、触头材料的固含量、熔渗坯的高度等因素来确定。熔渗时间的长短要保证熔渗金属充填到每一个孔隙，并且能够均匀化。一般骨架金属粉末粒度越细，熔渗时间越长。例如：当原始 Cr 粉粒径为 100μm 时，熔渗 ϕ68mm × 50mm 的 CuCr 触头材料需要 20min；而当 Cr 粉粒径为 55μm 时，却需要 1h。触头材料的固含量越高，熔渗时间越长，例如 CuCr70 合金的熔渗时间要长于 CuCr50 合金；熔渗坯的高度越高，熔渗时间越长。

（5）升温速度和冷却速度的确定原则。一般，为了提高生产率，应尽可能加快升温和冷却速度。但升温过快，会造成温度不均，使触头毛坯内部产生较大的温度梯度，局部温度过高，可能使微小区域上熔化的铜对骨架产生较大的熔蚀，造成骨架强度不均，甚至产生微观富 Cu 偏析，或收缩不均引起内应力。同时，使触头内部烧结中产生的挥发物迅速逸出，将在触头内部产生裂纹等缺陷。所以升温速度以 10～15℃/min 较为合适。降温速度也不能太快，冷却太快，凝固时在触头的中心部位由于液态金属来不及补缩容易产生微缩孔（即孔隙缺陷或疏松），这将严重影响触头的电性能；另一方面，头部缩孔也会加深，影响材料的收缩率，为避免这种缺陷一般采取随炉冷却。

（6）热处理对 CuCr50 触头材料组织与性能的影响。常用的热处理工艺主要分为两类：固溶处理+时效处理和直接时效。固溶处理温度 960℃，30min；时效温度 400～800℃，1～5h。

对比 CuCr50 合金分别经 960℃ 固溶+时效 1h 处理和直接时效 1h 后的硬度，发现经过固溶时效处理后的硬度高于直接时效处理后的硬度，且在 500℃ 时达到最大值。对比电导率数值，结果表明固溶处理对电导率影响不大，采用两种方法时效处理电导率均在 500℃ 时达到最大值。据此可知，固溶+500℃ 时效处理可使 CuCr50 触头材料的硬度、电导率达到最高。

经过固溶和适宜的时效处理，Cu 基体中过饱和的 Cr 脱溶析出，析出的 Cr 相呈细小点状或棒状均匀弥散分布，主要的强化机理是弥散强化，此时电导率和硬度均相应提高。时效温度低、时效时间较短时，仅有少量的 Cr 脱溶析出，大部分过饱和的 Cr 仍固溶于 Cu 相中，这时的强化机理主要为固溶强化，因而电导率和硬度均较低。时效温度过高，时间过长，析出的 Cr 重新溶解进入 Cu 基体或聚集长大，呈长棒状，这时材料的电导率和硬度均较大幅度降低。

热处理对触头材料氧、氮含量影响不大。

此外，研究表明：将触头表层 Cr 颗粒细化可明显提高其耐电压强度，截流值也相应明显降低。基于这一观点，细晶 Cu-Cr 触头材料的研究和制备应是发展方向。制取细晶 CuCr 触头材料的工艺途径有两种：一是通过添加合金元素来细化晶粒，二是通过改进和采用新的制造工艺实现晶粒细化，目前在研究的工艺主要有：激光表面重熔法、电弧熔炼、机械合金化、自耗电极法、等离子体喷涂法、快速凝固法、喷射沉积法等。这些工艺还在进一步研究和完善中。

6.4.3　金属-石墨电刷材料

6.4.3.1　电刷的分类及应用

电刷是在电动机和发电机中用来转换和传导电流的一类零件。除鼠笼式感应电机外，其他电机都要使用电刷。电刷质量的好坏直接影响电机的使用性能，是电机的重要零件。电刷主要有薄片、圆棒及圆筒三种形式。按成分、制造工艺和应用范围的不同，电刷材料可分为三类。

（1）石墨电刷：在天然石墨粉中加入沥青或煤焦油黏结剂混合后经压制、焙烧或固化而成，但未经石墨化处理。电阻率 $8 \sim 20\Omega \cdot mm^2/m$，硬度（压入法）$100 \sim 350MPa$，摩擦系数不大于 0.20，这类电刷应用于整流正常、负荷均匀，电压为 $80 \sim 120V$ 的直流电机以及小容量交流电机的滑块和电焊发电机。

（2）电化石墨电刷：以石墨、焦炭和炭黑等粉末为原料，加沥青或煤焦油等黏结剂混合后经压制、焙烧、再经高温（$2500℃$）石墨化处理而成。材料中的无定形碳转化为人造石墨，有良好的耐磨性、易加工。电阻率 $50 \sim 60\Omega \cdot mm^2/m$，硬度（压入法）$30 \sim 500MPa$，摩擦系数不大于 $0.15 \sim 0.30$。广泛用于各类电机及整流条件困难的电机，如整流正常，负荷均匀，电压 $80 \sim 230V$、$120 \sim 400V$ 的直流电机、高速气流滑块、小型快速电机等。

（3）金属-石墨电刷：是以 Cu、Ag 及少量 Sn、Pb 等金属粉末为主要成分，并加入石墨粉经混合、压制和烧结而成。金属-石墨电刷的电阻率 $0.03 \sim 12\Omega \cdot mm^2/m$，硬度（压入法）$50 \sim 360MPa$，摩擦系数不大于 $0.15 \sim 0.70$，电阻率低，导电性良好，载流量较大。金属-石墨电刷允许的电流密度为 $9000 \sim 25000A/m^2$，适用于大电流交流电机，低电压高电流的电解、电镀用直流发电机，也适用于低压大型牵引电机，汽车和拖拉机的启动电机等。

6.4.3.2　金属-石墨电刷及其特性

金属-石墨电刷由纯铜或纯银与石墨组成，也有在铜或银中添加 Pb、Sn、Zn、Fe、Co 等金属中的一种或几种和石墨组成的，还有加入氧化物、硫化物或碳化硅等抗磨添加物构成的金属陶瓷石墨电刷。纯金属-石墨电刷的导电率比添加多种组元的电刷高。加入少量金属组元的目的有，在烧结时产生液相、促进致密化，如加入 Sn、Zn、Pb 强化铜基体，使电刷具有适宜的磨削特性，如加入 Fe、Ni、Cr，加入 Ag、Zn、Sn、Al、Pb 是为进一步提高耐弧性和韧性及降低摩擦系数；还有的加入 Co 以减少电刷中铜的氧化，使电刷的磨损量减小，使电机转速稳定。加入氧化物、碳化物、硫化物或减少电刷的氧化和换向器的磨损，从而保证接触电阻小或减少火花。各种电刷中都有石墨，可改善其摩擦特性。

6.4.3.3 金属-石墨电刷的制造

制造金属-石墨电刷的工艺流程如图6-13所示。制备混合料可以将原料粉末直接混合，或将石墨与黏结剂搅拌均匀后磨碎，再与金属粉末混合。电刷的成型有图示的三种方式。

在机械压力机或油压机上直接成型为电刷零件（见图6-13A），如汽车用小电刷。在压力机上压实为一定密度的坯料，再轧碎并压制成型为零件（见图6-13B）。先压成大坯块，烧结后再加工成所需尺寸和形状的零件（见图6-13C）。

按成型温度分为热成型和冷成型两种。根据电刷中金属含量的不同，成型压力一般为 $100 \sim 200 \mathrm{MPa}$，压坯密度为 $2.0 \sim 8.0 \mathrm{g/cm^3}$。导电用的引出线在电刷成型时就安装好。

烧结在 $500 \sim 1000 \, ℃$。一般，金属含量低的材料在间断式炉中烧结；金属含量高或尺寸小

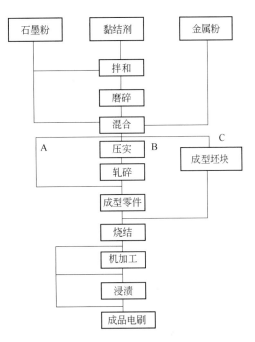

图6-13 金属-石墨电刷制造工艺流程

的零件，并且产量较大时，可于连续炉中烧结。金属含量少，尺寸大的零件要控制较慢的冷却速度。烧结气氛有 N_2、H_2、分解氨、吸热型或放热型气氛。金属-石墨电刷可用各种有机液体（如油）浸渍，以改进其摩擦性能，浸渍时应抽真空并施加一定的浸渍压力。

6.4.4 阴极材料

一般而言，把发射电子的电极称为阴极，而把接收电子的电极称为阳极。阴极特性主要取决于它所采用的电子发射材料。众所周知，所有的物体里都含有大量的电子，但是这些电子在常态下所具有的能量都不足以逸出物体。因此要把它们从物体里释放出来，必须另外给予它们能量以克服由逸出功所表征的阻碍它们逸出的力。表6-4给出了部分材料的逸出功。

表6-4 部分材料的逸出功

材料	铯	钡	铝	铜	铁	镍	钼
ϕ/eV	1.93	2.51	4.20	4.48	4.63	4.91	4.24

材料	钨	钍钨	钡钨	三元氧化物	氧化钇	氧化镧	
ϕ/eV	4.54	2.63	1.6	1.6	2.0	2.1	

有多种方法可使物体内部的电子获得足够的能量而逸出表面。这些方法主要有加热、正离子轰击、电子撞击和施加强电场等，而相应的电子发射就称为热电子发射、次级电子发射、电子撞击发射和场致发射等。

本节主要介绍电弧等离子体用电极（阴极）$W-ThO_2$ 纳米复合电极材料的制备工艺及性能。

6.4.4.1　电弧等离子体的特征及对电极材料的性能要求

高温、高能量密度的热等离子体有着广阔的应用前景，可广泛用于切割、热喷涂、焊接、熔炼、新材料合成、超细粉的制备、废水处理、空间推进等方面。等离子体电弧的本质特征是：工作温度高（$2 \times 10^3 \sim 5 \times 10^5$ K）。

电弧等离子体发生器中的阴极是这一系统的关键部件。在该系统中，阴极承担着发射电子、维持电弧稳定燃烧的作用。同时阴极还承受着高能离子轰击、高温辐射等苛刻的服役条件，因此阴极被誉为等离子体发生器的心脏，因烧蚀而导致的使用寿命短是其突出矛盾。电弧等离子体技术要求阴极材料具有起弧电压低、电弧稳定性高、抗烧蚀性好等特点。

6.4.4.2　影响电极材料使用性能的因素

影响电极材料使用性能的因素有外在因素和内在因素两方面。外在因素包括电极形状、工作气体性质、气体压力、气体流量等；而内在因素则是指电极材料的物理性能和组织结构。研究表明，阴极材料的物理性质、表面状态的不均匀或材料微观组织上的不均匀，是影响电极性能的最根本原因。

6.4.4.3　提高电极材料抗烧蚀性能的途径

提高电极材料的耐烧蚀性能的主要途径有两个：（1）降低电极材料的逸出功，提高电极材料的电子发射能力。（2）使电极表面的电弧适当分散。

6.4.4.4　传统 W-2%ThO$_2$ 电弧等离子体电极材料

A　常用的电弧等离子体材料

1913 年发现的 W-2%ThO$_2$ 阴极材料是热电子发射材料的一个重大进展，即在纯 W 中掺入 1%～2% 的 ThO$_2$ 杂质。由于 ThO$_2$ 是一种较稳定的氧化物，它均匀地分布在 W 晶界上，一方面起到弥散强化的作用，增加 W 丝的强度，有利于提高其抗下垂性能。另一方面，可阻止 W 坯条垂熔时晶粒的长大，能得到晶粒较为均匀的 W 坯。加入 ThO$_2$ 不但可以改善 W 的力学性能，减小钨丝高温下垂和再结晶后的脆性，而且在一定的温度下，能发生 W 和 ThO$_2$ 之间的氧化-还原的可逆反应，使电极的逸出功比纯 W 减小一半（到 2.63eV），纯 W 逸出功为 4.52eV，发射效率提高 10 倍。ThO$_2$ 作为活性物质，其主要作用是降低逸出功，提高电子发射能力。

B　传统 W-2%ThO$_2$ 电极材料的制备和组织结构

W-ThO$_2$ 电极材料一般先通过粉末冶金法制取金属坯条，后经旋锻、拉伸加工成杆料或丝材，再经矫直、磨光、切割成电极。其工艺关键是如何保证添加物均匀、弥散、细小地分布于 W 基体中，然后再通过后续工艺使得到的材料致密化。其传统工艺为：

（1）把 Th(NO$_3$)$_4$（硝酸钍）以湿法形式加入 WO$_2$（蓝钨）或 WO$_3$（黄钨）粉中，即钍的水溶液与 WO$_2$（蓝钨）或 WO$_3$（黄钨）粉按比例混合。

（2）在 300～800℃ 的温度下搅拌蒸干。

（3）在氢气炉中，在 900℃ 左右使其热分解，形成 W 与 ThO$_2$ 的均匀混合粉料。

（4）通过粉末冶金使其成型。

（5）预烧结：在氢气保护下，在 1200～1250℃ 温度下进行预烧结，以提高坯体的密度与强度。

（6）垂熔烧结：采用电流加热，其电流为熔断电流的 90%，温度不超过 3000℃，时间为 10min。

（7）旋锻：将垂熔烧结后的坯条在 1500℃左右进行旋锻、致密化，得到所需尺寸的电极棒。

（8）拉拔：碱洗去毛刺和油污后拉拔到各种规格的电极丝。

（9）校直磨光为商品电极。

W-ThO$_2$ 阴极制造的关键是 ThO$_2$ 能否在基体中分布均匀，该均匀化包括了 ThO$_2$ 的分散程度和尺寸细化。虽然按硝酸盐水溶液方式混合 W 粉比干法生产均匀度有所提高，但加热时硝酸盐以接近平衡的状态分解，ThO$_2$ 是一种平衡态尺寸，颗粒尺寸较大。致密化后 ThO$_2$ 沿旋锻加工方向呈针状或棒状（25～30μm）。

现行工艺主要考虑材料的致密化及 W 的加工性能，难以控制 ThO$_2$ 的形核和长大速率，难以使 ThO$_2$ 弥散、细小地分布于 W 基体中，从而对材料的最终显微组织难以人为控制。材料在旋锻过程中受力复杂，经旋锻后，电极材料的致密度高，力学性能好。ThO$_2$ 的加入对 W 的加工性能有破坏作用，传统工艺中 ThO$_2$ 的尺寸难以有效控制。因此，通过传统工艺难以使 ThO$_2$ 尺寸大幅细化，也难以使 ThO$_2$ 的含量进一步提高。

6.4.4.5 替代 W-ThO$_2$ 电极材料

考虑到钍具有一定的放射性以及我国稀土的丰富性，目前普遍采用稀土氧化物代替 ThO$_2$。W-稀土电极材料的制备工艺与传统的电极材料 W-2%ThO$_2$ 的制备工艺类似。

铈的逸出功比钍低（$\phi_{Ce}=2.8eV$，$\phi_{Th}=3.5eV$），W-CeO$_2$ 电极的逸出功比 W-ThO$_2$ 电极低 10%左右，而且激活温度也比钨钍低 300～400℃。W-CeO$_2$ 电极的加工性能好，成本较低。实践证明，W-CeO$_2$ 电极在小规格焊接用钨电极方面可取代 W-ThO$_2$，已在国内外有一定的市场应用。但在交流氩弧焊电极、气体放电灯光源等方面尚不能完全取代，而且 W-CeO$_2$ 电极还存在引弧较差、使用寿命较短、不适合大功率应用等不足之处。另外铈钨电极材料脆性大，易脆断，无法加工出细丝，不能在电真空领域替代直热式 W-ThO$_2$ 阴极丝。

W-La$_2$O$_3$ 电极具有优良的起弧性能，W-Y$_2$O$_3$ 电极在大功率下使用稳定性较好。

虽然在某些场合可以采用稀土氧化物代替 ThO$_2$，但由于稀土氧化物与 W 的熔点相差较大，再加上 W 的加工脆性，能添加的稀土含量有限，因此 W-稀土氧化物电极制成细丝是比较困难的。

6.4.4.6 纳米复合 W-2%ThO$_2$ 电极材料的制备

纳米复合 W-2%ThO$_2$ 阴极材料的耐烧蚀性能明显超过传统电极。在电弧作用下，形状稳定持久、抗热应力和抗局部过热能力强，电极表面局部熔化相对轻微。研究中还发现，ThO$_2$ 的细化具有使电弧分布均匀的作用，即分散电弧的作用。但其根本原因尚不清楚，可能是由于 ThO$_2$ 晶粒尺寸细小、弥散分布，导致电子发射点分散、均匀；同时晶粒尺寸细小、弥散分布，使晶界浓度大幅提高，加速界面反应，使 Th 原子具有短的扩散距离和极高扩散系数所致。

通过高能球磨制取纳米态 ThO$_2$ 超细粉，经混粉、预压成型、垂熔、旋锻等工艺制成了 0-3 型纳米复合 W-2%ThO$_2$ 阴极材料。其显微组织的特点是：粒径小于 200nm 的 ThO$_2$

颗粒弥散分布于粒径约为 4μm 的 W 基体上。这种组织结构与目前工艺生产的电极完全不同。

实验测试结果表明，纳米复合 W-2%ThO$_2$ 阴极材料的起弧性能明显优于传统工艺生产的国外进口电极。

纳米复合 W-2%ThO$_2$ 阴极材料的制备工艺如下。

A　ThO$_2$ 纳米粉体的制备

原料：实验用原料为商用 W 粉与 ThO$_2$ 粉，纯度为 99.6%，平均粒径约 0.6μm。经 Th(NO$_3$)$_4$ 加热分解而成，费氏平均粒度为小于 0.047μm（约 300 目），纯度为 99.5%。

设备工艺及参数：制粉采用高能球磨设备，选用在惰性气体保护下或在真空状态下进行，以航空汽油作为研磨介质，并通循环水冷却保护；球磨时间和能量大小是高能球磨动力学的决定因素，对制成粉体的粒度、均匀度与杂质含量起着决定性的影响。对上述因素产生影响的高能球磨工艺参数为转速、球料比、球磨时间、原料性质、料温和气氛等。球磨过程中加入航空汽油的作用是提高研磨效率、改善润滑条件、减少设备的磨损、提高粉末的均匀性、减少粉末污染。

粉末中杂质含量的控制：在高能球磨过程中，磨球、筒体以及搅拌杆必然会产生磨损，磨损后产生的异质磨粒就会进入粉体，并形成杂质。一般情况下是以 Fe 杂质的形式进入粉体。在 W-ThO$_2$ 合金中，Fe 作为低熔点金属会增加合金的脆性，会使其在旋锻和拉拔过程中发生断裂，导致废品率提高。同时，Fe 的存在也影响了材料的电学性能。工艺要求 W-ThO$_2$ 合金中的 Fe 含量应小于 0.5%，所以，球磨工艺的制定必须对粉末中 Fe 杂质的含量进行控制。具体方法是通过优化工艺参数，尽可能减少引入的 Fe 杂质的含量。而对引入的超标 Fe 含量则采取酸洗的方法消除。

B　混粉工艺

具体工艺为：使用超声波振荡仪，以丙酮作为分散介质，先把磨制的纳米级 ThO$_2$ 粉末分批加入丙酮中并搅拌，振荡 30min 后，然后缓慢分批加入 W 粉，约在 30min 内加完，继续振荡 30min。最后将混好的粉烘干、研磨即可。

C　旋锻工艺

旋锻工艺过程如下：

(1) 混料。把经过分散、混合好的复合粉末先经 150μm（100 目）筛手动过筛 3 次，并静置 30min。在过筛前加入黏结剂，黏结剂的配方为：乙醇+甘油（体积比为 1:1.5~2）。黏结剂的加入比例为：每 1000g 过筛后的粉末加入 3mL 黏结剂。

(2) 压形。压制工艺要点是，黏结剂的添加要适量；仔细控制混粉工艺，保证混粉均匀；加大压力；增大保压时间。具体工艺参数为：每根坯条的粉末质量 580g（常规 640g），压力 700kN（70tf）（正常生产 500kN 压力），压力约 60MPa，保压时间 5min。

(3) 预烧结。在氢气保护下，在 1150~1200℃ 温度下烧结 1h，目的是提高坯体密度与强度以有利于随后的电加热垂熔烧结。预烧结后坯体尺寸约为 400mm × 12mm × 12mm。

(4) 垂熔烧结。电流加热，电流为熔断电流的 90%，温度不超过 3000℃，时间为 10min。

(5) 旋锻。将垂熔烧结后的坯条在 1350~1450℃ 的温度下进行旋锻，依次经过 203、

202、201 旋锻机后得到 φ6.0mm 的电极棒。

（6）拉拔。碱洗去毛刺和油污后拉拔到 φ3.2mm 或 φ1.6mm 的电极丝。

（7）矫直磨光。

6.4.4.7　纳米复合 W-2% ThO₂ 电极材料的物理性能与组织结构

对比旋锻纳米复合 W-2% ThO₂ 电极与同牌号商用电极的断口形貌。商用电极的断口形貌为解理断口，断口十分平坦，而微观形貌则是由一系列小断面（每个晶粒的解理面）构成（图 6-14a）。在每个解理面上可以看到一些十分接近于裂纹扩展方向的阶梯，通常称为解理阶。纳米复合电极断口基本特征是宏观呈轻微纤维状，微观呈微蜂窝状（图 6-14b），显示经过旋锻、拉拔加工后颗粒均匀，结合致密，韧性得到一定程度的改善。试样在塑性变形后产生颈缩，在该处产生许多显微空洞，这些空洞在切应力作用下不断长大、聚集连接，并同时产生新的微小空洞，最终导致整个材料的破断。

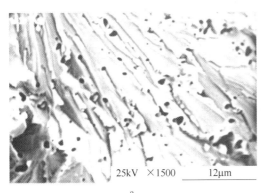 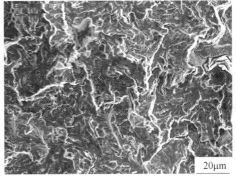

图 6-14　纳米复合电极材料拉拔后的断口组织

a—商用电极；b—旋锻纳米复合电极

6.4.4.8　W-2% ThO₂ 纳米复合电极材料的电学性能

评价电极材料起弧性能的标准是在一定的电流下能够保证成功引弧的最小空载电压，即具有良好起弧性能电极材料应具有最小的起弧电压。

（1）真空小间隙下起弧电场强度的测试。场电子发射能力用真空小间隙下起弧电场强度来表示。阴极材料在真空小间隙下的起弧场强测试过程如下：阴极材料被加工成金相试样，精细抛光后放入真空炉中用作阴极，阳极用 φ2mm 纯钨制成，固定在阴极上方的移动杆上，下面与阴极面平行。阴极和阳极在 $5×10^{-3}$Pa 的真空度下加热到 500℃保温 0.5h 以除去表面的杂质及吸附气体，之后在真空中冷却至室温。在阴极和阳极之间加上 8kV 的直流电压，使阴极以 0.2mm/min 的速度缓慢上升接近阳极，直至在阴极和阳极之间引燃电弧，用百分表测量此时阴极间的距离。拉开阴极和阳极，重复上述过程，每测量 5 次校正一次零点，每个样品测量 100 次，在此过程中阳极和阴极没有任何的横向移动，以保证数据的准确性。用起弧电压除以起弧距离得到该阴极材料的起弧电场强度。

（2）电极的伏—安特性（V-A 特性）测试。电极的热电子发射能力可由电极的伏-安特性（V-A 特性）来表达，即对比在相同电流下不同电极材料的弧电压的高低。

电极材料的引弧性能、V-A 特性及抗烧蚀性能在氩弧焊接（TIG）设备上进行。焊接电源为 ZXG1-400 型，初级电压 380V，空载电压 64~70V，工作电压 24~39V。采用直流正极性接法，平面水冷铜为正极，试验用电极材料为负极。焊枪垂直于铜阳极，所有燃弧实验中，弧长固定为 3mm，电极伸出长度为 29mm，保护性气体为高纯度氩气，流速 6L/min。通过在阴极和阳极之间施加高频振荡脉冲电压辅助引弧。

材料起弧性能的优劣由起弧空载电压表示，起弧性能好的电极材料具有较低的起弧空载电压。通过调节自耦合调压变压器改变氩弧焊机空载电压，以 2V 的间隔逐渐升高空载电压，观察各个电压值下电极能否成功起弧。每种电压引弧 15 次，高频持续时间为 10s，高频持续时间 1s 起弧为引弧成功，1~10s 为起弧滞后，超过 10s 仍不能起弧为引弧失败。空载电压采用电压表测量。

（3）电弧 V-A 特性测试。电弧的 V-A 特性也就是电弧静特性，它表示当弧长一定时，电弧稳定燃烧时，电极的阴极和阳极之间总电压与电流之间的关系。在相同电流下，某种电极阴极和阳极之间的电压低，则表明该电极的 V-A 特性稳定，说明热电子发射能力强。

另外，电弧的稳定性还反映在阴极斑点的上移、扩散、跳动等热电子发射能力和阴极斑点稳定性上，目前实验条件还不完全具备。通过对阴极头部燃弧区形状的持久稳定性和显微组织结构分析，将在一定条件下与电弧作用的阴极头部燃弧区形状与阴极材料特性做成对应关系。试样作为阴极，水冷紫铜作为阳极。改变 TIG 焊机电源输出功率，从 20A 起，以 20A 为间隔调节升高电流，用电流表和电压表测量电弧稳定时两电极间各个稳定态的电压，根据所得数据绘出电弧 V-A 特性曲线（即电弧静特性）。

（4）电极的抗烧蚀性能评定。在一定燃弧条件下，通过形状的变化程度来判别电极材料抗烧蚀性能的优劣。

6.4.4.9　W-2% ThO₂ 纳米复合电极的性能

（1）电极的真空击穿场强比较。电极的冷电子发射能力用击穿场强的大小来表示。在相同的实验条件下，某种电极的击穿场强的数值越小，说明该电极材料的冷电子发射能力越强。

图 6-15 给出了商用和旋锻工艺制备纳米复合 W-2% ThO₂ 两种电极材料的击穿电场强度与起弧次数之间的关系，该图比较了两种电极的冷电子发射能力。新工艺制备电极的平均击穿场强为 1.43×10^8V/m，比商用电极的 2.56×10^8V/m 降低了 44%，说明新工艺电极比商用电极更容易发生真空击穿，也说明旋锻工艺制备纳米复合电极材料比商用电极表现出较强的电子发射能力，表明新工艺材料具有较低的逸出功。

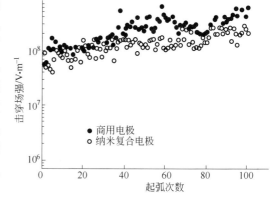

图 6-15　电极材料的起弧性能与起弧次数的关系

（2）实际起弧性能。评价电极材料的起弧性能，主要是考察能够可靠起弧的电源最小空载电压，即"临界起弧电压"。图 6-16 给出了商用电极和旋锻工艺制备纳米复合电极的起弧性能。其中，新电极的最小空载起弧电压为 38V，低于商用电极的 40V，说明其起弧性能优于商用电极，显示通过旋锻工艺制备的电极材料的引弧性能得到了改善。

（3）起弧 V-A 特性。两种电极电弧的 V-A 静特性如图 6-17 所示，在整个电流区间新电极的电弧电压明显低于商用电极，说明新制备纳米复合 W-2% ThO_2 电极表现出优异的热电子发射能力。图 6-17 的结果还表明，在小电流阶段，纳米复合电极的曲线比商用电极稍低，当电流较大时特性曲线相差明显，说明新电极在电流较大时表现出更好的热电子发射能力和更高的电弧稳定性，这显示纳米复合电极材料在大功率等离子体条件下具有较大的优势。

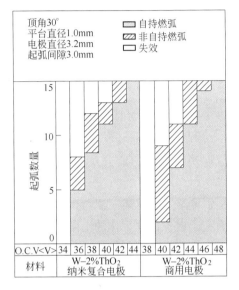

图 6-16　电极材料的起弧性能

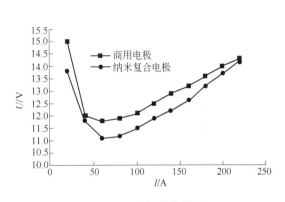

图 6-17　电极的静特性

6.5 磁性材料

6.5.1 磁性材料概述

磁性是物质最基本的属性之一。磁性材料可分为金属磁性材料和铁氧体磁性材料，它们有单晶、多晶和薄膜等形式。磁性材料的磁性能属于铁磁性。铁磁性物质最主要的特征是在磁场中很容易被磁化。其磁化过程及基本特性如下。

当温度高于某一数值时，铁磁体的自发磁化被破坏，铁磁性消失。这一温度称为居里温度或居里点 T_c。居里点是铁磁性材料使用温度的最高极限。铁磁体在 T_c 以下，其内部分裂为许多磁畴，每个磁畴都自发地磁化到饱和（见图 6-18），由于各个磁畴的磁化取向不同（它们力求互相形成闭合磁路），因此整个铁磁体在未磁化时，对外不显现磁性。当把铁磁性材料置于外磁场的作用下，则磁畴结构将发生变化，这种变化称为技术磁化过程。通常用磁化曲线来描述铁磁体的磁化强度或磁感应强度 B 随外磁场 H 变化的情况（见图 6-19）。

磁性材料常用磁滞回线来描述，如图 6-19 所示，其相关物理量分别是：

（1）饱和磁感应强度 B_s：其大小取决于材料的成分，它所对应的物理状态是材料内部的磁化矢量整齐排列。

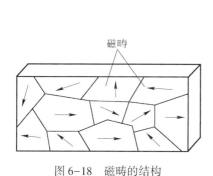

图 6-18　磁畴的结构

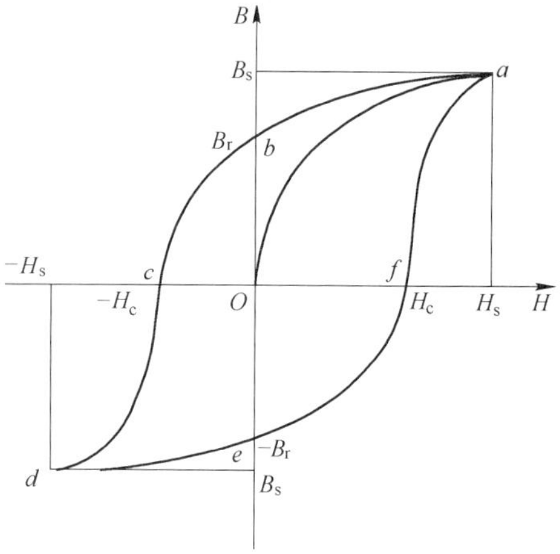

图 6-19　磁性材料的磁滞回线

（2）矫顽力 H_c：是表示材料剩磁的多少，该数值取决于材料的成分及缺陷（杂质、应力等）。

（3）居里点 T_c：铁磁物质的磁化强度随温度升高而下降，达到某一温度时，自发磁化消失，转变为顺磁性，该临界温度为居里温度。它确定了磁性器件工作的上限温度。

（4）剩余磁感应强度 B_r：是磁滞回线上的特征参数，H 回到 0 时的 B 值。

（5）磁导率 μ：是磁滞回线上任何点所对应的 B 与 H 的比值，该数值与器件工作状态密切相关。初始磁导率 μ_i，磁化曲线在原点的斜率。最大磁导率 μ_m：磁化曲线切线斜率的最大值，即最陡峭部分。它表示材料磁化的难易程度。

磁性器件是利用磁性材料的磁特性和各种特殊效应制成，用于转换、传递存储能量和信息。它们在电力和电子工业中应用很广，除大量用于发电机、电动机和变压器以外，还是雷达、声纳、通信、广播、电视、电子计算机、自动控制、仪器仪表中制造重要器件的材料。

6.5.2　粉末冶金磁性材料的优点、分类及应用

粉末冶金法制备磁性材料的优点主要是，第一，粉末冶金法能够制造各种磁性材料的单晶或单畴尺寸的微粒（数百埃到几个微米），通过在磁场下成型等工艺制成高磁性的磁体。第二，粉末冶金法能把磁性粉末与其他物质复合制成具有某些特定性能的材料。如：在软磁合金粉末表面涂覆以绝缘物质，能把磁性粉末与橡胶或塑料复合制成磁性橡胶、磁性塑料。第三，使用粉末冶金法能减少加工工序，节省原料，直接制成接近最终形状的小型磁体。

磁性材料的生产目前主要使用的是铸造法和粉末冶金法。铸造法主要是生产金属及合金磁性材料，大量用于电机、变压器强电技术中（金属—熔炼—浇注—轧制—加工—退火—磁芯）。粉末冶金法主要用于无线电、电话、电子计算机及微波等弱电技术中（金属—制粉—压形—烧结—磁芯）。

磁性材料的分类及应用如下所示：

按应用分
- 软磁：金属软磁材料（电工纯铁等）、铁氧体软磁材料（$MO \cdot Fe_2O_3$）、磁介质材料（铁镍合金）
- 永磁：Al-Ni-Co-Fe、稀土钴硬磁材料（RCo_5）、钕铁硼永磁王（Nd-Fe-B）
- 矩磁：锰镁铁氧体（Mn-Mg-Fe 氧体）、锂镁、镍镁、金属矩磁材料
- 旋磁：尖晶石型旋磁铁氧体、石榴石、磁铅石型、钙钛石型铁氧体
- 压磁：金属镍、镍铁合金、铁铝合金、压磁铁氧体
- 磁光：磁光存储、磁光调制器、光纤电流传感器
- 磁泡：正铁氧体型、磁铅石型、石榴石型
- 磁记录：γ-Fe_2O_3 系、CrO_2 系、Fe-Co 系、Co-Cr 系材料

按材料分
- 金属磁性材料
- 铁氧体磁性材料

按形式分
- 单晶
- 多晶
- 薄膜

按磁性分
- 铁磁性物质
- 压铁磁性物质
- 反铁磁性物质
- 顺铁磁性物质
- 抗磁性物质

软磁材料
- 磁性粉末：羰基铁粉 Fe-Cr、Fe-Co-V，微波吸收材料、磁粉离合器
- 磁粉芯（磁介质）：羰基铁粉 Fe-Ni-Mo、Fe-Si-Al，高频音频电感、线圈变压器芯
- 软磁铁氧体：Mn-Zn、Ni-Zn 等铁氧体，变压器、滤波器、磁头等
- 矩磁铁氧体：Mn-Mg、Mn-Zn、Li-Ni、Li-Mn 等，电子计算机中存储磁芯
- 微波铁氧体：石榴石 RFe_5O_{12}、隔离器、环行器、移相器等
- 正铁氧体：钙钛石型、石榴石型铁氧体，磁泡材料存储元件
- 压磁铁氧体：Ni-Zn、Ni-Cu，超声变换器、机械滤波器等
- 粉末硅钢：Fe-Si 合金，变压器、小电机、继电器、扼流圈

永磁材料
- 永磁铁氧体：$BaFe_{12}O_{19}$、$SrFe_{12}O_{19}$，小型电机、扬声器、报话器等
- 粉末 AlNiCo 永磁：Al-Ni-Co 合金，电表、微电机、电声器件
- 稀土钴永磁：$SmCo_5$、Ce($CoCuFe$)$_5$，陀螺仪、立体声耳机、磁疗器件
- 磁记录材料：γ-Fe_2O_3、Fe_3O_4、CrO_2，录音、录像磁带
- 粉末录磁（ESD 永磁）：Fe、Fe-Co
- 锰铋永磁：Mn-Bi
- 磁性液体：Fe_3O_4，真空动密封、数字显示器
- 磁性塑料或磁性橡胶：铁氧体粉、稀土钴粉，弹簧继电器、电子钟表

6.5.3 磁性材料的制备

6.5.3.1 硬磁性材料的制备

硬磁材料又称永磁材料或恒磁材料。硬磁材料要求有大的矫顽力，一般在 7957.75 ~ 79577.5A/m（$10^2 \sim 10^3$ Oe）、较高的剩磁及高的最大磁能积。硬磁材料的主要品种有铝镍钴（占硬磁材料总量的 75%）、铁氧体（约占 25%）及稀土钴永磁材料，后者是当今世界

上磁性最强的磁体。烧结 Al-Ni-Co 磁钢的生产工艺如图 6-20 所示。需注意的是热处理对 Al-Ni 型磁钢的性能影响很大，对于含 Co 大于 24% 的铝镍钴合金，还必须进行磁场热处理；可以采用复压、复烧或热锻工艺来提高制品密度，改善其磁性能。

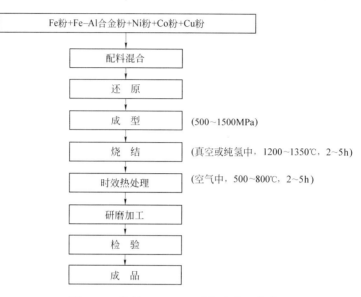

图 6-20　烧结 Al-Ni-Co 磁钢生产工艺流程

6.5.3.2　软磁性材料的制备

凡是具有低的矫顽力和高的磁导率的材料属于软磁材料。粉末软磁材料主要用于无线电电子学及电讯工程等弱电子技术中。常用的粉末软磁材料，主要有烧结铁及铁合金、磁介质、软磁铁氧体等。烧结铁的制造工艺和普通粉末铁基制品的工艺过程基本上相同，为了提高烧结铁的机械性能和磁性能，多采用复压及热处理等工艺。其工艺流程见图 6-21。

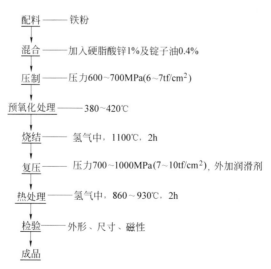

图 6-21　烧结铁的生产工艺流程

6.5.3.3 MnZn 软磁铁氧体材料

目前应用最多的软磁铁氧体，按用途和材料可分为：锰锌功率铁氧体材料、通信和电磁兼容（EMC）用锰锌高磁导率铁氧体材料、偏转线圈用的锰锌系铁氧体材料、射频宽带和电子干扰（EMI）抑制用镍锌铁氧体材料等四大类。材料进一步向高频、高磁导率和低损耗发展，也就是两高一低方向发展。锰锌软磁材料的主要应用如表 6-5 所示。图 6-22 为锰锌铁氧体的显微组织形貌。图 6-23 为锰锌铁氧体的生产工艺流程。图 6-24 为商用的锰锌铁氧体材料。

表 6-5 锰锌铁氧体的主要应用

主要应用	主 要 范 围	产品特点
有线通信	电话滤波器。PCM 线间功率放大器变压器，电缆加载器，程控电话 LC 振荡回路。中继同步分离回路，中继功率变压器，数字程控交换机	高磁导率 μ_i 低功率损耗
无线通信	相位调幅变压器、衰减器等	低的损耗
开关电源	信息处理设备：电子计算机、终端机、监视器、打印机、磁盘机、磁带机、读卡机 商用 OA 设备：复印机、传真机 通信电子设备：微波发射机、传真机、高保真彩色电视机	运用频率高 低功耗 大容量 小体积
TV 电视机 录像机 收录机 家庭影院中心	功率变压器，彩偏磁芯，行输出变压器，彩电电感线圈闭路电视器件，固定电感器高频线圈	高电阻率 低功耗 高频 Q 值高 传输损耗小 高清晰度高分辨率
抗电磁干扰 （EMI）	射频 EMI 滤波器（含高通、低通、带通、带阻），电源、电子线路滤波器、抑制器、片式元器件等	高的频带 高磁损耗

图 6-22 锰锌铁氧体的显微组织

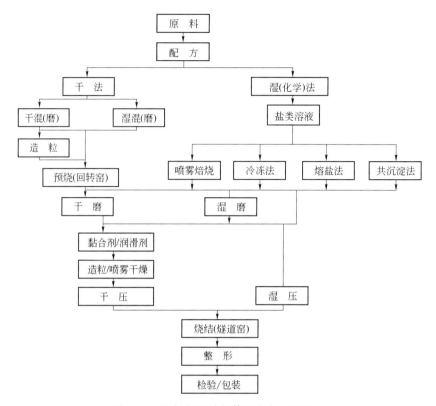

图 6-23   锰锌软磁铁氧体的制备工艺流程

图 6-24   锰锌软磁铁氧体材料商用产品

6.6 多孔材料

6.6.1 多孔材料概述

多孔泡沫金属自1948年美国的SoSnik利用汞在熔融铝中气化而得，使人们对金属的认识发生了重大转变，认为面粉可以发酵长大，金属也可以通过类似的方法使之膨胀，从而打破了金属只有致密结构的传统概念。多孔泡沫金属材料实际上是金属与气体的复合材料，正是由于这种特殊的结构，使之既有金属的特性又有气泡特性，如密度小、比表面大、能量吸收性好、导热率低（闭孔体）、换热散热能力高（通孔体）、吸声性好（通孔体）、渗透性优（通孔体）、电磁波吸收性好（通孔体）、阻焰、耐热耐火、抗热震、气敏

（一些多孔金属对某些气体十分敏感）、能再生、加工性好等。因此，作为一种新型功能材料，它在电子、通信、化工、冶金、机械、建筑、交通运输业中，甚至在航空航天技术中有着广泛的用途。

图 6-25 所示为常见泡沫金属的显微结构示意图，归纳起来有以下特点。

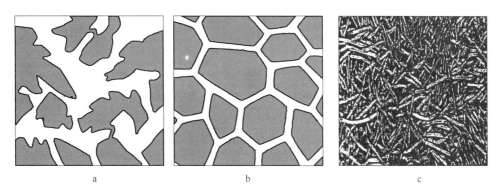

图 6-25　泡沫金属的显微结构

a—不规则的颗粒；b—规则的颗粒；c—短纤维颗粒

孔径多，多孔泡沫金属材料与粉末冶金多孔材料相比，孔径较大，孔隙率较高，泡沫金属材料的孔径一般在 0.1~10mm。

孔隙率多，多孔泡沫金属材料的孔隙率随其种类不同而不同，在 40%~98% 的范围内变化。

密度低，随孔隙率的提高，泡沫金属的密度降低，一般为同体积金属的 3/5~1/50 不等。例如孔隙率大于 63% 的泡沫铝合金，其密度可达 1 以下，能够浮于水面上。

多孔金属材料由于其特殊的结构、性能特点。具有很高的开发研究价值，在能源、交通、消声减震、过滤分离、医疗、包装材料等领域都有广泛的应用前景。

（1）能源材料。随着能源危机及绿色革命的兴起，以太阳能电池和电动汽车电池为龙头的开发研究必定为化学电源的发展带来新的契机。轻量化、高比能、高吸收转化率的电池材料的开发成为这一发展的关键。烧结多孔电极存在孔隙率不高、活性物质利用率低、电极强度不够、电极制造工艺复杂等不足，采用更高孔隙率的泡沫金属材料作为化学电源电极的结构材料，应该是化学电源的一次革命。如泡沫镍作为电极材料用于 Ni-Cd 电池的电极时，能效可提高 90%，容量可提高 40%，并可快速充电；轻质高孔率的泡沫基板和纤维基板等多孔金属材料与传统烧结基板材料相比，可使镍材消耗降低约一半，极板质量减少 12% 左右，并大大提高了能量密度。

（2）反应材料。在化学工业中，可利用多孔金属比表面大并具有支撑强度等特点，制作高效催化剂或催化剂载体。如将泡沫金属制作汽车所排有毒废气的催化中和器，可减少排放 CO 2~3 倍，毒性减小达 90%。环保方面还用泡沫镍对水溶液中的 6 价 Cr 离子（剧毒）进行氧化还原反应，用材质均匀的多孔钛作工业废水处理装置。日本钢铁公司和松下电器工业公司共同开发出在三维网状铁系多孔体上复合铁系金属微细粉末和有机酸络合物而形成的性能好、寿命长的新型去臭材料。

（3）缓冲材料。泡沫金属可装在气体、液体管道或机械接合部中，当其一侧的流体压力或流速发生强烈波动时，它可以通过吸收流体的部分动能和阻缓流体透过的作用，从而使泡沫金属体另一侧的波动大大减小，此效应可用于保护精密仪表。利用多孔泡沫材料的弹性变形也可吸收一部分机械冲击能。据报道，密度比为 0.05~0.15 的泡沫铝可吸收的能量为 20~180MJ/m^3，强大的能量吸收能力使得它有可能用于汽车的保险杠甚至于航天器的起落架，也可用作制造升降运输系统的缓冲器、磨矿机械的能量吸收衬层、汽车乘客座位前后的可变形材料以改善安全性，优异的减振性能也使泡沫技术有可能用作火箭和喷气发动机的支护材料。

（4）过滤与分离。多孔金属具有优良的渗透性，是适合于制备多种过滤器的理想材料。利用多孔金属的孔道对流体介质中固体粒子的阻留和捕集作用，将气体或液体进行过滤与分离，从而达到介质的净化或分离作用。如从水中分离出油、从冷冻剂中分离水。

（5）消音材料。吸声材料需要同时具有优良的吸声效率、透声损失、透气性、耐火性和结构强度。因为声波也是一种振动，故声音透过泡沫金属时，可在材料内发生散射、干涉，声能被材料吸收，所以泡沫金属也可用于声音的吸收材料，即消音材料，这种消音材料在气体管道和蒸汽管道中都可获得应用。如在燃气轮机排气系统等一些特殊的工作条件下，其排气消声装置要满足高效、长寿和轻型化的要求。一般常规的吸声构件和材料不能适用，而具有耐高温高速气流冲刷和抗腐蚀性能优越的轻质多孔钛可满足其要求。

（6）阻燃、防爆材料。泡沫金属既有很好的流体穿透性又可有效地阻止火焰的传播且自身有一定的耐火能力，于是可放置在输运可燃性液体或气体的管道中以防止火焰的传播。因为流体在输运速度增加时可能会着火（声速在接近爆炸限时会产生约 150×10^{5}Pa 的压力），实验表明，6mm 厚泡沫金属就可阻止碳氢化合物燃烧速度为 210m/s 的火焰，其作用机理可以解释为当火焰中的高温气体或微粒穿过泡沫金属材料时，由于发生迅速地热交换，热量被吸收和散失，致使气体或微粒的温度降到引燃点以下，于是火焰的传播被阻止。

（7）发汗材料。把固体冷却剂熔化渗入由耐热金属制成的多孔骨架中，在经受高温时这种材料内部的冷却剂会发生熔化和气化而吸收大量的热能，从而使材料在一定时间内保持冷却剂气化温度的水平，逸出的液体和气体会在材料表面形成一层液膜或气膜，可把材料与外界高温环境隔离，此过程可一直进行到冷却剂耗尽为止，由于冷却机理相当于材料本身"发汗"，故有发汗冷却材料之称。

（8）发散材料。发散冷却是一种先进的冷却技术，它是迫使气态或液态的冷却介质通过多孔材料，使之在材料表面建立一层连续、稳定的隔热性能良好的气体附面层，将材料与热流隔开，得到非常理想的冷却效果。如液氢-液氧发动机推力室喷注器，采用发散冷却后，它的一面为-150℃的氢气，另一面为 3500℃的燃气，而材料的热面温度仅在 80~200℃，用于发散冷却的多孔材料，渗透量必须能够准确地控制在合理的范围内，透气均匀，孔道曲折小，介质流动通畅，并且要满足作为防热结构材料的基本要求，具有一定的强度、刚度和韧性，选用抗氧化性能好的材质，以防止意外氧化堵孔，烧结金属丝网多孔泡沫材料是其最佳选择。

（9）结构材料。多孔金属具有一定的强度、延展性和可加工性，可作轻质结构材料，尤其是温度超过 200℃的场合。在飞机和导弹工业中，多孔网状金属被用作轻质、传热的支撑结构。因其能焊接、胶粘或电镀到结构体上，故可做成夹层构件。如机翼金属外壳的支撑体、导弹鼻锥的防外壳高温倒坍支撑体（因其良好的导热性）、雷达镜的反射材料等。在建筑上，多孔金属制作轻、硬、耐火的元件、栏杆或这些东西的支撑体。现代化电梯高频高速的加速和减速，特别需要轻质结构（如泡沫铝或泡沫镶板）来降低能耗。泡沫铜较易制得，且便于变形，故适合作紧固器。此外，多孔金属还可作镶板、壳体和管体的轻质芯，制成多种层压复合材料。

（10）生物材料。钛等多孔材料对人体无害且有较好的相容性而被大量用于医疗卫生行业，如多孔钛髓关节用于矫形术，多孔钛种植牙根用于牙缺损的修复，钨铬镍合金复合体用于多孔复合心瓣体等。

到目前为止，国内外对多孔泡沫金属的制备工艺方面的研究较多，归纳起来主要有以下几种：铸造法、粉末冶金法、金属沉积法、烧结法、熔融金属发泡法、共晶定向凝固法等六种。其中粉末冶金法是将金属粉末与发泡粉末按比例配制并混匀，在适当的压力下将其压成具有气密结构的预制品，然后将压好的预制品进一步加工，如轧制、模锻或挤压，使之成为半成品，再将此半成品放入所需零件形状的钢模内，加热到接近或高于混合物熔点的温度，使发泡剂分解释放气体，使预制品膨胀，从而形成多孔泡沫金属。用此法制备的多孔金属，孔径大都小于0.3mm，孔隙率一般不高于30%，但也可通过特殊的工艺方法制成孔隙率大于30%的产品，此方法虽然工艺较为复杂，但产品质量高，性能稳定，便于商业化生产，从而得到迅速发展。

图6-26所示为多孔铜基材料的微观组织形貌，可以看出材料中的气孔大小较均匀，整齐地排列于轴线方向上。可以控制气孔的直径为 $10\mu m \sim 10mm$，长度为 $100\mu m \sim 30cm$。

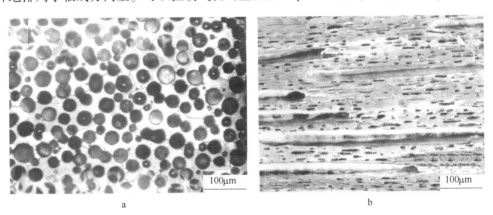

a 　　　　　　　　　　　　　　　　　　b

图6-26　铜基多孔材料的微观组织

a—径向；b—轴向

6.6.2　多孔含油轴承的制备

6.6.2.1　铁基含油轴承的自润滑原理

含油轴承的自润滑是靠孔隙中贮存的润滑油（见图6-27），在使用时自动形成润滑油膜。贮存的润滑油可以使用相当长一段时间不会流失。

含油轴承在不工作时的状态如图6-28所示。此时，轴靠自重落在轴承的下部，润滑油吸存于轴承孔隙内。在轴与轴承接触点之间，润滑油互相连接形成油膜，像筛网一样。

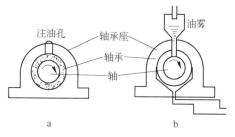

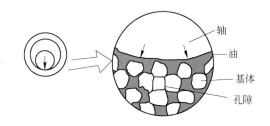

图 6-27　轴承的工作原理

a—烧结含油轴承；b—铸造含油轴承

图 6-28　烧结轴承不工作时的状态

　　当轴旋转时，轴与轴承表面微小的凹凸不平会造成金属之间的摩擦，产生摩擦热。导致轴承的温度上升，从而使油的黏度降低，容易流动。同时，由于润滑油受外热后产生膨胀，并且油的膨胀比轴承基体的膨胀来得大，致使润滑油从孔隙中渗出形成油膜，保证工作时的正常润滑。当轴停止旋转时，轴承的温度逐渐降低，油因冷却而收缩，并且油的收缩比轴承基体的收缩来得大，致使润滑油在毛细管力的作用下，又被吸存在轴承的孔隙中，以便下次工作时再用。这是含油轴承能够自润滑的第一个因素——热胀冷缩及毛细管作用的结果。

　　含油轴承能够自润滑还有第二个因素，就是相当于"泵"的作用。随着轴的旋转，产生一种力，可以把润滑油不断地由一个方向打入孔隙，而从另一个方向又沿孔隙渗出到工作表面，从而使油在轴承内不断循环使用。

　　这种"泵"的作用可做如下解释：由于轴的本身重量施加在轴承的下部，当轴不旋转时，不承受轴的负荷的轴承上部起着聚集油的作用，一部分油黏附在轴的表面。当轴旋转后，它将带着部分油自轴承上部向着逐渐狭窄的闲隙运动，像斜楔一样，使轴浮起，形成承载油膜。当达到平衡状态后，轴的位置应偏向轴承下部的一边。此时在轴承内表面形成如图 6-29 所示的油压分布。在轴承下部区域油压高，使油向孔隙中渗入，避免了油在压力下的流失。在轴承上部区域，油又由孔隙中渗到工作面上。于是润滑油就不断从轴承下部打入孔隙，而在轴承上部又不断地从孔隙中渗出，从而使油得到循环使用。

6.6.2.2　铁基含油轴承的生产工艺

　　一般铁基含油轴承的生产工艺，如图 6-30 所示。

A　原材料

　　对于普通的含油轴承采用铁-石墨系，只有对强度和减摩性能要求更高时才加入其他合金元素。根据对轴承性能的要求，可选用的合金元素有硫、二硫化钼、铜等。

a　对铁粉的要求

　　铁粉是铁基含油轴承的基本原料，它的性能将直接影响最终成品的性能。铁粉的纯度高，含油轴承的减摩性能就好。反之，使用纯度低的铁粉，含油轴承的减摩性能就差。这是由于低纯度的铁粉往往含有较高的氧化物夹杂，这些氧化物夹杂的分子较稳定，在一般的还原气氛中，多数不能被还原，最后残留在成品中。因此，它不仅影响成型工艺，而且还使轴承材料硬而脆，降低了减摩性能，并由此引起卡轴现象。铁粉中的碳，大都以化合碳形态存在，使铁粉的工艺性能变差。铁粉中的含氧量过高，在烧结过程中引起大量的脱

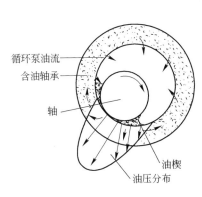

图 6-29 润滑油泵的作用原理

图 6-30 铁基含油轴承的生产工艺流程

（图6-30流程：原料粉 → 配料 → 混料 → 压制 → 烧结 → 精整 → 切削加工 → 浸油 → 涂蜡包装 → 成品）

（图6-29标注：循环泵油流、含油轴承、轴、油楔、油压分布）

碳，使得难以控制含油轴承的最终性能。另外，铁粉的粒度、流动性、松装密度等都将给最终成品的性能造成很大的影响。关于对铁粉成分及物理工艺性能的要求如表6-6所示。

表 6-6　对铁粉成分及物理工艺性能的要求

化学成分（质量分数）/%				流动性（s/50g）	松装密度/g·cm^{-3}	压制性/g·cm^{-3}	粒度/mm（目）		备注
$w(Fe)_{总}$	$w(C)_{总}$	$w(O)$	$w(S)$				>0.175（+80）	<0.074（-200）	
>97.5	<0.15	<0.7	<0.1	<50	2.3~2.5	（500MPa压力）>6.0	<3%	40%~60%	在650~760℃退火

b　其他原辅材料

生产铁基含油轴承的主要合金元素和添加剂有石墨、硬脂酸锌、机油等。对轴承的强度等性能有更高要求时还需加入铜、硫、二硫化钼等。各类原辅材料主要技术条件列于表6-7中。

表 6-7　各种原辅材料的主要技术条件

材料	化学成分/%	物理性能	备注
石墨粉	固定碳≥98、灰分≤1、水分≤0.1、挥发物≤0.2	粒度<0.043mm（-325目）	鳞片状银灰色
硬脂酸锌	锌含量10~11、水分≤1、游离酸≤1	粒度-200（99.55）、熔点120℃、视密度>9g/cm^3	白色
硫黄粉		粒度<0.074mm（-200目）	黄色粉状
电解铜粉	铜≥99.5、杂质总和≤0.5	粒度<0.074mm（-200目）	无氧化发黑

续表6-7

材料	化学成分/%	物理性能	备注
二硫化钼	纯度>96、水分≤0.5	$10\sim30\mu m$、粒度 5~95	
机油	酸值 KOH/g≤0.16、无水分、无水溶性酸或碱	闪点<170℃、运动黏度（50%）$17\sim23\times10^{-6}m^2/s$	
精石蜡	含油量≤0.5、无臭味、无机械杂质及水分、无水溶性酸或碱	熔点不低于 60~62℃	

（1）石墨。石墨是铁基含油轴承的最重要添加物，它在含油轴承中能起双重的作用——润滑剂和合金添加剂。将粒度适当的石墨粉加到铁粉中，压制时，由于石墨的润滑作用而使铁粉易于流动，可以改善粉末的压制性，降低压模的磨损，并使压坯中的压力分布均匀，从而使制品的密度均匀，烧结变形小。

石墨加入量对含油轴承力学性能有很大的影响，如图6-31所示。轴承的硬度、抗拉强度、抗弯强度随石墨含量的增加而提高，当石墨量达到3%，轴承的硬度和强度最高。这时如再增加石墨量，轴承的硬度和强度反而降低。当石墨量超过4%以后，硬度和强度随着石墨量的增加而急剧降低。这是由于随着石墨的增加，在烧结时使固溶于铁中的碳增加，冷却后形成珠光体和游离渗碳体的数量增加，使硬度和强度提高。而石墨量达到3%时，除有少部分游离石墨外，全部形成细片状珠光体组织，因此硬度和强度最高。石墨量超过4%以后，烧结制品中游离石墨量及

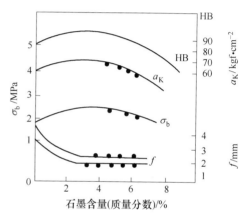

图6-31　铁基含油轴承的机械性能与石墨量的关系

轴承的孔隙度提高，并起主要作用，使硬度和强度同时降低。而冲击韧性和塑性，则随着石墨量的增加而不断降低，但石墨量加到2%以后，降低较缓慢。

铁基含油轴承的摩擦系数随石墨量的增加而降低。这是因为石墨为层状结构，层与层之间微弱地联结着，故石墨易于滑动，因而石墨具有良好的润滑能力。石墨有较强的吸油能力。在摩擦过程中，石墨和油一起形成高效能的胶体润滑剂，黏附在轴和轴承的工作表面，一些极细的石墨粉粒充填于轴承的凹坑内，使油膜不易破裂。所以，加入石墨可以降低轴承的摩擦系数和金属磨损，提高载荷能力和转速。但一般石墨量超过5%以后，磨损量增加，所以耐磨性下降。

对石墨的粒度必须有一定的要求。当石墨粒度过细时，在烧结过程中，由于石墨向铁中扩散溶解的速度加快，致使烧结后生成的化合碳量过多，而形成网状或大块渗碳体，这样虽然提高了制品的硬度，但却降低了减摩性能和塑性，在轴承运转过程中容易咬轴。当石墨粒度过粗时，将会局部地将铁粉颗粒隔开，减少铁粉颗粒之间的接触，因而不利于烧结过程的进行，结果使烧结制品的机械强度降低。

（2）铜。由于铜的熔点为1083℃，因此在铁基材料烧结时（烧结温度通常大于1100℃），铜将熔化形成液相，并固溶于铁中，从而促进了烧结，强化了基体，可以提高

轴承的力学性能和承载能力。铜的加入量通常为 1%~3%。

（3）硫。制造铁基含油轴承时，可以在混合料中加入硫黄粉、硫化锌、二硫化钼等，也可以在烧结后进行硫化处理，以提高轴承的减摩性能和抗氧化能力。这是由于硫与铁可以形成硫化铁，降低摩擦系数，在缺乏润滑的情况下，可以防止轴与轴承之间的黏结。在有润滑油时，可以在摩擦表面形成保护薄膜，提高抗卡能力。此外，硫还可以改善切削加工性能，降低加工面的粗糙度。

B 混料

混料是压制前最重要的工序之一。产品性能的优劣在很大程度上取决于各种合金元素在混合料中分布的均匀程度。在配料时加到铁粉中的添加剂由于它们之间的性质不同，密度和流动性也不相同，如果混料工艺选择不当，很容易引起合金成分偏析。

一般，混料的均匀程度取决于混料工艺的合理性，与混合时间、混料机转速、混料操作方法及混料机类型等有关。

C 压制成型

压制包括称料、装料、压制、脱模等过程。

（1）称料。为了保证压坯具有一定的尺寸和密度，需要加入一定重量的粉末；当手工操作时，一般采取重量称料法。而自动压制时，则使用容量称料法。

（2）成型。自动压制时，压机上装有压模，料斗中装入混合料。根据压坯要求的尺寸和密度来调整压机的压力和行程。混合料从料斗流到送粉器，并把一定量的粉末充填到模具中，接着上下模冲加压，将粉末压缩成型，然后自动从压模中脱出压坯。手工操作时，装料要均匀，表面要平整，以保证压坯密度均匀。

（3）脱模。压制完后，将压坯从模腔中顶出，整体模套脱模时，一般有上顶出和下顶出两种方法。自动、半自动压制多采用上顶出法，手工操作时采用下顶出法。

D 烧结

将粉末压坯装盒后，推入通有保护气氛的电炉中，然后在一定的温度下进行烧结。烧结炉由预热、烧结、冷却三段组成。预热段温度一般为 700~900℃左右，主要作用是将粉末压坯中的润滑剂及造孔剂充分挥发掉。然后推到烧结段进行烧结。烧结件从烧结段进入冷却段时，中间应有一个缓冷段。

一般烧结温度控制在 1050~1100℃，保温时间一般在 2.5h 左右，烧结温度提高后，可适当缩短保温时间。

为了防止制品在烧结过程中被氧化，必须向烧结炉内通入保护气氛。烧结铁基含油轴承时，采用不脱碳的保护气氛有利于保证其含碳量的稳定。由于保护气氛中带有一定量的水分，特别是使用自制的发生炉煤气时，气氛中的水气量比较大，易使烧结件在冷却过程中被氧化，因此，除对气氛进行净化外，在装盒方式上应采取一定的措施。一般都采取在装盒后，加上铁盖板，用耐火泥密封，再在盖板上撒一层固体还原剂（木炭等）。实践证明，这种方法效果较好，但是，操作较麻烦，并使生产成本略有提高。

E 烧结后处理

（1）精整。经烧结后的制品，由于发生轻微变形，表面变得粗糙，尺寸精度达不到规定的要求，因此必须进行精整。为此，应预先进行自然浸油。

但是，对含油轴承的精整是有一定限度的。虽然它对制品内部的基体组织不产生影响，但是对制品的孔隙度及孔隙大小会有所影响。精整时要避免多次重复，以免使孔隙封闭。

（2）切削加工。有些制品需要有一定的形状，而这些形状往往不能用成型或精整的方法直接压成，或者虽然能够压成，但成本太高，或模具设计太复杂，故需要进行切削加工，如倒角、打孔、开油槽等是目前我国各粉末冶金厂常用的加工工序。在切削加工时，应注意不要破坏材料的表面孔隙，以致损坏烧结含油轴承特有的毛细管组织。

（3）浸油。切削加工完成后，根据产品的用途及性能，选择适当的润滑油对该产品进行浸渍，一般称为浸油。浸油的一个重要目的是使含油轴承充分含油后能起到自润滑作用。浸油的另一个目的是提高产品的抗腐蚀能力。因此，浸油能提高含油轴承的耐磨性，延长使用寿命。

6.6.2.3 铁基含油轴承的性能

决定铁基含油轴承使用质量的主要性能是自润滑性、磨合性、耐磨性、pv 值及物理-力学性能。

（1）自润滑性。自润滑性是铁基含油轴承最重要的一种特性。如前所述，含油轴承的自润滑性与其孔隙度，工作表面开口孔隙度以及孔隙连通情况有很大的关系。为了改善自润滑性，不仅要求含油轴承具有足够的孔隙度和工作表面的开口孔隙度，而且要求轴承的孔隙尽可能是连通的。

（2）磨合性。磨合性是依靠塑性变形与磨损来增加轴与轴承间的接触面积，从而提高轴承承受载荷的能力。一般可用磨合时间表示，即在一定负荷下使轴与轴承间摩擦系数降低到一定值时所需的时间。

因含油轴承具有多孔的海绵状组织，因而增加了范性（或塑性）变形的能力，从而改善了它的磨合性能。但是含油轴承的磨合性绝不是随着孔隙度的增加而无限地增长的，当孔隙度过大时，会使含油轴承的磨合性变坏，其原因可能是由于材料的强度和韧性下降，以致破坏了轴承摩擦表面的金属基体，引起颗粒的脱落所致。

（3）耐磨性。耐磨性一般是以磨损量或使用寿命来表示，它主要取决于材料的强度、组织结构与润滑条件。呈珠光体组织的轴承最耐磨，而呈铁素体-珠光体组织的轴承耐磨性则较小。随着轴承孔隙度的增加，摩擦系数和磨损也就急剧地增大，这显然是因为金属颗粒结合得不好和摩擦表面粗糙的缘故。

（4）pv 值。所谓 pv 值就是轴的运转线速度 v 与在轴承投影面上单位负荷 p 的乘积，一般常用 pv 来衡量轴承承受负荷和运动状态下的性能。pv 值大就表示使用条件恶劣，反之，使用条件则较好。

pv 值可用下式求出：

$$p = \frac{W}{L \times d}$$

式中，p 为轴承在垂直于受力方向上每平方厘米投影面积上的负荷，kgf/cm^2；W 为轴承承受的总负荷，kgf（$1kgf=10N$）；d 为轴承内径，cm；L 为轴承长度，cm。

$$v = \frac{\pi \times d \times N}{60 \times 100}$$

式中，v 为轴承与轴径表面相对滑动的线速度，m/s；d 为轴承内径，cm；N 为轴的转速，r/min。

因此

$$pv = \frac{\pi \times W \times N}{6000 \times L} kgf \cdot m/cm^2 \cdot s\,(1kgf \cdot m = 10J)$$

（5）物理-力学性能。铁基含油轴承对密度、含油率、硬度及径向压溃强度系数 K 值均有一定的要求。铁基含油轴承的成分及物理力学性能见表6-8和表6-9。

表 6-8 铁基含油轴承按合金成分与密度分类

类别	合金成分	牌号标记	含油密度/g·cm^{-3}
1	铁	FZ1160	5.7~6.2
		FZ1165	>6.2~6.6
2	铁-碳	FZ1260	5.7~6.2
		FZ1265	>6.2~6.6
3	铁-碳-铜	FZ1360	5.7~6.2
		FZ1365	>6.2~6.6
4	铁-铜	FZ1460	5.7~6.2
		FZ1465	>6.2~6.6

表 6-9 铁基含油轴承的化学成分及物理-力学性能

牌号标记	化学成分（质量分数）/%					物理-力学性能		
	$w(Fe)$	$w(C)_{化合}$	$w(C)_{总}$	$w(Cu)$	其他	含油率/%	径向压溃强度/MPa（kgf/mm^2）	表面硬度（HB）
FZ1160	余	<0.25	<0.5	—	<3	≥18	>200（20）	30~70
FZ1165						≥12	>250（25）	40~80
FZ1260	余	0.25~0.6	<1.0	—	<3	≥18	>200（20）	50~100
FZ1465						≥12	>250（25）	60~110
FZ1360	余	0.25~0.6	<1.0	2~5	<3	≥18	>200（20）	60~110
FZ1365						≥12	>250（25）	70~120
FZ1460	余	—		18~22	<3	≥18	>200（20）	80~100
FZ1265						≥12	>250（25）	60~110

6.7　工　具　材　料

粉末冶金工具材料的种类主要有粉末冶金高速钢、超硬材料、硬质合金、陶瓷工具材料、聚晶金刚石和复合材料。

6.7.1　硬质合金

硬质合金的定义是以难熔金属碳化物（碳化钨、碳化钛、碳化铬等）为基体，以铁族金属（主要是钴）做黏结剂，用粉末冶金方法生产的一种多相组合材料。

其特点是硬度高、耐磨性好；机械强度高；耐腐蚀性和耐氧化性好，耐酸、耐碱；线膨胀系数小，电导率和热导率与铁及铁合金相近。

硬质合金的分类按其成分和性能分为钨钴类（YG），钨钴钛类（YT），通用类（YW），碳化钛基（YN），钢铁类（YE）。钨钴类主要包括碳化钨、钴，例如 YG6，6 表示 Co 含量为 6%；钨钴钛类包括碳化钨、碳化钛、钴，如 YT15，15 表示 TiC 含量；通用类包括碳化钛、镍、钢或碳化二钼；钢铁类主要包括碳化物碳钢、铬钼钢、高速钢、镍铬不锈钢。钨钴及钨钴钛类硬质合金的制备工艺流程如图 6-32。图 6-33 为粉末冶金制备硬质合金的显微组织。图 6-34 硬质合金的产品图。

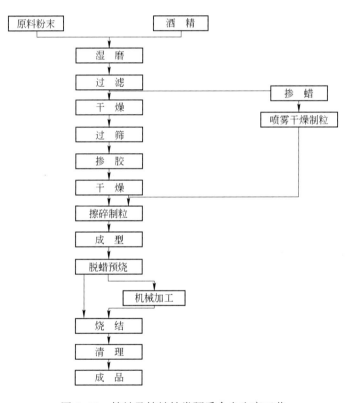

图 6-32　钨钴及钨钴钛类硬质合金生产工艺

硬质合金生产过程中成型和烧结是两道主要工序。在成型前必须往混合料中加入有机物石蜡或橡胶作为成型剂，以改善粉末颗粒之间的结合状态、压坯密度的均匀性和压坯强度。一般硬质合金采用钢压模压制，对一些异型制品多采用挤压、等静压、粉浆浇注及粉末轧制等特殊成型工艺。硬质合金的烧结是典型的液相烧结，通常在氢气和氮气气氛中进行，对含碳化钛的硬质合金则采用真空烧结，烧结温度一般在 1370～1560℃之间，保温1～2h。

图 6-33 WC-Co 硬质合金腐蚀前后的显微组织图

图 6-34 硬质合金产品照片

硬质合金的性能主要有密度、矫顽力、硬度、抗弯强度。为改善现有硬质合金的质量，要进一步发展新技术、新工艺、新设备和新材料。在新工艺和新设备方面，最近发展起来的有喷雾干燥、搅拌球磨等。在改进现有材料和寻找新材料方面，主要有涂层硬质合金、细晶粒硬质合金。

以 YG6 为例说明硬质合金产品的具体工艺流程。

硬质合金拉丝模的零件几何图如图 6-35 所示。

技术要求：表面硬度 89.5HRA，抗弯强度 1424MPa，材料成分为 94% 的 WC，和 6% 的 Co 组成，其中零件图中的尺寸为 $D=6mm$；$H=4mm$；$d=0.8mm$；$h=1.2mm$，$2\alpha=40°$，$2\gamma=60°$。

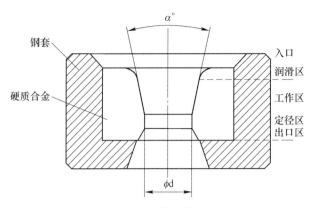

图 6-35 拉丝模结构示意图

硬质合金 YG6 加工流程图：

混合料配制 → 压制 → 半成品加工 → 烧结 → 喷砂 → 成品检测 → 包装

混合料的配制是将各种难熔金属的碳化物和黏结金属及少量的抑制剂粉末通过配料计算，球磨，干燥等工序过程制备成有准确成分、配料均匀、粒度一定的粒状混合物的生产工艺过程。整个流程如下：

配料计算 → 装入球磨机湿磨 → 干燥 → 过筛 → 混合 → 干燥 → 混合料质量检测

6.7.1.1 配料的计算

配料计算时要精确各种成分的值，力求准确无误。按照一般规则使各元素的量精确到克。

正常配料计算公式：

$$Q_3 = X \times Q$$
$$Q = Q_1 + Q_2 + Q_3 + A_2$$
$$Q \times A = Q_1 \times A_0 + Q_2 \times A_1 + A_2$$

式中，X 为合金钴含量或配钴系数，%；Q 为混合料质量，kg；Q_1 为碳化钨配入质量，kg；Q_2 为配添加剂的质量，kg；Q_3 为钴粉配入质量，kg；A 为混合料定碳点，%；A_0 为 WC 的碳含量，%；A_1 为添加剂的碳含量，%；A_2 为需补充 W 粉或炭黑的质量，%。

当所加碳化钨和添加剂的碳质量之和小于定碳点的碳量时，A_2 表示需加炭黑量，反之表示钨粉加量，此时 A_2 为 0。

改配料计算：

$$Q \times X = Q_0 \times B + Q_1$$
$$Q \times A_1 = Q_0 \times A_0 + Q_2 \times A_2 + A_3$$
$$Q = Q_0 + Q_1 + Q_2 + A_3 + A_4$$

式中，Q 为改配后混合料总质量，%；Q_0 为待改配混合料质量，kg；Q_1 为需补 Co 质量，kg；Q_2 为需补 WC 质量，kg；B 为待改配混合料 Co 含量，%；A_0 为待改配混合料 C 含量，%；A_1 为改配后混合料 C 含量，%；A_2 为补加的 WC 粉的 C 含量，%；A_3 为需补加炭黑质量，kg；A_4 为需补加 W 粉质量，kg。

当待改配料与所补碳化钨的碳含量之和小于改配后的混合料的碳含量时 A_3 表示加炭黑量，反之补加 W 粉。此时 A_3 为 0。对于补钨和补碳的遵循：

（1）补碳量小于 0.07%，如果大于 0.07% 应选用总碳含量高一些的 WC；

（2）补钨量小于 1.2%，如果超过 1.2%，应选用总碳含量较低的 WC。

6.7.1.2 装入球磨机湿磨

湿磨在硬质合金中生产体现以下几点：

（1）混合作用：硬质合金混合料通常由两种以上组分组成，为使合金性能均一和优良，各种组分必须达到均匀混合，这是湿磨的首要作用。一般情况下，WC-Co 混合料 8～16h 都可以达到均匀混合。但要达到每个碳化物颗粒表面都被钴包覆，则需要更长的时间。

（2）破碎作用：由于硬质合金原料粉末通常是经物理化学方法生产，再通过球磨进一步磨碎。在球磨过程中，大颗粒被磨碎为许多小颗粒，使粉末体的表面积增大。这时，球磨过程中球对粉末所做的磨碎功转变为粉末体的表面能，使粉末体的能量大大提高，从而有利于烧结过程中液相溶解-析出。

（3）活化作用：在球磨过程中，球的冲击、摩擦作用还使粉末颗粒产生晶格扭歪、畸变、加工硬化、内应力增加。这些变化都使粉末的能量增加。从而使粉末颗粒活化，对烧结过程有促进作用。

（4）混合料的氧化：球磨氧化是有害的，其主要原因是金属物料的电化学腐蚀。混合料在湿磨过程中遭受强烈变形，使其物理状态极不均匀，在含氧介质中因而产生氧去极化作用，从而造成金属组分的腐蚀-氧化。在湿磨的酒精中含有水，是水的来源。如果湿磨介质中不含有水，在湿磨过程中是不会氧化的。此外，湿磨过程使物料能量增加，在随后的工艺过程中，增加了氧化的倾向。

（5）球料比：通常用球料比，即球与料的质量比，来表示装料量。球料比越大研磨效率越高。

（6）酒精加量：酒精的主要作用是使粉末团粒分散，这样有利于混合均匀，另外，它可能被吸附在粉末颗粒的缺陷处，使粉末颗粒的强度降低，从而有利于破碎。酒精的加量对湿磨效率影响非常大。当酒精加量少时，料浆黏性太小，球不易滚动，并与筒壁发生黏滞作用，大大降低研磨效率；酒精加量太多，使粉末过于分散，减少它们受研磨作用，也会使研磨效率太低。因此要有合适的液固比，即每公斤混合料所加酒精的数量。

（7）湿磨时间：随着湿磨时间的延长，粉末粒度会变细，但与此同时粉末粒度组成范围会变宽，这就增加了粉末的不均匀性，会导致在烧结过程中晶粒长大的倾向，因此要根据合金的使用性能和测定粉末性能来确定球磨的合理时间。

6.7.1.3 干燥

将球磨好的料浆卸入料浆桶，用搅拌机械混合均匀，装入干燥圆筒内，盖好盖子，拧紧螺丝，接好酒精回收管道，一切准备完毕，开送蒸汽。具体的料浆干燥控制条件如表6-10 所示。

表 6-10　料浆干燥的工艺条件

混合料类别	装料量容积/%	蒸汽预热		蒸汽干燥		冷却时间/h
		时间/min	压力/kPa	时间/h	压力/kPa	
细颗粒	85~90	50±10	78.45	2~4	196.13	≥2
中颗粒	85~90	50±10	78.45	2~4	196.13	0.5~1
粗颗粒	85~90	50±10	78.45	2~4	196.13	0.5~1

6.7.1.4　过筛

过筛前必须将筛网、筛框、过筛机、混合料桶清理干净，避免脏化。经干燥的混合料在震动筛过 80~120 目筛。

6.7.1.5　混合

混合是在按照一定比例配比的，经过球磨的粉末料中加入一定量的成型剂（石蜡或者橡胶溶液），经过混合，并干燥制粒的过程。严格控制混合、制粒工艺，获得优质料粒，不仅便于压制成型，减少压制废品，还有利于控制合金的最终组织。

物料在混合时主要是添加成型剂，然后制备成大小均匀，易于压制的小球状颗粒。YG6 牌号物料所添加成型剂为 2C（顺丁橡胶溶液）。将物料加入搅拌器后，分次添加一定量的成型剂 2C，一般容器成型剂分三次缓慢加入。加入成型剂后要搅拌 45s 左右的时间，以保证混合均匀。然后打开卸料口，进行喷雾干燥。

6.7.1.6　干燥

干燥方式采用喷雾干燥，其最大的特点是在封闭的循环系统中用氮气进行保护下的干燥。喷雾干燥制得的粒状混合料性能稳定；流动性极好。此外，湿磨介质-酒精有一个独立的回收系统，回收酒精质量高，回收率高。

符合料浆黏度标准的料浆经充分搅拌后，经料浆泵输送到喷嘴，雾化后形成小圆料浆液滴；在干燥塔内由下而上喷射运动与由上而下的热氮气逆向相遇；酒精激烈挥发，使液-固分离；料粒自由下降到塔底部，经螺旋冷却器冷却、过筛、包装；热氮与酒精混合气体与部分混合料粉尘形成尾气经旋风收尘后进入回收系统。

6.7.1.7　混合料质量检查

混合料的检查主要包括粉体性能的检测和混合粉烧结体性能的鉴定。其中混合料特性值的检测主要项目有：用 30 倍放大镜观察粉末形貌，空心球比例，粒径；用标准化筛检查粒度分布；用霍尔流量计测定流动性；用斯科特仪测定松装密度和测定 PS21 试验条的压制压力。

（1）压制成型的压制过程：

1）充料，阴模在装料位置充填粉料；

2）封口，（一次顶压）上冲头对阴模做相互运动，进入阴模封口预压，此时阴模不运动；

3）底部压制，上冲头和阴模同步对下冲头做相互运动，下行 pv 距离至压制位置（L）；

4）顶部压制，阴模在压制位置不动，上冲头继续下行 OB 距离，（二次顶压）完成顶压；

5）下拉脱模，上冲头回升，阴模下行 AB 距离，完成压制品的脱出（可施加气动预载脱模）。

6）充料，阴模回升，重新进入装料位置充填粉料。

具体的压制过程如图 6-36 所示。

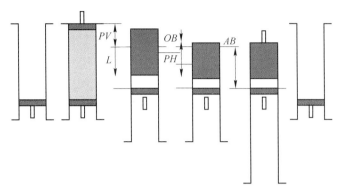

图 6-36　压制过程示意图

（2）舟皿的选择与装舟。不同的牌号由于其碳量控制的差异，应选择不同接触材料的舟皿。所谓接触材料就是在舟皿表面涂覆或加上的使压坯不直接与舟皿接触的一层材料，其主要作用就是便于牌号碳量的控制和避免产品与舟皿的黏结。实际生产中，受条件限制，除一些碳量要求饱和的牌号使用加普通碳纸的 A 舟皿之外，其余的大多是使用刷炭黑涂料的 T 舟皿。

装舟时要根据产品型号来选择恰当的装舟方法。本次产品为 YG6 牌号的拉丝模，所以拉丝模要立装，大孔朝下；中小拉丝模舟皿四周用衬板将制品与舟皿壁隔开，每层制品间撒上 Al_2O_3 且用白纸隔开。每舟的装舟量是：YG6 拉丝模（6~7）kg/舟。装完制品必须严密盖好，盖子不得超过舟皿高度。

装舟工作的质量可以对氢气烧结成品质量产生较大的影响。填料和装舟方法的选择对产品的内部质量和外形有较大的影响。

（3）烧结。本次烧结采用的设备为压力烧结炉，具体曲线如图 6-37 所示。

1）脱蜡阶段（升温到 310℃，保温 2h），随着烧结炉升温，成型剂逐渐热裂或气化，同时给烧结炉中通入大量氢气，通过氢气将成型剂排除烧结体外，该阶段主要是成型剂的脱除。

2）托瓦克阶段（升温到 450℃，保温 1h），将烧结炉温度继续升高，然后不断地将氢气冲入烧结炉，然后用泵抽出，重复操作。平均频率 6min/次。其主要作用是：①使各部位特别是"死角"处烧结体中残留的成型剂都能干净地排掉，以利于碳量控制；②利用氢气的反复充填、抽出，将碳毡，炉壁上残留的 Peg 冲刷干净［遇冷凝结的 Peg（乙二醇）残液会黏附在碳毡上和炉壁及管道上］；③由于温度为 450℃ 左右，H_2 气还可将压块中存在的 W 和 Co 的氧化物（主要是 Co 的氧化物）进一步还原成金属。

3）固相烧结（升温到 1350℃，持续加热 3h），此阶段为真空烧结，是液相烧结的过度，其主要是为了气孔的排除，有少量的收缩。

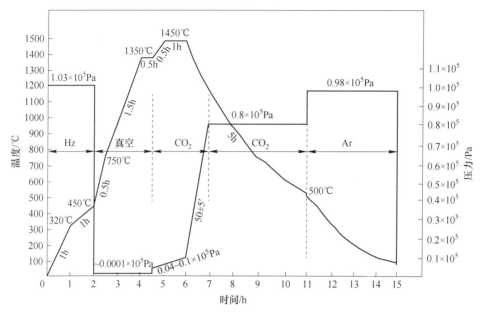

图 6-37　烧结工艺曲线

（1mbar = 10^2 Pa）

4）液相烧结（升温到 1450℃，保温 3h），该阶段为压块主要致密化过程，同时给烧结炉中通入大量的氩气，产生高压，促使压块的成型和防止钴的蒸发。同时氩为惰性气体，可起到保护作用。

5）冷却，液相烧结后，随炉冷却即可。

工艺曲线中，液相烧结最为重要，它决定着产品的性质和质量，所以要严格控制液相烧结温度和保温时间，还有通入氩产生的压力。

6.7.1.8　喷砂处理

烧结后的产品因为舟皿的接触性材料，所以产品表面黏有一层炭黑。喷砂处理的主要作用就是清理产品表面，同时可以去除因为烧结而产生的残余应力。

6.7.1.9　深冷处理

深冷处理又称超低温处理（SSZ），是指以液氮为制冷剂，在（-130℃）以下对材料进行处理的方法，以达到材料改性的目的。它可以有效地提高硬质合金的力学性能和使用寿命，稳定产品尺寸，改善均匀性，减少变形，而且操作简便，不破坏产品，无污染。

硬质合金深冷处理后性能改变的主要原因是硬质合金表面残余应力的变化和钴黏结相发生马氏体相变。有效地提高了产品的耐磨性，强度，硬度和韧性，提高抗腐蚀性，抗冲击性和抗疲劳强度。并且深冷处理消除内应力，提高产品的稳定性。

烧结后的产品经过喷砂和深冷处理即可进入下道工序，成品检测。

（1）成品检测。生产的成品需要经过成品检测后，符合需求才可以进行包装出厂。检测项目主要包括密度，硬度、抗弯强度，矫顽磁力，钴磁，孔隙度，非化合碳量，η相，302 缺陷，WC 平均晶粒度等，其性能主要指标如表 6-11 所示。

表 6-11 烧成品的性能指标

牌号	矫顽磁力 /kA·m^{-2}	硬度 (HRA)	钴磁/%	密度/g·cm^3	抗弯强度 /MPa	非化合碳 (不大于)	η 相 (不大于)
YG6	11.0~16.0	≥89.5	4.8~6.0	14.85~15.05	≥1670	C02	E00

（2）包装。在检测合格之后即可对产品进行包装，在进行包装时，先保证通风良好，包装台面干净整洁。纸盒包装先用白纸包裹，再用海绵塞紧，无动摇现象，以防止运输过程中掉边掉角。包装的原则是包装产品、海绵软包装、纸盒、泡沫填塞空间、木箱，不能偷工减料。最后将合格证放入纸盒，纸盒上贴标签，商标。

6.7.2 粉末冶金高速钢

高速钢合金元素含量高，具有较好的耐磨性及抗变形性。用熔铸工艺制造时，由于凝固速度慢。会产生严重的成分偏析，并且碳化物粗大，使力学性能降低，金属的收得率低，损耗率为钢锭质量的30%~50%，成本高。粉末冶金高速钢则可提高质量，降低成本。因为它采用激冷雾化所得的高速钢粉很细，每一个粉末颗粒相当于一个微小铸锭，基本上能够消除成分偏析，同时碳化物细小且分布均匀。

粉末冶金高速钢的特点是，具有优异的可切削性，为同钢种的2~3倍；同时改善了韧性，刀具抗崩刃性能提高；其性能的均匀性好，不受断面尺寸影响；热处理时变形小，尺寸稳定性好；耐磨性高，刀具耐用度提高2~3倍；粉末高速钢的热加工性改善，可提高合金含量（如高钒、高碳等），发展高性能的新钢种。

粉末高速钢的制备一般为热等静压法，制备流程如下：

高频电炉用钢→氩气雾化→高速钢粉→过筛→装套→封焊→冷等静压→预热→热等静压→坯件

粉末冶金高速钢只有在相对密度大于78%时才能使用，因此粉末冶金高速钢一般要采用各种热成型工艺，如热等静压、热锻、热挤等，并需要热处理后才能使用。

6.7.3 聚晶金刚石

金刚石作为一种超硬刀具材料应用于切削加工已有数百年历史。刀具发展历程，从19世纪末到20世纪初，刀具材料以高速钢为主要代表；1927年德国首先研制出硬质合金刀具材料并获得广泛应用；20世纪50年代，瑞典、美国分别合成出人造金刚石，切削刀具从此步入以超硬材料为代表时期。20世纪70年代，人们利用高压合成技术合成了聚晶金刚石（PCD），解决了天然金刚石数量稀少、价格昂贵的问题，使金刚石刀具应用范围扩展到航空、航天、汽车、电子、石材等多个领域。

6.7.3.1 PCD 刀具性能特点

金刚石刀具具有硬度高、抗压强度高、导热性及耐磨性好等特性，高速切削可获得很高的加工精度和加工效率。金刚石刀具上述特性由金刚石晶体状态决定。金刚石晶体，碳原子四个价电子按四面体结构成键，每个碳原子与四个相邻原子形成共价键，进而组成金刚石结构，该结构结合力方向性很强，从而使金刚石具有极高硬度。由于聚晶金刚石（PCD）结构取向不同于细晶粒金刚石烧结体，虽然加入了结合剂，其硬度及耐磨性仍低于单晶金刚石。但由于PCD烧结体表现为各向同性，因此不易沿单一解理面裂开。

PCD 刀具材料主要性能指标：

（1）PCD 硬度可达 8000HV，为硬质合金的 80~120 倍；

（2）PCD 导热系数为 700W/(m·K)，为硬质合金的 1.5~9 倍，甚至高于 PCBN 铜，因此 PCD 刀具热量传递迅速；

（3）PCD 摩擦系数一般仅为 0.1~0.3（硬质合金摩擦系数为 0.4~1），因此 PCD 刀具可显著减小切削力；

（4）PCD 热膨胀系数仅为 $1.18 \times 10^{-6} \sim 0.9 \times 10^{-6}$，仅相当于硬质合金的 1/5，因此 PCD 刀具热变形小，加工精度高；

（5）PCD 刀具与有色金属非金属材料间亲和力很小，加工过程切屑不易黏结刀尖上形成积屑瘤。

6.7.3.2　PCD 刀具应用

目前，国际上著名人造金刚石复合片生产商主要有英国 De Beers 公司、美国 GE 公司、日本住友电工株式会社等。据报道，1995 年一季度仅日本 PCD 刀具产量即达 10.7 万把。PCD 刀具应用范围已由初期车削加工向钻削、铣削加工扩展。由日本一家组织进行关于超硬刀具调查表明：人们选用 PCD 刀具主要考虑因素基于 PCD 刀具加工后表面精度、尺寸精度及刀具寿命等优势。金刚石复合片合成技术也得到了较大发展，De Beers 公司已推出了直径 74mm、层厚 0.3mm 聚晶金刚石复合片。

国内 PCD 刀具市场随着刀具技术水平发展也不断扩大。目前第一汽车集团已有一百多个 PCD 车刀使用点，许多人造板企业也采用 PCD 刀具进行木制品加工。PCD 刀具应用也进一步推动了对其设计与制造技术研究。国内清华大学、大连理工大学、华中理工大学、吉林工业大学、哈尔滨工业大学等均积极开展这方面研究。国内从事 PCD 刀具研发、生产有上海舒伯哈特、郑州新亚、南京蓝帜、深圳润祥、成都工具研究所等几十家单位。目前，PCD 刀具加工范围已从传统金属切削加工扩展到石材加工、木材加工、金属基复合材料、玻璃、工程陶瓷等材料加工。通过对近年来 PCD 刀具应用分析可见，PCD 刀具主要应用于以下两方面：

（1）难加工有色金属材料加工：用普通刀具加工难加工有色金属材料时，往往产生刀具易磨损、加工效率低等缺陷，而 PCD 刀具则可表现出良好加工性能。如用 PCD 刀具可有效加工新型发动机活塞材料——过共晶硅铝合金（对该材料加工机理研究已取得突破）。

（2）难加工非金属材料加工：PCD 刀具非常适合对石材、硬质碳、碳纤维增强塑料（CFRP）、人造板材等难加工非金属材料加工。如用 PCD 刀具加工玻璃；目前强化复合地板及其他木基板材（如 MDF）应用日趋广泛，用 PCD 刀具加工这些材料可有效避免刀具易磨损等缺陷。

6.7.3.3　PCD 刀具制造

PCD 刀具制造过程主要包括两个阶段：

（1）PCD 复合片制造：PCD 复合片由天然或人工合成金刚石粉末与结合剂（其含钴、镍等金属）按一定比例高温（1000~2000℃）、高压（5~10 万个大气压）下烧结而成。烧结过程，由于结合剂加入，使金刚石晶体间形成以 TiC、SiC、Fe、Co、Ni 等为主要成分结合桥的骨架，金刚石晶体以共价键形式镶嵌于结合桥骨架。通常将复合片制成固定直径厚度的圆盘，还需对烧结成复合片进行研磨抛光及其他相应物理、化学处理。具体流程为：

金刚石粉 ———净化处理———→ 混配料 ——→ 混合 ——→ 组装 ——→ 热压烧结 ——→ 检测
　　　　　　　　　　（加黏结剂）　　　　　　　　　　　（压力 6GPa，温度 1400～1600℃）

（2）PCD 刀片加工：PCD 刀片加工主要包括复合片切割、刀片焊接、刀片刃磨等步骤。由于 PCD 复合片具有很高的硬度及耐磨性，因此必须采用特殊加工工艺。目前，加工 PCD 复合片主要采用电火花线切割、激光加工、超声波加工、高压水射流等几种工艺方法。PCD 复合片与刀体结合方式除采用机械夹固黏结方法外，大多通过钎焊方式将 PCD 复合片压制硬质合金基体上。焊接方法主要有激光焊接、真空扩散焊接、真空钎焊、高频感应钎焊等。PCD 刀具刃磨工艺主要采用树脂结合剂金刚石砂轮进行磨削（见图 6-38）。

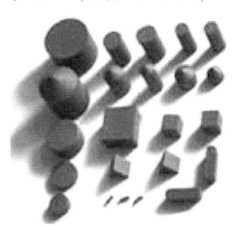

图 6-38　聚晶金刚石复合刀片

6.8　武　器　材　料

　　粉末冶金材料对军事工业作出了巨大的贡献，在国防建设中有着巨大的潜力和竞争力。

　　如果没有现代高密度材料制成的脱壳穿甲弹，目前世界上较先进的 M1A1 坦克和 T-80 坦克可以在陆地上到处加入无人之地横冲直撞。用高密度钨合金制成动力穿甲弹是粉末冶金用于军械方面的一个重要例子。高密度的钨合金 W-Ni-Fe 等系列合金，只有通过粉末冶金工艺、真空退火和旋转锻造方法制成穿甲弹芯，以达到密度、强度和韧性三位一体，才能有更好的穿甲性能。另外钨基合金材料也被应用到脆性炸弹装置上。难熔金属的许多化合物具有十分优良的综合性能，如高硬度、耐高温、耐磨和自增强等，是十分优良的装甲材料，并已在坦克、武装直升机、运兵车和防弹衣中得到应用。随着科学技术的发展，对材料也提出了日益苛刻的要求，在传统材料已越来越不能满足这些新需求的今天，难熔材料却越来越显示出它独特的优越性，在兵器中用作侵彻弹、集束炸弹、导弹战斗部、穿甲弹、易碎弹、电磁炮、磁爆弹、射线武器屏蔽、装甲材料等。表 6-12 给出了粉末冶金材料在军事上的应用实例。

表 6-12　粉末冶金材料在军事上的应用举例

材料	应用	粉末冶金技术
铝	飞机蒙皮、发动机、压缩叶片	热压、热等静压、锻造、挤压
铁及钢	脆性弹丸、后坐力块、导向尾翼	冷等静压、热等静压、锻造
高温合金	涡轮发动机叶片	粉末冶金制造、热等静压、常压烧结、锻造、注射成型

材料	应　用	粉末冶金技术
钛	导弹壳体、壳架、涡轮发动机、压缩叶片、飞机骨架、陀螺仪	粉末制造、热压、热等静压、锻造
钨合金	动力穿甲弹、重锤、配重、放射性容器、X射线屏蔽材料	热等静压、锻造

高密度合金是一种以钨为基（钨含量为 82%～98%），并加入镍、铁、铜、钴、锰等元素而成的合金。在所有过渡族元素中，镍对钨的润湿性好，所以，Ni 是液相烧结工艺过程中的必要元素，但当 Ni 中含有 43%W 时会形成 WNi_4 脆性相，需要加入 Fe、Cu、Co、Mo 等第三组元，以降低钨在镍中的溶解度，提高合金的强度和塑性。高密度合金现已有 W-Ni-Cu，W-Ni-Fe，W-Ni-Co，W-Ni-Mo 等多个系列产品，应用较为广泛的还是 W-Ni-Cu，W-Ni-Fe 两大系列产品。粉末冶金工艺流程为：混料（钨粉、镍粉和铁粉或铜粉）→压制→预烧→液相烧结→热处理→最后切削加工→成品。其性能特点是：（1）密度大：一般密度为 $16.5～18.75g/cm^3$；（2）强度高：抗拉强度为 700～1000MPa；（3）吸收射线能力强：比铅高 30%～40%；（4）导热系数大：钨合金的导热系数为模具钢的 5 倍；（5）热膨胀系数小：只有铁或钢的 1/2～1/3，（6）良好的可导电性能；因其具有良好的导电性能而广泛应用于照明和电焊行业。（7）具有良好的可焊性和加工性。鉴于高比重合金有上述优异的功能，它被广泛地运用在航天、航空、军事、石油钻井、电器仪表、医学等工业。

粉末冶金技术在枪械中的应用非常广阔。如 12.7mm 口径 M85 机枪的快慢机、护筒、闭锁机、闩锁等 22 种零件可用粉末冶金钢锻件来代替；12.7mm 口径 M2 机枪的计算尺、托架、枪栓等 12 种零件可用粉末冶金件代替；7.62mm M60 机枪的撞针杆、送弹杆、前后瞄准器等 18 种零件可由粉末冶金件代替。如金属粉末注射成型枪械发射阻铁，为 4340 钢粉末冶金件，热处理后硬度达到 38～42HRC（洛氏硬度），氧化发黑后可代替以前的精密铸件。M16 步枪激光瞄准系统的可调旋钮也采用黄铜、钢及不锈钢粉末冶金件。

美国 TRW 公司用粉末冶金技术制造 M60 坦克正齿轮这种高性能齿轮替代锻钢件。采用工业水雾化 4620 钢粉，在 414MPa 压力下冷等静压制成预型坯，然后在 1200℃ 氢气中烧结 1h，再于 900℃，$10t/in^2$ 下进行精密等温锻造。最终材料密度可达 99.5% 理论密度，力学性能与锻钢件性能相当，抗拉强度约 758MPa，屈服强度约 580MPa，伸长率 15%，面缩率 40%。用粉末冶金锻造技术制造制导炮弹尾翼这种高强度精密尾翼。采用 4640 钢粉 340g，与 0.48% 石墨和 0.75% 硬脂酸锌混合压坯，烧结后达到 80%～85% 理论密度，然后于 1200℃ 预热后立即进行精密等温模锻，锻后密度可达 99.5%～100% 理论密度，尺寸精度可达 ±2.5μm 力学性能均可满足设计要求，抗拉强度可达 1207MPa，屈服强度达 1193MPa，伸长率 5.3%，断面收缩率 25.0%，材料利用率达 83%。

6.9　3D 打印金属材料

3D 打印技术又称为增材制造技术，是通过逐层叠加的方式对复杂零件进行成型，较传统成型方式，具有生产周期短以及适于小批量复杂零件生产的优点。主要包含激光选区熔化技术（Selective Laser Melting，SLM）和电子束选区熔化成型技术（Selective Electron Beam Melting，SEBM）等。其中，SLM 应用最为广泛。该技术突破了传统制造工艺的思路限制，工艺流程是先利用三维软件建模，其次对模型进行分层切片，最后利用金属粉末逐层成型工件，可获得任意复杂形状的零件，特别适合制造具有复杂结构的各种合金零件。如图 6-39 所示，Brandt 等利用 SLM 技术制造出了航天转轴结构组件。美国 GE/Morris 公司利用该技术成型了一系列具有复杂结构的航空航天部件，见图 6-40。图 6-41 是利用 SLM 技术成型的膝关节假体。美国的 CalRAM 公司利用 SEBM 技术制造了 Ti-6Al-4V 发动机带罩叶轮，如图 6-42 所示。通用电气旗下的 Avio Aero 公司采用 SEBM 技术制造了全球最大

图 6-39　航天转轴结构组件

的喷气发动机 GE9X 的 TiAl 涡轮叶片，如图 6-43 所示。西北有色金属研究院（NIN）采用 SEBM 技术制备的航天发动机主动冷却喷管，该喷管不仅为曲面结构，而且管壁周围均布有 70 个直径为 1mm 贯通的小孔，这是传统制造方法无法实现的，如图 6-44 所示。此研究结果对于未来航空航天异形零部件的制备具有重要意义。

图 6-40　SLM 成型的复杂航空部件

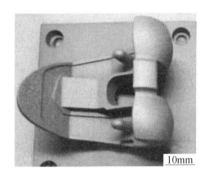

图 6-41 SLM 成型的膝关节假体

图 6-42 利用 SEBM 技术制造的 Ti-6Al-4V 叶轮

图 6-43 Avio Aero 公司利用 SEBM 技术
制造的 TiAl 涡轮叶片

图 6-44 NIN 利用 SEBM 技术制备的带内部
冷却流道的喷管

目前利用 SLM 技术成型的合金种类主要有铁基合金（316L 不锈钢等）、铝合金（Al-Si、Al-Cu、Al-Zn 和 Al-Mg 基合金等）、钛及钛合金（TC4 合金等）、铜合金（Cu-Sn合金及 Cu-Al-Ni-Mn 合金等）等，一般用于成型合金的粉末粒径分布在 $10\sim45\mu m$，要求金属粉末的含氧量低，流动性好且要有较高纯度。Ankudinov 等研究了在 SLM 技术下，铁和不锈钢粉末在快速相变条件时多孔介质的不稳定热传递情况，从而得到热导率与粉末孔隙率的关系。Stasic 等在 316L 不锈钢中加入 NiB，利用电子分析方法包括扫描电子显微镜等对成型后的样品分别进行了宏观和微观形貌观察（如图 6-45 所示），其次用光学轮廓仪测量样品的表面粗糙度（如图 6-46 所示），在进行分析之后发现在 316L 不锈钢粉末中加入 NiB 后，可以提高工件的表面性能。其次 SLM 技术可以被用来成型铝基合金，但会受到众多因素的影响，比如反射率、电导率以及粉末流动性的影响，而利用该技术成型后的铝合金工件，与传统制造方法相比具有更好的力学性能，再通过简单的热处理后会得到更好的延展性，所以具有较大的应用前景。Casati 等通过采用 SLM 技术成型了 2618 铝合金，并对成型过程中的热量进行了分析，研究了热效应对于试样力学性能以及微观结构的影响。张虎等采用该技术成型了 Al-Cu-Mg 合金，研究了激光束的能量密度对于工件致密度的影响，并且探究了热处理工艺对于合金力学性能的提高作用。钛合金具有密度低、耐腐蚀性能好、力学性能优良、弹性模量低以及生物相容性好等特点，是理想的人体植入材料之一，并且广泛应用于航空航天等领域。与

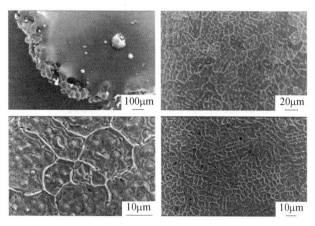

图 6-45　SLM 工艺成型的 316L-NiB 合金的 SEM 图

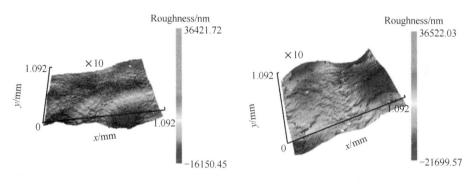

图 6-46　SLM 工艺成型的 316L-NiB 合金样品的表面轮廓

316L 不锈钢（210 GPa）和 Co-Cr 合金（240GPa）相比，钛合金具有更低的杨氏模量（55~110 GPa），而人体骨头的杨氏模量为 10~30 GPa，成型后的合金经过后处理可以作为生物植入体。目前使用最为广泛的钛合金是 Ti-6Al-4V，也是利用 SLM 技术成型最多的钛合金，很多学者都对其致密化以及力学性能进行了深入的研究。Edwards 等对SLM 技术成型的 TC4 合金进行了拉伸试验，探究了该材料的疲劳裂纹扩展特性以及断裂韧性。肖振楠等首先利用 SLM 技术成型了 TC4 试件，并对其进行了热处理，研究了其对于 TC4 合金组织与性能的影响，结果表明钛合金试件的强度会随着塑性的增加而有所降低，并且热处理减小了工件内部的残余应力，降低了其变形开裂的可能性。通常利用SLM 技术成型铜合金较少，这是因为铜对激光的吸收情况不佳，因此利用该技术成型铜合金比较困难，但利用该技术成型小批量的铜合金组件是非常有前景的，也是广大学者研究的方向之一。

　　用图 6-47 表示球形钨粉，采用表 6-13 的工艺参数，通过 SLM 打印出图 6-48 所示的纯钨合金，BD 表示打印方向（Building direction），垂直于打印平面中（yz/xz 平面）。

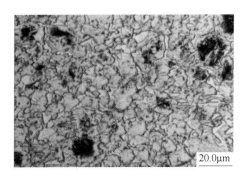

图 6-47   1200℃烧结钛镍合金金相组织

表 6-13   激光选区熔化打印骨架主要参数

主要参数	数　值
铺粉层厚/μm	25
光斑直径/μm	100
激光扫描功率/W	300
激光扫描速度/mm·s⁻¹	450
激光扫描间距/μm	60
惰性气体流量/m³·h⁻¹	1~3

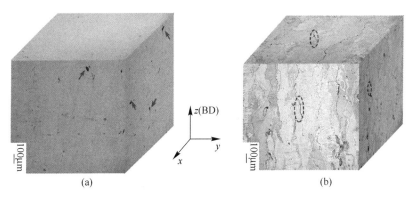

图 6-48   激光选区熔化制备纯钨块体金相显微组织照片

a—腐蚀前；b—腐蚀后

6.10　其他材料

6.10.1　航空航天工业用粉末冶金材料

　　航空航天工业对材料性能的要求非常严格，除了要求材料具有尽可能高的稳定性和比强度外，通常还要求材料具有尽可能高的综合性能。航空工业中所使用的粉末冶金材料：一类为特殊功能材料，如摩擦材料、减磨材料、密封材料、过滤材料等，主要用于飞机和发动机的辅机、仪表和机载设备。另一类为高温高强结构材料，主要用于飞机发动机主机上的重要结构件。

作为高温高强结构材料的最典型的例子是采用粉末冶金方法制造的发动机涡轮盘和凝固涡轮叶片。1972 年美国 Pratt-Whitney 飞机公司在其制造的 F-100 发动机上使用粉末涡轮盘等 11 个部件，装在 F15、F16 飞机上。该公司仅以粉末冶金涡轮盘和凝固涡轮叶片两项重大革新，就使 F-100 发动机的推重比达到世界先进水平。至 1984 年，其使用的粉末冶金高温合金盘超过 3 万件。1997 年，P&W 公司也以 DT-PIN100 合金制造双性能粉末盘，装在第四代战斗机 F22 的发动机上。

近年来，美国航空航天局 Glenn 研究中心的研究人员开发出一种 Cu-Cr-Nb 粉末冶金材料，称为 GRCop-84，可用于火箭发动机的零件。这种新合金可在 768℃（1282°F）高温下工作，并显著节省成本。这种材料可用于制作发射地球轨道、地球至月球及地球至火星飞行器的液体燃料火箭发动机的燃烧室内衬、喷嘴及注射器面板等。此外，在航天、航空工业中，高密度钨合金用于制造被称之为导航"心脏"的陀螺仪转子；并可作平衡块、减震器、飞机及直升飞机的升降控制和舵的风标配重块等；还用于自动驾驶仪及方向支架平衡配重块、飞机引擎的平衡锤、减压仓平衡块等。

6.10.2 核工业用粉末冶金材料

由于核工业材料性能的特殊要求，有的只有用粉末冶金工艺才能满足，有的则是采用粉末冶金工艺具有更大的优越性，因此，粉末冶金材料对于核工业有其独特的贡献。

例如，核工业采用的可裂变材料 U235 在天然铀中的浓度只有 0.71%，要达到反应堆和制造原子弹要求的浓度，必须将 U235 和 U238 分离开来，目前工业生产中大量采用的是气体扩散法，这种方法的关键在于制造扩散分离膜，用镍或氧化铝粉末通过粉末冶金工艺制造的扩散膜能满足其特殊要求。

此外，对于新一代核反应堆，为加强核安全，防止核泄漏的发生，采用粉末冶金工艺制备的钨基高密度合金的惯性储能装置，能在事故发生后没有任何动力的情况下维持 3~5min 的冷却、循环，从而为事故的处理赢得宝贵的应急时间防止核反应堆烧穿发生核泄漏。钨合金还作为冷核试验的模拟材料，用于核弹及核反应堆设计参数的确定。

由于要求最有效地利用空间，军用核动力舰船的安全和核防护就显得更为重要。因此需要性能更好的锆、钼、钨材料。并且铌合金具有良好的抗海水腐蚀能力，经多年使用的铌合金件取出时仍光亮如新，可制作水下装置，如潜艇测深用压力传感器、声纳探测器等。这些材料大多采用粉末冶金工艺制备。

此外，作为核反应堆慢化剂或反射层材料的金属铍或氧化铍，作控制材料用的碳化硼，作燃料芯块的氧化铀、氮化铀或弥散体型的元件，核燃料元件的包壳材料以及核废物的固化处理，目前大多采用粉末冶金工艺制备。

原子弹、氢弹和中子弹等核武器另一重要的杀伤力就是高能射线。而高密度物质对射线具有良好的屏蔽作用，与中子吸收物质配合使用可收到良好的作用。以前人们广泛采用铅作屏蔽材料，因铅的密度为 $11.3g/cm^3$。而高密度钨合金的密度在 $17g/cm^3$ 以上，因此它比铅对 X 射线和 γ 射线的吸收能力更理想。对射线的屏蔽效果是铅的 1.5 倍以上，且铅材质软，而钨合金硬度较高，是理想的核燃料储存器与防辐射的屏蔽材料。

6.10.3　医学用粉末冶金材料

由于钛金属具有良好的生物兼容性和力学性能，钛合金被应用于生物移植和生物医学等领域。在口腔医学应用领域中有一种钛制墩帽可被用于套在病人的牙上，用以支持在其上的瓷或金属制的牙冠，用粉末冶金方法制作钛墩帽有可能降低这种产品的生产成本。工艺是以冷等静压方法成型，成型压力为 700MPa，烧结后的相对密度是 99%，以这种方法制作的钛墩帽表面几乎没有孔洞，并且硬度很高，后续工作将是进一步确认使用的粉末质量、压制及烧结等工艺参数。

瑞典陶瓷研究院等单位合作研究了钛合金在医用人工种植牙用材料领域中的应用，尝试以高速压制工艺来低成本地生产这些材料。在 2003 年西班牙巴仑西亚召开的欧洲粉末冶金协会年度会议上，出现了由同一批作者发表的两篇关于以高速压制方法对钛粉和钛/羟基钛混合粉进行压制，探索钛合金在医用人工种植牙用材料领域中应用的文章。这些瑞典科技工作者做的一个实验是以 3g 高纯钛粉（44μm 以下）装入模具中，高速压制的能量分别是 1×335J、2×335J 及 5×335J，脱模后生坯的高度是 4.5mm，生坯的相对密度分别是 93.15%、98.15% 和 98.18%，用扫描电镜观察生坯断面，发现高速压制能量为 1×335J 样品的断面上有一个心部密度较高的区域和外层密度较低的区域，在两个区域间一个明显的界面，高速压制能量更高的样品心部高密度区向外延伸，甚至整个样品都是高密度区，而如果以扫描电镜观察以冷等静压方法制备的样品的断面，发现从表层至心部密度变化不明显。颌骨组织的表面多孔、较脆弱，而钛金属很硬，钛金属与牙直接接触易造成牙齿的损伤，如果在钛制材料的表面覆上羟基钛等材料的薄膜，会有利于钛金属周围骨组织在受擦伤后的愈合。现在采用的方法是在钛合金表面以等离子喷涂等方法使其覆一层羟基钛薄膜，这种膜的存在有利于与金属接触而受到擦伤的骨组织的愈合，但在经历一段时间后这种膜会逐渐退化或脱离基体。使用钛为基体含羟基钛的复合材料可使上述情况有所改善。

科技人员所做的另一个实验是将钛粉（44μm 以下）与质量分数为 5% 的羟基钛粉（90~125μm）混合，不加入添加剂，取样品 2g，放入同样的圆柱形模具中，高速压制的能量是 5×335J，获得生坯的相对密度是 98.12%，由于羟基钛在 800℃ 会分解，要求以高速压制法制成的生坯在 500~700℃ 烧结，而不是通常致密化烧结的约 1200℃。结果表明：样品在 500℃ 烧结 10h 后的相对密度是 99%，700℃ 烧结 1h 后的相对密度是 99.11%，900℃ 烧结 1h 后的相对密度是 99.12%，所有样品中羟基钛与钛间都没有出现反应层，虽然在 700~900℃ 烧结的样品中有一些孔洞（孔径约 0.12μm），但由于生坯的密度很高，对材料的力学性能并无明显影响。但要知道这种金属材料是否适合被安装在人体内，还需要做进一步的生物性能的检测。

TiNi 形状记忆合金具有生物医用材料所具有的良好力学性能、优良抗蚀性和生物相容性。从 20 世纪 70 年代开始已在医学上获得应用。近年来发展起来的多孔 TiNi 形状记忆合金的独特性能再一次引起了世界各国科学家的注意。多孔 TiNi 形状记忆合金具有以下一些主要优点：（1）块体 TiNi 形状记忆合金产生超弹性的屈服应力高，并且通过热处理等方法进行调节的范围有限；而通过合理的烧结工艺可制得不同孔隙度和孔隙尺寸的多孔 TiNi 形状记忆合金，能较容易地调整 TiNi 形状记忆合金的超弹性屈服应力，从而达到与骨组织或肌肉组织相匹配；（2）多孔 TiNi 形状记忆合金的多孔性和可压缩性有利于诱导骨组织的长入，使植入物的固定更安全、可靠；（3）多孔 TiNi 合金的形状记忆效应和独特的体积记忆效应，使植入过程变得简单，可明显减轻病人的痛苦。所以多孔 TiNi 形状记忆合金作为骨、关节和牙齿等硬组织修复和替换的医用材料是其他材料所不能替换的。

D. G. Morris 等对 Ti 粉和 Ni 粉以等原子比例的混合、研磨及元素扩散进行研究，研磨程度控制在产生细小且无合金化的元素粉末。认为在温度低于 950℃时，是 Kirkendall 扩散控制的互扩散反应，在高于 1000℃时出现液相。在 TiNi 系中，当 Ti、Ni 以等原子比例混合后，在烧结过程中可能出现的相有 TiNi、Ti2Ni 和 TiNi3，当在低温烧结时其主相是 Ti2Ni3，在高于 850℃的情况下 TiNi 为主相。图 6-49 为 1200℃烧结钛镍合金的金相显微组织。

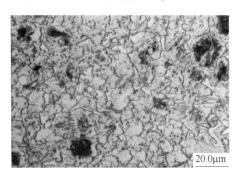

图 6-49　1200℃烧结钛镍合金金相组织

习题与思考题

6-1　粉末冶金产品在汽车工业中有许多用途，请列举三种汽车用粉末冶金产品。

6-2　有什么方法可以取代粉末冶金技术制备钨灯丝，为什么电熔断器中不采用钨灯丝材料？

6-3　金属基复合材料，如 SiC 纤维强化铝合金，是粉末冶金应用的领域，请说明复合材料制备方法？

6-4　什么是假合金，怎样才能获得假合金？

6-5　YG 类硬质合金的生产工艺是什么，哪些因素影响它的性能？

6-6　怎样才能获得孔隙率为 60%的多孔材料？

6-7　人体的骨骼材料和牙齿材料能否用粉末冶金的方法制备？请分析并讨论。

6-8　W、Mo、Ti 等难溶金属基材料为什么常用粉末冶金技术来制备？请举例说明。

6-9　Cu-Cr 合金是怎么制备的？请分析说明。

6-10　如何提高粉末冶金材料的塑韧性？

附　　录

试　卷　一

一、说明下列各组概念的含义和区别（每题 4 分，共 20 分）

1. 弹性后效和拱桥效应
2. 净压力和侧压力
3. 一次颗粒和二次颗粒
4. 粉末体和团粒
5. 活化烧结和强化烧结

二、填空题（每空 1 分，共 30 分）

1. 固态物质按分散程度不同可分为_____、_____、和_____，其中大小在 $0.1\mu m$ 和 $1mm$ 之间的称为_____。

2. 用比重瓶法所测粉末的密度称为_____。

3. 若粉末的粒度表示为 -80 目 $+100$ 目，其含义是指_____。

4. 粉末压坯强度既取决于粉末颗粒之间的_____，也决定于粉末颗粒_____。

5. 压制是将松散的粉末体加工成为具有一定形状和尺寸大小，以及具有一定密度和强度的坯块。压制过程包括_____、_____、_____和_____、_____。

6. 粉末烧结时物质的迁移方式是_____、_____、_____、_____、_____和_____，致密化机构是_____、_____、_____。

7. 粉末冶金制品与钢铁零件的热处理最重要的区别在于有_____。

8. 对烧结金属材料，常用_____来测其表观硬度。

9. 粉末之所以能够被烧结成具有一定密度和强度的坯体，是因为_____、_____和_____。

10. 烧结气氛包括_____、_____、_____和_____。

三、简答题（每题 10 分，共 30 分）

1. 与传统加工方法比较，粉末冶金技术有何重要优缺点，试举例说明。（10 分）
2. 气体雾化制粉过程中，有哪些因素控制粉末粒度？（10 分）
3. 分析粉末粒度、粉末形貌与松装密度之间的关系。（10 分）

四、计算题（20分）

经氢气还原氧化铁制备还原铁粉：$FeO+H_2 \mathop{=\!=} Fe+H_2O$

平衡常数：$\lg K_p = -1000/T + 0.5$

$$K_p = P_{H_2O}/P_{H_2}$$

讨论还原温度分别为 500℃，600℃，700℃时，平衡常数变化趋势和温度对还原的影响。

试　卷　二

一、填空题（每空1分，共20分）

1. 固态物质按分散程度不同可分为（　　　　）、（　　　　）和（　　　　），其中大小在 0.1μm 和 1mm 之间的称为（　　　　）。

2. 粉末的压制不仅有（　　　　）的改变，而且还有（　　　　）的变化。

3. 压制是将松散的粉末体加工成为具有一定形状和尺寸大小，以及具有一定密度和强度的坯块。压制过程包括（　　　　）、（　　　　）、（　　　　）和（　　　　）。烧结是指在主要组分熔点以下的加热处理，烧结过程有（　　　　）、（　　　　）、（　　　　）。

4. 在研磨过程中，有效的机制是（　　　　）和（　　　　）。

5. 粉末之所以能够被烧结成具有一定密度和强度的坯体，是因为（　　　　）和（　　　　）。

6. 烧结气氛包括（　　　　）、（　　　　）、（　　　　）和（　　　　）。

7. 对烧结金属材料，常用来（　　　　）测其表观硬度。

8. 粉末的烧结是极其复杂的，一般将烧结分为（　　　　）、（　　　　）和（　　　　）三个阶段。

9. 粉末压制前退火的作用是（　　　　）和（　　　　）。

10. 压制过程中的废品往往有（　　　　）、（　　　　）、（　　　　）、（　　　　）、（　　　　）；烧结过程中的废品往往有（　　　　）、（　　　　）、（　　　　）、（　　　　）。

二、判断正误并将错误的地方画出来并改正（每题1分，共20分）

1. （　　）粉末的压制性是压缩性和成型性的总称。一般说来，成型性好的粉末，压缩性也好，反之亦然。

2. （　　）通常用目表示筛网的孔径和粉末的粒度。所谓目数是筛网 1cm 长度上的网孔数。

3. （　　）粉末的似密度是用包括孔隙在内的体积除质量所得的商。

4. （　　）拱桥效应是粉末在压制过程中颗粒之间相互搭接造成的孔隙比粉末颗粒本

身大很多倍的现象。

5.（　　）压制过程中产生的裂纹或分层本质是相同的，都是弹性后效的结果。

6.（　　）理论上，粉末在压制时加压速度要快，保压时间要长。

7.（　　）一般随烧结温度的升高，密度、强度、晶粒度增大，而孔隙率和电阻率减小。

8.（　　）高孔隙度的烧结件主要是沿晶断裂，低孔隙度的烧结件主要是穿晶断裂。

9.（　　）当粉末体烧结时，一般温度越高，保温时间也越长。

10.（　　）用氢损法测定粉末中的氧含量是测定氢的重量损失。

11.（　　）压坯密度随压制压力增加而增加较快的是在第二阶段。

12.（　　）粉末体烧结的强度和导电性大大增加的是在烧结颈长大阶段。

13.（　　）切削粉末冶金制品所用刀具的寿命比切削相应致密材料所用刀具的寿命高。

14.（　　）粉末体的变形既有体积变化也有形状改变。

15.（　　）向压制压坯密度分布在水平面上，接近上模冲的断面是两边大中间小，远离上模冲截面是中间大两边小。

16.（　　）成型剂不仅起润滑、黏结作用，而且还能促进粉末颗粒变形，改善压制过程，降低单位压制压力。

17.（　　）粉末压制前进行退火一是降低杂质含量，一是消除加工硬化。

18.（　　）烧结保温时间影响颗粒之间的结合状态和各组元的均匀化。

19.（　　）麻点是烧结时升温太快造成的。起泡是在混料中所添加的成分偏析造成的。

20.（　　）精整是为了提高零件的尺寸公差和表面光洁度，精压是为了获得特定的表面形状和改善密度，复压则主要是为了提高制品的密度和强度。

三、简答题（每题 10 分，共 40 分）

1. 分析粉末冶金过程中是哪一个阶段提高材料利用率，为什么？试举例说明。
2. 气体雾化制粉过程可分解为几个区域，每个区域的特点是什么？
3. 分别分析单轴压制和等静压制的差别及应力特点，并比较热压与热等静压的差别。
4. 分析还原制备钨粉的原理和钨粉颗粒长大的因素。

四、问答题（每题 4 分，共 20 分）

现要制备如图所示的 Fe－5C（碳的质量分数 5%）粉末冶金零件。已知铁的密度为 7.8g/cm³，碳的密度为 2.62g/cm³，它们的熔点分别为 1730K 和 4100K。可提供任何粒度组成的粉末。请回答下列问题：

1. 制定加工工艺路线，简要说明原因。

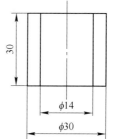

技术要求：
1. 表面要求精整
2. 28～32HRC
3. 密度不小于 6.5g/cm³

2. 计算零件的理论密度和压坯密度，并说出测量方法。

3. 采用何种烧结方法，通何种保护气氛，为什么？

4. 确定压制和烧结工艺参数，要求说明原因。

5. 画出手动压制该零件的模具装配图，并作简要操作说明。

试　卷　三

一、根据所学的专业知识判断正误，并将错误的改正（正确的在序号上画"△"，错误的在序号上画"×"）（每题1分，共20分）

1. 粉末体烧结的明显标志是颗粒黏结面的形成。

2. 用氢损法测粉末中的氧含量是测定能被氢还原的金属氧化物的那部分氧含量，适用于所有粉末。

3. 随烧结温度的升高，烧结体的密度、强度、晶粒度和电阻都升高。

4. 目数是筛网 1in 长度上的网孔数，目数愈大，网孔愈细。

5. 粉末体的压制性包括压缩性和成型性。压缩性用粉末所能达到的压坯密度来表示，成型性用抗压强度来表示。但压缩性好的粉末成型性一定差。

6. 精整是为了提高零件的尺寸公差和表面光洁度，精压是为了获得特定的表面形状和改善密度，复压则主要是为了提高制品的密度和强度。

7. 按照粉末压制时密度变化的三段说，拱桥破坏，密度迅速增加在第一阶段。

8. 雾化就是熔融金属液流被高速运动的气流或液流介质切断、分散、裂化成为微小液滴的过程。

9. 用电解法制取粉末要求电流密度与电解液的浓度满足 $i \geqslant Kc$（K 为常数）。

10. 烧结时升温速度要缓慢，而冷却越快越好。

11. 烧结初期的黏结阶段使烧结体的强度和导电性能大大增加，而烧结颈长大阶段则是密度和强度显著增加。

12. 机械球磨过程中粉末与球体之间的作用力有冲击、摩擦、剪切和压缩。

13. 粉末体的密度有理论密度、有效密度和表观密度。

14. 还原法较电解法制取粉末的成本高，但性能差。

15. 粉末压坯强度既决定于粉末颗粒之间的机械啮合力，也决定于粉末颗粒表面原子间的结合力。

16. 烧结过程中物质迁移的方式有黏性流动、蒸发凝聚、体积扩散、表面扩散、晶界扩散和塑性流动。

17. 单向压制压坯密度分布在水平面上，接近上模冲的端面是两边大中间小，远离上模冲截面是中间大两边小。

18. 固相烧结是整个烧结过程都在固态下进行，而液相烧结是整个烧结过程在液态下进行。

19. 压坯分层与裂纹的本质一样，都是弹性后效的结果。

20. 为了减小压坯密度差，压制时加压速度越慢越好，保压时间越长越好。

二、说明下列各组概念的物理含义和实际意义（每题 4 分，共 40 分）

1. 松装密度和摇实密度
2. 压缩性和成型性
3. 似密度和有效密度
4. 粉末冶金与热加工
5. 液相烧结和熔浸
6. 粉末体和团粒
7. 弹性后效和拱桥效应
8. 分层和裂纹
9. 起泡和麻点
10. 活化烧结和强化烧结

三、简答题（每题 8 分，共 40 分）

1 何谓一次颗粒和二次颗粒，粉末的工艺性能包括哪些？

2. 金属粉末在压制过程中常采用哪些工艺改善它的成型性、流动性、减少摩擦力、压坯密度的不均匀性？

3. 液相烧结的条件和基本过程。

4. 制取铁粉的方法有哪些，各有哪些优缺点？

5. 举例说明全致密性工艺的常见手段。

试　卷　四

一、名词解释（每题 2 分，共 20 分）

临界转速，标准筛，活化能，平衡常数，电化当量，松装密度，成型性，粉末粒度，粉末流动性，粉末比表面积

二、简答题（每题 10 分，共 80 分）

1. 从技术上、经济上比较生产金属粉末的三大类方法，还原法、雾化法和电解法。

2. 将铁粉过筛分成 $-100+200$ 目和 -325 目两种粒度级别，测得粉末的松装密度为 $2.6g/cm^3$，再将 20% 的细粉与粗粉合批后测得松状密度为 $2.8g/cm^3$。这是什么原因？请说明。

3. 简明阐述液相烧结的溶解—再析出机构及对烧结后合金组织的影响。

4. 烧结的致密化机构有哪些？举例指出哪些材料的烧结对应这些机构。

5. 如何确定粉体压坯的烧结温度和保温时间？

6. 烧结气氛有哪几类？每种类别适合于哪些材料的烧结？

7. 影响硬质合金性能的因素有哪些？

8. 在粉末冶金材料的机械物理性能中，哪些性能对孔隙形状敏感？哪些不敏感？

试　卷　五

一、名词解释（每题2分，共20分）

似密度，二次颗粒，孔隙度，比表面积，合批，标准筛，弹性后效，单轴压制，密度等高线，压缩性

二、简答题（每题10分，共40分）

1. 什么是假合金，怎样才能获得假合金？
2. 压制工序是什么？影响压制过程的因素有哪些？
3. 简明阐述液相烧结的溶解—再析出机构及对烧结后合金组织的影响。
4. 孔隙度对粉末冶金制品的热处理、表面处理和机加工性能有什么影响？应采取什么措施改善？

三、计算题（每题4分，共40分）

现有一成分为 Fe92-Cu5-C3（数字表示质量分数）的粉末冶金零件，尺寸及技术要求如图所示。已知铁的密度为 $7.8g/cm^3$，碳的密度为 $2.62g/cm^3$，铜的密度为 $8.9g/cm^3$，它们的熔点分别为 1730K、4100K 和 1356K。单位压制压力为 700MPa（7tf/cm^2）。

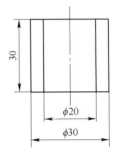

技术要求：
1. 表面要求精整；
2. 28～32HRC；
3. 密度不小于 $6.5g/cm^3$。

按要求回答下列问题
1. 写出所用原材料粉末的制备方法名称及相应的基本原理。
2. 说明制备该产品粉末的混合工艺及原因。
3. 简述零件的成型方法及具体工艺，并分析所用方法压坯密度的分布规律。
4. 画出手动压制该产品所用模具的装配图，并说明压制时模具的操作步骤。
5. 分析压制时可能出现的废品及产生的原因。
6. 烧结工艺（主要是烧结温度和保温时间）是如何确定的，画出该产品具体的烧结工艺曲线。
7. 烧结气氛有哪几种，该产品的烧结气氛如何选定，为什么？
8. 分析烧结过程中可能出现的废品及产生的原因。
9. 针对该产品的技术要求，尚需要进行何种后续处理，为什么？
10. 一般该零件需要进行哪些性能检测，如何检测？

试　卷　六

一、简答题（每题7分，共70分）

1. 制取铁粉的方法有哪些？各有哪些优缺点？

2. 气体雾化制粉过程可分解为几个区域，每个区域的特点是什么？

3. 雾化法制取粉末的方法有哪些？采用水和气作为雾化介质生产的粉末有何不同？

4. 粉末的粒径测定的四种粒径基准是什么？

5. 何谓粉末颗粒的频度分布曲线，它对粉末的质量的考核有何意义？

6. 粉末的松装度、振实密度，它们的影响因素是什么？

7. 粉末在不同烧结阶段的主要特征是什么？

8. 影响金属烧结过程的再结晶及晶粒长大的因素是什么？

9. 孔隙度对烧结体性能的影响是什么？如何改善它？

10. 哪些因素造成烧结废品？

二、计算题（每题 10 分，共 20 分）

1. 一压坯高度是直径的三倍，压力自上而下单向压制，在压坯三分之二高度处压力只有压坯顶部压力的四分之三，求压制压力为 500MPa 时，压坯三分之一高度和压坯底部的压制压力。

2. 若用镍离子浓度为 24 克/每升（g/L）的硝酸镍溶液作为电解液制取镍粉时，至少需要多大的电流密度才能够获得松散粉末？（假设 $K=0.80$）

三、讨论（10 分）

用比表面吸附方法测试粉末粒度的基本原理是什么？

参 考 文 献

[1] 庄司啓一郎. 粉末冶金概論 [M]. 东京：共立出版株式会社，1984.

[2] 刘军，佘正国. 粉末冶金与陶瓷成型技术 [M]. 北京：化学工业出版社，2005.

[3] 周作平，申小平. 粉末冶金机械零件实用技术 [M]. 北京：化学工业出版社，2006.

[4] 廖寄乔. 粉末冶金实验技术 [M]. 长沙：中南大学出版社 2003.

[5] 曲在纲，黄月初. 粉末冶金摩擦材料 [M]. 北京：冶金工业出版社，2005.

[6] 印红羽，张华诚. 粉末冶金模具设计手册 [M]. 北京：机械工业出版社，2002.

[7] 王盘鑫. 粉末冶金学 [M]. 北京：冶金工业出版社，1997.

[8] 姚德超. 粉末冶金模具设计 [M]. 北京：冶金工业出版社，1982.

[9] 廖为鑫. 粉末冶金过程热力学分析 [M]. 北京：冶金工业出版社，1982.

[10] 韩凤麟. 粉末冶金模具模架实用手册 [M]. 北京：冶金工业出版社，1998.

[11] 韩凤麟. 粉末冶金设备实用手册 [M]. 北京：冶金工业出版社，1997.

[12] 韩凤麟. 粉末冶金机械零件 [M]. 北京：机械工业出版社，1987.

[13] 高一平. 粉末冶金新技术 [M]. 北京：冶金工业出版社，1992.

[14] 果世驹. 粉末烧结理论 [M]. 北京：冶金工业出版社，1998.

[15] 任学平，康永平. 粉末塑性加工原理及其应用 [M]. 北京：冶金工业出版社，1998.

[16] 金属粉末工业联 [美]. 粉末冶金设备手册 [M]. 福州：福建科学技术出版社，1982.

[17] [美] Hausner HH（北京市粉末冶金研究所译）. 粉末冶金手册 [M]. 北京：冶金工业出版社，1982.

[18] [美] 库恩 HA，劳利 A. 高性能粉末冶金译文集 [C]. 北京：国防工业出版社，1982.

[19] 中国机械工程学会，中国材料研究学会，中国材料工程大典编委会. 中国材料工程大典 [M]. 北京：化学工业出版社，2006.

[20] Erhard Klar. Powder metallurgy Applictions，advantages and limitations [M]. American Society for Metals，1983.

[21] Howard A. Kuhn，Alan Lawley. Powder metallurgy processing New techniques and analyses. Academic Pr. 1987.

[22] 陈勉之，陈文革，刑力谦，等. 不同稀土元素对 W2Cu 电触头材料性能的影响 [J]. 特种铸造及有色合金，2008，28（7）：570~572.

[23] 陈文革，任慧，罗启文. 粉体混合均匀性定量评估模型的建立与研究 [J]. 中国粉体技术，2008.14（3）：15~19.

[24] 陈勉之，陈文革. 稀土和稀土氧化物对钨铜电触头材料性能影响的对比分析 [J]. 粉末冶金技术，2008，12.

[25] 陈文革. 钨铜系电触头材料的失效分析 [J]. 机械工程材料，1998，20（5）：47~49.

[26] 陈文革，张强，胡可文，等. 共晶反应定向凝固工艺制备多孔材料气孔形成和长大机理 [J]. 金属功能材料，2009，16（4）：30~32.

[27] 石乃良，陈文革. WCu 合金钨"网络"骨架的制备及其组织结构分析 [J]. 有色金属（冶炼部分），2009（4），41~44.

[28] Zheng Xuebin，Ding Chuanxian. Mechanical and biological properties of human hard tissue replacement implants [J]. Chinese of Journal of Clinical Rehabilitation，2005，9（2）：239~241.

[29] 武田义信. 高性能粉末冶金材料与制造工艺的开发 [J]. 粉末冶金技术，2006，24（6）：467~473.

[30] 李元元，肖志瑜，陈维平，等. 粉末冶金高致密化成型技术的新进展 [J]. 粉末冶金材料科学与

2005, 10 (1)：1~9.

奎，钟海云，李荐，等. 钛基仿金材料及其最新进展 [J]. 稀有金属与硬质合金，2001
12)：36~38.

徐润泽. 当今世界粉末冶金技术和颗粒材料的新发展 [J]. 机械工程材料，1994，18 (2)：1~5.

[3] 胡飞，朱胜利，杨贤金. 用粉末冶金法制备医用多孔 TiNi 合金的研究 [J]. 金属热处理，2002，
27 (7)：6~9.

[34] 牛丽媛. 医用多孔镁基合金材料制备技术的研究进展 [J]. 热加工工艺，2010，39 (4)：1~3.

[35] 苟瑞君，刘天生，王凤英. 爆炸成型弹丸药型罩研究 [J]. 爆炸与冲击，2003，23 (3)：259~
261.

[36] 范志康，梁淑华. 高压电触头材料 [M]. 北京：机械工业出版社，2003.

[37] 董若璟. 铸造合金熔炼原理 [M]. 北京：机械工业出版社，1991.

[38] Muller R. Arc-melted CuCr Alloys as Contact Materials for Vacuum Interrupters [J]. Siemens Forsch-
U. Entwickl-Ber, 1988, 17：105~111.

[39] 梁淑华，范志康. 激光快速熔凝 CuCr50 系触头材料的组织与性能 [J]. 激光技术，2000，(6)：
388~391.

[40] 梁淑华，范志康. 电弧熔炼法制造 CuCr 系触头材料的组织与性能 [J]. 特种铸造及有色合金，
2000 (4).

[41] 梁淑华，范志康. 细晶 CuCr 系触头材料的研究 [J]. 粉末冶金技术，2000 (3)：196~199.

[42] 梁淑华，范志康. CuCr50 优化热处理工艺研究 [J]. 金属热处理学报，2000 (3)：66~69.

[43] 杨志懋，严群，丁秉钧，等. 老炼过程中 CuCr 系触头表层组织形成的特点 [J]. 高压电器，1995
(6)：28~36.

[44] 贾申利，王季梅. 真空电话重熔法制造 CuCr 系触头材料 [J]. 高压电器，1995 (1).

[45] 王亚平，张丽娜，杨志懋，等. 细晶-超细晶 CuCr 触头材料的研究进展 [J]. 高压电器，1997
(2)：34~39.

[46] 王发展，唐丽霞，冯鹏发，等. 钨材料及其加工 [M]. 北京：冶金工业出版社，2008.

[47] Slade P G. Advances in Materials Development for high Vacuum Interrupter Contacts. IEEE Trans. On
CPMT, 1994, 17 (1)：96~106.

[48] 徐润泽. 当今世界粉末冶金技术和颗粒材料的新发展 [J]. 机械工程材料，1994，18 (2)：1~5.

[49] 黄培云. 粉末冶金原理 [M]. 北京：冶金工业出版社，2004.

[50] 张立德，牟季美. 纳米材料学 [M]. 沈阳：辽宁科技出版社，1994.

[51] 白桂丽，甘国友，严继康，等. 纳米粉体的制备技术及应用前景 [J]. 云南冶金，2004，(4)：
23~27.

[52] DebRoy T. Additive manufacturing of metallic components-Process, structure and properties [J]. Progress
in Materials Science. 2018, 92：112~224.

[53] Rosa F. Damping behavior of 316L lattice structures produced by Selective Laser Melting [J]. Materials and
Design. 2018, 160：1010~1018.

[54] Mueller B. Additive Manufacturing Technologies-Rapid Prototyping to Direct Digital Manufacturing [J].
Assembly Automation. 2012, 32 (2).

[55] Ankudinov V. Numerical simulation of heat transfer and melting of Fe-based powders in SLM processing
[J]. IOP Conference Series：Materials Science and Engineering. 2017, 192：012026.

[56] Stašić J. The effect of NiB additive on surface morphology and microstructure of 316L stainless steel single
tracks and layers obtained by SLM [J]. Surface & Coatings Technology. 2016, 307：407~417.

[57] Casati R, Lemke JN, Alarcon AZ, et al. Aging Behavior of High-Strength Al Alloy 2618 Produced by Se-

lective Laser Melting [J]. Metallurgical and Materials Transactions A. 2017, 48 (2): 575~579.

[58] Zhang H. Selective laser melting of High Strength Al-Cu-Mg alloys: Processing, microstructure and mechanical properties [J]. Materials Science and Engineering: A. 2016, 656: 47~54.

[59] Edwards P, Ramulu M. Effect of build direction on the fracture toughness and fatigue crack growth in selective laser melted Ti-6Al-4V [J]. Fatigue & Fracture Engineering Materials & Structures. 2015, 38 (10) 1228~1236.

[60] 肖振楠. 激光选区熔化成型 TC4 钛合金热处理后微观组织和力学性能 [J]. 中国激光 . 2017, 44 (9): 87~95.

[61] Brandt M. High-Value SLM Aerospace Components: From Design to Manufacture [J]. Advanced Materials Research. 2013, 633: 135~147.

[62] 董鹏. 国外选区激光熔化成型技术在航空航天领域应用现状 [J]. 航天制造技术 . 2014, 1: 1~5.

[63] 汤慧萍, 王建, 逯圣路, 等 . 电子束选区熔化成型技术研究进展 [J]. Materials China. 2015, 34: 225~235.

冶金工业出版社部分图书推荐

书　名	作　者	定价(元)
材料加工冶金传输原理	宋仁伯	52.00
钢铁冶金虚拟仿真实训	王　炜　朱航宇	28.00
高温熔融金属遇水爆炸	王昌建　李满厚　沈致和　等	96.00
光学金相显微技术	葛利玲	35.00
金属功能材料	王新林	189.00
金属固态相变教程（第3版）	刘宗昌　计云萍　任慧平	39.00
金属热处理原理及工艺	刘宗昌　冯佃臣　李　涛	42.00
金属塑性成形理论（第2版）	徐　春　阳　辉　张　弛	49.00
金属学原理（第2版）	余永宁	160.00
金属压力加工原理（第2版）	魏立群	48.00
金属液态成形工艺设计	辛啟斌	36.00
钛粉末近净成形技术	路　新	96.00
现代冶金试验研究方法	杨少华	36.00
冶金电化学	翟玉春	47.00
冶金动力学	翟玉春	36.00
冶金工艺工程设计（第3版）	袁熙志　张国权	55.00
冶金热力学	翟玉春	55.00
冶金物理化学实验研究方法	厉　英	48.00
冶金与材料热力学（第2版）	李文超　李　钒	70.00
增材制造与航空应用	张嘉振	89.00
耐火材料学（第2版）	李　楠　顾华志　赵惠忠	65.00
耐火材料与燃料燃烧（第2版）	陈　敏　王　楠　徐　磊	49.00
材料成形工艺学	宋仁伯	69.00
工程材料（第2版）	朱　敏	49.00
复合材料（第2版）	尹洪峰　魏　剑	49.00
材料分析原理与应用	多树旺　谢东柏	69.00
无机非金属材料科学基础（第2版）	马爱琼	64.00
先进碳基材料	邹建新　丁义超	69.00